ASSOCIATION FRANÇAISE

POUR

L'AVANCEMENT DES SCIENCES

Une table des matières et une table analytique, par ordre alphabétique, terminent chaque Tome des Comptes rendus des travaux de
l'Association en 1910.

46474 . Paris. — Imp. GAUTHIER-VILLARS, quai des Grands-Augustins, 55.

ASSOCIATION FRANÇAISE

POUR

L'AVANCEMENT DES SCIENCES

FUSIONNÉE AVEC

L'ASSOCIATION SCIENTIFIQUE DE FRANCE

(Fondée par Le-Verrier en 1864).

Réconnues d'utilité publique.

COMPTE RENDU DE LA 39ᵐᵉ SESSION.

TOULOUSE

— 1910 —

NOTES ET MÉMOIRES

Tome II

GÉOLOGIE ET MINÉRALOGIE;
BOTANIQUE;
ZOOLOGIE, ANATOMIE ET PHYSIOLOGIE;
ANTHROPOLOGIE ET ARCHÉOLOGIE.

PARIS,

AU SECRÉTARIAT DE L'ASSOCIATION
Rue Serpente. 28
ET CHEZ MM. MASSON ET Cⁱᵉ, LIBRAIRES DE L'ACADÉMIE DE MÉDECINE
Boulevard Saint-Germain, 120.

1911

LISTE DES CONGRÈS ET DE LEURS PRÉSIDENTS.

— VOLUMES —

ANNÉES.		VILLES.			PRÉSIDENTS.	
1872	1ʳᵉ Session.	Bordeaux........	1 volume.		Claude BERNARD...........	(*Décédé.*)
1873	2ᵉ —	Lyon...........	1	—	DE QUATREFAGES...........	(*Décédé.*)
1874	3ᵉ —	Lille	1	—	Adolphe WURTZ...........	(*Décédé.*)
1875	4ᵉ —	Nantes.........	1	—	Adolphe D'EICHTAL........	(*Décédé.*)
1876	5ᵉ —	Clermont-Ferrand.	1	—	J.-B. DUMAS..............	(*Décédé.*)
1877	6ᵉ —	Le Havre.........	1	—	Paul BROCA.....	(*Décédé.*)
1878	7ᵉ —	Paris..........	1	—	Edmond FRÉMY.............	(*Décédé.*)
1879	8ᵉ —	Montpellier	1	—	Agénor BARDOUX...........	(*Décédé.*)
1880	9ᵉ —	Reims..........	1	—	J.-B. KRANTZ.............	(*Décédé.*)
1881	10ᵉ —	Alger	1	—	Auguste CHAUVEAU.	
1882	11ᵉ —	La Rochelle	1	—	Jules JANSSEN...........	(*Décédé.*)
1883	12ᵉ —	Rouen..........	1	—	Frédéric PASSY.	
1884	13ᵉ —	Blois..........	2 volumes (¹).		Anatole BOUQUET DE LA GRYE.	(*Décédé.*)
1885	14ᵉ —	Grenoble	2	— (²).	Aristide VERNEUIL...........	(*Décédé.*)
1886	15ᵉ —	Nancy..........	2	—	Charles FRIEDEL	(*Décédé.*)
1887	16ᵉ —	Toulouse	2	—	Jules ROCHARD.............	(*Décédé.*)
1888	17ᵉ —	Oran...........	2	—	Aimé LAUSSEDAT...........	(*Décédé.*)
1889	18ᵉ —	Paris..........	2	—	Henri DE LACAZE-DUTHIERS..	(*Décédé.*)
1890	19ᵉ —	Limoges........	2	—	Alfred CORNU	(*Décédé.*)
1891	20ᵉ —	Marseille	2	—	P.-P. DEHÉRAIN............	(*Décédé.*)
1892	21ᵉ —	Pau............	2	—	Édouard COLLIGNON.	
1893	22ᵉ —	Besançon........	2	—	Charles BOUCHARD.	
1894	23ᵉ —	Caen..........	2	—	É. MASCART	(*Décédé.*)
1895	24ᵉ —	Bordeaux........	2	—	Émile TRÉLAT.............	(*Décédé.*)
1896	25ᵉ —	Tunis	2	—	Paul DISLÈRE.	
1897	26ᵉ —	Saint-Étienne....	2	—	J.-E. MAREY..............	(*Décédé.*)
1898	27ᵉ —	Nantes.........	2	—	Édouard GRIMAUX...........	(*Décédé.*)
1899	28ᵉ —	Boulogne-sur-Mer.	2	—	Paul BROUARDEL...........	(*Décédé.*)
1900	29ᵉ —	Paris..........	2	—	Hippolyte SEBERT.	
1901	30ᵉ —	Ajaccio.........	2	—	E.-T. HAMY..............	(*Décédé.*)
1902	31ᵉ —	Montauban.......	2	—	Jules CARPENTIER.	
1903	32ᵉ —	Angers..........	2	—	Émile LEVASSEUR.	
1904	33ᵉ —	Grenoble	1 volume (³).		C.-A. LAISANT.	
1905	34ᵉ —	Cherbourg.......	1	— (³).	Alfred GIARD	(*Décédé.*)
1906	35ᵉ —	Lyon...........	2 volumes.		Gabriel LIPPMANN.	
1907	36ᵉ —	Reims..........	2	—	Henri HENROT.	
1908	37ᵉ —	Clermont-Ferrand.	1 volume (⁴).		Paul APPELL.	
1909	38ᵉ —	Lille..........	1 — (⁵).		Louis LANDOUZY.	
1910	39ᵉ —	Toulouse........	1 — (⁶).		C.-M. GARIEL.	

(¹) Reliés ensemble ou séparément.

(²) A partir de la 14ᵉ Session, les Tomes I et II sont reliés séparément.

(³) Pour le 33ᵉ Congrès de Grenoble, 1904, et le 34ᵉ, Cherbourg, 1905, le Tome I a été remplacé par un Bulletin mensuel dont les numéros 8 et 9 de chaque année ont été consacrés aux comptes rendus des séances générales et aux procès-verbaux des Sections.

(⁴) Le Tome I a été remplacé par deux brochures parues en septembre 1908.

(⁵) Le Tome I a été remplacé par une brochure parue en septembre 1909.

(⁶) Le Tome I a été remplacé par une brochure parue en septembre 1910. Le volume des Notes et Mémoires existe divisé en quatre Tomes, dont chacun comprend sa Table des matières et sa Table analytique par ordre alphabétique.

ASSOCIATION FRANÇAISE

POUR

L'AVANCEMENT DES SCIENCES

GÉOLOGIE ET MINÉRALOGIE.

M. Marius FILLIOZAT,

(Vendôme).

DÉCOUVERTE EN FRANCE DU NIVEAU A UINTACRINUS.

55.(117) (44.51)

1er Août.

Des recherches dans la craie du bassin de Paris m'ont récemment amené à la découverte du niveau à *Uintacrinus*, signalé, il y a quelques années, en Angleterre, par M. Rowe, à la base de la craie à *Marsupites*.

C'est à Chartres et aux environs de cette ville que j'ai rencontré, dans une craie très blanche et très marneuse, des plaques basales, radiales et interbrachiales de ce curieux Crinoïde que MM. F.-A. Bather et F. Springer ont si bien étudié et qui rappelle si singulièrement certaines formes du Carbonifère.

Le niveau à *Uintacrinus* occupe, dans la vallée de l'Eure, la même position qu'en Angleterre, au Kansas et en Westphalie. J'ai pu le constater dans une marnière située à Chartres même, rue des Petites-Filles-Dieu, en face le pont des Grands Prés. Presque au sommet de la coupe, dans une craie un peu jaunâtre, j'ai recueilli, en effet, des plaques de *Marsupites testudinarius* et au-dessous, vers le milieu, quelques articles brachiaux d'*Uintacrinus*. En amont de la ville, un peu avant d'arriver au Bas du Luisant, à droite, dans la rue des Perriers, le niveau à *Uintacrinus* constitue à peu près entièrement la partie supérieure d'une marnière qu'on exploite encore aujourd'hui. Sur la rive droite de l'Eure, dans les escarpements de 17 m à 18 m de haut qui avoisinent la station du Chemin

**1

de fer de Jouy, j'ai recueilli également, à une hauteur d'environ 15 m, des articles brachiaux d'*Uintacrinus*. Cet horizon paraît avoir, à Jouy, un certain développement, car, dans les caves de la base, j'ai rencontré une faune très sensiblement identique à celle du niveau précédent.

Mais c'est dans la vallée de la Raguenette, à 3 km environ de l'Eure, près du viaduc d'Oisème actuellement en construction, que j'ai pu le mieux observer l'horizon à *Uintacrinus*. J'ai notamment récolté à Oisème, outre diverses plaques et articles brachiaux de ce Crinoïde, un certain nombre de fossiles que j'ai d'ailleurs retrouvés dans les divers gisements à *Uintacrinus* que je viens de signaler et qui me paraissent bien caractériser ici le niveau inférieur de l'assise à Marsupites.

Je me contenterai de citer les espèces suivantes, me réservant de reprendre la faune dans un travail d'ensemble :

Tylocidaris clavigera KON.
Dorocidaris cf longispinosa SOR.
Pentagonaster quinquelobata GOLDF.
Metopaster Parkinsoni FORB.
Metopaster uncatus FORB.
Stauranderaster argus SPENC.
Stauranderaster ocellatus FORB.
Bourgueticrinus ellipticus MILL [1].
Conocrinus sp. (calice et articles).
Onychocella cypræa d'ORB.
Omychocella echinata d'ORB.
Rhagasostoma Lamarcki HAG.
Rhagasostoma rimosa MARS.
Ornatella pulchella d'ORB.
Crassimarginatella n. sp. [2].
Spiropora micropora d'ORB.
Cea lamellosa d'ORB.
Melicertites Dollfusi PERG [3].
Melicertites tuberosa d'ORB.
Melicertites magnifica d'ORB.

---

[1] Il est intéressant de remarquer que certains articles de *Bourgueticrinus* trouvés à Oisème sont en tous points semblables à ceux dont s'est servi M. Rowe pour caractériser en Angleterre l'horizon à *Uintacrinus*.

Ces articles, dont la forme en fuseau rappelle un peu les radioles d'Oursins, ont déjà été signalés du Sénonien de Sens par de Loriol, qui les a considérés comme appartenant à une espèce distincte du *Bourgueticrinus ellipticus*.

[2] Cette espèce, assez abondante, a de grandes analogies avec *Crassimarginatella ledensis*, mais elle est beaucoup plus grande.

[3] C'est la première fois que je trouve cette espèce, décrite par Pergens du *Sénonien de France* sans indication de niveau ni de localité. Elle se rencontre ici à la partie supérieure du niveau à *Uintacrinus*.

M. Ernest FLEURY,

Professeur à l'École des Roches [Verneuil-sur-Avre (Eure)].

LA PRODUCTION EN GÉOLOGIE DE RÉSULTATS MORPHOLOGIQUEMENT SEMBLABLES PAR DES PROCESSUS OU DES FACTEURS CEPENDANT DIFFÉRENTS.

551.3

1ᵉʳ Août.

L'observation plus précise et plus méthodique surtout qui caractérise les travaux des géologues modernes a permis de mieux comprendre le jeu complexe et infiniment varié des forces naturelles et en même temps, elle a attiré l'attention des morphologistes sur la grande diversité de réalisation que peut présenter dans son travail chacun des agents de l'érosion générale. Sans aborder ici la discussion philosophique si brillamment soutenue par M. H. Poincaré [1], sur la valeur scientifique du vieil adage : « Les mêmes causes produisent les mêmes effets », constatons simplement qu'en Géologie tout au moins, les causes sont rarement les mêmes et en second lieu, que dans de nombreux cas, des causes certainement différentes produisent cependant parfois des résultats morphologiquement semblables.

Cette expression de *cause* n'a que très rarement un sens bien précis : elle désigne à la fois les facteurs qui sont en activité directe et aussi les conditions influentes et restrictives qui favorisent ou restreignent leur jeu [2]. Par suite, une cause, quelle que soit d'ailleurs sa simplicité apparente, est cependant presque toujours très complexe : c'est en réalité une sommation dont il est bien difficile de connaître tous les termes, dont le nombre et la valeur sont susceptibles d'une variabilité presque infinie.

La différenciation des divers résultats attribués à une même cause provient précisément de la variabilité en nombre ou en valeur des forces qui sont en jeu. Les marmites fluviales ou torrentielles à fond concave ont la même origine que celles dont le fond présente une saillie conique; mais tandis que les premières sont achevées, les secondes ne le sont pas, ainsi que l'a montré M. Jean Brunhes [3].

---

[1] H. Poincaré, *La valeur de la Science*, p. 42 (*Bibliothèque de Philosophie scientifique*, Paris).

[2] Le professeur Th. Fischer a traduit en allemand ces deux idées par : natürliche *hemmende* und natürliche *beeinflussende* Bedingungen (*Petermanns Mitteilungen* Literaturbericht, 1903, p. 85).

[3] J. Brunhes, *Le travail des eaux courantes : la tactique des tourbillons*, p. 163, (*Mémoire Société fribourgeoise des Sc. nat.*, vol. II, fasc. 4, 1902, Fribourg).

La distinction des vallées en U de celles en V a beaucoup perdu de son importance depuis qu'on s'est aperçu que les premières pouvaient avoir une origine soit glaciaire, soit torrentielle et que l'érosion les transformait parfois pour leur donner le profil de secondes.

L'altération superficielle des roches calcaires aboutit à la formation de produits extrêmement variables et il est·très facile de constater que la même roche peut donner une série très complète de produits progressivement différenciés (¹).

Ces quelques exemples, et il serait bien facile d'en citer beaucoup d'autres, montrent très nettement qu'en Géologie « les mêmes causes ne produisent pas toujours les mêmes effets », du moins au sens général et populaire du vieil adage. Mais il y a plus encore, puisque dans certains cas, plutôt rares il est vrai, mais il est très probable que leur nombre augmentera, des causes cependant nettement différentes produisent des effets morphologiquement semblables.

Tout le monde sait que les minéralogistes par des synthèses chimiques et que les géologues par des procédés variés, mécaniques ou chimiques, sont parvenus à imiter très fidèlement la nature. Et cependant, il est hors de doute que les forces dont nous disposons et que les conditions d'expérimentation en laboratoire, quels que soient les résultats qu'elles nous donnent, diffèrent des forces et des conditions naturelles? D'ailleurs, pour certaines de ces reproductions, nous disposons de plusieurs procédés différents qui donnent cependant des résulats sensiblement analogues.

Plusieurs formations géologiques évidemment distinctes sont caractérisées par des pisolithes calcaires ou ferrugineuses, et pourtant il ne semble guère probable que les fers en grains sidérolithiques, les pisolithes de Carlsbad ou les dragées de Tivoli, aient la même origine, ni même qu'un seul processus ait donné naissance aux uns et aux autres.

Jusqu'à ces dernières années, la formation par les cours d'eau des méandres encaissés était généralement attribuée à un mouvement tectonique lent, qui, en soulevant le sol, obligeait les cours d'eau à enfoncer leur lit dans les roches dures du substratum. Tout récemment, M. Vacher, professeur à l'Université de Rennes (²), à la suite de ses études sur la Creuse, la Bouzanne, l'Arnon, l'Auron, le Cher,·etc., a montré que dans certains cas, le travail de l'érosion, qui abaisse le niveau de base des cours d'eau, peut parfaitement, et à lui seul, expliquer le creusement des méandres. De son côté, M. C. Calciati (³) est arrivé aux mêmes conclusions dans son étude sur le cours de la Sarine aux environs de Fri-

---

(¹) E. Fleury, *Le Sidérolithique suisse. Contribution à la connaissance des phénomènes d'altération superficielle des sédiments* (idem, vol. VI, 1909, Fribourg).

(²) A. Vacher, *Rivières à méandres encaissés et terrains à méandres* (Annales de Géographie, 15 juillet 1909).

(³) C. Calciati, *Le travail de l'eau dans les méandres encaissés. Les méandres de la Sarine* (Mémoire Soc. fribourgeoise, 1909).

bourg (Suisse). Il semble donc démontré que les méandres encaissés, primitivement attribués à un réseau de fractures presque toujours invisibles, ne sont pas nécessairement tectoniques, mais que dans de nombreux cas, ils sont simplement cycliques.

Les glaciologistes sont généralement d'accord pour attribuer à l'érosion glaciaire la formation des galets striés, des roches moutonnées et parfois aussi celle des vallées en U. La présence de galets striés dans des matériaux d'origine douteuse est aujourd'hui encore une bonne indication, un bon caractère glaciologique.

Depuis longtemps cependant et surtout depuis les expériences classiques de Daubrée, nous savions que les eaux boueuses, les sables délayés, la lave froide torrentielle pouvaient également, dans certains cas tout au moins, produire des effets morphologiquement semblables à ceux réalisés par l'usure glaciaire.

Dès 1900, dans une série de Notes qui furent vivement discutées, M. le professeur Stanislas Meunier (¹) attribua à l'action du charriage plusieurs dépôts généralement considérés comme morainiques et qui sont particulièrement nombreux aux environs de Montreux, dans la région des Préalpes vaudoises, où les traces de l'action glaciaire ancienne sont aussi nombreuses que manifestes.

Plus récemment, M. Edmund Otis Hovey (²) qui a visité la Martinique et l'île Saint-Vincent (Petites-Antilles) pour étudier l'action des éruptions des volcans de la Montagne Pelée et de la Soufrière, vient de signaler quelques faits nouveaux absolument concluants. Il a constaté notamment que les torrents boueux formés par les cendres et les débris volcaniques, délayés sur les pentes par les eaux de ruissellement, produisent des actions absolument comparables à celles des glaciers. Certaines vallées ont leur profil transversal nettement en U, leurs parois ou les roches de leur lit sont striées, cannelées, moutonnées. La région, quoique exclusivement volcanique, prend, par une coïncidence étrange, un aspect glaciaire.

Des exemples aussi frappants que ces deux derniers ne sont peut-être pas très fréquents, mais il est fort probable que sous peu nous en connaîtrons de nouveaux.

La Science en général, la Géologie en particulier, tirent de gros avantages des généralisations, mais il est bien évident aussi que trop souvent on admet, comme des lois générales, des conclusions qui n'ont cependant rien d'absolu. Les agents de l'érosion, tout en obéissant évidemment à des lois générales qui les régissent, réalisent cependant leurs effets de façons extrêmement variées, et vouloir les soumettre à une formule, c'est

---

(¹) Stanislas Meunier, *Étude géologique sur le terrain à galets striés des Préalpes vaudoises* (*Revue générale des Sciences*, 30 mars 1902).

(²) Edmund Otis Hovey, *Striations and U.-shaped valleys produced by other than glacial action* (*Bulletin of the geological Society of America*, vol. XX, p. 409). *Voir* E. Fleury, *in La Géographie*, n° 2, p. 136 et n° 4, p. 274, vol. XXII, 1910.

s'exposer à méconnaître leur nature et à commettre de grossières confusions. Jadis les paléontologistes admettaient le principe des créations successives; Lamarck et Darwin ont imposé celui de l'évolution lente; de Vries vient de nous donner celui de l'évolution brusque. Demain nous en aurons un autre. Pour certains, l'évolution résulte de l'influence du milieu; pour d'autres, elle est la conséquence de la lutte pour l'existence, et pour d'autres encore, elle est produite au contraire par l'entr'aide réciproque? Jadis, on parlait de *la théorie* de l'évolution, aujourd'hui, nous disons beaucoup plus justement *les théories* de l'évolution, parce que nous comprenons mieux, parce que nous connaissons davantage. Jadis, nos Manuels étaient des recueils de lois; actuellement nous osons nous demander si réellement il y a des lois ?

Le travailleur, le géologue, doivent évidemment utiliser les connaissances acquises, mais moins pour en trouver des applications nouvelles peut-être, que pour en chercher la vérification. Même en Géologie, sous peine de faire fausse route, il faut savoir échapper à certaines influences et être capable de se débarrasser des idées préconçues pour oublier les *lois* et voir les *faits*.

M. Marius DALLONI,

Collaborateur aux Cartes géologiques de la France et de l'Algérie (Marseille).

ESQUISSE DE L'HISTOIRE GÉOLOGIQUE DES PYRÉNÉES CENTRALES (ÈRE PALÉOZOIQUE).

551.72 (112) (234.1)

1er Août.

On ne sait pas encore d'une manière certaine s'il existe des formations sédimentaires antérieures au Silurien dans les Pyrénées. Divers auteurs et en particulier *J. Caralp* et *J. Roussel* ont cependant considéré, comme relevant du Cristallophyllien et du Précambrien, dans la vallée d'Aran et le pays adjacent, des assises puissantes de gneiss et de schistes micacés avec cipolins, que surmontent des phyllades et des quartzites, et qui se présentent vers la base de la série. Mais on ne peut appuyer d'aucune preuve cette attribution et le doute reste permis, si l'on songe que le métamorphisme a été assez intense pour donner, à des niveaux relativement élevés du Paléozoïque, des roches qui ne diffèrent pas de celles de l'Archéen typique, et dont l'âge est bien démontré par les fossiles (Hautes-Pyrénées, Aragon, Catalogne, etc.).

PÉRIODE SILURIENNE.

Le géosynclinal pyrénéen était-il constitué dès le début du Silurien? On ne peut le démontrer, car aucun exemplaire de la faune primordiale n'a été jusqu'ici rencontré dans la chaîne; mais c'est assez vraisemblable. Le *Cambrien* a été reconnu dans les Asturies, la Montagne Noire et la province de Barcelona, dont l'histoire présente avec celle des Pyrénées, au moins pendant les temps primaires, les plus grandes analogies; ces régions appartiennent à une aire de sédimentation commune.

Il est donc admissible que la mer cambrienne s'étendait sur une partie au moins de l'emplacement actuel de la chaîne et certains géologues ont cru pouvoir en ébaucher la distribution; mais nous pensons que ses traces sont absolument indistinctes et que rien ne permet de délimiter un terrain cambrien.

C'est avec l'*Ordovicien* que nous commençons à trouver des données précises. Ch. BARROIS a fait connaître l'existence de ce terrain dans les Pyrénées centrales, grâce à la découverte par M. GOURDON de l'*Echinosphœrites* cf. *balticus* Eichw. à Montauban-Luchon; vers l'Ouest (environs de Pierrefitte, Hautes-Pyrénées) et dans les Pyrénées-Orientales, le niveau de Caradoc est également connu et a fourni l'*Orthis Actoniæ*.

Il reste, pour représenter, au-dessous de cet horizon si élevé, la presque totalité de l'Ordovicien, une épaisse série de schistes et de quartzites bien développée dans toute la partie centrale de la chaîne, entre les abords occidentaux du massif du Mont Perdu et l'Andorre (auréoles des granites d'Oo-Astos et des Monts Maudits); elle se prolonge d'ailleurs jusqu'à la Méditerranée.

Mais ces dépôts détritiques, accumulés dans la partie profonde de l'ancienne fosse pyrénéenne, ont été plus tard affectés d'une manière intense par le métamorphisme et ils paraissent actuellement dépourvus de fossiles.

La mer *Gothlandienne* occupait une extension aussi considérable que la précédente; ses vestiges sont beaucoup moins puissants, mais bien autrement intéressants.

Au début, la sédimentation vaseuse s'est uniformément poursuivie, mais dans des conditions plus calmes, qui ont permis aux Graptolites (*Monograptidæ*) de pulluler dans les eaux pyrénéennes; c'est par myriades qu'on observe aujourd'hui les empreintes de ces fragiles animaux dans les *schistes carburés*. C'est surtout vers l'Est, dans la Haute-Garonne, les vallées du Sègre et de la Noguera Pallaresa, qu'on remarque une grande richesse de formes, parmi lesquelles dominent les *Monograptus*, *Rastrites*, *Diplograptus*, *Retiolites*, etc., associés à des *Dictyonema*.

Plus tard, les conditions se modifient et la sédimentation devient partout franchement calcaire; mais déjà l'uniformité absolue des temps antérieurs n'existe plus. Dans l'ouest des Pyrénées centrales, comme dans

la partie occidentale de la chaîne, on passe brusquement des ampélites à
Graptolites aux *calcaires à Orthocères*; mais vers le sud-est, le changement
se fait par transition et les schistes carburés alternent encore à la base avec
les premiers bancs calcaires, ordinairement riches en fossiles. Ce dernier
faciès, qui est celui du Silurien supérieur de la province de Barcelona,
indique une communication entre la mer gothlandienne de cette région
et celle qui couvrait l'emplacement des Pyrénées centrales.

Alors que la faune du Gothlandien supérieur est plutôt réduite et
monotone dans la plus grande partie de la chaîne, l'exploration récente des
vallées du Sègre, de la Noguera Pallaresa et du Flamisell nous a fourni
de nombreux fossiles de cet horizon à *Orthoceras bohemicum* et *Cardiola
interrupta*. Parmi les Mollusques, les Orthoceratidæ et les Lamellibranches
sont surtout abondants, les Gastropodes plus rares; les Crinoïdes sont
surtout représentés par une espèce très commune dans la Haute-Garonne,
l'Ariège et le versant espagnol, le *Scyphocrinus elegans*, dont les débris se
rencontrent à profusion dans les calcaires. Dans l'ensemble de la faune,
les espèces communes avec le Silurien supérieur de la Bohême sont nombreuses.

PÉRIODE DÉVONIENNE.

On sait peu de choses sur le début de la période dévonienne dans les
Pyrénées et la plupart des auteurs n'y ont guère remarqué que le développement exceptionnel du Coblentzien, admirablement caractérisé dans
toute la chaîne.

Cependant, E. FOURNIER a pu assimiler au *Gédinnien* de la province
de Barcelona les *schistes à Tentaculites* d'Ossès, dans le Pays Basque; ce
niveau offre en effet quelques formes de la faune de Bruguès, que Ch.
BARROIS place à la base du Dévonien et il est à prévoir qu'on la rencon-
trera en divers points entre ces deux régions. Déjà entre le Silurien supérieur et le Coblentzien de la vallée de l'Esera, nous avons observé près
de Cerler, au sud des Monts Maudits, des schistes carburés ou sériciteux
à *Tentaculites* présentant l'association remarquable de *Graptolitidæ*
(*Rastrites Linnei*) avec des *Phacops;* les mêmes assises se poursuivent en
Catalogne.

Si le Gédinnien est resté à peu près inaperçu en raison de sa similitude
de faciès avec le Silurien supérieur, le *Coblentzien* a été, par contre, fort
bien reconnu partout. Cette époque marque une reprise générale de la
sédimentation grossièrement détritique qui avait prédominé jusqu'à la
fin de l'Ordovicien; ses dépôts, essentiellement néritiques, sont surtout
caractérisés par une grauwacke à Fenestelles, avec Brachiopodes (*Orthis*)
et Trilobites (*Phacops*) qui reproduit presque absolument, par le faciès
pétrographique et la faune, l'aspect des formations de la même époque dans
l'Ardenne et la Bretagne. Les gisements sont très nombreux; dans la
Haute-Garonne, l'étage paraît représenté dans les schistes de Cathervielle
et il se poursuit vers l'Ariège aux environs de Castelnau-Durban; sur le

versant méridional, nous l'avons étudié au sud des Monts Maudits, dans la région des Nogueras et la vallée du Sègre.

L'époque *Eifélienne* est intéressante dans les Pyrénées, en raison de la diversité de facies de ses dépôts.

Vers l'Ouest, les conditions de l'époque précédente se sont poursuivies au début du Dévonien moyen. Dans la vallée du Gallego, des schistes grauwackeux à *Fenestella* s'intercalent encore dans les calcaires roux à *Spirifer cultrijugatus;* mais ceux-ci passent latéralement à des calcaires jaunes plus compacts, pleins de petits Brachiopodes (*Cyrtina, Retzia, Rhynchonella, Athyris*, etc.) auxquels s'associent déjà des Polypiers (*Favosites, Cyathophyllum*). Bientôt se montrent, au-dessus de ces formations littorales, de véritables récifs, qui représentent dans les Pyrénées, comme dans une partie de l'Europe centrale et notamment dans l'Ardenne, l'Eifélien supérieur et le *Givétien*.

Les calcaires à polypiers silicifiés, bien développés dans la partie occidentale de la chaîne, se poursuivent à l'Est sur ses deux versants (Haute-Garonne, Ariège, vallée d'Aran, Andorre, Pyrénées catalanes, Haut-Aragon); dans les hauts massifs des Pyrénées centrales, ils sont souvent métamorphiques et se présentent sous l'aspect de la *dalle* que certains auteurs attribuaient anciennement au Cambrien.

Mais au voisinage des récifs régnait un régime bien différent. Même, en quelques points, sur toute l'épaisseur du Dévonien moyen, les calcaires à Polypiers alternent avec des niveaux à Brachiopodes (*Orthis, Strophomena, Merista, Rhychonella, Atrypa*, etc.) et Trilobites (*Phacops, Bronteus, Dalmanites*); la haute mer revenait donc, à certains moments, recouvrir les formations coralligènes. Plus loin encore, au large des récifs, des conditions franchement bathyales s'étaient établies dès le début de l'époque; car les griottes qui recouvrent la grauwacke coblentzienne, dans la vallée du Gallego, au sud des Monts Maudits et en Catalogne, présentent des Goniatites de l'extrême base de l'Eifélien, telles qu'*Anarcestes subnautilinus* et *Agoniatites*, accompagnées de nombreux Orthocères (*Jovellania*).

Avec le Dévonien supérieur, la mer reste largement étalée sur toute l'étendue de la zone pyrénéenne; les sédiments de cette époque offrent suivant les points le facies néritique de couches à Brachiopodes ou celui d'assises de mer plus profonde, caractérisées par les Céphalopodes.

Le *Frasnien* des Pyrénées occidentales, sous l'aspect de schistes et calcaires à *Spirifer Verneuili, Camarophoria*, etc., se poursuit vers le centre de la chaîne. Au sud de Gavarnie, il offre des calcaires à *Rhynchonella (Hypothyris) cuboides* et *Rh. (Pugnax) acuminata* et il reste identique à lui-même sur le versant méridional des Monts Maudits, ainsi que le montrent les calcaires de Renanué à *Spirifer Verneuili, Buchiola retrostriata, Seminula, Productella productoides, Lingula*, etc. Quant au facies bathyal de l'étage, il est connu depuis longtemps dans les Hautes-Pyrénées, d'où il se poursuit certainement dans la Haute-Garonne : c'est celui de la zone à *Chiloceras curvispina* et *Gephyroceras retrorsum*.

Cependant, c'est au *Famennien* qu'il faut rapporter, dans cette dernière région, les griottes du ravin de Coularie à *Oxyclymenia undulata* et autres Céphalopodes de la partie tout à fait supérieure du Dévonien. Cette période s'est donc terminée, dans cette partie des Pyrénées centrales, comme dans la Montagne Noire, par un épisode franchement bathyal, dont l'équivalent n'a pu être jusqu'ici reconnu dans le reste de la chaîne.

PÉRIODE CARBONIFÉRIENNE.

Le fait est d'autant plus remarquable que le Carboniférien commence, dans la majeure partie des Pyrénées, par un mouvement général de régression.

Dès la base de la série *dinantienne* se présentent le niveau des lydiennes à nodules phosphatés, les couches à *Lepidostrobus* de l'Ariège et de la vallée d'Aure, et, lorsqu'on observe des assises marines dans le Tournaisien, elles offrent exclusivement un facies néritique (calcaires à *Productus*, etc.). Dans la vallée du Sègre, les schistes à *Dictyodora Liebeana* débutent par un conglomérat à gros éléments quartzeux, d'origine continentale.

Le Viséen montre la même alternance de couches marines et d'assises à végétaux terrestres (flore du Culm à *Asterocalamites*) et il est remarquable que ce soient des calcaires à Céphalopodes qui viennent s'intriquer dans les schistes et grès à *Calamites*. Les calcaires amygdalins à *Glyphioceras crenistria*, *Pronorites*, *Orthoceras giganteum*, *Phillipsia* sont bien développés dans la Haute-Garonne, l'Ariège et les Pyrénées centrales espagnoles (Monts Maudits, Nogueras, vallée du Sègre)..

Mais, aussitôt après l'époque dinantienne, la mer se retire définitivement et le lent mouvement d'émersion qui se manifestait depuis le début de la période s'accentue notablement; c'est uniquement sous l'aspect de couches continentales que nous rencontrons dans la chaîne le Carboniférien moyen et supérieur.

Le *Westphalien* est représenté à l'Ouest par les schistes et grès à flore houillère des vallées d'Aspe, d'Ossau, de l'Aragon et du Gallego, où nous avons pu recueillir des plantes très caractéristiques de l'étage. Il se poursuit dans les Pyrénées centrales par les dépôts, grossièrement détritiques de la vallée d'Aure et du Plan des Étangs et ces derniers se prolongent sur le versant méridional par la bande westphalienne d'Erill Castel, fossilifère sur toute sa longueur, jusqu'à la Noguera Pallaresa.

La formation de la houille s'est vraisemblablement poursuivie pendant le *Stéphanien* dans toute la chaîne; mais la dénudation a fait disparaître plus tard les dépôts de cet âge dans les Pyrénées centrales et nous ne les retrouvons plus qu'aux deux extrémités des Pyrénées, à l'ouest à la Rhune et dans le bassin d'Engui, à l'est dans celui de San-Juan de las Abadesas.

C'est donc à la fin du Dinantien que les Pyrénées centrales ont été définitivement émergées; seulement, la mer est restée longtemps dans leur voisinage et, au début du Permien, elle a esquissé de l'Est à l'Ouest un mouvement de retour qui lui a permis de déposer aux environs de Saint-Girons, dans l'Ariège, les couches à Ammonitidées et Trilobites découvertes par J. CARALP. Mais ce goulot marin ne s'est vraisemblablement pas prolongé beaucoup plus à l'Ouest.

Le reste de la chaîne était affecté à la même époque par les mouvements hercyniens, accompagnés et suivis par l'éruption de grandes masses granitiques. Les Pyrénées avaient acquis un relief notable, analogue à celui que lui donnèrent les plissements tertiaires; en effet, une épaisse série de formations détritiques s'accumulaient, grâce à l'érosion continentale, dans les lagunes qui s'étendaient à leur pied, pendant le Permien moyen et supérieur et la partie inférieure du Trias; ce sont de véritables *poudingues de Palassou* de la fin des temps primaires.

M. E. REGNAULT,

Président honoraire du Tribunal civil de Joigny (Yonne).
[La Folie, par Saint-Sauveur-en-Puisaye (Yonne).]

LES SABLES FERRUGINEUX ET LES GRAVIERS PHOSPHATÉS DE LA PUISAYE.

551.763.2 (44.41)

? *Août.*

Les sables, grès ferrugineux et graviers phosphatés de la Puisaye, qui dérivent d'une seule et même cause, un violent courant marin, sont rangés par les auteurs à la partie supérieure de l'étage albien; et les traités de géologie enregistrent sans commentaires ni observations, le résumé des travaux originaux [1].

Nous avons des raisons de croire que cette opinion est complètement erronée, qu'elle se heurte sur le terrain à des impossibilités stratigraphiques et ne résiste pas à la production de fossiles caractéristiques tirés des phosphates et des sables eux-mêmes et appartenant à des âges plus récents.

Nous avions bien, en 1905, essayé de réagir contre cette conclusion des savants [2] à l'aide d'arguments stratigraphiques et topographiques, mais

[1] DE LAPPARENT, 4e édit., p. 1299; E. HAUG, p. 1239.
[2] *Sur la position systématique des sables et grès ferrugineux de la Puisaye* (*Bull. Sc. Yonne* 1905, p. 321).

sans apparence de succès. Nous revenons cependant à la question, mais encore mieux et plus fortement documenté car nous avons enfin, après dix ans d'études et de recherches, pu joindre aux motifs déjà exposés dans notre précédent travail, quelques arguments nouveaux et quelques fossiles caractéristiques de nature à entraîner la solution.

Ce n'est pas que la matière soit sans difficultés; ainsi que l'a écrit M. de Grossouvre, le savant ingénieur en chef des mines à Bourges :

« Si ces sables manquent de fossiles, ce qui arrive le plus souvent, ou s'ils ne sont pas nettement intercalés au milieu de couches dont la position soit bien établie, rien ne sera plus difficile que de préciser exactement leur âge (¹) »

Or, dans l'espèce, pas de fossiles ayant vécu dans la formation sableuse et y ayant normalement laissé leurs dépouilles; pas d'intercalation visible ni même possible de sables entre deux couches dont la position soit bien établie; pour mieux dire, *substratum* variable, à Saint-Sauveur et Treigny, l'Albien; du Tholon aux Thureaux d'Auxerre, les marnes de Brienne (Albien) et l'Aptien; pas de couche dominante, les sables n'étant actuellement recouverts par aucun sédiment postérieur, et, n'ayant jamais dû l'être, avant la dénudation, l'absence de résidus fossiles à leur surface le démontrant surabondamment.

Voyons d'abord les faits qui ont servi de bases aux auteurs; ils se résument ainsi :

1º Production par Robineau-Desvoidy, en 1851 (²), de fossiles albiens extraits en deux ou trois endroits seulement des argiles de Myennes (albien sous-jacent aux environs de Saint-Sauveur;

2º Présence sur quelques pentes, à une cote inférieure à celle du Cénomanien mais à côté, plus bas et en forme de placages, de quelques poches. lambeaux et paquets de sable donnant plus ou moins l'illusion que ces sables, simplement accrochés aux flancs d'un coteau, s'étendent en stratification normale sous le Cénomanien qui n'est qu'adossé ou adjacent;

3º Présence, depuis leur découverte dans les graviers phosphatés de la Puisaye, de nombreux fossiles albiens et cénomaniens.

Il est facile de répondre à ces arguments :

1º Que la cause du dépôt sableux étant un courant qui a plus ou moins désagrégé et entamé son fond et ses bords, le *substratum* ne doit pas toujours être du même âge, et que si à Saint-Sauveur il est Albien, ailleurs, comme du Tholon aux Thureaux d'Auxerre, il est formé à gauche par les marnes de Brienne, à droite par les argiles à plicatules, et peut, ailleurs encore, appartenir à un étage encore différent; que c'est donc une erreur de généraliser une situation toute locale ou un contact fortuit et d'en tirer cette conclusion que partout les sables reposent sur l'Albien; qu'alors

---

(¹) *Sur les Sables granitiques (Association française pour l'Avancement des Sciences : Congrès de Clermont-Ferrand,* 1908, p. 473).
(²) *Bull. Sc. Yonne,* 1851, p. 320.

les fossiles rapportés par Robineau-Desvoidy des argiles de Myennes sont sans valeur pour établir que la couche sableuse a partout normalement succédé à l'Albien;

2º Une stratification normale s'opère, quand dans des eaux calmes et profondes, les matières en suspension n'obéissant qu'à leur propre poids, tombent verticalement sur le fond où elles s'accumulent; elles peuvent alors recouvrir de très grands espaces et l'on peut être à peu près certain qu'il y a continuité dans la stratification d'un point horizontal à un autre quand on a une fois reconnu en un endroit la nature d'un sédiment.

Il n'en est pas de même en cas de terrains de transport; ici, la cause du dépôt n'est plus le seul poids spécifique de la matière; il s'y ajoute la force du courant et la direction qu'elle imprime à la matière à déposer.

La vue d'un terrain de transport en un point déterminé n'implique donc pas sa continuation horizontale vers un autre point non visible; il n'y a même pas à compter sur une probabilité, il faut un constat nouveau, et comme la présence supposée des sables sous le Cénomanien n'a point été vérifiée, ou que les auteurs ne disent pas l'avoir contrôlée, les sables qu'ils prétendent avoir remarqué sur les pentes à un niveau inférieur au Cénomanien, ne peuvent être considérés, quant à présent, que comme un reste d'une plus forte masse ayant rempli la vallée;

3º Les fossiles albiens et cénomaniens des phosphates de la Puisaye ne sont pas en place, *in situ*; leur état indique un charriage long et violent; ils ont bien vécu aux époques qu'ils caractérisent, mais quand ont-ils été arrachés aux formations consolidées ou non qui les contenaient? Ils peuvent venir de loin, sur le passage du courant; ils peuvent aussi provenir de la dégradation ou du démantèlement des îlots restés en place dont il sera ci-après parlé et qui sont nombreux précisément dans la région des phosphates.

D'ailleurs, ces phosphates contiennent également quelques individus d'âge plus récent qui annulent ou excluent les indications qu'on voudrait tirer de la présence des premiers.

Mais nous avons, pour solutionner la question, les considérations suivantes, stratigraphiques et paléontologiques, bien plus décisives :

I. Au nord de Saint-Sauveur-en-Puisaye ((Yonne) la puissance visible du Cénomanien entre la vallée du Loing et celle du Branlin résulte environ des cotes suivantes combinées :

Lit du Loing, en bas de la Forge et de l'étang de Moutiers, 226 m.
Les Grenons, en amont de Mézilles, au-dessus du Branlin, 163 m.
Cénomanien et argile à silex à la Folie, entre les deux points ci-dessus, 285 m.

C'est donc une puissance visible de 59 m à 122 m (285 m — 226 m ou — 163 m) suivant qu'on prend la cote basse à l'ouest ou à l'est de la chaîne supracrétacée, ou mieux une puissance de 91 m, si l'on prend la moyenne des deux plus bas niveaux. Sans préjudice de la partie invisible au-dessous de ceux-ci.

Les sables de la Puisaye s'élevant à la Folie même à 280 m environ, sont donc actuellement encore adossés au Cénomanien contigu sur une hauteur, à partir de la cote 280 m d'environ 54 m (côté du Loing) ou 117 m (côté du Branlin) ou mieux en moyenne sur 86 m (91,5 m), en supposant qu'ils atteignent la base visible du Cénomanien ou ne descendent pas plus bas que les cotes inférieures de celui-ci.

On peut, par ces relations actuelles entre les deux formations voisines et juxtaposées, juger sur quelle hauteur elles ont dû se côtoyer avant leur dénudation respective.

Un coup d'œil jeté sur la carte géologique détaillée (Feuille de Clamecy) suffit à montrer l'exactitude de ce qui précède.

Même résultat dans la partie comprise entre le Branlin et l'Ouanne, avec cette seule différence que le Cénomanien y est visible sur 339 m (signal de Fontaines) moins 163 m (les Grenons), soit une hauteur de 176 m contre lesquels les sables, dont la cote maxima est aux Bézards de 293 m viennent buter et se juxtaposer.

C'est donc là une preuve manifeste **de** l'impossibilité matérielle pour les sables de venir nettement s'intercaler avec une puissance actuelle de 86 m à 130 m, peut-être du double avant dénudation, entre les deux termes de l'Albien et du Cénomanien, et il est de toute nécessité que l'échelle stratigraphique théorique corresponde avec les faits réels dûment constatés.

II. Sur les bords du Tholon (C. G. F. feuille d'Auxerre), on assiste au travail des eaux marines, lors du dépôt des sables dont il s'agit. Des deux côtés de la rivière, mais surtout à droite en descendant, et, d'une façon générale, dans la région comprise entre Pourrain, Lindry, Laduz, Neuilly, Branches, Fleury et les Thureaux d'Auxerre, se succèdent, à distances rapprochées, de nombreux îlots cénomaniens (C^4) reposant directement sur les marnes de Brienne (C^3), qui les bordent et sont elles-mêmes entourées complètement par les sables de la Puisaye (C^{2-1}), de sorte qu'on a l'impression que le courant marin, transporteur des sables, trouvant en place et déjà formées les différentes couches de supracrétacé, s'est divisé en plusieurs branches, suivant le modelé du terrain sous-jacent, approfondissant au fond et par côtés sur son passage et attaquant même les marnes de Brienne sur une certaine profondeur, car, sur la droite de la contrée, les sables paraissent ne plus reposer que sur les argiles à plicatules (C), depuis Moulins sur-Ouanne jusqu'à Monéteau.

Quelle a été la perte par dénudation qu'ont subie les sables et ces îlots ? Nous ne pouvons l'évaluer ; mais, si faible qu'elle soit, la partie détruite des sables jointe à celle qui reste n'a pu s'intercaler entre les marnes de Brienne et le Cénomanien ; elle n'a pu, comme nous l'avons vu ci-dessus, que venir se dresser contre les îlots restés en place.

Comment, en effet, après ces constatations, concevoir la possibilité d'un dépôt sableux antérieur, puis le recouvrement de toute la région par le supracrétacé qui se serait ensuite morcelé ou même se serait dès le début déposé par petits paquets ou îlots tel qu'il se présente aujourd'hui ?

III. Si les sables eussent pu être albiens, ils auraient, vu leur proximité du plateau supracrétacé, reçu toutes les couches de la série, comme le témoignent les nombreux débris organiques supracrétacés du plateau voisin et ceux plus rares qui, au delà des sables, à 6 km ou 8 km environ, se rencontrent sur le jurassique jusqu'au Morvan. Or, on ne trouve à leur superficie, en dehors de quelques fossiles importés pour le marnage des terres et faciles à reconnaître par leur état de conservation, aucune trace de ces amoncellements de débris comme en présente l'argile à silex du voisinage.

. Les sables n'ont donc reçu aucun sédiment fossilifère après leur dépôt.

. IV. — M. de Grossouvre signale comme provenant des graviers phosphatés de la Puisaye, à Cosne (Nièvre), une *janira quadricostata*, Sow, du Sénonien supérieur ([1]).

Nous avons nous-même, dans les graviers phosphatés de Saint-Maurice-le-Vieil (Yonne), récolté une série (16) de jeunes exemplaires (valve droite) de *Janira substriato costata*, d'Orb, de l'Aturien du nord, et mesurant, ceux avec tout ou partie du test : diamètre antéro-postérieur, 0,017, 0,020, 0,022, 0,026, 0.028, 0.030 mm; c'est-à-dire que nous les avons à presque tous les stades de leur développement. Quelques moules ont 0,032 et 0,035.

L'exiguïté de leur taille ne permettant pas à la photographie de reproduire assez nettement le détail de leur ornementation et notamment les stries longitudinales si caractéristiques, nous en donnons ci-après seulement une description :

Ces valves droites sont très bombées, fortement recourbées au sommet, relativement étroites ou peu étalées transversalement, pourvues de six côtes principales surbaissées ou très légèrement saillantes, à peine plus élevées que celles des intervalles très peu évidés, remarquables cependant par leur largeur bien plus grande que celles des côtes intermédiaires et leur division en trois ou quatre costules par des stries longitudinales. Deux côtes intermédiaires. Toutes ces côtes et costules portent des stries longitudinales que l'on remarque aussi dans les sillons des intervalles. On aperçoit seulement une partie des oreillettes sur lesquelles se continue l'ornementation des côtés de la coquille.

Ces deux espèces n'ont pu être charriées avant leur apparition et personne jusqu'ici n'a proposé de les vieillir.

V. — Ce ne serait donc qu'à partir de l'Aturien que les sables auraient pu se déposer. Mais le dépôt a pu ne s'effectuer que plus tard encore si des transgressions postérieures se sont produites sur les collines de la Haute-Puisaye. Nous avons sur ce dernier point quelques fossiles qui ne nous laissent aucun doute à cet égard; ce sont :

([1]) *Les gisements de phosphates de chaux du centre de la France* (*Annales des Mines,* mai-juin 1885, p. 54).

1º Un Vermetidé, *Serpulorbis Deshayesi*, Mayer-Aymard, de l'Astien supérieur bien semblable par son réseau granuleux de petites côtes longitudinales obtuses et ses plis tranverses à la figure 2, Pl. XII, du *Journal de Conchyliolopie*, 3e série, t. XXIX, p. 241. Argile à silex du plateau, la Folie (Saint-Sauveur).

2º Une valve gauche, du groupe de *Pecten Beudanti*, Basterot, semblable à la *P. Ziziniæ*, Blanckenhorn, du Burdigalien (figurée *Pl. IX, fig.* 4), de la *Monographie des Pectinidés néogènes de l'Europe et des régions voisines*, par MM. Depéret et Roman (Supplément) (¹).

Cette valve possède son test sur la plus grande partie de sa surface. Au tiers supérieur environ de sa longueur, on aperçoit distinctement le ressaut ou la gibbosité en demi-cercle que ces auteurs jugent caractéristique. Elle possède également, entre ce ressaut ou gibbosité et le crochet, la division des cotes rayonnantes en deux ou trois costules, comme il apparaît nettement sur l'échantillon ci-dessus. MM. Depéret et Roman ne mentionnent pas cette particularité, que sans doute ils ne croient pas importante, mais que nous faisons valoir cependant pour compléter la ressemblance avec l'espèce par eux figurée.

D'après ces mêmes savants, l'espèce, qui serait abondante en Egypte, n'aurait pas encore été recueillie ailleurs (p. 21). Elle serait un trait d'union entre les faunes malacologiques occidentale et orientale du bassin méditerranéen. Argile à silex La Folie (Saint-Sauveur).

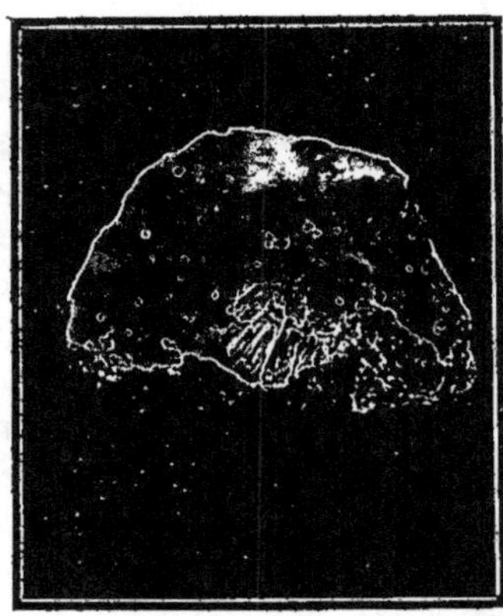

Fig. 1. — Pecten Ziziniæ, Blanckenhorn. Argile à silex. La Folie (Saint-Sauveur-en-Puisaye) (Yonne). — Grandeur naturelle.

3º Enfin, une algue calcaire marine, du genre *Lithothamnium*, encroûtant une concrétion sphéroïdale formée autour d'un imperceptible organisme. Ce *Lithothamnium* fragmenté présente encore une surface de 0,06 m², en parfait état de conservation et semble n'être mis au jour que depuis peu. Certainement, l'échantillon n'a pas subi, depuis la dernière régression marine, les vicissitudes des intempéries contre lesquelles il a été protégé par son enfouissement dans la masse.

Notre individu, dont nous donnons ci-joint une reproduction photographique, a morphologiquement des analogies avec *L. Tuberosum*, Gumbel, de l'Aquitanien des sables d'Astrup (près Osnabruck) et avec *L. Pliocænum*, Gumbel, du tertiaire d'Asti (²). Il présente surtout une ressemblance frappante avec deux formes vivantes, l'une de l'île Maurice, figurée par Zittel, Schimper et Schenk (³), l'autre, *L. Racemus*, également des mers actuelles, d'après Joh. Walther (⁴).

(¹) *Mémoires S. G. F. Paléontologie*, 1905, p. 80.
(²) *Die sogenannten Nulliporen* (*P. L.*, I, *fig.* 5ᵃ et 4ᵃ).
(³) *Paléophytologie*, nº 1 (*fig.* 32, p. 37).
(⁴) *In* EMILE HAUG, *Traité de Géologie* (*fig.* 21, p. 82).

Aussi, pour le cas où cette algue serait inconnue à l'état fossile, proposons-nous de la nommer *L. Præracemus*, en raison de sa similitude ou étroite parenté avec le végétal actuel. Couche arable des sables de la Puisaye le Creusot, entre l'étang des Barres et la Folie (Saint-Sauveur).

Conclusion. — Il semble, après ce qui vient d'être exposé, qu'il n'y ait plus qu'à rechercher de quel étage, à partir de l'Aturien, les sables de la Puisaye pourraient être contemporains. L'âge albien doit, en effet, être définitivement écarté. Les arguments stratigraphiques et paléontologiques se donnent ici la main pour repousser la conclusion des savants.

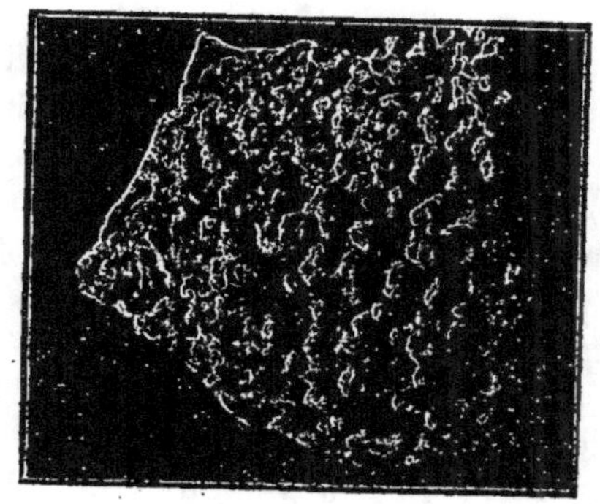

Fig. 2. — Lithothamnium præracemus, Algue calcaire marine. Sables de la Puisaye (Saint-Sauveur-en-Puisaye) (Yonne). — Grandeur naturelle.

Mais de ce que les sables n'ont pu se déposer avant l'aturien, il ne s'ensuit pas que le dépôt date de cette époque ni même des transgressions éocènes. Précisément la mer en ce moment est en régression déjà très avancée et les retours marins de l'éocène pourraient n'avoir pas eu l'ampleur nécessaire pour couvrir de leurs sables en suspension les si vastes espaces qui nous livrent encore, après dénudation, un aperçu de l'importance des masses déposées.

Mais à l'Oligo-Miocène, au Stampien peut-être où à l'Aquitanien, au Burdigalien, l'Océan, revenu prendre possession de son ancien et plus vaste domaine par suite de dislocations récentes sur lesquelles s'exerça l'érosion, arrive abondamment chargé de matériaux détritiques enlevés à de nouvelles chaînes montagneuses, de fer emprunté aux filons nouvellement mis au jour, ce qui lui permet de laisser comme preuve de son passage tous ces amas de sables et de grès ferrugineux, tous les éléments de ces minerais que l'on rencontre en tant de régions [1].

N'est-ce pas là, en effet, l'origine et la cause de cet ensablement presque général d'une partie du bassin de Paris, dont Belgrand a eu l'intuition, mais qu'il attribuait à tort à des eaux diluviennes ou lacustres débouchant par le seuil de la Côte d'Or [2].

L'importance des dépôts sableux concordant avec les mouvements orogéniques récemment accomplis (les Pyrénées) ou en préparation (les Alpes), la haute teneur en fer des sables déposés, l'indication stratigraphique fournie par les fossiles récoltés, *Pecten ziziniæ*, du Burdigalien,

---

[1] DE LAUNAY, *La Science géologique*, p. 524.
[2] LÀ SEINE, Introduction, p. XXIII et p. 3.

**2

et *Lithothamnium* du tertiaire moyen, nous donnent à penser que c'est bien à cette époque du tertiaire qu'on peut ranger au moins provisoirement le dépôt que nous cherchons à dater. Le *Lithothamnium*, surtout, est à ce point caractéristique que les auteurs qui mentionnent les couches ou calcaires qui en sont chargés ne citent presque jamais l'espèce, bien qu'on en connaisse au moins une quinzaine, mais se bornent à l'énonciation du genre (¹).

A la vérité, cette algue n'a été trouvée que dans la couche arable des sables, autant dire à la superficie, mais son état parfait de conservation, sa fraîcheur, éloignent toute supposition qu'elle aurait pu ne vivre que lors d'une transgression encore plus récente. Elle a donc bien fait partie de la masse des sables, qui ne l'ont que depuis peu laissée à découvert. Quant à la faire remonter elle-même à une époque plus reculée, c'est une solution à laquelle s'opposent également son éloignement des formes anciennes et sa similitude avec les types actuels.

Mais le champ reste ouvert aux chercheurs; posée il y a soixante-dix ans (par d'Omalius d'Halloy, 1839) la question, après soixante années (1851-1910) vient de faire un pas; une trouvaille sensationnelle pour notre sujet peut demain ou plus tard l'éclairer définitivement et permettre enfin de préciser une date vainement cherchée jusqu'ici.

Nota. — Divers savants ont émis l'idée que les sables de la Puisaye étaient le résultat d'un cordon littoral, de dunes sur les confins de la mer Albienne; cette question, à la rigueur, aurait pu par nous être traitée dès le début de notre travail; mais nous avons pensé que le développement de notre sujet aiderait à la résoudre.

En effet, sur la date albiennne, nous savons maintenant ce qu'il en faut penser. Sur le phénomène lui-même, l'état si fragmenté des fossiles phosphatés, leur rassemblement en bancs, au préjudice de la masse sableuse qui n'en contient plus; la présence dans les phosphates de mollusques étrangers à la région, supposent un charriage par les eaux, et particulièrement le modelé du sol ancien et actuel dans la contrée qui s'étend du Tholon aux Thureaux d'Auxerre montre l'impuissance de la vague ou du vent, ou de ces deux forces réunies à produire les effets que l'on constate et indique que la cause vraie du dépôt et du fractionnement en îlots restés en place ne peut être qu'un courant marin agissant pendant une importante transgression.

(¹) DE LAPPARENT, *Traité de Géologie*, 4ᵉ éd., p. 1507, 1508, 1518, 1525, 1527, 1535); H. DOUVILLÉ, *Couches à l'épidocyclines* (*Bull. S. G. F.*, 1907, p. 470).

M. W. KILIAN,

Professeur à la Faculté des Sciences de Grenoble,

ET

M. P. REBOUL.

(Grenoble).

SUR UN GISEMENT FOSSILIFÈRE DU VALANGINIEN MOYEN DANS LE NORD DU MASSIF DE LA GRANDE-CHARTREUSE.

551.763.1 (44·99)

? Août.

Il a paru intéressant de faire connaître une petite faune qui a été récemment découverte par l'un de nous dans les marno-calcaires du Valanginien moyen (Marnes à *Bel. latus* des auteurs) entre Entremont et Chambéry (Savoie), dans une région où ce niveau n'avait jusqu'à présent fourni que très peu de fossiles.

Une récolte sommaire a fourni les espèces suivantes, toutes à l'état de moules calcaires.

Nautilus Malbosi, Pictet.
Phylloceras Calypso d'Orb. sp.
Lissoceras Grasianum d'Orb. sp.
Thurmannia pertransiens Sayn.
Thurmannia Salientina Sayn.
Thurmannia Salientina Sayn., adulte de grandes dimensions.
Thurmannia Paquieri Sim. sp.
Thurmannia sp. indét.
Neocomites neocomiensis d'Orb. sp.
Neocomites neocomiensis d'Orb. sp. vas *neocomiensiformis* Hoh.
Neocomites Trezanensis Sayn.
Neocomites platycostatus Sayn (fragment de grande taille).
Neocomites sp.
Necomites (Acanthodiscus?) eucyrtus Sayn; adulte de grande dimension, rappelant *Acanthodiscus Malbosi* Pict. (*Mél. Pal., Pl. XXXIX,* fig. 2 a, 2 b).
Kilianella Bochianensis Sayn.
Kilianella cf. *Bochianensis* Sayn.
Pholadomya scaphoïdes Pict. et Camp.
Pecten Euthymi Pict.
Terebratula collinaria d'Orb.
Pygurus cf. *Loryi* Lamb. et Savin.

Ces fossiles ont été recueillis par M. Reboul, non loin du col du Frêne (Savoie) dans des calcaires et marnes alternant en bancs plus ou moins épais. Le gisement se trouve au Nord et au bord de la route qui conduit de Chambéry à Saint-Pierre d'Entremont, à 5oo m environ après avoir dépassé le col (à l'Ouest de ce dernier).

L'intérêt de cette faunule est considérable; c'est en effet la *première fois que se retrouve, aussi bien caractérisée, au Nord de Grenoble* et à l'état d'individus de grande taille, la faune d'Ammonites si bien décrite par M. Sayn sur de petits moules pyriteux dans les marnes valanginiennes du Diois et des chaînes subalpines méridionales.

Il est en particulier important de connaître les formes adultes d'espèces, comme *Thurmannia Salientina*, Sayn. et *Neocomites platycostatus*, Sayn., dont on n'avait décrit jusqu'à présent que les tours internes et de constater que les modifications que subit l'ornementation de ces espèces dans les tours externes ne sont pas assez considérables pour en empêcher l'identification.

La faune du col du Frêne appartient au Valanginien moyen (*Zone à Thurmannia (Kilianella) Roubaudiana* d'Orb. sp.). Le Valanginien supérieur, étudié par M. Révil au mont Joigny, a également fourni des Céphalopodes intéressants. De nouvelles fouilles permettront de donner une coupe complète de l'étage dans ce point des chaînes subalpines déjà très voisin des régions où apparaît le type jurassien du Crétacé inférieur, mais où subsistent encore les formes bathyales des marnes à Ammonites pyriteuses du Midi.

M. W. KILIAN.

CONTRIBUTIONS A LA CONNAISSANCE DE L'HAUTERIVIEN DU SUD-EST DE LA FRANCE.

551.763.1 (44.9)

? Août.

La faune des dépôts hauteriviens du Sud-Est de la France a fait récemment l'objet d'une revision complète de notre part (¹), notamment en ce qui concerne les Ammonitidés. Les lignes suivantes résument les résultats que nous a fournis l'examen de nombreux gisements et le pro-

---

(¹) *Lethaea geognostica*, II : *Das Mesozoicum*, Tome III (*Kreide*) : 1. *Palaeocretacicum*, 2ᵉ Livr., Stuttgart, 1910; par M. W. KILIAN.

duit de fouilles exécutées avec le concours de M. Paul Reboul dans la partie méridionale des Basses-Alpes et dans le Nord du département du Var.

A. Parmi les Céphalopodes, il y a lieu de citer, tout d'abord, comme *caractéristiques* ou *particulièrement abondantes* dans cet étage, les espèces suivantes :

Nautilus necomiensis d'Orb., *Nautilus pseudo elegans* d'Orb. (les deux très abondants), *Phylloceras Winckleri* Uhl., *Ph. Ernesti* Uhl. (= *Saizieui* Kil.), *Ph. Argonauta*; v. Schl.sp. (= *Ph. infundibulum* d'Orb. sp.), *Lytoceras subfimbriatum* d'Orb. sp., *Lyt.* cf. *Phestus* Math. sp., *L. ophiurum* d'Orb. sp., *L. sequens* Vac., *L. inæqualicostatum* d'Orb. sp., *Hamulina subundulata* d'Orb.; *Holcostephanus* (*Astieria*) *Astierianus* d'Orb. sp. (emend Kilian), *Holc. Sayni* Kil., (abondant), avec sa var. *globulosa* Wegn., *Holc.* (*Astieria*) *Guebhardi* Kil., *Holc* (*Astieria*) *ventricosus* v. Koen., var. *Picteti* Wegn., *Holc.* (*Astieria*) *Klaatschi* Wegn., *Holc.* (*Astieria*) *convolutus* v. Koen, sp., *Holc.* (*Astieria*) *Bernardensis* P. Lory (non fig.), *Holc.* (*Astieria*) *variegatus* Paq. (= *Ast. scissa* Baumb.) *Holc.* (*Astieria*) cf. *psilostomus* N. et Uhl., *Holc.* (*Astieria*) sp. aff. *Atherstoni* Sh. sp., *Holc.* (*Astieria*) *Atherstoni* var. *densicostata* Wegn., *Holc.* (*Astieria*) *Jeannoti* d'Orb. sp. (et *variétés*), *Holc.* (*Astieria*) *Hispanicus* Math. sp. (*Holc. Bigueti* Sayn), *Holc.* (*Astieria*) *filosus* Baumb., *Holc.* (*Astieria*) *latiflexus* Baum. sp., *Holc.* (*Astieria*) *Mittreanus* Math. sp. (abondant), *Holc.* (*Valanginites*) *perinflatus* Mall. sp., *Holc.* (*Valanginites*) *nucleus* Roem (? = *utriculus* Math.), *Holc.* (*Polyptychites*) *bidichotomus* Leym. sp., *Holc.* (*Polypt.*) cf. *biscissus* v. Kœn. (un exemplaire de Chateauvieux, Coll. Lambert); *Holc.* (*Craspedites*) *Carteroni* d'Orb. sp., *Desmoceras cassidoides* Uhl. sp., *Puzosia quinquesulcata.* Math. sp., *Puzosia* (*Latidorsella*) *Loryi* Paq. sp., *Puzosia* (*Pachydiscus prius*) *Neumayri* Haug sp., *Puzosia* cf. *Liptoviensis* Zeusch., *Desmoceras* aff. *Nabdalsa.* Coq. sp., *Puzosia Julianyi* Hónnor. sp., *Puz. ligata* d'Orb. sp., *Paraspicticeras Voironense* de Lor. sp., *Desm.* (*Streblites?*) *Sayni* Paq., (¹). *Oppelia* (*Streblites*) sp. (*Opp. Kiliani* Paq. in litt.), *Oppelia* (*Pulchellia*), *Favrei* Ooster sp., *Saynella* (*Cœlopoceras prius*) *clypeiformis* d'Orb. sp., *Holcodiscus incertus* d'Orb. sp. (= *Livianus* Cat. sp.), (très abondant), *Holcod. intermedius* d'Orb. sp., *Holcod. rotula* J. Sow, sp., *Holcod.* cf. *Hugii* Oost., *Holcod. Lorioli* Kil. (= *Holc. Vandecki* de Lor. sp., non d'Orb.) *Holcod. Crimicus Kil* (= *H. Perezianus Karak.* p. parte), *Holcod.* cf. *Perezianus* d'Orb. sp., *Holcod.* (*Puzosia*) cf. *pachysoma* Math. sp.; — *Hoplites* (*Acanthodiscus*) *radiatus* Brug. sp., *Hopl.* (*Acanth.*) *pseudoradiatus* Baumb., *Hopl.* (*Neocomites*) *pseudomalbosi* Sar. et Sch., *Hopl.* (*Acanth.*) *Wallrathi* Baumb., *H.* cf. *Euthymi* Pict. sp. Hopl. n. sp., *Hopl.* (*Acanth.*) *Vaceki* N. et Uhl. und Uhl., *Hopl.* (*Acanthod.*) *Bernensis* Baumb., *Hopl. Dubisiensis* Baumb., *Hopl.* (*Leopoldia*) *Castellanensis* d'Orb. sp. et variétés, **Leop. Bargemensis** Kil. (= *A. Castellanensis* de Lor., non d'Orb.), *Hopl.* (*Hoplitides*) *Provincialis* Sayn (= *Hopl. Arnoldiaut.* p. p.), *Hopl.* (*Leopoldia*) *pronecostatus* Fel. (= *Leenhardti* Kil = *A. neocomiensis* Pict., non d'Orb.), *Hopl.* (*Leopoldia*) *Kiliani* v. Kœn sp., *Hopl.* (*Leop.*) *cryptoceras* d'Orb. sp., *Hopl.* (*Leop.*) *Karakaschi*

(¹) Espèce très répandue qui se retrouve près de Grenoble et en Savoie (Corbelet).

Uhl., *Hopl.* (*Leop.*) *Leopoldinus* (¹) d'Orb. sp., *Hopl.* (*Leopoldia*) *Lorioli* Baumb
sp., *Hopl.* (*Leop.*) *Buxtorfi* Baumb., *Hopl* (*Leop.*) *desmoceroides* Kar., *Hopl.*
(*Leop.*) *Inostranzewi* Kar. (= ? *Odontoceras rotula* Steuer), *Hopl.* (*Leop.*) *Bran-
desi* v. K., *Hopl.* (*Leop.*) *Frantzi* Kil. (= *H. Ottmeri* N. et Uhl., p. p.), *Hopl.*
(*Neocomites*) *paucinodus* N. et Uhl., *Hopl* (*Neocom*). *longinodus* N. et Uhl.
Hopl (*Neocomites*) *curvinodus* N. et Uhl., *Hopl.* (*Neocom.*) *Renevieri* S. u.
Sch., *Hopl.* (*Neocom.*) *Jodariensis* R. Douv. sp., *Hopl.* (*Neocom.*) *Salevensis*
Kil (= *A. cryptoceras* de Loriol, non d'Orb.), *Hopl.* (*Neocom.*) *Mortilleti* de
Lor. sp., *Hopl.* (*Neocom.*) *neocomiensis* d'Orb (= *A. cryptoceras.* Pict. et
de Lor. (Voirons) non d'Orb.), *Hopl.* (*Neocom.*) *neocomiensiformis* Hoh. sp. (²)
Hopl. (*Neocom.*) *paraplesius* Uhl., *H. curvinodus* N. u. Uhl., *Hopl.* (*Neocom.*)
Rollieri Baumb., *H.* (*Neocomites*) *heliacus* d'Orb. sp., *Hopl.* (*Thurmannia*)
campylotoxus Uhl., *Hopl.* (*Neocomites ?*) *angulicostatus* d'Orb. sp. (emend.
Pict.), *Hopl. Tauricus* Kar.; *Hopl. Monasteriensis* (Kil.) Sim., *Hopl.* (*Parahoplites.*) *Cruasensis* Torc. sp., *Hopl.* (*Kilianella*) *discrepans* Ret. sp., *Crioceras Duvali* Lév. sp., *Crioc. Nolani* Kil. (= *Picteti* Nol.), *Crioceras Duva-
liforme* Kil. (= *Ancyloc. Duvalianum* d'Orb.), *Cr. Sartousianum* Ast. sp.,
Crioc. angulicostatum Pict., *Cr. jurense* Kil., (= *Cr. Picteti* var. *Jurensis*
Nol = *Ancyl, Duvali*, Pictet). (= *Crioc. Picteti* var. *Majoricensis* Nol.) (abondant), *Crioc. Baleare* Nol., *Crioc. Villersianum* d'Orb., *Crioc. Jourdani* Ast.
sp., *Crioc. Thiollierei* Ast. sp., *Crioc. Meriani* Oost, *Crioc. pulcherrimum*
d'Orb. sp., *Crioc. Munieri* Sar et Sch., *Crioc. Quenstedti* Oost., *Crioc, Panescorsi* Ast. sp., *Crioc. Mulsanti* Ast. sp., *Crioc. dilatatum* d'Orb. sp., *Crioc.
Fourneti* Ast. sp., *Crioc. Sablieri* Ast. sp., *Ptychoceras Meyrati* Oost. (= *inornatum* Sim. sp. (sub *Hamulina*)), *Pt. Emerici* d'Orb., *Ptychoceras neocomiense* d'Orb., *Bochianites* sp., *Schloenbachia* (*Nicklesia*) *cultrata* d'Orb. sp.,
(= *Schl. Balthidæ* Honn.), *Schl.* (*Nicklesia*) *cultratæformis* Uhl., *Schl.* (*Nicklésia*) *Ixion* d'Orb. sp., *Schl.* (*Nicklesia*) *Villanovæ* Nickl., *Schl.* (*Nicklesia*)
helius d'Orb. sp., *Aptychus angulicostatus.* Pict. et de Lor. (caractéristique).

Ces Céphalopodes sont accompagnés, dans le facies bathyal, par un petit
nombre d'autres invertébrés qui sont, notamment :

Pecten Alpinus d'Orb., *Pygope* (*Antinomia*) *triangulus* Pict., sp. (rare),
Pygope (*Pygites*) *diphyoides* Pict. sp., [La Charce (Drôme) (Lory 1858) et Furmeyer (Hautes-Alpes) (Coll. Lambert)], *Pygope Euganeensis* Pict. sp.

En poursuivant l'analyse de la faune hauterivienne, nous distinguerons :

(¹) *Hopl.* (*Leop.*) *pronecostatus* Felix (= *neocomiensis Pict.* non *d'Orb.* = *Hopl.
Leenhardti* Kil), *Hopl.* (*Leop.*) *Inostranzewi* Kar., *Hopl. Leopoldinus* d'Orb., *Hopl.*
(*Leop*). *Karakaschi* Uhl. (= *Desori* Kar., non Pictet), *H.* (*Leop*) *Biassalensis* Kar.
(= *L. cryptoceras* v. Kœn. sp., non d'Orb.), *H. Moutonianus* d'Orb. sp. (non fig.),
H. Brandesi v. Kœn, sont des formes très voisines, dont les tours externes peuvent
à peine être différenciés.

(²) Cette espèce a été fréquemment citée et décrite, notamment par Pictet et de
Loriol, sous le nom de *H.* (*Lyticoceras*) *cryptoceras* d'Orb. sp. ou *d'Am. heliacus* d'Orb.
sp. — *Hopl.* (*Neocomites*) *neocomiensiformis Uhl,* se trouve particulièrement abondant en gros exemplaires dans les couches inférieures de l'Hauterivien du Midi des
Basses-Alpes; le véritable *H. cryptoceras* est une *Leopoldia*.

B. *Des formes de Céphalopodes spéciales à l'Hauterivien*; ce sont notamment.:

Hoplites (*Acanthodiscus*) *radiatus* Brug. sp. (= *Amm. asper* Mer.), *Hopl.* (*Acanthod.*) *Vaceki* N. et Uhl., *Hopl.* (*Acanthod.*) *stenonotus* Baumb., *Hopl.* (*Acanthod.*) *obliquecostatus* Baumb., *Hopl.* (*Acanth.*) *Bernensis* Baumb., *Hopl.* (*Leopoldia*) *Ottmeri* N. et Uhl., *Hopl.* (*Acanth.*) *Wallrathi* Baumb., *Hopl. pseudoradiatus* Baumb., *Hopl.* (*Acanth.*) *pseudomalbosi* S. u. Sch., *Hopl.* (*Acanthodiscus?*) *Frantzi* Kil. (= *H. Ottmeri* N. u. Uhl. p. p.), id. (passant à *Kilianella ischnotera* Sayn., *Hopl.* (*Leopoldia*) *Leopoldina* d'Orb. sp., *Hopl.* (*Leop.*) *cryptoceras* d'Orb. sp., *H.* (*Leop.*) *Biassalensis* Kar., *Hopl.* (*Leop.*) *pronecostatus* Felix sp. (= *Léenhardti Kil* = *A. neocomiensis* Pict et C.), *Hopl.* (*Leop.*) *Inostranzewi*, *Kar.*, *Hopl. Karakaschi* Uhl, *Hopl.* (*Leop.*) *Castellanensis* ([1]) d'Orb. sp., *Hopl.* (*Leop.*) *desmoceroides* Kar. sp., *Hopl.* (*Leop.*) *Brandesi* v. K., *Hopl* (*Leop.*) *Lorioli* Baumb., *Hopl.* (*Leop.*) *Buxtorfi* Baumb., *Hopl.* (*Leop.*) *Kiliani* v. Kœn, sp., *Hopl.* (*Leop.*) *Renevieri* Baumb. sp., *Hopl.* (*Kilianella*) *ambiguus* Uhl., *Hopl.* (*Leop.*) *incertus* Baumb., *Hopl.* (*Leop.*) *Varappensis* Baumb., *Hopl.* (*Leop.* (*Saynella?*)) ([1]) *neocomiensis* Baumb. (non d'Orb.), *Hopl.* (*Leop.*) *Bargemensis* Kil., *Hopl.* (*Leop.* (*Saynella?*)) *hoplitoides* Baumb., *Hopl.* (*Neocomites*) *heliacus* d'Orb. sp., *Hopl.* (*Acanthodiscus*) *Dubisiensis* Baumb. (fréquent), *Hopl.* (*Neocom.*) *Renevieri* S. et Sch., *Hopl.* (*Neocom.*) *Rollieri* Baumb., *Hopl.* (*Neocom.*) *neocomiensiformis* Hoh. sp. (abondant), *Hopl.* (*Neocom.*) *Salevensis* Kil., *Hopl.* (*Neocomites*) *Mortilleti* de Lor. sp., |*Hopl. angulicostatus* d'Orb. sp., *Hopl. crioceroides* Torc. sp., *Hopl. Monasteriensis* Kil. sp., *Hopl.* (*Parahopl.*) *Tauricus* Kar. sp., *Hopl.* (*Parahopl.*) *Cruasensis* Torc. sp., etc. (avec passages à *Hopl.* (*Thurmannia*) *Thurmanni* Pict. et C. et à *H.* (*Parahoplites*) *consobrinus* d'Orb. sp).

Crioceras Duvali Lév., *Cr. Villersianum* d'Orb., *Cr. Baleare* Nol., *Cr. Nolani* Kil. (= *Picteti* Nol.), *Cr. Thiollierei* Ast. sp., *Cr. Majoricense* Nol., *Cr. Seeleyi* N. et Uhl., *Cr. angulatum* Torc., *Cr. Jourdani* Ast., *Cr. Meriani* Oost., *Cr. pulcherrimum* d'Orb. sp., *Cr. dilatatum* d'Orb. sp., *Cr. Fourneti* Ast. sp., *Cr. Sablieri* Ast. sp., *Cr. angulicostatum* Pict., *Cr.* (*Ancyloceras*) *furcatum* d'Orb. sp. *Toxoceras bituberculatum* d'Orb. sp., *Ptychoceras Emerici* d'Orb. sp., *Pt neocomiense* d'Orb., *Pt Meyrati* Oost. (= *inornatum* Sim. sp.), *Holcostephanus* (*Valanginites*) *Wilfridi* Kar., *Holc.* (*Astieria*) nov. sp. (*Lamberti* Kil.), *Holc.* (*Astieria*) *ventricosus* v. K. ([2]), *Holc.* (*Astieria*) *latiflexus* Baumb. sp., *Holc.* (*Astieria*) *convolutus* v. Kœn., *Holc.* (*Astieria*) *filosus* Baumb., *Holc.* (*Astieria*) *leptoplanus* Baumb. sp., *Holc.* (*Astieria*) *Hispanicus* Mall. (= *Bigueti* Sayn), *Holc.* (*Astieria*) *Guebhardi* Kil. (très caractéristique), *Holc.* (*Astieria*) *Bernardensis* P. Lory in litt., *Holc.* (*Astieria*) *Klaatschi* Wegner, *Holc.* (*Astieria*) *variegatus* Paq., (= *Holc. scissus* Baumb. sp.), *Holc. rigidus* Baumb. sp., *Holc.* (*Polyptychites*) *bidichotomus* Leym. sp., *Holc.* (*Craspedites*) *Carteroni* d'Orb. sp.

Holcodiscus incertus d'Orb. sp., *Holcodiscus intermedius* d'Orb. sp., *Holc. Crimicus* Kil., *Saynella* (*Cœlopoceras*) *clypeiformis* d'Orb. sp. (= *Leopoldia mucronata* Baumb.).

([1]) M. Reboul a recueilli un seul exemplaire de cette forme dans le Barrémien de Comps (Var); mais elle a son maximum de fréquence dans l'Hauterivien. M. Baumberger rattache cette espèce au genre *Saynella* Kil.

([2]) Voir *Lethaea geognostica, loc. cit.*, p. 220 et suiv.

Desmoceras (*Streblites?*) *Sayni* Paq. sp., *Oppelia* nov. sp. (*Kiliani* Paq. in litt.),
Puzosia ligata D'Orb. sp., *Puzosia* (*Latidorsella*) *Loryi* Paq., *Puzosia Julianyi*
Honn. sp., *Paraspiticeras* (*Aspidoceras* ??) *Voironense* de Lor. sp.

Schlœnbachia (*Nicklésia*) *Bathildæ* Honn. sp., *Schl.* (*Nicklésia*) *cultrata* d'Orb.
sp., *Schl.* (*Nicklésia*) *Ixion* d'Orb. sp., *Schl.* (*Nicklésia*) *cultratiformis* Uhl.,
Schl. (*Nicklésia*) *helius* d'Orb. sp., *Schl.* (*Nicklésia*) *Aonis* d'Orb. sp., (non fig.).

Lytoceras subfimbriatum d'Orb. sp. (abondant), Lyt. *inæqualicostatum*
d'Orb. sp., *Lyt. sequens* Vac. (= *L. Liebigi* Opp. *var.*)

Phylloceras Ernesti Uhl. (= *Saizieui* Kil. (in litt.), *Phyll. Winckleri* Uhl.
Aptychus angulicostatus de Lor.

C. Des espèces d'étages plus anciens. — La faune de l'Hauterivien
est reliée par des *espèces communes* aussi bien au Valanginien qu'aux
premiers dépôts du Barrémien. Quoiqu'un grand nombre de formes
du Valanginien ait déjà disparu, on retrouve cependant, surtout dans
l'Hauterivien inférieur, quelques espèces de cet étage comme :

Nautilus pseudoelegans d'Orb., *Belemites* (*Duvalia*) *trabiformis* Duv., *Bel.*
(*Duvalia*) *dilatatus Blainv.* (et *Bel.* (*Duvalia*) *binervius Rasp.*), (avec son dévelop-
pement maximum dans l'Hauterivien), *Bel.* (*Hibolites*) *jaculum* Phil. (= *pis-
tilliformis* D'Orb. pro parte), *Bel.* (*Pseudobelus*) *bipartitus* Bl. (mut. *brevis* Paq.)
Bel. extinctorius Rasp., *Aptychus Seranonis* Coq., *Apt. Didayi* Coq., *Lytoceras
Liebigi* Opp., *Ly. sutile* Opp., *Lyt. quadrisulcatum* d'Orb. sp. (rare), *Lyt. stran-
gulatum* d'Orb. sp., (près Valdrôme), *Phylloceras Calypso* d'Orb. sp., *Phyll.
Tethys* d'Orb. sp. (= *semistriatum* d'Orb.), *Phyll.* aff. *semisulcatum* d'Orb.
sp. (très rare), *Phyll. serum* Opp. sp., *Lissoceras Grasianum* d'Orb. sp., *Holco-
discus rotula* Phil. sp. (non Kar.); — *Holcostephanus* (*Astieria*) *Astierianus* d'Orb.
sp., (apparaît en rares exemplaires dans le Valanginien; mais l'original provient
de l'Hauterivien de Saint-Martin près Escragnolles), *Holcost.* (*Astieria*) *Sayni*
Kil. (même provenance), *Holcost.* (*Valanginites*) *perinflatus* Math. sp., *Holcost.*
(*Valanginites*) *utriculus* Math. sp. (= ? *nucleus* Rœm. sp.), *Holcost.* (*Astieria*)
Jeannoti d'Orb. sp., *Holcost.* (*Astieria*) *Mittreana* Math. sp., *Holcost.* (*Astieria*)
aff. *Boussingaulti* d'Orb. sp., *Holcost.* (*Astieria ?*) *Atherstoni* Sh. sp. et variétés,
(id.) *Holcost.* (*Astieria*) *psilostoma* N. u. Uhl., *Bochianites neocomiensis* d'Orb. sp.,
Hoplites (*Sarasinella*) *Desori* Pict. sp., *Hopl.* (*Kilianella*) *Roubaudianus* d'Orb.
sp. (très rare), *Hopl.* (*Thurmannia*) *Thurmanni* P. et C. sp., *Hopl.* (*Acanthodiscus*) *Dubisiensis* Baumb. (du groupe de *Ottmeri* N. et Uhl.), *Hopl.* (*Leopoldia,
Hoplitides*) *Provincialis* Sayn (= *Arnoldi* pr parte), *Hopl.* (*Leopoldia*) *Brandesi* v. Kœn., *Hopl.* (*Neocomites*) *neocomiensis* d'Orb. sp., *Hopl.* (*Neocomites*)
cf. *heliacus* d'Orb. sp., *Hopl. Mortilleti* de Lor. sp., *Hopl.* (*Neocomites*) aff.
amblygonius N. et Uhl., *Hopl.* (*Neocom.*) cf. *oxygonius* N. et Uhl., *Hopl.* (*Neocom.*) *curvinodus* (*Phill.*) N. et Uhl., *Hopl. longinodus* N. et Uhl., *Hopl.* (*Acanthodiscus, Distoloceras*) *hystrix* Phil. sp., (*Acanthodiscus*) aff. *Euthymi Pict.*
sp., *Hopl.* (*Neocomites*) *pseudomalbosi* Sar. et Sch., *Hopl. discrepans* Ret., *Hopl.*
cf. *heliacus* d'Orb. sp., *Hopl.* (*Leopoldia*) *pronecostatus* Felix (= *H. Léenhardti*
Kil.), *Hopl.* (*Leopoldia*) *Biassalensis* Kar. sp., *Hopl.* (*Thurmannia*) *campylo-*

(¹) Les environs dë Furmeyer (Hautes-Alpes) présentent un Hauterivien moyen
particulièrement riche en *Asteria* (Coll. Lambert à Veynes).

toxus Uhl., *Hopl.* (*Neocomites*) *regalis* Bean. sp.; *Oppelia* (*Streblites*) *Folgariaca* Opp. sp. (espèce du Tithonique, très rare dans l'Hauterivien) *Opp.* (*Str.*) *Zonaria* Opp. sp.; *Desmoceras Sayni* Paq. (très rare dans le Valanginien); *Mortoniceras* (*Nicklésia*) *Villanovæ* Nickl. Le genre *Bochianites* est encore représenté par de rares individus et paraît s'éteindre En général les genres *Lytoceras*, *Phylloceras* et *Lissoceras* sont plus rares que dans le Valanginien.

D. Des espèces d'étages plus récents. — Il existe dans l'Hauterivieu bathyal du Sud de la France une série de formes, *qui passent dans les étages supérieurs*; je citerai notamment :

Nautilus neocomiensis d'Orb., *Lytoceras crebrisulcatum* Uhl., *Lyt.* aff. *Phestus* Math. sp., *Lyt. Liebigi* Opp. sp., *Lyt. sutile* Opp., *L. Honnoratianum* d'Orb. sp., *Phylloceras Argonauta* v. Schl. sp. (= *infundibulum* d'Orb. sp.), *Ph. Eichwaldi* Kar., *Ph. Ernesti* Uhl., *Desmoceras* (Groupe de *Desm. difficile*), *Desm. cassida* Rasp. sp., (très rare dans l'Hauterivien), *D.* (*Streblites?*) *Sayni* Paq. sp., *Desm. cassidoides* Uhl., *Desm. Nabdalsa* Coq. sp., *Puzosia ligata* d'Orb. sp., *Puzosia* (*Pachydiscus* prius) *Neumayri* Haug sp., *Puzosia quinquesulcata* Math. sp., *Oppelia* (*Pulch.*) *Favrei* Oost. sp., quelques *Holcodiscus* (*Holcod.* cf. *Perezianus* d'Orb. sp., *H.* cf. *intermedius* d'Orb. sp.; etc.), *Hoplites* (*Parahoplites*) *Feraudianus* d'Orb. sp., *H.* (*Parah.*) cf. *Cruasensis* Torc. sp., *Hoplites* (*Neocomites*) *angulicostatus* d'Orb. et variétés (*voir* Pictet, Mel. Pal. Pl. I, a), *Hopl. crioceroides* Torc, sp., *H. Tauricus* Kar., *H. Stanislasi* Torc. sp., *H. Monasteriensis* Kil.; — *Crioceras Duvali* Lév., var. (monte jusque dans le Barrémien), *Cr. Panescorsi* Ast. sp., *Cr. Tabarelli* Ast. sp., *Cr. pulcherrimum* d'Orb., *Cr. Meriani* Oost., *Cr. Mulsanti* Ast. sp., *Cr. Jourdani* Ast., *C. Thiollierei* Ast. sp., (rare dans l'Hauterivien), *Leptoceras* sp., *Crioceras* cf. *Tabarelli* Ast. sp.; *Ptych-Meyrati* Oost., *Pecten Alpinus* d'Orb., *Terebratula Moutoniana* d'Orb. — En outre les genres *Silesites*, *Pulchellia*, *Hamulina* (*Ham. subundulata* et *Ham.* cf. *cincta*), enfin *Ptychoceras* (*Ptych. inornatum* Sim., forme très voisine de : *Ptychoceras Biassalense* Kar. de *Ptych. Meyrati* Oost, et de *Ptych. glaber* Whit) sont déjà représentés isolément ainsi que *Heteroceras* (très rare).

E. Des Ammonitides du facies néritique. — Le facies nérétique est caractérisé, en ce qui concerne les Céphalopodes, dans le Sud-Est de la France par la disparition ou par la grande rareté de *Phylloceras*, *Lytoceras* et *Lissoceras* (*Haploceras*), et par l'abondance de *Hoplites*, *Leopoldia*, *Schlœnbachia* (*Nicklesia*) et *Holcostephanus*. La prédominance de certaines formes d'Ammonites, désignées souvent sous le nom de *jurassiennes* ou *boréales*, semble également spéciale au Facies phosphaté ou glauconieux. Ainsi :

Saynella (*Coelopoceras* prius) *clypeiformis* d'Orb. sp., *Hoplites* (*Acanthodiscus*) *radiatus* Brug. sp., *Hopl.* (*Acanthodiscus*) *Dubisiensis* Baumb., *Hopl.* (*Neocomites*) *Salevensis* Kil., *Hopl.,* (*Neocomites*) *paucinodus* N. et Uhl., *Hopl.* (*Leopoldia*) *Leopoldinus* d'Orb. sp., *H.* (*Leopoldia*) *Bargemensis* Kil., *Hopl.* (*Acanthodiscus*) *discrepans* Retowsky, (*Hopl. Leopoldia*) *Inostranzewi* Kar., *Hopl.* (*Leopoldia*) *Castellanensis* d'Orb., *Hopl.* (*Sarasinella*) *Desori* Pict. sp., *Hopl.* (*Hoplitides*) *Arnoldi* Pict. sp., *Hopl.* (*Neocomites*) *neocomiensis* d'Orb. sp. var., *Schlœnbachia* (*Nicklésia*) *cultrata* et *cultratiformis* Uhl., *Holcostephanus* (*Va-*

langinites) *utriculus* Math. sp., *Holcost.* (*Valanginites*) *perinflatus* Math. sp., *Holcost* (*Astieria*) *psilostoma* N. et Uhl. sp., *Hopl.* (*Astieria*) sp., *Puzosia Julianyi* Honn. sp. sont spécialement abondants dans les formations glauconieuses et quelques-unes de ces formes paraissent même être liées localement à ce facies.

F. Espèces communes avec l'Hauterivien jurassien et le Hils. — Le Néocomien du Jura (¹) et celui de l'Allemagne du Nord possèdent en commun avec l'Hauterivien du Sud de la France, un certain nombre de Pélécypodes, de Brachiopodes, quelques Echinides et des Ammonitides cités dans le paragraphe précédent et une série d'espèces assimilées à des formes nouvelles décrites par M. Baumberger (*voir* la liste du paragraphe B). Nous citerons en particulier comme significatifs les Céphalopodes suivants :

Holcostephanus (*Polyptychites*) cf. *biscissus* v. Kœnen (de Furmeyer (Hautes-Alpes), *Holcostephanus* (*Craspedites*) *Carteroni* d'Orb. sp., *Holcost.* (*Polyptychites*) *bidichotomus* Leym. sp., *Holcost.* (*Astieria*) *Atherstoni* Sharpe sp., *Hoplites* (*Acanthodiscus*) *radiatus* Brug. sp., *Hopl. longinodus* N. et Uhl., *Hopl.* (*Neocomites*) *paucinodus* N. et Uhl., *Hopl.* (*Neocomites*) *Salevensis Kil.*, *Hopl.* (*Neocomites*) *amblygonius* N. et Uhl., *Hopl.* (*Acanthodiscus*) *Vaceki* N. et Uhl., *Schlœnbachia* (*Nicklésia*) *cultrata* d'Orb. sp. et autres formes; *Crioceras Seeleyi* N. et Uhl., *Hopl.* (*Acanthodiscus*) *Frantzi* Kil., (= *Hopl. Ottmeri* N. et Uhl. p. parte) et *Belemnites* (*Hibolites*) *jaculum* Phil.

Ces espèces se rencontrent pour la plupart dans les formations néritiques des environs de Cartellane et de Comps du Var; l'Hauterivien bathyal se rapproche par contre beaucoup moins des formations contemporaines de l'Europe du Nord quoique *Nautilus pseudo-elegans* d'Orb., *Hoplites* (*Acanthodiscus*) *radiatus* Brug sp. et *Holcostephanus* (*Astieria*) *Astierianus* d'Orb. sp. soient répandus partout.

G. Formes autres que les Céphalopodes. — Outre les Céphalopodes il y a lieu de citer dans le facies néritique de l'Hauterivien du Sud-Est de la France :

Pycnodus Couloni Ag., *Homarus* sp., *Serpula filiformis* Sow. (abondante), *S. antiquata* Sow., *Galeolaria neocomiensis* de Lor., *Alaria sp.*, *Tylostoma Laharpi* Pict. et Camp., *Harpagodes* (*Pteroceras*) *Pelagi* Brongn. sp., *Harp. Emerici* d'Orb. sp., *Harp. Desori* P. et C., *Strombus* sp., *Rostellaria Emerici* d'Orb., *Natica Coquandiana* d'Orb., *N. Pilleti* Math., *N. Allaudiensis* Math., *N. Arnaudi* Math., *N. Hugardiana* d'Orb., *N. Pellati* Math., *N. Manuelis* Choff., *N. bulimoides* Desh., *N. Bruguierii* Math., *N. pseudoampullaria* Math., *Varigera Allaudiensis* (Coq) Math., *Chemnitzia incerta* Math., *Nerinea Massiliensis* Math., *Chenopus Delbosi* Math., *Fissurella* sp., *Pseudomelania* sp., *Neri-*

(¹) Il est tout à fait remarquable de voir se retrouver jusque dans ses détails dans l'Hauterivien néritique de la Provence, la faune d'Ammonites dont M. Baumberger a si consciencieusement étudié les éléments dans le Jura suisse et dont nous avons retrouvé *la plupart des espèces*.

topsis sp., *Cerithium Varusense* d'Orb., *Pleurotomaria neocomiensis* d'Orb., *Pl. ardia* Math., *Pl. Defrancei*, Math. *Pl. Bourgueti* Ag., *Pl. Pailletteana* d'Orb., *Pl. pseudoelegans* P. et C., *Solarium Carcitanense* Math. — *Solen carinatus* Math., *Goniomya caudata* Ag. (= *Pholadomya Agassizi* d'Orb.); *Ph. gigantea* Sow. (= *Ph. elongata* Münst. = *Ph. Scheuchzeriana* Ag. = *Ph. Favrina* Ag = *Ph. Weerthi* Woll.); *Ph. Galloprovincialis* Math., *Ph. Valangiensis* P. et C., *Homomya* (*Myopsis*) *Christoliana* Math. sp., *Thracia Phillipsi* Roem (= *Mya depressa*), *Lavignon* (*Mactromya*) *rhomboidalis* Leym sp., *Panopæa* (*Myopsis*) *recta* d'Orb., *P. irregularis* d'Orb., *P. gurgitis* Brongn. sp. [= *P. neocomiensis* Leym. sp., d'Orb., etc. = *P. plicata* Sow. = *Myopsis unioides* Ag. = *P. neocomiensis* d'Orb., = *Pan. Prevosti* d'Orb. Desh. (sub. *Pleuromya, Myacites, Pholadomya, Glycimeris, Lutraria*)], *P. cuneata* Math. sp., *P. costata* Rœm, sp., *P. curta* Ag., *P. Voltzii* (d'Orb.) Math., sp., *P.* (*Lutraria*) *rostrata* Math. sp., *P. Massiliensis* Math. sp., *P. arcuata* Ag., *P. irregularis* d'Orb., *P. sinuosa* Math. sp., *Venus Allaudiensis* Math., *V. Galloprovincialis* Math., *Venus Brongnartiana* Leym., *V. Ricordeana* d'Orb., *V. Cornueliana* d'Orb., *Isocardia neocomiensis* Ag., *Opis neocomiensis* d'Orb., (= *O. Desori* d'Orb.), *Opis* sp., *Anatina Astieriana* d'Orb., *A. carinata* d'Orb., *Astarte Moreana* d'Orb., *Astarte Beaumonti* Leym., *Astarte disparilis* d'Orb., *Monopleura Valdensis* Pict., *Venus Vendoperana* d'Orb., *Cyprina Bernensis* Leym., *C. Deshayesiana* de Lor., *Sphaera corrugata* d'Orb. (= *Fimbria corrugata* Pict. = *Corbis* (*Venus*) *cordiformis* Desh., d'Orb.) *Sph. Galloprovincialis* Math. sp., *Cardium impressum* Leym., *Cardium subhillanum* Leym., *C. Voltzi* Desh., *Trigonia rudis* Park., *Tr.* cf. *Robinaldina* d'Orb., *Tr. caudata* Ag. (= *aliformis* P. et C.); *Tr. longa* Ag., *Tr. carinata* Ag. (abondant), *Tr. harpa* Desh., *Tr. palmata* Math., *Tr. divaricata* d'Orb., *Cucullæa* (*Arca*) *Gabrielis* Leym., (= *C. Forbesi* P. et C. sp.), *C. tumida* Math., *A. Astieriana* Math., *A. cor.* Math., sp., *Arca Loryi* Math., *A. Astieriana* Math., *A. Renevieri* Math., *A. Jauberti* Math., *A. Falsani* Math., *A. Dumasi* Math., *Barbatia Aptiensis* P. et C. (= *Cuc. Raulini* d'Orb. = *N. ovata* Phill = *N. obtusa* d'Orb.), *Grammodon* (*Arca*) *securis* Leym. sp. (*Cucullæa, Arca*, prius), *Arca Allaudiensis* Math., *Isoarca Alpina* d'Orb. (non fig.), *Crassatella Robinaldina* d'Orb., *Nucula planata* Desh., *N. Cornueliana* d'Orb., *Avicula* (*Oxytoma*), (*Pteria*) *Sowerbyana* Math., *Av. Allaudiensis* Math., *Av. Carteroni* d'Orb., *Gervillia alæformis* d'Orb., *Mytilus Gillieroni* P. et C., *Mytilus æqualis* d'Orb., *Perna Mulleti* Desh., *Perna Ricordeana* d'Orb., (= *Fittoni* Pict.), *Pinna Robinaldina* d'Orb., (= *P. rugosa* Rœm. (non Schl.)"= *P. arata* Math.), *Pinna Gillieroni* P. et C., *Inoceramus neocomiensis* d'Orb., *Lima* (*Radula*) *Galloprovincialis* Math., *L. Orbignyana* Math., *L. Royeriana* d'Orb., *L. Massiliensis* Math., *L. undata* Desh., *L. Carteroniana* d'Orb., *L. neocomiensis* d'Orb., *L.* (*Limatula*) *semicostata* Rœm. (= *Tombeckiana* d'Orb. = *Dupiniana* d'Orb.), *L. Leymeriei* d'Orb., *L. expansa* Fab. *Plicatula Rœmeri* d'Orb. (= *armata* Goldf.) *Pecten* (*Neithea*) *atavus* Rœm. (= *P.* (*Neithea*) *neocomiensis* d'Orb.), *P. Carteroni* d'Orb., *P. Astierianus* d'Orb. (non fig.), *P. Robinaldinus* d'Orb., *P. striatocostatus* Math., *P. versicostatus* Math., *P.* (*Camptonectes*) *Cottaldinus* d'Orb. (= *circularis* Forb.), *P. Archiacianus* d'Orb., *P. Coquandianus* d'Orb., *P.* (*Camptonectes*) *cinctus* Sow. (= *P. crassitesta* Rœm. = *P. Rœmeri* Weerth. = *P. cinctus* Rœm. = *P. imperialis* Keys.), *Hinnites Renevieri* P. et C., *Hinnites Leymeriei* (Desh.) P. et C., *Semipecten Occitanicus* Pict. sp., *Spondylus striato-costatus* d'Orb., *Spond. Rœmeri* Desh. (= *latus* Desh. = *radiatus* Rœm.), *Ostrea Tombeckiana* d'Orb., *Alectryonia* (*Ostrea*) *rectangularis* Rœm.

sp. (= *O. macoptera* Sow.) id. var. *crebricosta* Pict.; *Exogyra tuberculifera*
K. et D. (= *Ex. spiralis* Goldf. sp. = *O. harpax* Goldf. = *O. Boussingaulti*
d'Orb. p. parte = *O. tuberculifera* (K. et D.) Pict. p. part), *Ex. Minos* Coq.
sp. (= *Ex. Boussingaulti* d'Orb. p. parte), *Ex.* (*Aetostreon, Ostrea*) *Couloni*
Defr. sp. avec ses variétés [var. *longa lævis, longa nodosa, alta lævis, alta
nodosa* Wollemann, etc., var. *aquila* d'Orb., var. *subsinuata* Leym., etc. (= *Ex.
sinuata* Sow.)], *Exogyra* n. sp. (aff. *Arduennensis* d'Orb.), *Anomia neocomiensis* d'Orb., *Terebratula prælonga* Sow. (= *Ter. acuta* Qu.); *Ter. Valdensis*
de Lor., *Ter. Iserensis* Rollier *in litt.* (= *Ter. Mallevalensis* Jacob *in litt.*) (grosse
forme typique), *Ter. Carteroniana* d'Orb., *Ter.* cf. *sella* Sow., *Ter. Moutoniana*
d'Orb., *Magellania* (*Zeilleria*) *pseudo-Jurensis* de Lor., *Mag.* (*Zeilleria*) *tama-
rindus* Sow. sp., *Mag.* (*Zeilleria*) *Villersensis* de Lor., *Glossothyris* cf. *hippopus*
Rœm. sp., *Eudesia Marcousana* d'Orb. sp. (rare près d'Escragnolles), *Eudesia*
sp., *Rhynchonella lata* d'Orb., *Rh. depressa* d'Orb., *Rh. Guerini* d'Orb., *Rh.
multiformis* (Rœm) de Lor., id. mut. *major* Kil., *Rh. lineolata* Davids (= *Dollfusi* Kil); *Rh. Cherennensis* Jac. (= *Rh. contracta* d'Orb. et variétés, *Rh. Moutoniana* d'Orb. var. *minor.* Kil., *Megerela* (*Mühlfeldtia*) sp. (*M. Oehlerti* Jac.
non fig.), *Thecidopsis digitata* Sow. sp., *Terebratulina biauriculata* d'Orb.,
T. chrysalis Schloth. sp., *T. Arzierensis* de Lor., *Lyra neocomiensis* d'Orb.,
sp.; — *Toxaster retusus* Lamk. (= *Tox. complanatus* Ag. = *Echinospatagus
cordiformis* Breyn), *Tox. gibbus* Ag., *Tox. neocomiensis* d'Orb., *Tox. granosus*
Des., *Tox. Verrouyi* Sism., *Miotox. Ricordeanus* (= *Tox. argilaceus* d'Orb. sp.)
Cott., *Disaster anasteroides* Ag. (= *D. subelongatus* d'Orb.) sp., *Cardiopelta,*
(*Collyrites, Disaster* prius) *ovulum* Des. sp., *Peltastes stellulatus* Ag. sp., *Holec-
typus macropygus* Ag. sp., *Psammechinus Pilleti* L. et Sav., *Pyrina pygœa*
Ag. sp., *Nucleopygus Roberti* A. Gras sp., *Goniopygus peltatus* Ag. sp., *Hemi-
pedina Gevreyi* Lamb., *Pseudodiadema* (*Tiaromma*) *rotulare* Ag. sp., *Tiaromma
Bourgueti* Cott. sp., *Rachiosoma paucituberculatum* A. Gras sp., *Cidaris Lardyi*
Des., *Cid. pilum* M., *Cid. pustulosa* A. Gras, *Cid. ryzacantha* A. Gras, *Cid.
avenacea* Lamb et Sav., *Cid. cydonifera* Ag., *Cid. Lamberti, Cid. Cherennensis*
Sav., *Cid. pretiosa* Desh., *Cid. punctatissima* Ag., *Cid. Gevreyi* L. et Sav., *Cid.
Jacobi* L. et Sav., *Plegiocidaris* cf. *alpina* Cott. sp., *Pl. Friburgensis* de Lor. sp.,
Pl. lineolata Cott. sp., *Pl. spinigera* Cott. sp., *Pl. Gevreyi* L. et Sav. *Pl. punctata*
Roem, sp., *Rhabdocidaris Delphinensis* L. et Sav., *Acrocidaris minor* Ag.,
Hemicidaris Pilleti L. et Sav., *Eugeniacrinus* (*Hemicrinus*) *Astierianus* d'Orb.
sp., *Eug. Gevreyi* de Lor., *Pentacrinus Mallevallensis* de Lor., *P. Lissajouxi*
de Lor., *P. Peyroulensis* de Lor., *P. neocomiensis* Desor., *Goniaster* sp., *Lunu-
lites* sp., Stromatopores, Spongiaires (*Cribroscyphia* etc.)

Il y a lieu d'ajouter que les *bancs supérieurs* de l'Étage renferment
en plusieurs points : Cobonne (Drôme), la Palud-de-Moustiers (Basses-
Alpes, etc.) avec une série de variétés de *Hoplites* (*Neocomites*) *angulicostatus* (d'Orb.) Pict. (*Acanthoplites* Sintzow.), des espèces spéciales telles que

Hoplites (*Neocomites*) *crioceroides* Torc. sp., *Hopl. Monasteriensis* (Kil.) Sim.,
Hopl. Tauricus Kar., *H. Stanislasi* Torc. sp., *Crioc. Nolani* Kil., *Puzosia Neumayri* Haug sp., *P. Julianyi* Honn. sp., *P. Loryi* Paq. etc. etc.

I. — Dans le Diois (la Charce) et au Cheiron, près de Castellane,
l'Hauterivien supérieur est relié au Barrémien par des *couches à Crio-
cères* où dominent :

Crioceras Nolani Kil., *Crioc. dilatatum* d'Orb., *Cr. Mulsanti* Ast. sp., *Cr. pulcherrimum* d'Orb. sp., *Cr. F. Thollierii* Ast. sp., *Cr. Jourdani* Ast. sp., *Cr. Binelli* Ast. sp., *Cr. Sablieri* Ast. sp., *Cr. Koechlini* Ast. sp., *Cr. Moutoni* Ast. sp., *Gr.* cf. *Sartousianum* Ast. sp., *Cr. Roemeri* Neum. et Uhl., c'est-à-dire un mélange de formes des deux étages qu'il devient ainsi difficile de délimiter exactement ([1]).

M. Henri DOUXAMI,

Professeur adjoint de Géologie et de Minéralogie à la Faculté des Sciences (Lille).

OBSERVATIONS SUR LES NEIGES AUX HAUTES ALTITUDES.

551.577 (23)

2 Août.

Grâce aux précipitations atmosphériques relativement abondantes qui se sont produites pendant ces dernières années et aussi grâce à l'absence d'étés chauds et secs, on constate dans les Alpes et en particulier dans le massif du Mont Blanc un enneigement marqué et un abaissement assez considérable de la limite des neiges persistantes au-dessous de la limite moyenne de 3000 m donnée par les auteurs. En même temps, dans les régions moins élevées, les neiges tombées pendant la mauvaise saison ne fondent complètement qu'assez tard. Aussi, alors que les années précédentes la partie inférieure du glacier de Tré-la-Tête (près des Contamines Saint-Gervais, Haute-Savoie), entre 2000 m et 2500 m d'altitude, était pour ainsi dire complètement dégarnie de neiges dès le mois de juin, cette année-ci il était recouvert, lors de notre séjour dans la seconde quinzaine de juin, d'une couche de neige atteignant jusqu'à 3 m et plus d'épaisseur. Aussi, pour arriver jusqu'à la glace vive où nous devions enfoncer des repères ([2]) destinés

---

([1]) Pour plus de détails sur la faune hauterivienne, la synonymie des espèces et la bibliographie de cet étage, nous renvoyons le lecteur à *Lethaea geognostica*, II, vol. 3, 1, fasc. 2 (Stuttgart, 1910) où nous avons donné un grand nombre de renseignements sur l'Hauterivien du bassin rhodanien.

([2]) Le glacier de Tré-la-Tête, l'un des plus grands glaciers de vallée du massif du mont Blanc, est l'objet, depuis déjà plusieurs années, d'une étude aussi complète que possible effectuée par la commission glaciaire de Savoie composée de MM. Mougin et Bernard, inspecteurs des Eaux et Forêts, et de l'auteur de cet article. Les résultats de cette étude seront publiés lorsque la durée des observations sera suffisante pour éviter les nombreuses causes d'erreurs et permettre des généralisations.

à étudier l'ablation et la marche du glacier, avons-nous dû faire creuser de nombreuses tranchées dans la neige, aussi bien dans la région inférieure de l'appareil glaciaire (région d'ablation) que dans les régions supérieures, et c'est ainsi que nous avons pu observer un certain nombre de faits intéressants venant compléter des observations antérieures et sur lesquels nous voudrions attirer l'attention.

I. C'est en général à partir du milieu du mois de septembre que les neiges nouvelles ne fondent plus complètement et persistent plus ou moins longtemps l'année suivante suivant l'altitude, l'exposition et les conditions climatologiques. Après chaque chute de neige, le glacier se trouve recouvert par une couche de neige plus ou moins épaisse qui épouse la forme générale du glacier ou de la couche de neige sous-jacente. Elle comble les plus petites dépressions et donne naissance à des portions en surplomb sur les crevasses ou les dépressions un peu larges aux parois presque verticales. Les mêmes faits se reproduisent à chaque précipitation solide et les inégalités de la surface sont de plus en plus atténuées; il arrive en particulier que les crevasses finissent par être masquées, soit parce qu'elles ont été remplies pár la neige qui est tombée dans celles qui étaient largement ouvertes à la fin de l'été, soit parce qu'elles ont été recouvertes par ces ponts de neige plus ou moins épais, bien connus de tous ceux qui ont parcouru les glaciers. Les couches de neige qui s'accumulent sur la surface du glacier (ou du sol) pendant la saison froide se sont donc déposées dans des conditions qui rappellent celles suivant lesquelles se forment les sédiments marins ou lacustres (¹). L'épaisseur d'une de ces couches de neige dépendra évidemment de l'importance et de la durée de la précipitation solide correspondante et aussi de l'état de la neige au moment où elle tombe (gros flocons, flocons fins, grésil ou neige plus ou moins fondue). Ce sont ces variations de la nature de la neige qui tombe qui font que la densité de la neige fraîche est si variable. Aussi, comprend-on dès maintenant qu'il soit possible de distinguer sur une tranchée le nombre des couches de neige qui recouvrent la surface du glacier uniquement par les différences d'aspect et de structure qui peuvent présenter les *sédiments neigeux* successifs.

D'autre part, entre deux chutes de neige consécutives, il s'écoule un certain intervalle de temps comprenant en général des jours et des nuits, intervalle de temps pendant lequel la couche de neige récemment tombée est soumise aux actions extérieures. Si la température de l'air est supérieure à 0° — et le cas se produira certainement au mois de septembre pour les couches de neige situées près de la surface du glacier et tombées à la fin de la belle saison et pour les plus récentes tombées

---

(¹) Le vent trouble naturellement la régularité des dépôts : on pourrait comparer son action à celle des courants fréquents le long des côtes et qui troublent aussi la régularité des couches sédimentaires.

au commencement de la saison chaude de l'année suivante (¹) — les parties superficielles de la dernière neige fondront. pendant le jour. L'eau de fusion ou bien traversera toute l'épaisseur de la neige déjà déposée et arrivera jusqu'à la glace vive ou jusqu'au sous-sol, ou bien imprégnera par capillarité et sous l'action de la pesanteur les portions de la couche de neige situées près de la surface. Puis cette eau regèlera la nuit suivante, rendant la neige plus dure et assez résistante pour une partie de la journée suivante où les mêmes phénomènes se reproduiront jusqu'à ce que par exemple la température de la journée devienne inférieure à 0°, ou bien jusqu'à ce qu'une nouvelle couche de neige vienne recouvrir celle dont nous nous occupons. Cette dernière sera alors séparée de la suivante par une petite croûte de glace plus ou moins compacte, d'épaisseur variable, toujours très visible dans les tranchées et parfois assez dure et assez épaisse pour être difficile à enlever à la pioche.

En même. temps, sur la surface de la couche de neige, la dernière tombée, le vent, les petits filets d'eau de fusion, les avalanches vont accumuler des poussières et.des débris d'origine variée : sables, parfois petites pierrailles ou blocs assez volumineux, fragments de végétaux, etc. Ces débris, dont l'abondance relative peut nous donner une idée de l'intervalle de temps qui a dû s'écouler enre deux chutes de neiges successives, viennent donc encore souligner les surfaces de séparation des différentes couches de neige et aident beaucoup à les distinguer et même à les suivre souvent sur une assez grande étendue.

De ces observations il résulte que, dans la région du bassin d'alimentation, là où les neiges s'accumulent pour se transformer plus tard, sous l'action de la pesanteur de la pression, en névé puis en glace compacte, cette hétérogénéité de la masse neigeuse doit se conserver plus ou moins complètement pendant la transformation de la neige en glace. Celle-ci doit donc être constituée de couches presque parallèles, mais de structure, d'aspect et d'épaisseur variables suivant les couches de neiges dont elle provient. La stratification de la neige telle que nous venons de l'exposer permet donc d'expliquer facilement certains traits de la structure de la glace des glaciers.

Remarquons aussi que si, à partir d'une certaine profondeur (assez faible d'ailleurs), les couches de neige sont à l'abri des agents atmosphériques, les couches les plus superficielles qui auront persisté pendant toute la belle saison malgré la fusion et l'évaporation, auront été soumises aux actions extérieures beaucoup plus longtemps que celles tombées au début de la saison froide. Il sera donc possible, et le fait a été constaté au glacier de Tête Rousse par notre ami et collaborateur M. Bernard, de distinguer dans la région des. neiges persistantes, dans une tranchée suffisamment profonde, l'ensemble des couches de neiges qui se

---

(¹) Ces circonstances existent pendant toute la belle saison pour les couches superficielles de neige dans la région des neiges persistantes.

rapportent à l'année qui vient de s'écouler ou aux années précédentes. La surface de séparation de ces ensembles de couches se rapportant à une même année (¹), sera plus irrégulière que celle qui sépare deux couches successives de neige, les débris y seront généralement beaucoup plus abondants et la structure de la glace ou de la neige plus ou moins transformée en glace différente de celle des premières couches de l'année suivante. Quant à l'épaisseur et à la structure de ces ensembles de résidus neigeux annuels, elles seront naturellement très variables et dépendront d'une foule de circonstances : nombre et importance des chutes de neige pendant la saison froide, température et sécheresse de la saison chaude, altitude, exposition (²). De ces remarques il résulte, évidemment, que l'ensemble des couches de glace provenant de la transformation des couches résiduelles de neiges d'une même année pourront assez facilement se distingüer de celles provenant de la transformation des couches de neiges des années précédentes ou des années suivantes. Les couches successives qu'on peut facilement observer même de loin sur la tranche des glaciers ou séracs suspendus (Mont Tondu, Col Infranchissable, Miage, etc.), sur les cassures fraîches des grands séracs supérieurs, ainsi que dans la glace du glacier principal jusqu'à une certaine distance du front du glacier, correspondraient donc pour nous à autant de couches annuelles de neige et leur épaisseur variable donnerait ainsi une idée de l'importance du résidu neigeux annuel dans la région du bassin d'alimentation. L'âge d'une couche déterminée de névé ou de glace ne peut pas d'ailleurs être déterminé d'une façon rigoureuse en comptant par exemple le nombre des couches à partir de la surface du glacier puisqu'on n'est jamais sûr que la fusion pendant une saison chaude déterminée n'ait pas fait disparaître complètement non seulement les neiges de la saison froide précédente, mais encore les neiges et les névés provenant de plusieurs saisons froides antérieures avant leur incorporation au glacier; parfois même des couches de glace déjà formées.

Dans les crevasses larges et profondes où la neige a pu s'accumuler en couches plus ou moins régulières, la fusion superficielle est moins active et cette neige, qui descend d'ailleurs avec le glacier, finit par sé transformer en glace où les différentes couches primitives de neige sont plus ou moins discernables. Ces couches de neiges accumulées dans les crevasses affectaient une forme lenticulaire, imposée en quelque sorte par la forme de la crevasse; elles la conservent après leur transformation en glace. Telle serait, à notre avis, l'origine de ces lentilles de glace qui tranchent à la fois par leur structure, leur couleur, leur dispo-

---

(¹) Ou plutôt à une même période froide.

(²) Au glacier de Tête Rousse, à 3200 m d'altitude moyenne, pendant un certain nombre d'années il n'y avait pas de résidu neigeux et la masse du glacier avait subi une ablation considérable; depuis 3 ans, les neiges sont redevenues persistantes à cette altitude et même beaucoup plus bas, comme nous l'avons dit plus haut.

sition et leur fusibilité sur l'ensemble de la masse générale du glacier.

II. Si maintenant nous cherchons à nous rendre compte de ce qui doit advenir des résidus neigeux annuels depuis le bassin d'alimentation où ils se sont produits, en aval, nous constaterons facilement, surtout dans les petits glaciers de cirque comme celui de Tête Rousse, par exemple, que la couche résiduelle de neige d'une année déterminée diminue progressivement d'épaisseur à la fois par suite de la transformation de la neige en glace compacte et aussi par suite de l'ablation (fusion, évaporation) au fur et à mesure que cette masse atteint des altitudes plus basses. Beaucoup de ces couches annuelles, se terminant ainsi en biseau vers l'aval, deviennent dans les glaciers de vallées de moins en moins discernables vers l'extrémité inférieure du glacier et un petit nombre seulement de celles qui existaient dans la région du bassin d'alimentation atteignent la langue terminale du glacier.

C'est donc surtout dans les névés supérieurs que les phénomènes que nous avons en vue sont le plus facilement observables. Pendant une période de désenneigement (précipitations atmosphériques peu abondantes, étés secs et chauds), les résidus neigeux annuels, quand ils existeront, seront en retrait les uns par rapport aux autres de l'aval vers l'amont : les couches annuelles de neiges et par suite des névés seront en *régression* les unes par rapport aux autres de l'aval vers l'amont du glacier ([1]). Si au contraire, comme cela paraît être le cas dans ces dernières années, on se trouve dans une période d'enneigement, la limite des neiges persistantes s'abaissera, on verra les névés résultant de la transformation des résidus neigeux annuels déborder les uns sur les autres de l'amont vers l'aval et recouvrir les couches de névés plus anciennes en *transgression progressive* tant que durera la période d'enneigement.

Il est difficile de suivre les transformations de ces névés bien loin, en aval, dans le glacier principal et de constater dans les couches de glace compacte les effets produits par ces transgressions et ces régressions des neiges et des névés : il faudrait en effet pouvoir faire à ce sujet des observations de très longue durée et instituer toute une série d'expériences délicates permettant de repérer à coup sûr telle ou telle couche de névé. Cependant, grâce à des tranchées très longues et très profondes et des observations poursuivies pendant plusieurs années à Tête Rousse par MM. Bernard et Mougin, les faits constatés sont venus confirmer de la façon la plus nette les hypothèses énoncées plus haut.

III. Sur les bords du glacier, la stratification des couches de neige est troublée par les apports souvent considérables que les avalanches,

---

([1]) Il est bien entendu que nous n'oublions pas que le glacier marche et entraîne avec lui un résidu neigeux annuel avant qu'il ait pu être recouvert par de nouvelles neiges, nouvelles neiges dont le résidu irait (les conditions de l'année précédente étant identiquement les mêmes) moins loin que le névé précédent.

les chutes de séracs, les éboulements et le vent amènent sur le glacier principal. D'une façon générale, comme d'ailleurs c'est aussi le cas pour les petits glaciers affluents trop faibles pour pouvoir lutter contre la force du courant glaciaire principal, tous ces amas et ces apports à stratification plus ou moins confuse, s'étalent à la surface du glacier principal et la neige, les névés ou la glace finissent par disparaître par suite de l'ablation atmosphérique (fusion et évaporation) à une faible distance en aval, ne laissant comme témoins de leur existence antérieure que des amas de pierrailles ou parfois des amas morainiques et des blocs isolés (¹) au milieu du glacier dont la position en quelque sorte anormale peut ainsi souvent s'expliquer facilement par ces considérations.

IV. Si, pendant la belle saison, la neige qui tombe, surtout dans les altitudes les plus basses, est une neige plus ou moins fondue et constitue ce que nous pourrions appeler une *neige humide* sur laquelle le vent n'aura que peu de prise; celle qui tombe pendant la saison froide ou dans les hautes altitudes est une neige en général beaucoup plus fine (grésil); c'est en outre une *neige sèche* qui se comportera comme une véritable poussière. Aussi le vent, et tous les alpinistes l'ont certainement observé, soulève-t-il cette neige avec la plus grande facilité, donnant naissance à tous les phénomènes que l'on rencontre sur les plages de sables ou dans les régions sèches. C'est ainsi que les grands champs de neiges qui recouvraient au mois de juin dernier la plus grande partie du glacier de Tré-la-Tête présentaient une surface curieusement façonnée par l'action du vent ayant remis en mouvement les neiges des trois ou quatre dernières chutes. L'aspect de ces champs de neige rappelait tout à fait celui d'une plage de sables. Au lieu d'être unie la surface était criblée d'une multitude de petites cuvettes aux bords polygonaux se terminant en lame de couteau vers le haut et qui rendaient la marche assez désagréable tant que la neige n'avait pas été ramollie. Les bords effilés de ces petites cuvettes, dont les dimensions ne dépassaient pas un décimètre ou deux, étaient en quelque sorte soulignés par les fines poussières qui les saupoudraient; ces poussières permettaient aussi de compter les différentes couches de neige visibles dans l'intérieur de ces cuvettes et dont les éléments avaient été en partie enlevés par le vent. La fusion de la neige pendant la journée donne lieu, grâce au regel nocturne, à une mince couche de glace et n'oblitère que très lentement ces formes superficielles. Il arrive même, comme nous avons pu l'observer, que, lorsque la couche de glace sous-jacente est mise à découvert au fond de ces petites cuvettes, la fusion de la glace est influencée pendant un temps plus ou moins long par la forme de la surface de la neige non encore complètement fondue.

(¹) On sait que grâce aux plans inclinés que forment ces amas neigeux sur les bords du glacier, des blocs isolés ou des avalanches de pierres peuvent arriver fort loin à la surface du glacier.

Enfin, c'est au vent aussi que nous attribuons, d'après les observations que nous avons pu faire les années précédentes et dans cette dernière campagne, les curieuses vermiculations que présentent certains blocs lenticulaires de glace inclus dans les couches régulières du glacier. Le vent a vermiculé la neige déjà un peu durcie qui remplissait certaines cavités du glacier et les dessins ainsi produits ont été plus ou moins bien conservés dans la transformation de la neige en névé et en glace.

M. Robert DOLLFUS.

(Paris).

COMPTE RENDU SOMMAIRE DE L'EXCURSION DE LA SECTION DE GÉOLOGIE DANS LES PETITES-PYRÉNÉES (HAUTE-GARONNE).

55 (079.3) (44.86)

3 Août.

La section de géologie consacra la séance du 3 août à la visite de quelques gîtes fossilifères classiques depuis Leymerie dans la région dite des Petites-Pyrénées.

MM. Auguste Cafford, du laboratoire de géologie de la Faculté des sciences de Toulouse, et Bazerque, instituteur de Boussens acceptèrent de diriger notre groupe d'excursionnistes.

Nous nous sommes rendus au chemin de fer de Toulouse à Saint-Martory, d'où nous avons gagné par la route de Sepx, les vignes de Proupiary non loin d'Auzas.

Dans un champ à droite de la route affleure un gisement d'échinides que nous attribuerons au maestrichtien avec la majorité des auteurs; pour ceux-ci on ne connaît pas le soubassement du maestrichtien dans la région.

Les formes que nous avons recueillies sont peu variées en ce point, ce furent : *Galerites gigas*. Desor, en grande abondance, et quelques *Ananchytes ovata*, ck. Stratigraphiquement cette assise fossilifère appartient au calcaire nankin de Leymerie, à *Nerita rugosa* Hœninghaus in Golfus, *Hemipneustes*, et classée par cet auteur dans le sénonien supérieur, elle est campaniemne pour de Grossouvre et danienne pour Carez, les affinités des fossiles avec ceux de la craie de Maestricht ayant semblé discutables à ces derniers.

De Proupiary, nous nous sommes dirigés vers le village d'Auzas, qui est la localité classique du grarumnien inférieur, passé la rivière qui coule dans le vallon, un peu au delà du pont, se trouve dans une vigne, un gisement fossilifère d'une richesse exceptionnelle. Les couches calcaréo-marneuses qui affleurent, laissent à leur surface par suite des pluies, des quantités de fossiles d'une excellente conservation : les *cyrena garumnica* y ont encore leur ligament.

Voici la liste des espèces recueillies :

Cyrena garumnica. Leym.
Cyrena laletana. Vidal.
Melanopris avellana. Sandberger.
Dejanira Matheroni. Vidal.
Dejanira Heberti. Leym.
Acteonella Baylei Leym.
Cerithium frigolinum. Vidal.
Radiolites Leymeriei. Bayle.

A la base de ce gisement, dans un champ voisin, se trouve un sable gréseux à *anomia* sp. abondantes.

La présence d'espèces marines et saumâtres, de débris de tortues et de crocodiliens, montre un dépôt fluviomarin.

Ce garumnien inférieur est synchronique du danien inférieur.

Ces couches reposent directement sur un calcaire néritique à texture compacte, de couleur jaune-vif, dit calcaire nankin, qui représente la craie supérieure (maestrichtien) et est par endroits pétri d'orbitolites.

Les espèces les plus fréquentes du calcaire nankin sont :

Nerita rugosa. Hœninghaus.
Janira striato-costata. Goldfus.
Thecidea radiata. Defrance.
Hemipneustes pyrenaicus. Hébert.
Orbitoïdes gensacica. Leym. sp. (= O. secans Leym. fide Schlumbeger).
Orbitoïdes socialis. Leym.
Orbitoïdes mamillaris. Leym.

C'est à la base du calcaire nankin que Leymerie avait découvert sa colonie turonienne du Paillon.

En revenant à Saint-Martory, nous sommes passés au pied du coteau du Paillon, mais la végétation ayant recouvert les affleurements nous ne nous sommes pas attardés à des recherches.

Pour M. Peron, qui a fait une étude approfondie du gisement, cette soi-disant colonie n'est qu'un niveau coralligène en place dans le sénonien supérieur.

Il repose sur un calcaire maestrichtien gris, marneux à silex dont nous retrouverons le faune sur la rive droite de la Garonne, au Piquon de Roquefort.

Il est surmonté par le calcaire jaune maestrichtien à Hemipneustes qui a des espèces communes avec la craie de Ciply et avec celle de Maestricht.

Leymerie, qui défendit avec tant de chaleur sa colonie turonienne lors de la réunion extraordinaire en 1862, connaissait mal la faune sur laquelle il basait ses arguments.

Le fait de sa colonie turonienne était plus certain, à son dire, que celui des colonies de Barrande en Bohême.

En réalité, il n'avait pas plus de valeur.

Après avoir déjeuné à Saint-Martory nous avons pris le train pour Boussens. A Boussens, nous avons traversé la Garonne coulant sur des alluvions récentes. La vallée, à cet endroit ne présente pas de terrasses nettes. Sur la rive droite, nous avons pris la route montant au Piquon de Roquefort. Dans cette ascension, nous avons retrouvé les différentes assises de la craie sénonienne observées dans la matinée sur la rive gauche.

A la base, des calcaires marneux et des argiles avec des plaquettes calcaires. La faune récoltée a été peu variée.

Orbitoïdes sp.
Ortica vericularis Lunk (var, spissa Leym. et autres variétés).
Rhynchonella Eudesi. Coquand.

Un peu plus haut se trouve un calcaire gris et des marnes équivalentes au calcaire nankin, contenant :

Offaster pilula. Desor.
Galerites gigas. Desor.

On y retrouve aussi :

Rynchonella Eudesi. Coquand
Rhynchonella alata Lmck.

accompagnées de :

Terebratella divaricata Leym.
Ostrea vesicularis auctorum.
Orbitoïdes sp.

Sur le Piquon, on trouve libre sur le sol et en assez mauvais état :

Echinocorys vulgaris. Breyn (variétés).

Comme on le voit, beaucoup d'espèces campaniennes persistent jusqu'au Danien.

En redescendant de Boussens, nous sommes passés au pied du château de Roquefort, où dans un champ, toujours dans le maestrichtien, nous avons recueilli quelques polypieds, des radioles de cidaridés, et des *orbitoïdes socialis* Leym. en abondance.

L'heure avancée ne nous permit pas de continuer l'excursion plus avant et nous avons repris à Boussens un train qui nous a ramené le soir à Toulouse. Qu'il me soit permis de remercier ici, au nom de tous ceux qui ont pris part à cette excursion, MM. Aug. Caffort et Bazerque qui ne nous ont ménagé ni leur temps, ni leur expérience de la région.

BIBLIOGRAPHIE SOMMAIRE.

Réunion extraordinaire à Saint-Gaudens (Haute-Garonne) de la Société géologique de France (*Bul. Soc. géol. de France*, 2ᵉ série, t. XIX, 1862.
A. LEYMERIE, *Éléments de Géologie*, Paris, Masson, 1866.
A. LEYMERIE, *Description géologique et paléontologique des Pyrénées de la Haute-Garonne*, 1 vol. in-8, atlas in-4 Toulouse 1881.
A. DE GROSSOUVRE, *Recherches sur la craie supérieure* (*Mém. carte géol. détaillée de la France*) Stratigraphie générale. Paris, 1901.
L. CAREZ, *La géologie des Pyrénées françaises* fasc. III. (*Mémoires de la carte géologique de France*) Paris 1905.

M. P. GIRARDIN,

Professeur à l'Université de Fribourg (Suisse).

LES OSCILLATIONS DES GLACIERS DE SAVOIE,
PARTICULIÈREMENT DE 1902 A 1909.

551.311.1(44.48)

5 Août.

Depuis 1902, date à laquelle nous avons placé des repères devant les principaux glaciers de la Maurienne et de la Tarantaise, jusqu'à l'année 1909, où nous avons pu visiter une bonne partie de ces repères, nous disposons d'une période de temps de 7 ans qui nous permet déjà des conclusions intéressantes, d'autant plus que nous avons retrouvé assez fréquemment les repères placés depuis 1891 et en 1893 et 1894 par le Prince Roland Bonaparte, dont nous avons pour tous les nôtres repris l'initiale R. B. C'est donc une période de 15 ans et même 18 ans dont nous disposons pour certains glaciers tels que les Sources de l'Arc et les Fours. Cette période est intéressante en ce sens qu'elle correspond à un retrait continu, dû à un moindre enneigement en hiver et à des sécheresses prolongées en été, retrait qui s'accorde avec les nouvelles reçues du monde entier, montrant dans les deux hémisphères une réduction de la surface glacée. De toutes les régions des Alpes, des Alpes suisses, par MM. F.-A. Forel, Lugeon, Mercanton, nous arrivent périodiquement des rapports qui confirment la généralité du phénomène de recul, et aussi des Alpes autrichiennes, où un seul glacier, connu par ses caprices, le Vernagt, a des allures contradictoires, avec un avancement rapide aux environs de 1900 (Observations de Blumcke et Hess, Finsterwalder, etc.).

Le retrait, nous l'avons constaté pour *tous* les glaciers, pourvus de repère ou non, de la Maurienne, de la Tarantaise et de la Vanoise, mais il est incontestable que ce retrait s'est ralenti dans les 15 dernières années, si on le compare à ce qu'il a été dans la période qui a suivi immédiatement le maximum en 1855-1856. On sait que l'avancement d'un glacier qui se fait par la propagation d'une onde de glace, laquelle part de la région des névés, et fait avancer le glacier lorsqu'elle en atteint le front, est extrêmement subit et rapide et qu'il ressemble par beaucoup de points aux phénomènes torrentiels : les profils en travers sont bombés sur les glaciers (graphiques de Joseph Vallot et des Eaux et Forêts) lors du passage de l'onde, comme sur les torrents lors du passage de la lave (1);

---

(1) *Voir* sur cette identité du profil de l'onde glaciaire et de la lave torrentielle notre récent article des *Annales de Géographie : Études de cônes de déjections*, t. XIX, 1910, 15 mai, p. 193-208, 2 planches phot.

l'avancement du front en période de crue se fait presque à vue, comme au Vernagt. Le glacier recule de même très vite, ou plutôt il disparaît sur place par inanition, l'équilibre étant rompu entre l'alimentation et l'ablation, et les masses de glace; protégées par une couche de moraines superficielles, fondant plus lentement, il se transforme en *glacier mort*.

Au glacier des *Sources de l'Arc*, par exemple, le repère R.B. (1894) se trouvait en 1902 à 70 m du front, soit, si on le suppose placé à 20 m en avant de ce front, un retrait d'une cinquantaine de mètres seulement; 6 m par an. En 1909, il se trouvait à 105,50 m, soit 35,50 m de retrait depuis 1902, en 7 ans, soit 5 m par an. On peut dire que depuis 1894 le glacier est en recul très lent et nous avons l'impression que l'équilibre est aujourd'hui atteint et qu'il est stationnaire. Depuis un an ou deux il présente même des velléités d'avancement.

Les glaciers du *Mulinet* et du *Grand Méan*, autrefois visités par nous, sont aujourd'hui sous la surveillance des agents des Eaux et Forêts. Nous avons noté autrefois ([1]), d'après les dires des gens du pays, l'avancement brusque, semblable à une éruption, du Mulinet, qui projetait des blocs de glace jusqu'au fond de la vallée où se formait déjà, vers 1894, un glacier remanié. L'onde de glace, correspondant à la petite crue de la *fin du* XIXe *siècle* (F.-A. Forel) avait atteint le front. Le recul se fit aussi vite, et le glacier se retira au sommet des roches moutonnées sur lesquelles il est encore. Depuis 1902, le retrait s'est continué sous la forme d'un sectionnement du front en lobes distincts. Nous avons signalé en son temps l'apparition d'une incision ou sinus, qui commença sous nos yeux en 1903, mettant à nu le sol sur une longueur de 150 m, et une certaine largeur. Il semblait que le glacier allait se morceler et se réduire encore. En fait, de ces deux lobes ainsi individualisés, c'est le lobe droit qui a continué à reculer, tandis que le lobe gauche devenait peu à peu stationnaire lorsque subitement, en 1909, l'extrémité, à la cote 2595 m, présente un avancement d'environ 100 m, très visible, même sur des photographies.

Nous avons établi ailleurs que ce glacier est un des plus sensibles de la région, transmettant et enregistrant presque immédiatement les variations de l'enneigement et de l'insolation. Si l'on prend les chiffres fournis annuellement par les Eaux et Forêts, on voit que le recul du Grand Méan est aussi de plus en plus faible, et qu'il tend également vers un état stationnaire.

Nous avons fait une étude spéciale du grand glacier des *Evettes*, avec un plan détaillé du front à 1 : 5000; l'allure du retrait est légèrement

---

([1]) Paul GIRARDIN, *Observations glaciaires en Maurienne, Vanoise et Tarentaise* (21 août–24 septembre 1903) (*Annuaire Club Alpin français*, t. XXX, 1903), Paris, 1904, p. 511-536, avec plan; et le *Rapport* sur nos *Observations de 1902*, paru dans l'*Annuaire* de 1902, t. XXIX, p. 347-398. Le glacier des Evettes a fait l'objet d'une publication à part : *Le glacier des Evettes en Maurienne (Savoie). Etude glaciologique et morphologique* (*Zeitschrift für Gletscherkunde*, t. I, heft 1). Plan à 1 : 5000.

différente en ce sens qu'en 1902 le front atteignait tout près (30 m et 0 m) des deux repères R. B. (1893). De 1902 à 1903, au contraire, le glacier a sensiblement reculé (respectivement 115 et 76 m) sans que la décrue totale depuis 1893, qui est exprimée par ces derniers chiffres, soit bien considérable.

Au glacier d'*Arnès* le recul total depuis 1902 est de 90 m; on voit que, comme ordre de grandeur, ce recul est tout à fait comparable à celui des autres. Enfin, au glacier des *Fours*, nous surprenons, grâce aux repères R. B. placés là en 1891 et en 1894, au moment même où la crue de la fin du XIXe siècle venait de se produire, l'allure très rapide de la décrue suivant immédiatement la crue. Entre 1891 et 1894, le glacier a perdu la longueur énorme de 257 m. De 1894 à 1907, le recul se ralentit, il n'est plus que de 180 m. De 1903 à 1909, le recul a continué, mais de plus en plus faible [1], et si l'on construisait la courbe correspondant à ces chiffres, on verrait que le glacier tend vers un état stationnaire. Tous ces chiffres concordent en ce sens que, pour tous les glaciers où la crue de la fin du XIXe siècle, dont les traces ont été retrouvées aussi en Dauphiné par MM. Flusin, Jacob et Offner, était passée lorsque furent placés les repères R. B., le recul a été faible et est allé s'atténuant de 1893 et 1894 à 1902, et de 1902 à 1909, et l'on peut dire qu'à l'heure actuelle il tend vers zéro, c'est-à-dire que les glaciers ont atteint à peu près leur état d'équilibre. Les velléités d'avancement des sources de l'Arc, la crue partielle du Mulinet prouvent même que certains glaciers vont avancer. Tous ces faits confirment donc la loi générale dont l'impression se dégage peu à peu pour nous à mesure que nous parcourons les moraines et que nous recueillons les documents et les souvenirs des gens du pays; c'est que, la crue passée, à moins que les ondes de glace ne se succèdent comme dans la période entre 1818 et 1855, la décrue des glaciers se fait très vite, et que l'état normal des glaciers est plutôt celui que nous avons sous les yeux depuis une trentaine d'années, que l'état maximum dont témoignent, bien frappantes sur le terrain le cercle des moraines terminales et l'étendue des laisses glaciaires.

Nous avons dressé un Tableau, glacier par glacier, donnant l'altitude du front lors du levé de la Carte d'État-Major (1864) pour la feuille Bonneval et en 1903, date à laquelle furent commencés dans la région les nouveaux levés du Service géographique. Ce Tableau donne aussi la limite des neiges à l'époque actuelle, mesurée d'après la méthode de la *hauteur moyenne* ou *mittlere Höhe*. On sait que cette méthode consiste à chercher quelle est la courbe de niveau qui partage la *surface* du glacier

---

[1] Les valeurs de ce retrait ont été déduites d'un plan du front du glacier des Fours, à 1 : 5000, levé en 1907 (et non publié) où figurent la langue, les moraines et encore les repères [deux R. B. (1891), un R. B. (1894), et nos propres repères de 1903]. *La Géographie* publiera prochainement un plan à 1 : 10000 (levé à 1 : 5000) du front du glacier supérieur des Fours avec les lacs qu'il a découverts en se retirant.

en deux moitiés égales. Notons bien qu'il s'agit là d'une *mesure planimétrique* et non pas, comme on l'a cru parfois à tort, de la moyenne arithmétique entre l'altitude du front et celle du sommet des névés. Enfin nous donnons la surface du glacier en 1864, lors du levé de la Carte, surface très approximative comme cette Carte elle-même et, en 1903, d'après les nouveaux levés. Cette comparaison des surfaces comporte une double réserve : la première, c'est que la Carte d'État-Major ou plutôt les Minutes elles-mêmes qu'on a bien voulu nous communiquer au Service géographique sont exactes, alors qu'elles ne le sont pas, et c'est ce qui explique que le premier chiffre est parfois inférieur au second, malgré l'évidence du retrait général pour tous les glaciers; la seconde, c'est qu'il entre une part d'arbitraire dans la délimitation du pourtour de glaciers, qui parfois, comme les Sources de l'Arc, le Mulinet le Grand Méan, les Évettes, communiquent librement entre eux dans la région du névé. Ces réserves faites, la comparaison des repères de 1902 et de ceux de 1909, celle des altitudes des fronts en 1864 et en 1903, celle des surfaces à ces deux mêmes dates, permet de fonder des conclusions qui sont vraies dans leur ensemble, quand même les chiffres sur lesquels elles s'appuient seraient sujets, au moins pour 1864, à de légères corrections.

Au point de vue des variations glaciaires, la conclusion qui se dégage c'est que, depuis 1902, le recul de tous ces appareils est moins sensible que dans la période qui a précédé : aucun n'a perdu plus de 100 m, et l'on sait le peu d'effet que produit ce gros chiffre en présence du glacier lui-même, où le retrait n'est perceptible à vue que pour un œil très exercé; encore ce retrait n'intéresse-t-il que l'extrémité amincie et en pointe du glacier. Certains dans le nombre ont donné des indices ou des tendances à l'avancement, les Sources de l'Arc, par exemple, bien que les deux profils en travers établis par les Eaux et Forêts indiquent une dépression de la surface, et surtout le Mulinet, qui prendra la tête de la crue comme il a donné le signal de la décrue. Il semble donc que l'on soit arrivé à la période d'équilibre entre l'alimentation et l'ablation et qu'un petit excès en faveur de celle-là fasse sortir les glaciers de leur torpeur. Nous avons noté ailleurs, en particulier en 1908 et 1909, l'enneigement progressif dans les hautes régions. En 1908, ayant passé en Savoie la décade entre le 8 et le 18 juillet, nous n'avons pu faire aucune observation de repères, le front et les moraines disparaissant sous la neige. Les guides n'avaient pas vu depuis quarante ans une pareille quantité de neige, dont une cinquantaine de photographies formant panorama nous conservent la physionomie. En 1909, nous avons fait nos observations à une saison plus avancée et les glaciers étaient encore entièrement couverts. Un peu partout nous avons constaté la formation de nouveaux névés qui ont empiété sur l'année suivante.

Il est dès maintenant certain que, avec la quantité de neige que l'on trouve encore à 2000 m (20 juillet 1910), les glaciers ne découvriront pas cette année. Des Alpes suisses (observations de F.-A. Forel, Lugeon,

Mercanton, qui ont installé des nivomètres à certains endroits propices et surtout qui rassemblent les observations des touristes) nous arrivent les mêmes nouvelles. C'est la suite des hivers neigeux et des printemps troublés, des étés froids et couverts qui ont été le régime de ces trois dernières années, et l'observation des glaciers, en particulier du Mulinet et des Sources de l'Arc, sera cette année très intéressante.

NOMS.	EXPO-SITION.	SURFACE		LIMITE des neiges actuelle.	ALTITUDE du front		DIFFÉRENCE.
		en 1864.	en 1903.		en 1864.	en 1903.	
		hectares	hectares	m	m	m	m
Sources de l'Arc...	W	613	553	2920	2188	2525	+337
Mulinet............	W	400	392	3030	2452	2595 2660	+175
Grand Méan........	NW	403	434	3060	[2508]	2528	"
Evettes...........	NNW	563	592	"	2488	2512	25
Vallonet..........	NW	95	85	2630	"	2335	50-100 env.
Derrière les Lacs..	W	150	161	3090	2882	2950	+ 68
Grand Fond.......	SW	"	"	"	2770	2950	+180
Arnés.............	NW	310	207	2980	? [2500]	2560	60 env.
Baounet...........	NW	"	"	"	?2500	2860	300-350 env.
Derrière le Clapier.	NW	"	299	2910	?2637	2645	"
Charbonel.........	NW	123	130	3290	2538	?2800	250 env.
Méan Martin	N	207	225,5	2990	2693	2772	+ 79
Grand Pissaillas ...	SW	303	204,5	3140	2790	2935	+145
Montet............	E	238	191	3080	"	2876 N 2916 S	"
Fours.............	N	438	337,5	2920	"	2700	"
Roches...........	E	"	"	"	2789	2826	+ 37

Ces résultats, fournis par la comparaison des deux Cartes ou de la Carte et des repères, ne paraissent pas tout à fait concordants, si l'on compare le Tableau des altitudes et celui des surfaces. Le recul des fronts en hauteur est considérable. Aux Sources de l'Arc, de 2188 à 2525, soit 337 m qui correspondent à un retrait en longueur de 1100 m environ; au Mulinet, de 2452 à 2595 et 2660; au Grand Fond, de 2770 à 2895; au Grand Pissaillas, de 2790 à 2935, etc., soit en général des valeurs qui atteignent 100, 200 et même 300 m. Pour les petits glaciers qui se terminent sur des escarpements, les cotes de l'extrémité sont difficiles à préciser et même sur les levés nouveaux, elles figurent rarement. D'après nos observations personnelles, ces valeurs seraient encore plus considérables et, au Charbonel, elles doivent atteindre 250 m à 300 m. C'est en nous fondant sur ces chiffres, et surtout sur l'ordre de grandeur qui représente leur écart, que nous avons autrefois appelé l'attention sur le retrait très rapide des appareils dans cette région, et M. W. Kilian, frappé par les mêmes apparences, a été jusqu'à annoncer à propos des glaciers du Marinet la pro-

chaine disparition des appareils les plus méridionaux de nos Alpes.
 - Depuis que nous disposons de levés qui nous permettent sur les
glaciers actuels des mesures planimétriques, nos idées sur ce point se sont
peu à peu modifiées et nous serions aujourd'hui moins pessimistes.
C'est là surtout qu'il faut user avec réserve de l'ancienne Carte et des
Minutes qui ont servi à l'établir, puisque la comparaison des glaciers
aux deux époques permettrait parfois de conclure à un accroissement.
C'est d'ailleurs une loi bien connue des cartographes et signalée par
A. Penck que toutes les fois qu'on dispose de levés à plus grande échelle,
les mesures cartométriques, telles que la longueur des cours d'eau,
deviennent plus grandes. Il en est des surfaces comme des longueurs, et
une des applications les plus imprévues a été la nouvelle superficie
de la France qui a donné 536 000 km² au lieu de 529 000. Même en tenant
compte de ces causes d'incertitude, on ne peut qu'être frappé de la faible
réduction des glaciers en surface, en comparant deux à deux tous les
chiffres de cette colonne : Arc, Mulinet, Grand Méan, Évettes, etc.

Dans les premières années de nos courses, à la vue de l'immensité des
laisses glaciaires, et sur la foi des gens du pays, nous avons été tenté
d'exagérer l'étendue de la surface perdue. Ce n'est pas du front du glacier
et perdu dans les moraines qu'il faut en juger, c'est d'un point de vue
dominant, d'où l'on embrasse à la fois le front, la langue et les champs
de névés. On se rend compte de là que, dans ces glaciers suspendus,
d'existence précaire, la langue est peu de chose à côté du névé, et que
la partie perdue n'est qu'une petite partie de la langue. C'est ici la méthode même des observations par repères, qui donne des valeurs linéaires,
qui est en défaut. Ces données se rapportent à un point du glacier où la
largeur est toujours un minimum par rapport à ce qu'elle est en amont;
la surface perdue, à plus forte raison le volume perdu, ne sont jamais
en rapport avec la longueur perdue; seul un levé détaillé de l'ensemble
du glacier peut nous donner une idée de la valeur réelle du retrait.

Voici pourquoi les observateurs qui ne raisonnent pas sur des surfaces,
sur des Cartes ou à la vue panoramique du pays, sont condamnés à être
trompés, et cette considération va nous permettre d'accorder les deux
conclusions précédentes, toutes deux incontestables, et en apparence
contradictoires. A force d'inspecter les moraines, nous nous sommes
rendu compte que la crue pour tous ces glaciers qui ne sont que des glaciers suspendus (à l'exception des Évettes, où la moraine de 1818-1820
forme un vallum parfaitement concentrique) n'a pas affecté l'ensemble
du front, mais une langue seulement, ou un lobe qui s'est individualisé
et brusquement allongé en se laissant descendre jusqu'au fond de la
vallée, en se soudant aux blocs de glace qui avaient formé à l'avance
dans le fond un « glacier remanié » dont le Vallonet reste le type; c'est
par un tel processus que s'est annoncée la crue du Mulinet après 1892.
En somme l'effort de la crue s'est employé à projeter une pointe qui,
pour les sources de l'Arc, a réussi à s'installer à demeure dans le fond de la

vallée à 2200 m, étant partie de sa position d'équilibre actuelle autour de 2500. Mais c'est une pointe seulement, dans la partie la mieux protégée du Soleil, et sur le reste du pourtour le glacier n'a fait que s'élargir et s'avancer très peu. Nous pouvons maintenant établir qu'il en a été de même du Mulinet dont nous avons pu rétablir le contour ancien non pas hypothétique, mais d'après les moraines terminales qui subsistent, encore visibles et photographiables. La langue de gauche a certainement atteint et peut-être dépassé 2400 m d'altitude qu'atteint encore une moraine. Elle est arrivée à 200 m en plan du confluent des trois torrents, bien visible, sur le terrain. Pour le Grand Méan, qui se concentre en une langue unique, la terminaison en pointe amincie était aussi bien visible. En somme, ces battements, ces alternatives périodiques de recul et d'avancement sont d'autant plus localisées qu'elles se développent sur une longueur plus grande; elles ne changeront jamais l'aspect des Cartes à échelle moyenne, et cela confirme tout ce que nous savons maintenant d'après Angot, Raoul Gauthier, F.-A. Forel sur la constance du climat, et surtout des moyennes de température, depuis 100 ou 150 ans que nous avons des observations précises, moyennes qui ne diffèrent entre elles que de quelques dixièmes de degré.

M. L. COLLIN,

Licencié ès Sciences physiques et naturelles, Professeur au Collège
[Lesneven (Finistère)].

LE NIVEAU A PHACOPS POTIERI DANS L'OUEST DU FINISTÈRE.

551.741(44.11)

5 Août.

I. HISTORIQUE. — Les premiers travaux précis, qui ont été publiés sur la région dévonienne de la rade de Brest sont dus à M. Ch. Barrois.

En 1877, ce savant (¹) distinguait déjà plusieurs niveaux dévoniens dont les affleurements faisaient pour ainsi dire le tour de toute la côte sud de la Rade, et il les désignait sous les noms de :

1° Schistes et quartzites de Plougastel.
2° Grès blanc de Landévennec.
3° Grauwacke du Faou.
4° Calcaire à Athyris undata.
5° Schistes : Phacops latifrons, Bronn. Leptœna rhomboïdalis, Wahl. Atrypa reticularis, Linn Streptorhynchus umbraculum, schlt. Orthis striatula, schlt.

(¹) BARROIS, *Le terrain dévonien de la rade de Brest* (An. S. G. N., 17 janvier 1877).

6° Schistes de Porsguen avec les deux subdivisions suivantes :

1° Schistes de Porsguen à Céphalopodes.
2° Schistes du Fret à Pleurodyctium problematicum.

M. Barrois indiquait alors une liste de 41 fossiles trouvés dans les schistes de Porsguen. On y voit : Phacops latifrons, Bronn, associé à deux autres trilobites du genre Cryphœus, à des Goniatites, des Gastéropodes, des Pélécypodes, des Brachiopodes et à des Polypiers. Le deuxième Ouvrage du même auteur ([1]) apporte plus de précision dans l'établissement des différents niveaux dévoniens de la région. Les divisions à partir de la Grauwacke du Faou y sont mentionnées

1° Grauwacke du Fret, dont les principaux fossiles sont :

Phacops Potieri, Bayle.
Liopteria Viennayi, Œhl.
Spirifer Ardunnensis, Stein.
Spirifer paradoxus, Schlt.
Rhynchonella Pareti, Vern.
Athyris Concentrica, Buch.
Pentamerus Œhlerti, Barrois.
Chonetes Sarciulata Schlt.
Productus subaculeatus Murch.
Pleurodyctium granuliferun Schlt.

Cette division correspond à la cinquième de la liste précédente, et le Phacops Potieri qui y est désigné correspond au Phacops latifrons de cette liste.

2° Schistes de Porguen; avec 82 fossiles. Ce sont les schistes de la base du niveau désigné sous le même nom dans le premier Ouvrage. Parmi les fossiles on trouve en tête de liste : *Phacops Potieri, Bayle.* — M. Barrois y reconnaît une faune eifélienne « dont les relations sont même plutôt avec la faune de la base, qu'avec celle du sommet des schistes à Calcéoles ».

3° Un niveau nouveau est séparé ici des autres sous le nom de *Schistes de Traouliors*, dont le fossile caractéristique est Pentamerus globus, Bronn.

Il n'est pas fait mention de Phacops Potieri, et M. Barrois y reconnaît une faune Frasnienne.

4° Enfin, la série dévonienne se termine par les *Schistes noirs bitumineux de Rostellec*, avec la faune si connue des goniatites ferrugineuses. C'est le niveau à : *Posidonomya Venusta, Munst.* Ce niveau était alors reconnu comme appartenant au Famennien,

En 1900, dans un nouvel Ouvrage ([2]) on trouve les divisions suivantes :

Gédinnien : Schites et Quartzites.
Tanusien : Grès de Gahard.
Coblenzien : Grauwacke de Faou, Grauwacke du Fret.
Eifelien : Schistes de Porsguen.
Frasnien : Schistes de Traouliors.
Famennien : Schistes de Rostellec.

Dans la liste des fossiles appartenant à ces différents niveaux, l'extension

---

([1]) BARROIS, *Des relations des mers dévoniennes de la Bretagne et des Ardennes* (*An. S. G. N*, 1898, t. XXVII, p. 231 et suivantes).
([2]) M. BARROIS. Bretagne Ext. du Livret guide, VII° Congrès 1900.

verticale du Phacops Potieri comprend : *la Grauwacke du Fret* et les *Schistes de Porsguen.*

Enfin dans la légende de la feuille de Brest de la carte géologique de France, publiée en 1902, M. Barrois mentionne les mêmes divisions pour le terrain dévonien ([1]).

II. DIVISION DU NIVEAU A PHACOPS POTIERI EN ZONES. — D'après les Travaux signalés précédemment, on voit que les connaissances géologiques de la région dévonienne de l'ouest du Finistère se sont précisées de plus en plus; mais en géologie, il reste toujours quelque chose à glaner, et j'ai crû intéressant d'ajouter si possible, quelques détails à ces études déjà si fécondes en résultats.

Comme je l'ai dit plus haut, d'après les travaux antérieurs à cette petite étude, on voit que le Phacops Potieri, Bayle, occuperait seulement les niveaux *Grauwacke du Fret* et *Schistes de Porsguen.* J'ai rencontré ce fossile à une hauteur un peu plus grande dans le dévonien, et je ferai entrer la base des schistes de Traouliors dans l'extension verticale du Phacops Potieri, Bayle.

La région silurodévonienne qui occupe toute la presqu'île de Crozon et toute l'étendue de terrain, située au S-E de la rade de Brest par Daoulas et le Faou, peut être considérée comme un vaste brachysynclinal, divisé en synclinaux de moindre importance par quelques anticlinaux. Ce brachysynclinal, qui aurait eu la forme d'une ellipse assez régulière, si des mouvements orogéniques carbonifériens ou post-carbonifériens, n'étaient venus le couper en deux dans le sens de son petit axe, dirigé NO-SE, et faire remonter toute la partie O vers le N-O, contient, en concordance absolue, toutes les couches dévoniennes disposées les unes au-dessus des autres ([2]).

On retrouve donc toutes les tranches de ces couches dans les falaises qui entourent au S la rade de Brest.

Les différentes zones, qui sont généralement relevées et plissées, forment donc des bandes à peu près continues faisant tout le tour de la région, et le grand nombre de leurs affleurements permet de rétablir par la pensée leur continuité, en tenant compte bien entendu des différentes cassures qui les ont sectionnées.

Dans le niveau à Phacops Potieri, que je considère comme appartenant au dévonien moyen et à une partie du dévonien supérieur, on peut faire les subdivisions suivantes, à partir de la base :

1º Une zone où Phacops Potieri est associé à des fossiles du dévonien moyen, mélangés à des fossiles du dévonien inférieur.

([1]) C'est grâce à la bienveillance de M. Ch. Barrois qui a bien voulu me communiquer ses travaux sur le dévonien de la rade de Brest, que j'ai pu mener à bien ce travail; aussi, ai-je l'honneur de lui adresser tous mes remerciements. .

([2]) Je ne veux parler ici que des couches dévoniennnes découvertes jusqu'ici on sait que la partie tout à fait supérieure n'existe pas.

2º Une zone où ces derniers fossiles disparaissent presque complètement pour faire place à des animaux plus franchement eiféliens, tels que Spirifer Speciosus, Bronn.

3º Une zone où il n'y a plus que des fossiles du dévonien moyen, avec Phacops Potieri.

4º Une zone où Phacops Potieri est associé à Spirifer Cultrijugatus, Rœm :

5º Une zone surtout à polypiers, avec Phacops Potieri en décroissance.

6º Zone à Spirifer subcuspidatus Schnur où le Phacops Potieri redevient assez important, grâce à un changement de facies.

Ces six subdivisions du niveau à Phacops appartiennent au dévonien moyen, et seraient les correspondantes : la première, du niveau désigné jusqu'ici sous le nom de *Grauwacke du Fret*, les cinq autres de l'ensemble des schistes de Porsguen.

Au-dessus de ces six subdivisions du dévonien moyen, existent encore deux zones où l'on trouve le Phacops Potieri.

1º Une zone où il est associé à Pentamerus Globus Bronn.
2º Une zone où il est accompagné de :
Spirifer Bouchardi Murch et de
Spirifer Verneuili Murch.

Dans ces deux dernières zones, qui forment la base des schistes de Traouliors, le Phacops Potieri se maintient, tout en devenant, de plus en plus rare, à mesure que l'on monte dans la série des couches.

Le cadre de ce petit travail étant assez restreint, je me contenterai de signaler les principaux fossiles de ces différentes zones ([1]).

Première zone. — La zone de base du niveau à Phacops Potieri, d'une épaisseur de 250 m environ, contient surtout des schistes à bancs de calcaire de quelques centimètres, et des bancs de nodules argilo-calcareux plus ou moins décomposés.

Cette formation, dont le facies est intermédiaire entre un facies néritique et un facies bathyal, se trouve nettement caractérisée sur les flancs N-O et S-E du brachysynclinal du Fret-Daoulas.

C'est à l'est du Fret, dans la falaise du village de Run-ar-Chranc, que l'on peut le mieux l'étudier.

Voici la liste des principaux fossiles de ce gisement :

Phacops Potieri, Bayle.
Cryphoœus Barrandei, Caill.
Nucula tenuiarata, Sand. Dév. moy.
Chonetes tenuicostata, Œhl. Dév. inf.

([1]) Les listes des fossiles que j'ai trouvés dans l'ensemble de ces zones étant beaucoup trop longues, je suis obligé de ne citer que ceux qui sont absolument nécessaires pour permettre de les distinguer entre elles; je les publierai dans un travail sur la région dévoniennne occidentale du Finistère, où tout le dévonien sera étudié de la base du sommet. Cet Ouvrage qui est preque achevé, paraîtra dans quelques mois.

Chonetes Boblayei, de Vern. Dév. inf.
Chonetes dilatata, Rœm. Dév. moy.
Strophodonta clausa, de Vern. Dév. inf.
Orthothethes hipponyx, Schnur, Dév. inf.
Orthis vulvarius, Schlt, Dév. inf.
Orthis opercularis, de Vern. Dév. inf.
Orthis Hamoni, Rou. Dév. inf.
Orthis Trigeri, de Vern. Dév. inf.
Spirifer Trigeri, de Vern. Dév. inf.
Spirifer Decheni, Kays. Dév. inf.
Spirifer Euryglossus, Schn. Dév. moy.
Athyris aff. Undata. Def.
Nucleo spira Lens, Schn. Dév. moy.
Cyrtnia heteroclita, Def. (Tout le Dévonien).
Rhynchonella Cognata, Barrois, Dév. inf.
Rhynchonella (wilsonia), princeps. Barr. Dév. inf.

Dans cette liste, on peut remarquer le grand nombre des fossiles du dévonien inférieur que je signale, et l'on peut se rendre compte que la faune de cette zone est intermédiaire entre une faune de dévonien inférieur et de dévonien moyen.

Là même bande se retrouve à Landévennec, mais avec un faciès un peu différent; il n'y a plus de bancs calcareux, et les fossiles sont dans des schistes grauwackeux, la faune est sensiblement la même.

Dans le brachysynclinal du Faou, le Phacops est associé à des fossiles de mer plus profonde : Goniatites, etc., de la base du Méso-dévonien. Cependant, la position stratigraphique des gisements de Prioly et du Faou, ne peut laisser aucun doute sur le synchronisme de ces dépôts; on retrouve des fossiles communs aux quatre gisements cités ici.

La *deuxième zone*, qui a environ 100 m d'épaisseur, présente surtout des caractères négatifs si on la compare à la précédente : Ici le Phacops Potieri est associé à Spirifer Speciosus Bronn. On note la disparition de la plupart des espèces du dévonien inférieur, tels que : les Chonetes, les Orthis et les Rhynchonelles cités plus haut, qui sont alors remplacés par des Chonetes, des Orthis et des Rhynchonelles du Méso-dévonien: Chonetes dilalata, Roem, Orthis striatula Scht, Orthis eifeliensis, de Vern, etc.

Malheureusement, cette bande n'a qu'un très bel affleurement dans l'ouest de la grève du Fret.

Au-dessus dans la *troisième zone*, le Phacops Potieri, n'est plus accompagné que de fossiles nettement eiféliens :

Orthothethes Umbraculum, Schlt.
Orthis Eifeliensis, de Vern.
Spirifer Venus, d'Orb.
Retzia Adrieni, de Vern.
Spirifer Paradoxus, Schl.
Tentaculites Sulcatus, Rœm.

On peut évaluer son épaisseur à 75 m environ.

La *quatrième zone* ci-dessus mentionnée, correspond comme faune et comme facies lithologique, à une grauwacke d'Allemagne qui appartient au niveau à Spirifer Cultrijugatus, Roem, c'est la grauwacke de Niederlahnstein.

Dans la région de la rade de Brest, cette grauwacke se retrouve à peu près tout autour du synclinal et détermine ainsi un excellent point de repaire. Voici les principaux fossiles de cette bande, trouvés dans les meilleurs affleurements de la grève de Saint-Fiacre et de la grève Ouest du Faou.

Phacops Potieri, Bayle.
Cryphœus Barrandei, Caill.
Chonetes Minuta, de Vern.
Leptœna piligera, Sand.
Leptœna Sedgwigki, d'Arch. Vern.
Spirifer Cultrijugatus, Roem.
Spirifer Beaumonti, Roem.
Spirifer Venus (Bayle-non d'Orb).
Nucleospira Lens, Schn.
Pleurodyctium problematicum, Goldf.

Malheureusement, son épaisseur peu considérable fait que souvent elle est cachée, et ne permet ainsi de trouver qu'un petit nombre d'affleurements.

Dans la *cinquième zone*, le Phacops Potieri devient très rare, et ceci à cause évidemment d'un changement de facies; en effet, elle ne comprend comme faune que des polypiers isolés, et quelques brachiopodes de mers profondes.

Il est probable que ce facies, essentiellement bathyal, ne fournissait pas des conditions d'existence aussi convenables au développement des Phacops que les facies plus néritiques.

La faune de cette bande peut être résumée ainsi :

Phacops Potieri, Bayle (rare).
Cyphaspis Gaultieri, Rou.
Chonetes Minuta, de Vern.
Strophomena interstrialis, Phill.
Strophomena mæstraffa, de Vern.
Orthis striatula, Schlt.
Cyathophyllums (plusieurs espèces).

Sixième zone. — Le Méso-dévonien de la région se termine par une zone à faune tout à fait spéciale.

Les dépôts sont formés de schistes argileux contenant des grains de quartz et de mica, montrant ainsi un facies plus arénacé que les précédents.

L'épaisseur de cette formation est de 60 m tout au plus, ses affleurements se rencontrent cependant dans toute la partie N-E et N-O du brachysynclinal du Fret-Daoulas, ainsi que dans le brachysynclinal du Faou.

La faune est remarquable :

Phacops Potieri, Bayle.
Avicules (indéterminées).
Productus subaculeatus, Murch.
Strophalosia productoïde, Rœm.
Chonetes semiradiata, Sow.
Leptœna rhomboïdalis, Wahl.
Strophomena Maestrana, Vern.
Strophodonta Leblanci, Rou.
Spirifer subcuspidatus, Schn.
Atrypa reticularis. Linn.
Cyrtinia heteroclita, Déf.
Cyathophyllums, Sp. ?
Pleurodyctium problematicum, Goldf.

Septième zone. — En concordance absolue sur les bancs précédents se sont déposées des couches schisteuses à nodules calcaires, que je considère comme appartenant à un faciès bathyal :

C'est la base des schistes de Traouliors de M. Barrois. J'y ai trouvé une faune à peu près identique à celle que ce savant y indique, plus le Phacops Potieri, mais représenté par de rares individus :

Phacops Potieri, Bayle.
Productus subaculeatus, Murch.
Chonetes Armata, Bouch.
Strophomena Mæstrana, de Vern.
Orthis Striatala, Schlt.
Spirifer Bouchardi, Murch.
Athyris Concentrica. v. Buch.
Bifida lepida, Goldf.
Atrypa reticularis, Linn.
Pentamerus Globus, Bronn.
Cyathophyllum heliantoïdes, Goldf.
Cyathophyllum torquatum.
Cystiphyllum vesiculosum, Phill.

Huitième zone. — Enfin, le niveau à Phacops Potieri se termine dans la série dévonienne par des bancs granwackeux à Spirifer Verneuili, Murch, à Spirifer Bouchardi. Murch, à Cyrtinia heteroclita var. Demarlii, Bouchard, fossiles caractéristiques de la base du Néo-dévonien.

III. COMPARAISON AVEC LE MÊME NIVEAU DANS L'ILLE-ET-VILAINE. — Si l'on compare les listes de fossiles que je viens de donner pour chaque zone du niveau à Phacops Potieri dans l'ouest du Finistère, à celle des fossiles du même niveau dans l'Ille-et-Vilaine ([1]), on peut remarquer

---

[1] KERFORNE, *Niv. à Phacops Potieri dans l'Ille-et-Vilaine* (*As. Franç., p. Av. Sc.*, Congrès de Nantes 1898).

que l'on retrouve dans cette dernière plusieurs des principaux fossiles signalés dans mes zones.

Cependant, l'ensemble de la faune indiquée dans le travail de mon professeur et ami, M. Kerforne, montre un mélange d'animaux appartenant à mes différentes zones; il serait donc fort intéressant de rechercher dans ce département la série des couches qui occupent le niveau à Phacops Potieri, et de comparer ces couches à celles que j'ai pu séparer dans le Finistère.

M. Kerforne a bien voulu me communiquer des renseignements sur de nouvelles découvertes faites à ce niveau dans l'Ille-et-Vilaine, ce dont je suis heureux de pouvoir le remercier bien sincèrement ici.

D'après les comparaisons que j'ai pu faire, soit au point de vue de la faune, soit au point de vue des caractères lithologiques des roches qui contiennent les fossiles d'Ille-et-Vilaine, j'ai pu constater que dans le synclinal de Gahard, qui n'est somme toute que le prolongement Est du synclinal de l'ouest du Finistère, la base du niveau à Phacops Potieri doit correspondre exactement à la première zone que j'indique dans la région ouest du synclinal.

Des recherches plus minutieuses permettront, sans aucun doute, de trouver d'autres assimilations.

Il serait aussi, je crois, très fructueux au point de vue des connaissances sur l'évolution de la faune dévonienne, de tâcher de retrouver dès zones analogues à celles que je viens d'énoncer dans les autres régions.

M. Émile BELLOC,

Chargé de Missions scientifiques (Paris):

BRÈVES CONSIDÉRATIONS SUR QUELQUES PHÉNOMÈNES DE CAPTURE DANS LE MASSIF CENTRAL PYRÉNÉEN.

551.482.2(234.1)

5 *Août.*

Au premier abord, la haute région du massif central pyrénéen qui nous occupe ici, pourrait donner l'impression d'un vaste pêle-mêle de monts escarpés, de vallées et de gorges profondes parsemées de lacs fort nombreux, sillonnées de torrents aux rives tortueuses et bizarrement découpées.

Cependant, un examen plus attentif montre bientôt, au naturaliste comme au topographe, que cet ensemble montagneux, incohérent en apparence, forme au contraire un tout harmonieux parfaitement coordonné.

MM. Emm. de Margerie et Fr. Schrader ont supérieurement observé cette curieuse région ([1]) et M. Maurice Gourdon qui l'a parcourue en tout sens en a fait ressortir la pittoresque beauté ([2]).

Les granites et ses différentes variétés constituent, en majeure partie, l'ossature de ces puissants reliefs. Par la nature même des divers éléments minéralogiques qui composent ces roches primaires, celles-ci ont subi plus profondément que tout autres l'action du temps et des agents physiques. Ébranlées par les mouvements sismiques, disloquées par les contractions, de la croûte terrestre, les amas rocheux fendillés, érodés, émiettés par l'action alternative de l'énergie solaire et des basses températures, éclatent et s'effondrent sur place, ne laissant subsister que des amoncellements chaotiques, ou des crêtes rocheuses surmontées de reliefs isolés.

Ces phénomènes intenses de désagrégation et de capture, dus en majeure partie aux convulsions de l'écorce terrestre, à la vitesse des vents violents, qui dépasse quelquefois 20 m à la seconde dans ces hauts parages montagneux, et au refroidissement subit ou persistant de l'atmosphère sont extrêmement intéressants à étudier.

A la suite des troubles orohydrographiques occasionnés par ces perturbations successives, la direction d'écoulement de certains cours d'eau a été en quelque sorte intervertie; des torrents qui déversaient anciennement leur produit liquide du côté de l'Océan Atlantique sont devenus, par la suite des temps, tributaires de la Méditerranée. C'est ainsi que l'ossature, en partie granitique, du massif central de la chaîne, franco-espagnole qui renferme la Maladeta et le pic d'Aneto (3404 m d'altit.), point culminant des Pyrénées, loin d'être un hors-d'œuvre orographique, c'est-à-dire une sorte de saillie excentrique par rapport à l'ordonnance générale, comme cela a été affirmé, représente au contraire une des plus anciennes lignes de faîte de la chaîne isthmique.

Parmi les facteurs les plus actifs de ces ruines terrestres, il faut citer les mouvements sismiques dont les ondes dévastatrices se propagent parfois jusqu'au cœur des masses rocheuses et provoquent leur désagrégation.

La belle étude sur la *Tectonique et la sismicité des pays catalans*, communiquée au Congrès de 1908, par M. O. Mengel, prouve toute l'importance que l'on doit attacher à l'observation méthodique de ces phénomènes.

Par la suite des siècles et des troubles orohydrographiques violents qui ont bouleversé ces hauts parages montagneux, la Garonne a perdu

---

([1]) *Aperçu de la structure des Pyrénées* (*Ann. du Club Alpin français*), Paris, 1892.

([2]) *Voir* dans les *Annuaires du Club Alpin français* et les *Bulletins des Sociétés régionales*, les nombreux articles de ce vaillant pyrénéiste.

plus de 45 km de sa longueur primitive. Au lieu de 605 km que l'on accorde aujourd'hui à notre grand fleuve méridional, son développement sinueux, dans les temps anciens, devait avoir une longueur totale, approximative, d'au moins 650 km.

Quoi qu'il en soit, même en ne reportant le point d'origine de la bouche maîtresse du fleuve qu'au Plà de Berét, abstraction faite par conséquent des 12 à 18 km que la rivière parcourt en arrosant la vallée supérieure de Rudà, tributaire principale de la précédente, sinon branche maîtresse elle-même, — la *Grande Garonne* mesure 592 km de longueur, depuis sa source du Plà de Berét jusqu'au Bec d'Ambès, c'est-à-dire jusqu'à l'endroit où le fleuve pyrénéen confond ses eaux avec celles de l'estuaire appelé *Gironde*.

Ce n'est pas sans raison que les Aranais lui appliquent le nom de *Grande Garonne*. Ce qualificatif lui est donné par opposition avec les nombreux cours d'eau du pays d'Aran, qui portent tous le nom générique de *Garonne*. C'est ainsi qu'on distingue la *Garonne de Ruda*, la *Garonne d'Aygôuamoïx* (¹), la *Garonne de Colomès*, la *Garonne d'Ignola*, etc.

Tout le monde sait que, depuis sa partie la plus haute jusqu'à son embouchure, le bassin de la Garonne est complètement situé sur le revers Atlantique des Pyrénées franco-espagnoles. Il est donc évident, malgré les profonds changements qui ont affecté cette portion de l'écorce terrestre, que *la Garonne est un fleuve parfaitement et absolument français*, au point de vue géographique et physique, puisqu'*elle naît et se développe entièrement sur le versant septentrional des Pyrénées françaises, et qu'elle envoie ses eaux à l'Océan Atlantique.*

Par conséquent, affirmer que la Garonne est un fleuve *international*, comme on peut le voir dans certains documents officiels, c'est commettre une véritable hérésie géographique.

M. J. LAMBERT,

Président du Tribunal civil (Troyes).

QUELQUES OBSERVATIONS STRATIGRAPHIQUES DANS LES CORBIÈRES.

551.3(234.2)

5 Août.

On a tant écrit sur la Géologie de Rennes-les-Bains que toutes les difficultés pouvaient sembler définitivement résolues. Quand des géologues

---

(¹) *Ayguamoch* comme on l'écrit parfois, est la forme orthographique catalane et non point aranaise.

éminents, comme d'Archiac, Dumortier, Peron, Toucas et de Grossouvre,
ont exprimé leur opinion sur ce sujet, il peut sembler bien téméraire
à un modeste explorateur comme moi d'élever des doutes sur la réalité
de la succession officielle des assises. Si je me décide à le faire c'est
qu'ayant entrepris une étude paléontologique sur les Echinides des environs de Rennes-les-Bains, je suis forcé d'expliquer les motifs qui ne me
permettent pas d'accepter purement et simplement les conclusions de mes
savants amis Péron, Toucas et de Grossouvre.

Je n'entends, d'ailleurs, m'occuper ici que de la région qui a été l'objet
particulier de mes études, c'est-à-dire d'un triangle limité de deux côtés
par la *Sals* et de l'autre par l'anticlinal du *Cardou*. Cette région est coupée, au pied de Montferrand, par un ravin assez profond, la *Douce*, qui
remonte vers le petit *Lac Barrenc*; elle est recoupée au Sud de la *Montagne des Cornes* par un autre vallon, en partie boisé, dit de *Laforêt*. Entre
ces deux vallons, au pied de la montagne des Cornes, il existe une petite
métairie qui porte sur la carte de l'Etat-Major (édition 1889) le nom de
La Tuilerie (¹). Un troisième grand ravin recoupe en partie les couches
à étudier au Nord de Sougraigne, entre la montagne des *Croutets* à
l'Ouest (alt. 656) et celle de *Brens* à l'Est (alt. 699); les auteurs le nomment
ravin de la *Coume* (²).

La Sals, jusqu'à son confluent avec la Blanque (³), correspond à un
synclinal, voisin dans sa partie Sud d'un anticlinal très abrupt, dit
de la Ferrière (⁴). Dans l'ensemble, les couches relevées vers l'anticlinal
du Cardou, s'infléchissent vers la Sals, mais avec des gauchissements
plus ou moins accentués, résultant de ce que les principaux ravins correspondent eux-mêmes à des synclinaux secondaires et les assises, simplement ondulées dans la plus grande partie de la région, éprouvent une
chute assez brusque au voisinage du synclinal de la Sals.

Quant à la succession que j'appelais officielle des assises, elle est très
vague et M. de Grossouvre a même fait de son imprécision un principe
adapté à la théorie des faciès. J'admets comme lui cette théorie, mais à
Rennes-les-Bains on n'a pas à en tenir compte, parce que là les couches
à Rudistes se sont développées à peu près partout en même temps et sans
les récurrences irrégulières en dernier lieu imaginées par M. Toucas et
que M. de Grossouvre a considérées comme des faits acquis. Quoi qu'il
en soit cette succession générale serait la suivante d'après M. Toucas (⁵):

(¹) L'anciennne tuilerie, aujourd'hui complètement ruinée, qui a donné ce nom
à la métairie, était située un peu plus haut et plus au Sud-Est. Il est encore facile
d'en retrouver les substructions.

(²) M. Toucas nomme les Croutets, Cloutets; la montagne de Brens, côte Barrenc et la Coume, ravin de Sougraigne.

(³) D'Archiac avait interposé ces noms et nommé la Sals Blanque et vice versa.

(⁴) M. Toucas le nomme anticlinal de Capéla.

(⁵) J'emprunte ce tableau à la note de 1896, (*Bul. S. G. d. F.*, 3ᵉ série, t. XXIV,
p. 602. tableau.

Campanien....
{
Grès d'Alet.
Marnes bleues à *Tellina Venei* du Moulin Tiffou et des Cloutets.
Banc à *Hippurites sulcatus, H. bioculatus*, etc.
Banc à *Hippurites organisans* et *Actinocamax quadratus*.
}

Santonien.....
{
Marnes et *Ostrea galloprovinciàlis*.
Marnes et Calcaires à *Placenticeras syrtale* et *Hippurites bioculatus* de Sougraigne.
Marnes et calcaires à *Placenticeras syrtàle* et *Hippurites Jeani*.
Marnes à *Mortoniceras texanum, Micraster Matheroni* et *Echinoconus conicus* ([1]).
}

Còniacien......
{
Calcaires marneux à *Micraster brevis* ([2]).
Calcaire à *Cyphosoma Archiaci*.
}

Angoumien. ..   Calcaires à *Hippurites resectus*.

Si la classification de M. Toucas est erronée, elle a du moins le mérite d'une certaine précision. M. de Grossouvre a pensé trouver une explication des difficultés, que faisait trop apparaitre le tableau de M. Toucas, dans la confusion de toutes les couches supérieures et il donne pour les assises de Rennes-les-Bains la succession suivante ([3]) :

Campanien. .,.   Grès d'Alet.

Santonien......
{
Psammites, grès et Marnes bleues (Moulin Tiffou, les Croutets, Sougraigne) et Calcaires à Rudistes.
Lentilles calcaires à Hippurites (Le petit Lac, Brenś).
Marnes et calcaires à Micrasters.
}

Coniacien .....
{
Calcaires noduleux à Micrasters.
Calcaire jaunâtres (à *C. Archiaci*).
}

Pour quiconque réfléchit, après avoir parcouru la région, cette confusion, peut-être habile, n'est pas une solution. Elle laisse subsister les erreurs de la division en deux étages de l'assise à Micrasters et la superposition des couches du Moulin aux couches à Hippurites.

En réalité sur le triangle étudié la succession des assises est la suivante :

Campanien....
{
Grès d'Alet.
Calcaires à grandes Hippurites (*H. sulcatus, H. bioculatus*) de la Montagne des Cornes et de Sougraigne.
Marnes à polypiers, *Actinocamax* et *Biradiolites organisans*.
}

([1]) Cette espèce n'existe pas dans la région de Saugraigne et Rennes-les-Bains.
([2]) Cette espèce est devenue mon. *Mic. corbaricus*.
([3]) Ce tableau est emprunté au grand Ouvrage de M. de Grossouvre : *Stratigraphie de la craie supérieure*, fasc. 1, 1901, p. 468.

Santonien..... { Psammites du petit Lac, marnes à *Placenticeras syrtale* et argiles bleues du Moulin Tiffou et de Sougraigne.
Calcaires à Rudistes de la Barre du Petit Lac et grès à galets de quartz.
Marnes à *Micraster corbaricus*.

Coniacien. . . . { Calcaires à *Phymosoma Archiaci*.
Calcaires inférieurs à Rudistes.

Dans le ravin de la Douce les marnes à Micrasters, qui en forment les deux flancs, sont fortement redressées vers Montferrand, où apparaît une zone inférieure caractérisée par *Phymosoma Archiaci* et cet ensemble repose sur des calcaires durs dont le prolongement constitue les bords du lit de la Sals à Rennes-les-Bains et dont les bancs supérieurs contiennent des coupes de Rudistes. Quant aux marnes à *Micraster corbaricus*, elles renferment à la base un niveau caractérisé par l'abondance du *Rhynchonella difformis;* un peu plus haut vient une couche à *Cidaridæ* avec radioles de *Stereocidaris sceptrifera*. Les Micrasters abondent au-dessus avec *Cardiaster integer*, *Spondylus spinosus*, *Pachydiscus Linderi*, etc.; ils deviennent plus rares dans les derniers bancs de l'assise qu'il est pratiquement impossible de diviser aux environs de Rennes-les-Bains, où tous les principaux fossiles passent de la base au sommet.

Dans le vallon de la Douce les couches à Micrasters sont surmontées par des calcaires à Rudistes qui constituent vers le déversoir du Lac une barre avec double corne, puis se prolongeraient sur le flanc gauche du ravin, suivant la pente générale des assises, pour recouper le sentier de Montferrand à la Tuilerie vers l'altitude 460. Ces calcaires ont été sur ce point visiblement démantelés, mais on les retrouverait plus à l'Ouest, où ils forment une petite muraille crénelant le mamelon voisin de la métairie, puis ils disparaissent sous les cultures dans la direction de Rennes-les-Bains. Ces calcaires, qui se terminent dans la région de la montagne des Cornes par un lit de grès à poudingues, de galets de quartz, portent directement les marnes psammitiques gréseuses, sans fossiles, qui constituent les rives de la petite mare, dite lac Barrenc. Ces marnes psammitiques se retrouvent vers la Tuilerie et forment le pied de la grande pente de calcaire à Hippurites de la montagne des Cornes. Les argiles retiennent les eaux et donnent naissance à la source de la Tuilerie, captée pour l'alimentation de la métairie. Au-dessus, dans divers petits ravins, des bans d'Hippurites et de Polypiers s'intercalent dans les marnes et, dans les premières assises de couleur roussâtre, ont été rencontrés des *Actinocamax*, voisins du *A. quadratus* et identiques d'après M. Toucas; c'est le niveau où abonde *Biradiolites organisans*. Une dizaine de mètres plus haut, on est en plein calcaire à grosses Hippurites, qui se poursuivent jusqu'au sommet de la montagne (alt. 680) et il est facile de reconnaitre que leurs bancs constituent des assises d'une certaine puissance. En tournant vers le Sud, au-dessus du vallon de Laforêt, les couches à Rudistes contiennent un *Sphærulites* et, plus bas, avec *Biradiolites organisans*, un *Radiolites*. L'ensemble repose sur des argiles psammitiques et beaucoup plus bas on retrouve les marnes à *Micraster corbaricus* et *Echinocorys Gravesi* qui recouvrent le banc à *Phymosoma Archiaci*.

Au fond du ravin de la Coume on retrouve les calcaires avec grès à galets de quartz, puis, au-dessous, les marnes bleues à *Micraster corbaricus*, *Cardiaster integer* et *Inoceramus digitatus*, fortement redressées au voisinage de l'anticlinal du Cardou. Elles suivent à peu près le thalweg du vallon, réapparaissent au-dessous du point 656, puis s'enfoncent vers le synclinal de la Sals, pour reparaître très développées sur la rive gauche à 1500 m en amont de Sougraigne. Une couche calcaire, dans laquelle je n'ai pas rencontré de fossiles, sépare les marnes à Micraster des Psammites et argiles bleues bien visibles sur le flanc gauche de la Coume, sous la montagne de Brens. Ces argiles bleues, encore sans fossiles sur ce point très rapproché de l'anticlinal du Cardou, sont recouvertes par les couches à Rudistes du cimetière de Sougraigne. On les retrouve en amont du village, au bord de la route de Fourtou, et dans le lit de la Sals, où elles renferment de petits Gastéropodes (*Trochus*) à test blanc.

Mais la coupe la plus intéressante et, en même temps, la plus singulièrement interprétée est celle que l'on peut relever en montant de Sougraigne aux Croutets. M. de Grossouvre a parfaitement reconnu qu'ici les couches plongent brusquement vers la Sals et aussi vers l'Ouest, présentant au chemin des Croutets une courbure qui rend malaisée l'appréciation d'épaisseur des strates (*op. cit.*, p. 460). M. Toucas, d'autre part, constatait, en 1881, que les marnes bleues du bas de la Coume, à Sougraigne, identiques à celles du Moulin Tiffou, étaient inférieures aux couches à *Hippurites bioculatus* ([1]). Or, lorsqu'on est sur place, ces constatations sont l'évidence même et l'on ne s'explique pas comment, après les avoir faites, ces deux auteurs ont pu donner des conclusions qui sont avec elles en contradiction absolue.

M. Toucas a donné une coupe de Sougraigne aux Croutets qu'il est indispensable de reproduire ici, au moins dans sa partie essentielle, parce qu'elle est l'origine de toutes les erreurs contre lesquelles je proteste ([2]). Sur cette coupe, les bancs 11, 13, 16 et 18 représentent des couches à Rudistes, intercalées dans les marnes à *Placenticeras syrtale*, 9, 12, 14, 17, 19 et 21 avec couches subordonnées 15, 20. Le grès d'Alet est représenté par 22. Bien que cette coupe soit dite à une échelle déterminée, le total des épaisseurs données formerait un massif de 87 m, alors que la différence des altitudes entre les points extrêmes est de 230 m. On y voit bien, conformément à la théorie développée par M. de Gros-

---

([1]) *Bull. S. G. d. F.*, 3e série, t. IX, p. 385.
([2]) *Bull. S. G. d. F.*, 3e série, t. XXIV, p. 612.

souvre, les bancs de Rudistes, s'enfonçant vers l'Ouest au milieu du massif marneux que couronne le grès d'Alet.

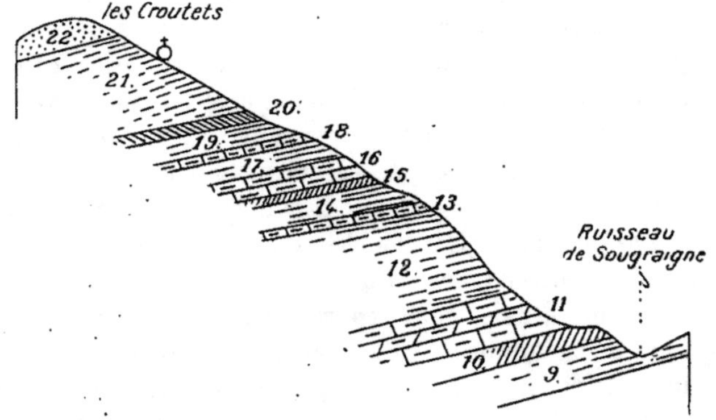

Fig. 1. — Coupe de Sougraigne aux Croutets, d'après M. Toucas (échelle: long. $\frac{1}{10000}$, haut. $\frac{1}{2500}$).

Malheureusement rien de tout cela n'existe sur le terrain et quand on monte de Sougraigne aux Croutets on relève simplement la coupe suivante, beaucoup moins compliquée, mais montrant que l'intercalation

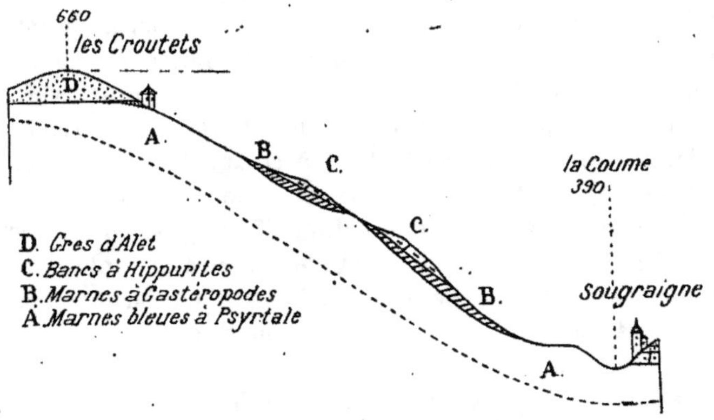

Fig. 2. — Disposition réelle des assises entre Sougraigne et Les Croutets.

des bancs à Hippurites dans les marnes à *Placenticeras syrtale* est purement imaginaire. La coupe montre, de haut en bas de la montagne, un substratum formé par les marnes psammitiques dites à *Placenticeras syrtale*, qui affecte à peu près la même inclinaison que la pente générale A. La partie supérieure de ces marnes argileuses B, très riche en fossiles vers Sougraigne, où elle renferme un nombre considérable de polypiers et de mollusques variés revêtus de leur test, perd une partie de ses fossiles en approchant des Croutets. Cet ensemble argileux est recouvert par une couche marno-ferrugineuse avec *Thecosmilia*, *Globator* et *Clypeolampas* à laquelle succède l'assise à Hippurites C, ici, comme à la montagne des Cornes, le terme le plus élevé de la série crétacée normale et que recouvre seul le grès d'Alet D. De ce que le grès d'Alet recouvre directement sur certains points, comme au Moulin Tiffou, les argiles bleues, on ne peut logiquement en conclure que ces argiles soient plus récentes que les couches à *Hippurites bioculatus.*

La coupe ci-dessus est, d'ailleurs, un simple diagramme destiné à montrer la disposition générale inclinée des assises et sur lequel la réduction de l'échelle n'a pas permis de faire figurer le banc ferrugineux immédiatement inférieur aux calcaires à Hippurites, ni les restes démantelés de trop faible épaisseur de ces derniers.

Si l'on se reporte à la coupe de la vallée de la Sals, donnée en 1854 par d'Archiac ([1]), on reconnaît qu'entre les marnes bleues du Moulin Tiffou (n° 5) et les Psammites subordonnées (n° 6) d'une part et de l'autre les calcaires noduleux à Echinodermes (n° 8), il y a seulement des calcaires et marnes grises (n° 7) représentant ici les calcaires de la barre du petit lac dans le ravin de la Douce. Naturellement il n'y a pas de couche à *Hippurites bioculatus* sur la coupe de d'Archiac, puisque, près du confluent de la Blanque et de la Sals, le ravinement des grès d'Alet a atteint les marnes bleues et que les couches à Rudistes ont été ici détruites par l'érosion du crétacé supérieur.

En résumé, dans la région étudiée, la succession des couches est beaucoup plus simple que ne le pensaient MM. Peron, Toucas et de Grossouvre, et l'on reste étonné en constatant la peine que se sont donnée ces géologues éminents pour compliquer la stratigraphie des assises de Rennes-les-Bains. Les irrégularités se bornent à des ondulations vers les synclinaux secondaires avec plongement brusque vers le synclinal de la Sals et à la répartition inégale des fossiles dans les marnes bleues dites du Moulin Tiffou, lesquelles en s'approchant de l'anticlinal du Cardou deviennent plus psammitiques et plus pauvres en fossiles. Mais n'en est-il pas de même partout et de tous les gîtes fossilifères qui s'appauvrissent dans leurs prolongements ?

Pour conclure, je me crois fondé à établir les propositions suivantes :

I. Dans la région étudiée, les Marnes à *Micraster corbaricus* présentent une unité qui ne permet pas de les diviser en deux étages; on doit les attribuer entièrement au Santonien.

II. Les marnes psammitiques, dites à *Plac. syrtale*, sans fossiles près de l'anticlinal du Cardou (Lac Barrenc, Montagne de Brens), se chargent de fossiles à leur partie supérieure, vers le synclinal de la Sals (Moulin Tiffou, Sougraigne).

III. Les calcaires à *Hippurites bioculatus* ne sont pas enclavés dans les marnes à *Placenticeras syrtale;* ils leur sont supérieurs.

IV. Ces calcaires à *Hippurites bioculatus* reposent sur une couche à Polypiers, *Batolites organisans* et *Actinocamax quadratus;* ils sont donc Campaniens.

([1]) *Bull. S. G. d. F.,* 2ᵉ série, t. XI, p. 186.

V. Dans la région étudiée, il y a trois assises distinctes à Hippurites : la première, inférieure à l'horizon du *Cyphosoma Archiaci;* la seconde ([1]); entre les marnes à *Micraster corbaricus* et les marnes bleues du Moulin Tiffou, dites à *Placenticeras syrtale;* la troisième et la principale, supérieure à ces marnes bleues du Moulin Tiffou.

M. A. JOLY,

Collaborateur au service de la Carte géologique d'Algérie [Constantine (Algérie)].

A PROPOS DE LA TECTONIQUE DES HAUTES-PLAINES CONSTANTINOISES.

55.24(653)

6 *Août.*

Malgré son habituelle simplicité, la tectonique des Hautes-Plaines constantinoises présente parfois des complications remarquables. C'est ainsi que l'*Éocrétacé*, en majeure partie composé de sédiments à facies récifal, et qui forme les grands reliefs, se présente fréquemment en relations anormales au-dessus de terrains plastiques plus anciens ou plus jeunes (*Trias, Nécrotacé, Éocène, Miocène*). Il pourrait même se faire qu'il ne s'enracinât pas toujours. Je prendrai comme exemple quelques coupes choisies dans les Monts des Ouled-Abd-Ennour. C'est la ride montagneuse la plus septentrionale de celles qui sillonnent les Hautes-Plaines constantinoises, au voisinage du méridien de Constantine. Les coupes sont relatives à sa portion occidentale (montagnes de Mechira, massif de Tafrent). Je m'occuperai uniquement des relations anormales que je signale sans m'attacher aucunement à l'étude stratigraphique de l'Éocrétacé en lui-même. Quant à la détermination des terrains que l'on voit apparaître dans les coupes ci-après, elle repose sur des éléments paléontologiques suffisants pour qu'il ne subsiste aucune équivoque.

Ces éléments paléontologiques sont, pour l'*Éocrétacé* : *Ostrea Couloni, Ostrea macroptera, O. Aquila;* Hoplites, cf. *Deshayesi*, des Crioreras; divers *Heteraster, Toxaster;* des Orbitolines, des Chamacées, etc.

Pour le *Néocrétacé*, des *Ostrea* diverses (*O. Villei, O. vesicularis, O. Santonensis*), des Rynchonelles (*Rynchonella*, cf. *vespertillio*). des Inocerames, etc.

Pour l'*Éocène*, de petits cérithes et des Nummulites (*N. complanatus*).

Pour le *Miocène marin* des fragments de Pecten (*P.* cf. *Subdavidi*).

Pour le *Miocène continental*, de l'Hipparion, de nombreuses Planorbes, Limnées, Melanopsis, Unios, etc. (*Planorbis Jobæ, Melanopsis Thomasi, Unio cirtanus*, etc.)

([1]) Admise d'après M. de Grossouvre.

Seul le *Trias* n'a fourni aucun reste organique déterminable; mais son faciès est tel, dans cette partie du nord de l'Afrique, qu'on ne saurait le confondre avec quoi que ce soit. On peut d'ailleurs le suivre, grâce à ses fréquentes apparitions au milieu d'autres terrains, d'une part jusqu'au voisinage du Chettaba (près de Constantine), d'autre part jusqu'aux régions du Haut Oued-Cherf, de Tifech et de Souk-Ahras où il est fossilifère.

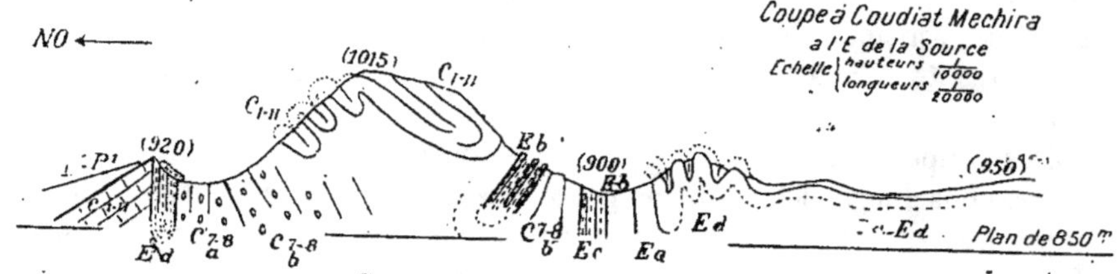

Fig. 1.

P^1, calcaires tufacés (*Sicilien* très probablement). — M^4, vestiges de brèches et poudingues rouges (*Pontien*). — E^a, calcaires à Num-mulites ou calcaires cristallins, par places remplis de Nummulites. — E^b, argiles brunes avec bancs de calcaire grossier, glauconieux. ou légèrement phosphaté. — E_c, calcaire glauconieux. — $C^{7,8}$, Emschérien, Aturien. — $C_a^{7,8}$, argiles jaunes. — $C_b^{7,8}$, argiles jaunes et bancs ou lentilles de calcaires avec *Ostrea Santonensis*, restes d'Inocerames, etc. — $C_{I,II}$, calcaires récifaux de l'*Aptien*, à Chamidées.

Si, partant du Coudiat-Mechira, on se dirige vers l'Ouest, on peut, tant à la lisière nord qu'à la lisière sud du chaînon de Bererour (Djebel-Hamèm, Kef-Makroug, Bou-Arour, etc.), constater toujours, au pied

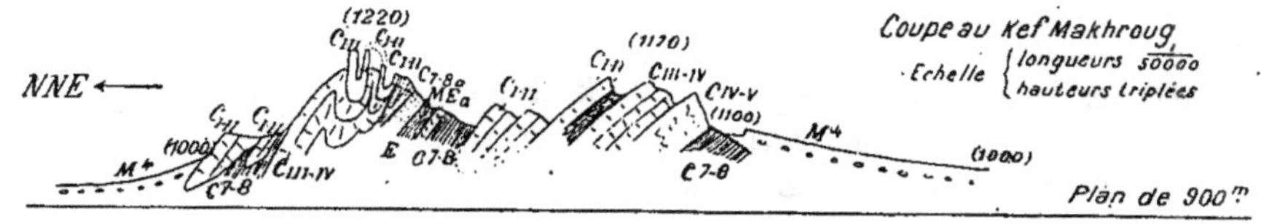

Fig. 2.

M^4, vestiges de poudingues pontiens. — M, Miocène marin, grès à Pecten. — $C^{7,8}$, Aturien, Emschérien sans fossiles. — $C_a^{7,8}$, argiles et calcaires à *Ostrea Santonensis*. — E, Eocène, argiles brunes avec lentilles de calcaires glauconieux, comme celui de la coupe de Mechira. — E_a, calcaire coquillier bréchoïde. — $C_{I,II}$, calcaire aptien. — $C_{I,II}^a$, marnes, argiles et calcaires aptiens très fossilifères par endroits. — $C_{III,IV}$, calcaires à *Ostrea Couloni* (Hauterivien-Barrémien). — $C_{IV,V}$, grandes dolomies qui représentent probablement la base du Hauterivien ou le sommet du Valanginien.

de la montagne, la superposition de l'Éocrétacé, tantôt à des calcaires à Nummulites, tantôt à des argiles jaunes et à des calcaires blancs crayeux, ici sans fossiles, mais qui se relient, sans discontinuité appréciable, aux formations identiques et fossilifères du Coudiat-Mechira. Sur le revers nord du Kef-Makroug, notamment, des paquets importants de calcaires et de dolomies éocrétacés, complètement détachés de la masse principale, paraissent posés sur des marnes et des calcaires jaunes ou blancs, identiques à ceux que je viens de signaler et qui apparaissent extrêmement plissés, contournés et comme froissés dans le fond des ravins. Dans la montagne elle-même, on constate des empilements de plis couchés au Sud qui ramènent, à plusieurs reprises, l'Éocrétacé sur le Néocrétacé, l'Éocène ou le Miocène. C'est ce qu'indique la coupe suivante, schématisée pour plus de simplicité.

Toutes les formations de la figure 2 se prolongent en bandes étroites sur le flanc S de la montagne.

Des coupes prises un peu plus à l'Est ou à l'Ouest montreraient des successions anormales du même genre. La complication est extrême dans certaines parties du versant sud de la montagne. Au col dit Teniet-Elouaara, on relève par exemple la succession suivante.

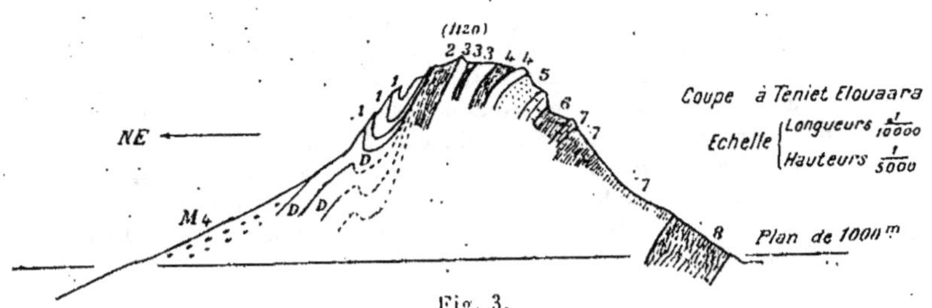

Fig. 3.

D, dolomies. — 1, calcaires blancs. — 2, argiles et marnes jaunes ou rouges. — 3, calcaires et marno-calcaires à *Ostrea Couloni*. — 4, calcaires et argiles à *Ostrea Santonensis*. — 5, calcaires et calcaires gréseux. — 6, calcaire argileux. — 7, marnes grises, jaunissant à l'air. — 8, argile brune.

Toutes les couches D, 1, 2, et 3 ensemble représentent probablement le *Hauterivien*. Le n° 4 correspond au *Santonien*.

Les assises 5, 6, 7 et 8 rappellent tout à fait, les unes l'Éocène de Mechira, les autres le Néocrétacé du même endroit.

En tous cas la superposition du Hauterivien au Santonien est nettement établie, et l'on ne peut interpréter cette coupe autrement qu'en la considérant comme une série de boucles empilées dans un ordre anormal.

L'Éocène et le Néocrétacé se prolongent dans l'Ouest et reparaissent au delà d'une vallée d'atterrissements, large de 3 km environ, au pourtour est et sud du massif de Tafrent. Ils continuent à être fossilifères par places, quelquefois abondamment.

Dans le Chaab-Bahbah-Ousgui, à la pointe nord-est du massif, on voit apparaître les marnes brunes et les calcaires à Nummulites de l'Éocène redressés verticalement ou plongeant vers l'Ouest sous une lame mince de Trias et sous une bande continue de calcaire gréseux et d'argiles et calcaires à Inocérames, *Ostrea Villei*, etc. Ce Trias et ce Néocrétacé sont également redressés verticalement ou plongent violemment à l'Ouest sous l'Éocrétacé d'allure beaucoup plus calme. Ils présentent des marques de laminage intense; parfois les marno-calcaires ont acquis la structure schisteuse; ailleurs les éléments rigides sont transformés en brèches de friction.

Au Kef-Labiod du Tafrent on relève la coupe suivante :

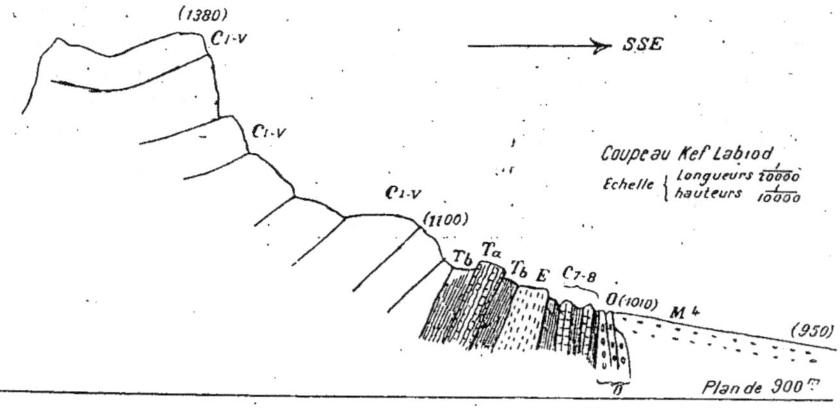

Fig. 4.

M¹, poudingues et brèches rouges du *Pontien*. — O, poudingues rouges de l'*Aquitanien* (?). — E. *Éocène*. Calcaires à silex (Éocène inférieur d'Algérie). Calcaires à Nummulites, argiles brunes, lambeaux de lumachelles et de calcaires glauconieux et un peu phosphatés avec dents de Squales. — C¹,⁸, argiles jaunes, calcaires gréseux, calcaires avec traces d'Inocérames, etc. (même formation qu'à Mechira ou Bahbah-Ousgui, mais laminée). — C$_{ı,v}$, *Éocrétacé* (calcaires récifaux et dolomies). — T^a, Trias. Marnes bariolées. — T^b, Trias. Calcaires, calcaires argileux ou dolomitiques laminés, du type des calcaires à *Mytilus psilonoti*.

Dans cette coupe, comme dans les autres, les formations sur lesquelles repose l'Éocrétacé sont partout laminées, tordues et disloquées. Souvent elles présentent des traces de dynamométamorphisme. Les brèches de friction abondent, et parfois certaines de leurs parties ont été réduites à l'état pulvérulent. Enfin de véritables copeaux d'Éocrétacé se trouvent coincés dans le Néocrétacé, comme celui que représente le croquis suivant, pris dans un ravin un peu à l'ouest de Aïne-Mechira.

On y voit les calcaires récifaux de l'Éocrétacé, réduits en lambeaux écrasés, éclatés,

Fig. 5.

fissurés de toutes parts, pris dans les argiles de l'Éocrétacé. Ces argiles se sont plissotées en s'injectant entre les blocs de calcaire.

Je m'abstiendrai provisoirement et, jusqu'à plus ample informé, de toute interprétation d'ensemble formelle, au sujet des faits ci-avant signalés. Toutefois, je tiens à faire observer que je n'ai pas abandonné la conception que M. Joleaud et moi avons exposée dans une Note à l'Académie (¹), au sujet de l'architecture des Hautes-Plaines constantinoises. Je crois toujours bien que c'est le reste d'un plateau de structure tabulaire découpé par des dislocations, et, notamment, par l'effondrement de compartiments plus ou moins étendus. Seulement, soit par suite du jeu de ces dislocations, soit pour tout autre cause, certaines portions du plateau primitif peuvent être affectées d'accidents des plus aigus. Il en est ainsi, notamment, du bord septentrional de ce plateau; on pourrait supposer qu'il a servi de buttoir à de violentes poussées venues du Nord et qui se seraient développées dans la partie contiguë du Tell. Le plateau serait, par rapport à ce dernier, comme un avant-pays.

———

M. A. JOLY.

LAMBEAU DE POUDINGUES PERMIENS PRÈS DJELFA (ALGÉRIE).

551.752.(65)

6 Août.

A peu de distance au nord de Djelfa, entre *Les Ruines* et *l'Oued Sidi Slimane*, on voit apparaître au milieu des marnes bariolées du Trias un rocher sombre. Ce rocher se compose :

1º Du côté Nord de schistes satinés, bleus ou violacés, plantés verticalement ou plongeant très violemment au Nord.

2º Du côté Sud, de poudingues gris-bleuté, plantés verticalement ou plongeant fortement au Sud. Les éléments sont : des ragments anguleux où à peine roulés de schistes satinés ou ardoisiers, gris, violets ou bleus; des quartz gras, anguleux ou à angles peu émoussés; des quartzites gris ou bruns. Le ciment est un calcaire dur, d'un bleu noirâtre.

Ces poudingues sont identiques à ceux que les Indigènes exploitent en grande Kabylie pour faire des meules de moulins à main, et qui sont considérés comme *permiens*. Les schistes sont peut-être aussi *permiens* ou *siluriens* (?), mais, en tous cas, *primaires*. Rien d'analogue n'existe dans la série secondaire d'Algérie. Les relations d'ensemble de ce paquet

---

(¹) A. JOLY et L. JOLEAUD, *Sur la structure de la partie centrale des Hautes-Plaines constantinoises (Comptes rendus Ac. Sc.,* 26 avril 1909).

ancien avec les terrains avoisinants sont donnés par la figure schématique suivante.

Des blocs, détachés, de poudingues identiques sont épars sur le flanc sud du « *Rocher de sel* », à quelques kilomètres plus au Nord.

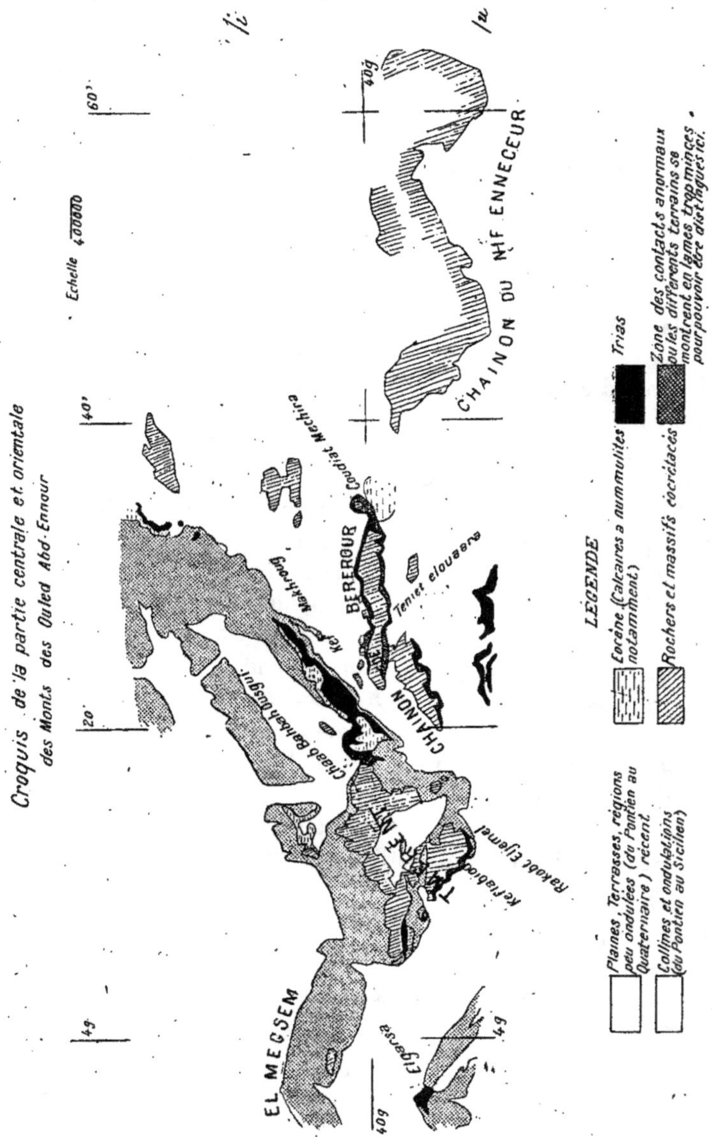

Si l'on admet l'hypothèse que des charriages ont pu se produire dans l'Atlas, on pourra penser que les paquets de poudingues, dont je viens de parler, sont des écailles du *substratum* primaire. Il devient alors intéressant de noter soigneusement la présence de paquets semblables partout où ils se présentent, c'est-à-dire en un grand nombre de points où se fait jour le Trias. (¹).

M. A. JOLY.

GRÈS MOLLASSIQUES A LIMNÉES DU PLATEAU STEPPIEN D'ALGÉRIE.

(fig. 1) (65)

6 Août.

Parmi les différentes formations alluvionnaires que l'on peut distinguer dans le Plateau steppien d'Algérie, on remarque en plusieurs endroits des grès fins, d'un blanc pur ou grisâtre, parfois tachés d'ocre jaune, très tendres et rappelant un peu, par leur aspect, certaines mollasses tertiaires récentes du Midi de la France (ceci dit sans aucune intention d'établir un synchronisme quelconque).

Dans le Plateau steppien, je n'ai, jusqu'ici, trouvé cette formation fossilifère qu'en un seul point. C'est un peu au nord-est de Tagguine, au pied, du coté nord, des Monts des Zarez, à Haci Elbekrour. Le puits, profond d'une dizaine de mètres, qui donne son nom à l'endroit, est précisément creusé dans les mollasses dont il s'agit; celles-ci affleurent sur une assez vaste surface; un ravin profond de 4 à 5 m, les montre à découvert sous 1 m de limons et 2 m environ de grès terreux, grisâtre, à hélix, sous-jacent aux limons et formé aux dépens des mollasses. J'ai pu y constater que ces dernières sont pétries de petits fossiles en très bon état de conservation.

Parmi ces fossiles, les mollusques ont été déterminés par M. Pallary. Je puis, grâce à lui, en donner la liste suivante :

Limnea Ksouriana, Pall.
L. Ksouriana, Pall, *var. Major*, Pall.

(¹) Il y a, au sud-est de Derrag, de forts beaux paquets de schistes ardoisiers et de schistes satinés pris dans la bande de Trias, longue de 40 km, qui part de Sidi Bou Zid (à peu de distance au sud-ouest de Bogar, province d'Alger) et se dirige de là vers le confluent du Nahr-Ouacel et de l'Oued Issa.

Un autre paquet, plus important, de schistes bleus, noirs, schistes à amphiboles et pyroxènes, apparaît au kilomètre 71 + 4 de la Route Alger-Bou-Saada, à peu de distance au sud de Tablat, à gauche de la route en se dirigeant sur Aumale. Ces schistes sont en relation avec les marnes du Trias, qu'ils supportent sur certains points, tout en s'y ennoyant dans d'autres. Tout autour le Sénonien, le Trias et le Gault forment un véritable chaos, indice évident d'un accident tectonique d'une violence peu ordinaire.

L. Saharica, Pall, *var. minor.* Pall.

L. Saharica, Pall, *var. minor.*, forme très voisine de *Ksouriana.*

L. truncatula, Muller.

L. truncatula, Muller, *var. elongata*, Pall.

L. Seguini, Ptrq.

Des *Crustacés* (Ostracodes) minuscules, pris également dans la mollasse, ne sont pas encore déterminés.

Cette même formation gréseuse ou mollassique, se retrouve sous des limons et des graviers à une profondeur de 4 à 12 ou 15 m au fond de la plupart des puits creusés dans le lit de l'Oued Touil, entre Zebaret Ouled Mbarek et Dréa Elgourbi, ou même plus au Nord. C'est elle qui contient la nappe d'eau. Aux puits de Koboï, elle est surmontée par 10 à 12 m d'alluvions qui sont de haut en bas : limons, graviers, sables grossièrement concrétionnés en grès bleuâtres, marnes grises. A quelques kilomètres à l'aval, elle affleure près du débouché de l'Oued Koboï dans la vallée de l'Oued Touil ; là sa surface se durcit à l'air et donne, au-dessus de petits escarpements, des corniches en surplomb. Aux puits de Guernnii elle n'a que 2 m d'épaisseur, et repose, à 10 m de profondeur, sur des grès durs, crétacés (*Albien* ?) dont elle a repris des fragments arrondis.

Les grès mollassiques à limnées ont été atteints (non fossilifères) dans les fouilles effectuées pour établir les piles du pont sur l'Oued Touil, à Bel Raïthar (rive droite). Ils apparaissent sous les limons du marais à 3,50 m et 4,50 m de profondeur ; des pieux battus jusqu'à 9,60 m en contre bas de la surface du sol, n'en sont pas sortis ; ils renfermaient, dans une fouille, une nappe d'eau abondante qui a jailli à 0,50 m au-dessus du terrain naturel, soit à 10,10 m au-dessus du point le plus bas atteint par les pieux ou 4,80 m au-dessus du fond de la fouille. Ceci dénote une assez forte pression hydraulique.

La formation reparait à Chahbouniya dans le fond du Nahr Ouacel sous les alluvions limoneuses et caillouteuses du lit majeur. Elle est ici plus compacte, plus dure, plus grossière et renferme quelques grains de quartz arrondis.

Elle se montre enfin au fond des puits de la Daya Nefouikra.

Au sud de la région où sont situées les localités ci-dessus énumérées, mais toujours dans le Plateau steppien, on retrouve les grès mollassiques dans des cirques des Montagnes des Sahari Ouled Brahim (Monts des Zarez), à Rechioua, Feka, où ils affleurent presque et donnent de l'eau à 2 ou 4 m de profondeur ; puis au fond de ravins bien dessinés qui débouchent dans la corne Nord-Ouest du Zarez Rarbi ; enfin au fond des puits de Bahbah (sur la Route Alger-Lagouate, entre Guelt Esstel et le Rocher de sel).

---

[1] Région des steppes algériennes comprise entre la dépression du Hodna et la Plaine des Chotts Oranais.

Partout cette formation attire l'attention par la couleur blanchâtre qu'elle communique au terrain, et qui a motivé le choix, par les Arabes, de certaines appellations topographiques très expressives:

Dans tout le Plateau steppien, les grès mollassiques à limnées, correspondent (la finesse de leurs éléments et la présence des limnées le prouvent) à un régime fluvio-lacustre dont les eaux devaient être plus pures que celles qui ont déposé les limons (et les graviers superjacents, et devaient) avoir un débit assez fort et continu (¹). On retrouve ailleurs (Hautes-Plaines constantinoises, au Chott Elbeïda; Sud-Est Tunisien, à Metameur, Tattaouine; Sahara, passim) une formation à facies identique, ou peu s'en faut. Cette formation contient par places beaucoup de Mélanies et de Melanopsis, rien en d'autres. Elle semble correspondre à un régime analogue et doit être synchronique des grès mollassiques à limnées du Plateau steppien.

Je ne crois pas possible de fixer de façon ferme l'âge de ces derniers. Leurs affleurements sont si restreints, les documents qu'auraient pu recueillir les creuseurs de puits si rares, que leurs relations demeurent souvent imprécises. Cependant, à Bel Raïthar, on y trouve des fragments de carapace sicilienne (?) repris et légèrement roulés. D'autre part, on ne voit apparaître ces grès que dans les bas fonds creusés au milieu de tous les terrains d'alentour, jusques et y compris le Sicilien (?) Ils sont donc vraisemblablement quaternaires, et l'air récent de la faune qu'ils contiennent semble aussi l'indiquer. Mais à quel terme du quaternaire les rapporter ? Sur la feuille topographique au $\frac{1}{50000}$ Saint-Donat (Province de Constantine), dont j'ai fait les levers géologiques, j'ai cru les voir se relier (près de Letaya) aux limons des Hautes Plaines, que je considère comme le plus ancien terme du quaternaire, parce que tous les autres le ravinent.

Remarquons aussi la ressemblance de facies (à tout le moins) entre les sables gréseux d'Elakarite (Sud Tunisien) et ceux de Haci Elbekrour.

La formation que je viens de décrire présente, outre un intérêt évident au point de vue paléogéographique, une certaine importance pratique. C'est elle, en effet, qui constitue très souvent le réservoir où s'accumulent les eaux dans les dépressions, quelle qu'en soit d'ailleurs l'origine réelle. Souvent, au moins dans le Plateau steppien, ces eaux sont de bonne qualité.

(¹) Ce régime était l'héritier du régime Sicilien très analogue, mais correspondant à des artères et à des réceptacles plus vastes, eux-mêmes réduction cependant du réseau hydrographique du Pliocène ancien. J'espère pouvoir développer un jour cette idée et l'exposer avec les détails qu'elle mérite.

M. E. PÉLAGAUD.

(Antibes).

NOTE SUR L'HYDRATATION LENTE DES COUCHES TERRESTRES.

551.25

6 *Août.*

La plupart des travaux récents attribuent les mouvements et les déformations de la surface de la terre au refroidissement de la planète, aux contractions et aux rétractions qui en sont la conséquence. Une autre cause, agissant en sens contraire, semble pourtant devoir annihiler presque entièrement celle-ci, son action étant beaucoup plus large et plus puissante. A bien examiner le problème sous toutes ses faces, on est amené d'abord à se demander si la terre se refroidit encore, c'est-à-dire si elle n'est pas arrivée à cet état d'équilibre thermal où la quantité de chaleur qu'elle rayonne dans l'espace est compensée par celle qu'elle reçoit du Soleil.

Puis, si l'on part de l'hypothèse cosmogonique de Laplace, que nulle autre n'est encore venue sérieusement remplacer, il faut se rappeler qu'au moment où les dernières particules des substances qui devaient former le globe sont passées de leur état gazeux d'origine, à l'état liquide, puis solide, leur température dépassait forcément le rouge sombre. Elles se trouvaient, par conséquent, à l'état complètement anhydre, lorsqu'elles se sont solidifiées. Que l'on suppose, comme les plus récents géologues français, que les matériaux, qui constituent l'intérieur du globe, sont dans un état moléculaire inconnu, *rigide*, mais non *solide*, ou que l'on pense, avec les vulcanistes italiens, que la pression a solidifié ces matériaux et que les premiers qui se sont condensés pour former l'embryon du feu central, avaient déjà perdu, par rayonnement à travers la nébuleuse, leurs hautes températures, peu importe. Il paraît certain que l'eau n'a pu se laisser emprisonner sous aucune de ses formes à l'intérieur de la terre. Lorsque les matériaux liquides ou pâteux qui composaient la surface du globe ont commencé à se solidifier, à une température supérieure à 500°, toute l'eau contenue dans l'amas de matière cosmique qui devait former la terre, se trouvait forcément rejetée à la périphérie, sous forme de vapeur.

La température s'abaissant peu à peu, ces vapeurs, en se condensant, se réunirent sous forme de couche liquide sur la surface anhydre du globe, qui commença à s'hydrater et, par conséquent, à s'échauffer, à foisonner et à se crevasser en foisonnant. L'eau continua à s'introduire par les crevasses et à hydrater des couches de plus en plus profondes. Leur foisonnement les força à s'épancher au dehors. Comme les couches superficielles déjà hydratées qu'elles avaient à traverser pour déverser leur trop plein étaient encore peu épaisses et peu résistantes, les produits de ce foisonnement se répandirent à la surface en grandes masses ou amas, par des fissures largement ouvertes. C'est ce qui donna aux éruptions de granits, porphyres, trapps, trachytes et roches connexes, leur aspect caractéristique. C'est ce qui peut expliquer la brusque apparition sur le globe de certaines substances, comme la chaux, dont le calcium, condensé à une certaine profondeur, n'a surgi à la surface que par épanchement, après avoir foisonné par hydratation et oxydation.

Lorsque les roches anhydres furent recouvertes d'une série de couches de matières hydratées assez épaisses pour les comprimer comme en un vase clos, le phénomène se ralentit, l'eau ne pénétrant plus que par des fissures de plus en plus tortueuses et profondes. En même temps, la nature des substances rencontrées par les eaux d'infiltration variant avec la profondeur, les produits de cette hydratation, varièrent aussi de nature et d'aspect. Les basaltes et les laves succédèrent aux porphyres, aux granits et roches analogues. Aux épanchements abondants et calmes, par des fissures facilement ouvertes, succédait la période des volcans à cratères et à explosions violentes à travers l'épaisseur toujours croissante des couches hydratées.

En même temps, les grandes fissures ouvertes sur le globe par l'augmentation de volume due au foisonnement aqueux des roches sousjacentes, les crevasses de la Méditerranée, de l'Atlantique, du Pacifique nord et sud continuaient à s'élargir en s'approfondissant et donnaient lieu sur leurs bords et dans leurs centres, principalement, à la pérennité des phénomènes volcaniques, ou phénomènes d'hydratation interne. Il est probable que si l'on pouvait mesurer de façon rigoureusement précise la distance qui sépare deux points fixes choisis en face l'un de l'autre sur la côte de France et sur celle d'Afrique, on s'apercevrait, au bout d'un certain temps, que cette distance augmente lentement au lieu de diminuer. Il doit se passer là un phénomène dont la géodésie devra vraisemblablement tenir compte dans ses recherches relatives à la variation des latitudes et des longitudes pour un point donné.

On voit donc qu'il faut se garder de ne considérer, en étudiant l'évolution de la terre, que les phénomènes de rétraction attribués à un refroidissement actuel un peu problématique. Ceux de dilatation ou foisonnement, causés par l'hydratation continue et lente des couches anhydres de plus en plus profondes, semblent avoir une ampleur, tout autre et une bien plus grande importance. A telles enseignes que si l'on examine avec soin l'aspect de la grande fosse atlantique, on pourrait arriver à la considérer comme une gigantesque vallée d'écartement due à l'augmentation de volume de l'intérieur du globe qui en aurait fait crever la surface, vallée dont les rentrants orientaux épousent les saillants occidentaux et *vice-versa*, la saillie du Brésil correspondant au golfe de Guinée, celle du Cap-Vert à celui du Mexique et le Groenland au retrait de la Norvège et du Spitzberg.

Quoi qu'il en soit, les astronomes qui font des incursions en géologie pour prédire l'effondrement et la disparition sous les eaux tantôt des Antilles, tantôt de la majeure partie de la France et de l'Italie; ceux qui imaginent d'attribuer à la planète la forme d'une toupie, oublient manifestement les leçons de leurs télescopes qui leur montrent, d'une part, que tous les astres sont rigoureusement sphériques et, de l'autre, que l'évolution de la lune nous renseigne suffisamment sur la nôtre. Plus petite et plus ancienne que nous, elle a absorbé avant nous toute son eau, toute son atmosphère; elle s'est crevassée et fendillée de toutes parts en hydratant ses couches profondes et en les obligeant ainsi à foisonner et à briser, pour se faire de la place, celles qui les recouvrent.

Les tremblements de terre sont les signes de ce travail intérieur de dislocation des couches terrestres. Rares dans les régions déjà recouvertes, d'une grande épaisseur de sédiments qui empêchent la pénétration des eaux de surface jusqu'aux roches encore anhydres, ils ont leur maximum de fréquence et de violence auprès des grandes crevasses qui permettent aux eaux marines de continuer leur lent travail dans les profondeurs. Mais les belles recherches contemporaines sur la rigidité du globe, que M. Lallemand a exposées, résumées et complétées dans les *Annuaires du Bureau des Longitudes* de 1909 et 1910, montrent que la terre est un bloc massif, dans lequel les vides de contraction nécessaires aux hypothèses, dites *plutonienne* et *tectonique*, des astronomes en question, ne sauraient exister.

BOTANIQUE.

M. V. DUCOMET,

Professeur à l'École nationale d'Agriculture (Rennes).

OBSERVATIONS SUR QUELQUES MALADIES CRYPTOGAMIQUES DES AMYGDALÉES DANS LE SUD-OUEST.

58.12.3 : 58.33.72

6 Août.

Les Amygdalées (pêcher, abricotier, cerisier, prunier, amandier) ont été cette année très gravement atteintes par des maladies cryptogamiques qui ne causent habituellement pas de très grands dommages.

Partout, le *Clastérosporium Amygdalearum = carpophilum* (= *Coryneum Beijerincki*) a très violemment attaqué tous les arbres cités. Sur le cerisier en particulier, il s'est développé de très bonne heure et a entraîné la mort de nombreux bourgeons à peine entr'ouverts. Les bourgeons floraux ont été tout particulièrement intéressés et du fait de leur destruction, la récolte à été très réduite en maints endroits. Cette mort parasitaire, de nature fungique, ne doit cependant pas être confondue avec la mort par simple gommose. On sait que d'après différents auteurs, la gommose serait aussi de nature parasitaire, bactérienne. Le fait ne nous paraît pas encore démontré; toujours est-il que cette gommose sans champignon progresse du rameau vers le bourgeon, ce qui permet la distinction d'avec la gommose provoquée par le *Clastérosporium*; l'infection du bourgeon est dans ce cas directe, extérieure au lieu d'intérieure.

Nous signalerons aussi un facies peu commun de la maladie des feuilles causée par le même parasite. Alors que dans la plupart des cas, la feuille se couvre de taches arrondies faisant bientôt place à des trous qui ont valu au mal le nom « mal de la criblure », de nombreuses feuilles ont été cette année attaquées sur la nervure médiane ou même le pétiole. La mort de la portion du limbe supérieure au point d'invasion dans le premier cas, le desséchement de tout le limbe dans le deuxième, ont fait parfois attribuer le mal au *Gnomonia erythrostoma* qui semble devenir redoutable dans notre région.

Sur le pêcher, le même *Clastérosporium* a fait beaucoup de dégâts; nous avons surtout noté son extraordinaire développement sur jeunes rameaux bientôt desséchés par attaque de leur partie inférieure.

Un autre fait a attiré notre attention. Nous voulons parler de la coexistence sur un même rameau de *Clastérosporium Amygdaleárum* et *Exoascus deformans*. La cloque a été très violente, surtout sur jeunes pêchers taillés trop court et vieux pêchers ravalés. Sur les rameaux cloqués, à parenchymes très hypertrophiés, le *Clasterosporium* s'est développé avec une intensité telle que, dans l'espace de quelques jours, le grillage était un fait accompli.

Signalons en outre une observation dont l'importance nous semble digne de remarque. Nous avons déjà parlé de gommose. Le *Clasterosporium* provoque des gommoses locales particulièrement abondantes sur le pêcher. Le fait est depuis longtemps connu, mais personnne à notre connaissance n'a signalé le développement du champignon dans la gomme même. Or, il est facile de s'assurer que cette gomme constitue un excellent milieu de culture pour le champignon. L'observation en place montre que les spores y germent avec la plus grande facilité, surtout par les temps humides. Sans insister pour l'instant sur les détails de cette germination et de l'évolution ultérieure du champignon qui vit alors en saprophyte, nous signalerons :

   a. La germination directe des spores en filaments mycéliens végétatifs;
   b. La formation de chlamydospores sur le trajet de ces filaments mycéliens;
   c. La rénovation des spores avec enkystement immédiat;
   d. La germination des spores ou des kystes en rameaux courts, trapus, donnant naissance à des quantités de spores secondaires susceptibles d'enkystement.

Il y a là tout un polymorphisme reproducteur corrélatif d'une pulvérisation de la spore initiale, observé déjà en partie par Aderhold dans ses cultures de laboratoire. Ces faits nous semblent avoir une importance pratique à signaler. Il nous paraît bien certain que l'infection des bourgeons axillaires inférieurs à la région d'attaque première est souvent la conséquence de cette culture dans l'exsudat gommeux. Par les temps pluvieux, la gomme souillée glisse en effet le long du rameau pour former de petits amas dans l'angle formé par le bourgeon axillaire et le rameau support, région facilement vulnérable et particulièrement riche.

Sur le cerisier encore, le *Fusicladium Cerasi* parasite des fruits a fait cette année beaucoup de dégâts et, conjointement au *Monilia cinerea*, a rendu la récolte à peu près nulle, surtout sur les cerises douces.

Sur le prunier, le *Monilia cinerea* prend à l'heure actuelle beaucoup d'extension et dans les milieux bas, sur les arbres trop touffus, il va encore diminuer la récolte déjà si considérablement amoindrie par les intempéries du printemps.

Rappelons qu'en 1907 (¹) nous avons décrit sur le prunier un *Fusicladium* également parasite du fruit et que nous avons distingué du précédent sous le nom spécifique de *F. Pruni*. Nous ne l'avons observé jusqu'ici

---

(¹) *Recherches sur le développement de quelques champignons parasites à thalle subcuticulaire* (Thèse de doctorat et *Annales de l'École nationale d'Agriculture de Rennes*).

que sur la prune d'ente où il cause une tare particulièrement saisissable au moment du *fleurage*. Ce fleurage débute toujours en effet à la périphérie des taches, régions de moindre résistance à la sortie des sucres concrétés dans les tissus. C'est que le mycélium vit dans l'épaisseur de la membrane épidermique qu'il corrode et motive la production d'un liège de réaction qui n'est jamais raccordé avec l'épiderme en avant du thalle, la récolte se faisant avant la fin de l'évolution des taches.

Il s'agit, en effet, d'un parasite à attaque relativement tardive. A l'heure actuelle, la maladie qui semble devoir prendre une grande extension est assez difficilement reconnaissable. Les taches sont encore très petites et très pâles en raison de la jeunesse du thalle. C'est dire que l'efficacité du traitement nicotino-cuprique contre les chenilles, traitement nécessairement hâtif, nous paraît plus que douteuse. Des traitements cupriques effectués fin juin et peut-être seulement en juillet les années tardives, nous paraissent seuls susceptibles d'empêcher le développement du parasite.

Nous signalerons enfin sur l'amandier un autre *Fusicladium* voisin des deux précédents, mais que nous en distinguerons prochainement sous le nom de *Fusicladium Amygdali*. Observé l'an dernier dans notre jardin d'expériences de la station de pathologie végétale de Rennes, nous l'avons retrouvé cette année dans le Lot-et-Garonne. Contrairement aux précédents, il attaque les feuilles et surtout les rameaux. Peu apparent sur les feuilles où il provoque la formation d'une infinité de toutes petites taches olivâtres, il l'est au contraire beaucoup sur les rameaux où les taches arrondies, bien plus volumineuses, arrivent parfois par leur confluence à les recouvrir complètement au point de faire ressembler le mal à une invasion de fumagine.

Comme les deux précédents, le parasite est subcuticulaire. Il motive sur les rameaux la production d'un liège de réaction, ce qui occasionne un léger fendillement des taches originellement lisses. Son développement est parfois tel que les bourgeons axillaires avortent ou que les rameaux qui en sont issus meurent comme lors des atteintes de *Clasterosporium*. Le cas est particulièrement fréquent à la suite de pincements intempestifs.

Telles sont les observations que nous avons cru devoir présenter sur quelques champignons qui, avec le *Puccinia Pruni* si fréquent sur le prunier d'ente et le *Sphœrotheca pannosa* exceptionnellement abondant l'an dernier sur les jeunes pêches dont il a en maints endroits provoqué un *échaudage* qui a paru insolite à beaucoup de personnes, sont peut-être les plus dangereux ennemis de nos amygdalées fruitières.

(¹) Il a été désigné sous ce nom dans la collection des *maladies cryptogamiques nouvelles étudiées à la station de physiologie et pathologie végétale de Rennes*, présentée à l'Exposition de Bruxelles.

M. V. DUCOMET.

SUR LE FLEURAGE DES PRUNEAUX.

664.85.23 : 63.411.71

6 *Août*.

Dans un travail d'ensemble sur le Prunier ([1]) et auparavant dans une note publiée en collaboration avec Brocq-Rousseu ([2]) Stoykowitch attribue l'altération blanche des pruneaux à l'action d'une levure. « Cette altération caractérisée par la présence à la surface des pruneaux d'une matière blanchâtre formant des amas de dimensions variées, serait un phénomène d'ordre biologique. Après avoir constaté dans ces amas la pullulation d'une levure qu'ils croient devoir rattacher au genre *Torula*, les auteurs se sont demandés si la levure pouvait être considérée comme responsable de l'altération ou bien si la matière blanchâtre n'était pas le résultat d'une action physique, par exemple d'une action osmotique ayant permis la sortie des sucres et leur cristallisation à la surface de pruneaux.

La preuve du rôle de la levure aurait été donnée par l'observation de deux lots de pruneaux placés à l'étuve à la température de 37° dans des flacons stériles, avec un peu d'eau distillée. Un lot a été stérilisé au préalable à la température de 120°; l'autre lot n'a pas subi de stérilisation. Les pruneaux stérilisés restant intacts, alors que les autres sont rapidement envahis par l'altération, la cause de cette altération paraît bien déterminée.

Or, comme d'une part la température de 65° suffirait pour tuer la levure, et que d'autre part la dessiccation des prunes se fait à une temrature supérieure, cette dessiccation correspond nécessairement à une stérilisation. La contamination se ferait dès lors après l'étuvage. Bien que n'en apportant pas la preuve expérimentale, les auteurs admettent que la levure existe à la surface des fruits et que la contamination est la conséquence du contact entre prunes fraîches et prunes desséchées. Donc « par des moyens simples, faciles à imaginer, il suffirait d'empêcher ce contact pour réduire les chances d'altération à leur minimum ».

Comme nous nous occupons depuis quelque temps de la pathologie du Prunier d'ente dans le Lot-et-Garonne, l'étude de la maladie du fruit devait naturellement nous conduire à étendre nos investigations aux altérations du pruneau commercial. La publication du travail de Stoy-

---

([1]) Thèse de doctorat de l'université de Nancy.
([2]) *Revue générale de Botanique,* mars 1910.

kowitch nous a déterminé à faire connaître dès maintenant les résultats essentiels de nos observations en ce qui concerne l'altération blanche (¹).

Si l'on suit le pruneau à partir de sa fabrication, on assiste à deux phénomènes inverses, suivant le degré de siccité ou d'humidité du milieu de conservation : la dessiccation ou la pourriture. Suivons la dessiccation sur des pruneaux bruts, de préférence aux pruneaux de commerce entassés dans les récipients après compression au rouleau.

En cours d'étuvage, la déperdition d'eau des tissus de la pulpe entraîne nécessairement l'affaissement, le plissement de la peau. Plus la durée de conservation augmente et plus les rides originelles se développent. En outre, le pruneau primitivement noir, lisse et même brillant sans artifice aucun, quand la dessiccation a été bien conduite, devient de plus en plus terne, rugueux; il finit par se couvrir d'une poussière blanche, partie adhérente, partie facilement détachable : nous sommes arrivés au fleurage.

Suivons la marche de cette prétendue altération.

Même à l'œil nu, on voit la substance blanche distribuée suivant trois facies principaux :

1° Dans certains cas, un réseau blanc très compact recouvre le pruneau. Ce réseau correspond exactement au réseau de crêtes dont il a été question.

2° Dans d'autres cas, l'ensemble du fruit est recouvert d'une infinité de petits points blancs simplement plus abondants sur les crêtes que dans les vallées.

3° Dans d'autres cas enfin, on observe encore des points blancs, mais au sommet de petits mamelons de couleur claire, souvent plus ou moins rosés ou rougeâtres. Ces mamelons sont encore situés de préférence sur les crêtes. Isolés parfois et alors arrondis, ils sont ailleurs confluents par leur base et par ce fait irrégulièrement polyédriques. De taille très variable, il sont en outre tantôt nettement arrondis, tantôt à surface plane. Dans ce dernier cas, en raison de leur confluence, la surface du fruit en relief est parsemée de portions surélevées plus claires que l'ensemble, portions qui se montrent bientôt mouchetées de points blancs saillants.

L'examen à la loupe montre plus nettement encore ces différences. On voit aisément que le sommet des mamelons à teinte claire se creuse d'un cratère par où s'échappe une substance blanche poussiéreuse. Plusieurs cratères peuvent même se former au sommet d'un même mamelon. Lorsque ces mamelons font place à des régions de soulèvement

---

(¹) Nous préférons désigner la production des amas blanchâtres superficiels sous le nom de *fleurage*, puisque cette expression est déjà employée en Touraine et Provence pour désigner un phénomène bien voisin de celui qui nous intéresse. Au point de vue des conséquences pratiques, le fleurage des pruneaux de Provence ou de Touraine est évidemment bien distinct du nôtre, puisque la *fleur* (on dit encore le *blanc*) correspond à une qualité du fruit, alors qu'elle est un élément de dépréciation du pruneau d'Agen, mais cette considération ne nous paraît pas suffisante pour motiver une différence d'appellation.

plus larges et plates dans l'ensemble, il se forme toujours plusieurs·
orifices correspondant chacun à un soulèvement secondaire plus ou moins
accentué.

Quel que soit le cas, les cratères vont s'élargissant et la substance qui
s'en échapppe se répand à la périphérie, de façon à masquer à peu près
complètement le soulèvement primitif. Or, les mamelons se trouvant bien
souvent distribués à peu près uniquement sur le sommet des crêtes disposées en réseau, il en résulte que finalement un réseau poussiéreux blanc
recouvre simplement la surface très foncée du pruneau, sans laisser voir
le processus de sa formation.

Il arrive enfin que les mamelons ou autres régions de soulèvement
restent très peu apparents avant l'apparition de la moucheture blanche,
en raison de leur peu de relief et surtout de leur teinte à peine plus claire
que le fond. Or, comme les cratères peuvent s'élargir au point d'inté-
resser la majeure partie de la région soulevée et que d'autre part la
substance blanche déborde peu à peu autour de l'orifice, on conçoit qu'il
soit difficile, quand on n'examine que le dernier stade, de se rendre un
compte exact du mécanisme de sa production.

Les coupes anatomiques pratiquées dans les pustules à sommet pourvu
ou non du point blanc dont il vient d'être question montrent l'accumulation de la substance blanche dans les régions superficielles, au delà des
premières assises de cellules épicarpiques qui sont progressivement soulevées; puis disloquées. C'est de leur épaisseur plus ou moins grande,
en même temps que plus ou moins rapidement décroissante à partir des
bords de la concrétion, que dépend la teinte plus ou moins claire du
mamelon, toujours plus claire au sommet qu'à la base.

On est frappé par la texture cristalline de l'ensemble de la concrétion,
ainsi que par ses différences d'homogénéité. Homogène souvent, l'amas
blanc montre souvent des inclusions constituées par des cellules ou
débris de cellules profondément déformées.

Le traitement des coupes par la liqueur du Fehling et comme com-
plément l'étude analytique de la poussière prélevée au sommet des
cratères en formation montrent que la substance blanche est constituée
par des sucres réducteurs.

Il résulte de ces observations que l'altération blanche des pruneaux
n'est pas une altération au sens vrai du mot. Il s'agit tout simplement :

1º De la concrétion des sucres réducteurs dans les régions superficielles.

2º De la sortie à l'état cristallin de ces sucres qui, formant des amas
de plus en plus volumineux, provoquent la rupture de la peau après soulèvement préalable.

Le maintien de l'appellation de fleurage nous paraît dès lors parfaitement justifié.

Ce fleurage se produit en milieu stérile comme en milieu naturel. Il
s'agit d'un phénomène physique et non biologique; la sécheresse du
milieu est le facteur déterminant de sa production.

Supposons maintenant que les pruneaux fleuris soient placés en milieu frais. Dans ce cas, les amas blanchâtres deviennent habituellement rosés en raison de leur hygroscopicité qui conduit à un mélange avec les sucres du jus des débris de pulpe enclavés dans la masse. En outre, il n'est pas rare de voir se développer des cellules mycéliennes bourgeonnantes, à forme levure, qui détruisent le sucre avec formation d'alcool. Mais il s'agit d'un simple épiphénomène.

D'autre part, les pruneaux conservés à partir du début en milieu frais, ni trop sec, ni trop humide, peuvent aussi se recouvrir d'un enduit blanchâtre toujours irrégulier, distribué sous forme d'amas de dimensions variées donnant avec la liqueur de Fehling la réaction des sucres réducteurs. Mais la peau n'est pas rompue et l'examen microscopique montre la pullulation du même champignon levure dont il vient d'être question. Or, comme en cours d'étuvage, en milieu chaud et humide, une petite quantité de sucres transsude au travers de l'épiderme pour donner ou tout au moins contribuer à donner au pruneau le brillant recherché par le commerce, il n'y a rien d'étonnant à ce que le champignon se développe aux dépens de ce vernis comme aux dépens des sucres sortis à l'état solide, par rupture des tissus. Nous dirons qu'il s'agit dans ce cas du *faux-fleurage*. Ce faux-fleurage, plus exactement que notre fleurage, correspond à l'altération blanche de Stoykowitch et Brocq-Rousseu. Mais le développement du champignon levure correspond encore à un épiphénomène.

Fleurage et faux-fleurage peuvent se produire partout, sur les pruneaux stérilisés comme sur les pruneaux non stérilisés. Le contact entre prunes fraiches et prunes sèches n'est indispensable dans aucun cas. Les méthodes de manipulation des pruneaux par un personnel spécial, avec un matériel à part, dans des salles isolées, que les auteurs semblent conseiller avant tout, ne nous paraissent dès lors nullement capables d'éviter l'altération.

En ce qui concerne le faux-fleurage, deux méthodes seulement nous paraissent susceptibles de conduire à un résultat positif : la conservation en milieu stérile ou la constitution d'un milieu de surface non compatible avec le développement du champignon. Elles sont malheureusement peu pratiques. La première, pour raison de prix, ne peut s'employer que pour la conservation de fruits de luxe; la deuxième, pour raison d'hygiène, est encore moins pratique; il ne nous parait guère possible de recommander l'enrobage du pruneau dans une substance antiseptique.

En ce qui concerne le fleurage vrai, beaucoup plus important à notre avis, il s'agit d'un phénomène inévitable, si le milieu ambiant s'assèche par trop. Tout ce que l'on peut faire, c'est le retarder, diminuer son importance par réduction du volume des concrétions sucrées, grâce à une dessiccation plus méthodique, moins saccadée, qui conduit à une plus grande homogénéité de la masse du pruneau. Il est évident, pour la même raison, que les pratiques industrielles d'homogénéisation de la pulpe, avant et pendant l'emballage, grâce à la compression et à l'aplatissage au rouleau, conduisent au même résultat. Quant à l'empêchement du phénomène, tout le problème consiste à maintenir les fruits dans une atmosphère suffisamment humide. Ces conditions sont précisément réalisées dans les récipients du commerce, surtout lorsque ces récipients sont repassés à l'autoclave après remplissage et tassement. Le dégagement de vapeur d'eau qui se produit lors de ce passage suffit pour maintenir l'atmosphère à un état hygrométrique conve..able. Dans ces conditions, le fleurage ne se produit qu'après l'ouverture de la boîte pour gagner progressivement de la surface vers le fond.

A ce point de vue, mais à ce point de vue seulement, la méthode américaine de *finissage* qui consiste à tremper les pruneaux avant l'emballage dans un bain chaud de glycérine à 5 pour 1000 nous paraît recommandable, le revêtement glycérique limitant nécessairement la possibilité de dessiccation. Le remplacement de la glycérine par du jus de fruits bouillant doit conduire au même résultat, en raison de la viscosité de l'enrobage. Il y a là un sujet de recherches d'un grand intérêt pratique.

M. W. RUSSELL,
Docteur ès Sciences (Paris).

SUR LA PRÉSENCE DE LA SABINE DANS UN COIN DES VOSGES.

58.522.(44.39)

3 Août.

La Sabine (*Juniperus Sabina* L) est un arbrisseau des lieux rocailleux abondant dans la région sub-alpine des Pyrénées, mais que l'on observe aussi çà et là dans les Alpes de la Savoie, du Dauphiné et de la Provence [1].

L'année dernière j'ai été fort surpris de la découvrir dans les Hautes-Vosges où elle n'a jamais été signalée; il n'en existe il est vrai qu'un seul pied. Cet exemplaire unique de Sabine vit dans les alluvions anciennes de la vallée de Belbriette au lieu dit *les Charbonnières* à environ 800 m d'altitude; bien que fort âgé il est rabougri et possède un peu la physionomie de ces vieux Ifs que l'on voit dans les boulingrins composés de certains parcs.

Si cet arbrisseau n'est pas à l'état subspontané, peut-être se trouve-t-on en présence du dernier représentant d'une espèce qui a maintenant émigré dans d'autres régions où elle a rencontré des stations plus favorables !

---

[1] D'après l'abbé Coste (*Flore de France*, t. III, p. 283) l'aire de *Juniperus Sabina* est assez vaste, car il comprend, en outre de l'Europe centrale et de l'Europe méridionale le Caucase, la Sibérie et l'Amérique du Nord.

M. W. RUSSELL.

RECHERCHES CALCIMÉTRIQUES DANS LES HAUTES ET LES BASSES VOSGES.

58.11.526(44.39)

3 *Août.*

Les roches qui constituent le sol des Hautes et des Basses-Vosges appartiennent au groupe des grès et donnent par leur désagrégation une terre argilo-sableuse ou sablonneuse dont la pauvreté en calcaire est remarquable. Dans de tels terrains il ne faut pas s'attendre à rencontrer des plantes calciphiles exigeantes, seules celles qui s'accommodent d'une faible quantité de carbonate de calcium peuvent y élire domicile.

La recherche de ces plantes et l'analyse du sol qui les héberge sont cependant intéressantes à effectuer, car une semblable étude permet de fixer la quantité limite nécessaire au bon développement d'espèces qui, dans d'autres régions vivent de préférence dans les terrains calcaires.

Les plantes calciphiles les plus répandues dans les Vosges granitiques et grèseuses sont : *Thymus Serpyllum*, *Pimpinella Saxifraga*, *Poterium Sanguisorba*, *Silene inflata*, *Asperula odorata* et *Genista sagittalis*.

Le *Thymus Serpyllum* est une plante souvent dominante dans certaines localités; il n'a besoin que d'une très petite quantité de calcaire et aussitôt qu'il en trouvé quelques traces, il s'installe et ne tarde pas à pulluler; près de Raon-l'Étape, sur le Grès Vosgien on le rencontre dans un sol dont l'indice calcimétrique est à peine de 0,006, au Valtin, sur la granulite on observe 0,008, à Laveline, sur le Granite, 0,02, etc.

Le *Pimpinella Saxifraga* a également des stations nombreuses dans les Vosges, mais comme il est plus sensible à l'influence chimique du sol que le *Thymus Serpyllum* il ne se trouve que lorsque l'indice calcimétrique dépasse 0,01 % CO^3Ca; sur le Grès Vosgien de Raon-l'Étape il se contente de 0,02; ailleurs l'indice calcimétrique est plus élevé : 0,04 (Route de Xanrupt au Valtin), 0.05 (Grès Bigarré à Chanteraine près Épinal), 0,06 (Granite de Laveline), etc.

Le *Poterium Sanguisorba* qui vit sur le Hohneck dans des arènes granitiques dont l'indice calcimétrique est d'environ 0,03, s'observe généralement dans des sols où l'indice calcimétrique est plus élevé; c'est ainsi qu'au bas de la côte Saint-Martin près de Saint-Dié où cette plante abonde sur les Grès Rouge Permien, la teneur en calcaire est de 0,10 % et aux Roches d'Olima non loin d'Épinal on décèle en certains points jusqu'à 2 % de calcaire.

Le *Silene inflata* se montre avec 0,02 et 0,05 de calcaire sur le Hohneck 0,04 sur les schistes granulitiques du Grand Valtin, 0,08 sur la Granulite près de la Roche du Diable (Route de la Schlucht), etc.

L'*Asperula odorata*, plante amie des lieux ombragés s'observe entre autres stations, au bois des Broches dans un sol de nature granitique qui renferme en moyenne 0,04 % CO^3Ca.

Le *Genista sagittalis* vit sur la Roche Boulard près de Longemer dans des schistes granulitiques dont l'indice calcimétrique est de 0,03; on le trouve aussi dans le bois des Broches (indice calcimétrique 0,03 %), aux environs de Saint-Dié sur le Grès Rouge (indice calcimétrique 0,08 %, etc. En outre des plantes calciphiles que je viens d'énumérer on en rencontre quelques autres plus étroitement localisées soit par suite de leur plus grande exigeance soit pour d'autres causes difficiles à définir. Ce sont : *Chelidonium majus, Cerastium arvense, Helianthemum vulgare, Sedum acre, Tussilago Farfara, Mercurialis perennis* et *Juniperus communis*.

Je n'ai observé qu'un pied de *Chelidonium majus* dans un Faubourg de Saint-Dié, l'indice calcimétrique du sol était en ce point de 0,10 %.

Le *Cerastium arvense* constitue une petite colonie aux portes d'Épinal sur le territoire de la commune de Chanteraine, l'indice calcimétrique de cette station était de 0,02 %.

L'*Helianthemum vulgare*, var. *grandiflora*, se rencontre çà et là sur le versant alsacien du Hohneck ; les prises de terre que j'ai effectuées m'ont fourni un indice calcimétrique moyen de 0.03.

Le *Sedum acre* se montre dans les alluvions anciennes de la vallée de Belbriette où il est d'ailleurs chétif et rabougri. L'indice calcimétrique est à peine de 0,06; on peut le récolter aussi sur les blocs de granite de la route de Munster (indice calcimétrique 0,08 %) et au bas de la roche du Page près de Xanrupt (indice calcimétrique 0,10 %).

Le *Tussilago Farfara* forme un îlot important sur le bord de la route de la Schlucht près du Collet, l'indice calcimétrique moyen de cette station était de 0,07 % CO^3Ca.

Le *Mercurialis perennis* est fort abondant sur les flancs de la montagne qui porte la Forêt de Brande entre la route de la Schlucht et le lac de Longemer; des échantillons de terre recueillis en trois points éloignés les uns des autres m'ont fourni comme indice calcimétrique 0,07 %, 0,10 % et 0,10 %.

Le *Juniperus communis* est peu répandu en dehors des Vosges calcaires; je ne l'ai observé que sur la roche du Page [1] dans des arènes granitiques dont la teneur en calcaire atteignait en certains points 0,15 %.

---

[1] D'après M. Guffroy (*Bull. Soc. bot*, 1910), on le trouve également au Valtin (Vosges).

M. W. RUSSELL.

ÉTUDE SUR LA RÉPARTITION DES PLANTES CALCIPHILES DANS LE MASSIF DE LIGUGÉ (VIENNE).

58.11.526(44.63)

3 *Août.*

Le massif granulitique de Ligugé, près Poitiers, forme une sorte d'ilot entouré de toutes parts par les terrains jurassiques; il est divisé par le Clain en deux portions inégales : la partie principale, traversée par la ligne Paris-Bordeaux, est située sur la rive gauche de la rivière; elle constitue une petite éminence isolée dont les flancs descendent en pente douce vers le Nord; près de son sommet, du côté S-E, elle est coupée presque verticalement en une falaise pittoresque au pied de laquelle coule le Clain. La croupe du monticule est occupée par quelques champs cultivés, des prairies, un petit taillis de Chênes et des landes où abondent le Genêt à balais et l'Ajonc d'Europe.

Le massif de Ligugé, qui par sa nature minéralogique appartient à la catégorie des terrains dits siliceux, porte en outre des plantes caractéristiques de ces terrains, un certain nombre de plantes émigrées des terrains calcaires voisins; il en résulte un singulier mélange de plantes calcifuges et de plantes calciphiles vivant en colonie *Heterocœnique* [1].

Contejean, qui a étudié la flore de Ligugé, a montré que les roches sur lesquelles elle s'épanouit renferment de l'oligoclase dont la décomposition, sous l'influence des agents atmosphériques, fournit une certaine proportion de chaux suffisante pour attirer les plantes calciphiles, mais trop faible pour éloigner les calcifuges [2]. Les recherches calcimétriques que j'ai effectuées cette année dans le massif de Ligugé confirment les observations du savant géographe botaniste, tout en apportant un certain nombre de faits nouveaux en ce qui concerne la distribution des espèces calciphiles.

La répartition des plantes calciphiles est en effet loin d'être la même dans tout le massif : sur les blocs de granulite les parcelles de terre végétale localisées dans les fissures des roches ne nourrissent que de très rares plantes calciphiles, toutes très peu exigeantes, telles que *Sedum album, Sedum reflexum. Dianthus Carthusianorum. Cerastium glomeratum, Thy-*

---

[1] A. MAGNIN, *Rapports du sol et de la flore. L'edaphisme chimique* (*Ann. Hist. nat.*, Doubs 1903).

[2] Contejean (*Géographie botanique*, p. 76) a constaté par l'analyse qu'un morceau de roche du poids de 79,5 gr fournissait 54 mg de carbonate de chaux.

mus Serpyllum, Ceterach officinarum associées à de nombreuses plantes calcifuges à divers degrés (*Sarothamnus scoparius, Teesdalia nudicaulis, Ornithopus perpusillus, Rumex acetosella, Umbilicus pendulinus, Potentilla argentea,* etc.). La teneur en calcaire du substratum est comprise entre 0,025 et 0,033 ([1]). C'est à la base des roches, dans les arènes issues de leur décomposition et surtout dans les éboulis situés au pied de la falaise que vivent la plupart des espèces calciphiles; c'est là qu'on récolte le plus abondamment : *Thlaspi perfoliatum, Arabis hirsuta, Seseli montanum, Poterium Sanguisorba, Scabiosa columbaria* etc.; aux abords de la tranchée du chemin de fer on voit aussi quelques *Prunus spinosa.* A la base de la falaise l'indice calcimétrique est d'environ 0,23 %; ailleurs il varie de 0,03 à 0,35 selon la plus ou moins grande déclivité du terrain.

Sur les pentes septentrionales, particulièrement au voisinage de la route de Ligugé à Iteuil, la présence de limon des plateaux a permis l'introduction de calciphiles assez exigeantes comme *Coronilla varia. Stachys recta* et *Rubia peregrina. L'Orchis purpurea,* qui ne peut vivre dans les sols pauvres en calcaire, se montre en plusieurs endroits; l'analyse de la terre de deux de ses stations m'a fourni, comme indice calcimétrique, 3,90 % et 5,70 %.

La portion du massif qui occupe la rive droite du Clain forme une étroite bande située à la base d'une colline.

Les blocs de granulite isolés ou groupés s'étagent sur les flancs du coteau, quelques-uns même se dressent au milieu du lit de la rivière en escarpements ruiniformes qui contribuent à accroître l'aspect sauvage du site.

Le terrain est beaucoup plus frais que sur l'autre rive; en maints endroits on voit des filets d'eau sourdre entre les masses rocheuses. Les roches sont tapissées d'*Umbilicus pendulinus* et de *Sedum album* auxquels se mêlent quelques pieds de *Rumex acetosella.*

Le *Poterium Sanguisorba* s'observe çà et là, ainsi que deux autres plantes calciphiles : le *Potentilla verna* et le *Sedum acre,* que je n'ai pas rencontrés sur les rochers de la rive gauche.

La terre recueillie dans une fissure où vivait un *Sedum acre,* d'ailleurs assez chétif, m'a fourni comme indice calcimétrique 0,06; celle qui nourrissait un pied de *Potentilla verna* contenait environ 0,05 CO^3Ca.

Sur une plate-forme qui domine les roches, un peu au-dessous de la ferme de Port-Seguin, j'ai trouvé le *Marrubium vulgare,* planté assez amie du calcaire qui ici se contentait de 0,20 % Co^3Ca; une saillie rocheuse voisine, couverte d'une épaisse couche d'humus, portait un pied très vigoureux d'*Helleborus fœtidus :* l'indice calcimétrique en ce point était d'environ 0,08 0/°. L'*Helleborus fœtidus* est très commun tout le

---

([1]) Weddel, qui a étudié la répartition des Lichens du Massif de Ligugé (*Bul. Soc. Bot.,* 1893), a également constaté que seules les espèces silicicoles ou indifférentes se montraient sur les roches.

long de la vallée, aussi bien dans la zone granulitique que dans la zone
calcaire, mais il est à remarquer que dans le massif granulitique c'est
presque exclusivement au pied du coteau qu'il se montre, les prises de
terre effectuées en trois points différents m'ont donné 0,15 % CO^3Ca,
1,20 % CO^3Ca et 6,60 % CO^3Ca. L'augmentation de la teneur en calcaire à la base du coteau n'est pas uniquement imputable à l'altération
du feldspath calcique, le plus fort appoint est certainement fourni par les
eaux provenant des pentes supérieures et du plateau qui les couronne [1].

En résumé, dans le massif granulitique de Ligugé, la distribution des
espèces calciphiles se fait exactement selon leur appétence chimique;
dans les fissures des roches où la teneur en calcaire est d'ordinaire très
faible, on ne trouve que quelques plantes peu exigeantes; celles qui
demandent une proportion moyenne de calcaire se rencontrent surtout
à la base des blocs où s'accumulent les produits de désagrégation des
roches; quant aux calciphiles exigeantes, elles ne se montrent que là où
une petite quantité de diluvium recouvre les rochers, ou bien dans les
replis de terrains irrigués par les eaux issues des massifs calcaires du
voisinage.

M. A. PRUNET,

Professeur à la Faculté des Sciences (Toulouse).

LES ROUILLES DES CÉRÉALES DANS LE SUD-OUEST DE LA FRANCE.

63.31-2 (44.7)

3 *Août.*

Il résulte surtout des recherches d'Eriksson que les céréales peuvent
être attaquées par six espèces de *Puccinia* qui sont : *P. graminis* Pers.,
P. glumarum (Schm.) Erik. et Henn., *P. triticina* Erik., *P. simplex*
(Koern.) Erik. et Henn., *P. dispersa* Erik. et Henn., *P. coronifera* Kle-
bahn.

Le *Puccinia graminis* attaque le Blé, le Seigle, l'Orge et l'Avoine.
Le *Puccinia glumarum* attaque le Blé, le Seigle et l'Orge. Le *P. triticina*
est spécial au Blé, le *P. simplex* à l'Orge, le *P. dispersa* au Seigle et le
P. coronifera à l'Avoine.

Les *P. graminis, dispersa* et *coronifera* sont hétéroïques et ont respec-

---

[1] Le sol de ce plateau est formé d'argile rouge sidérolithique; une prise de
terre effectuée en haut de la colline de Port–Séguin m'a donné un indice calcimétrique de 16 %.

tivement comme premier hôte : le *P. graminis*, un *Berberis* ou un *Mahonia*; le *P. dispersa*, divers *Anchusa*; le *P. coronifera*, le *Rhamnus cathartica*. Les *P. glumarum, triticum* et *simplex* sont tout au moins provisoirement considérés comme autoïques, la forme aecidienne de ces trois espèces étant inconnue.

On sait que dans l'Europe septentrionale le *P. graminis* est l'espèce prédominante, tandis que dans l'Europe centrale et en Angleterre c'est le *P. glumarum* qui prédomine. Il était intéressant de savoir quelles sont les espèces de *Puccinia* que l'on observe le plus communément dans le Sud-Ouest de la France. J'ai fait à ce sujet une première communication au Congrès de l'*Association*, en 1903. Mes recherches ont été continuées depuis cette époque et les résultats que j'en donne aujourd'hui confirment en les précisant ceux des recherches antérieures.

Les espèces de *Puccinia* les plus fréquentes sur les céréales de la région du Sud-Ouest sont toujours les espèces qui sont spéciales à ces céréales, c'est-à-dire que le Blé est surtout attaqué par le *P. triticina*, le Seigle par le *P. dispersa*, l'Orge par le *P. simplex*, l'Avoine par le *P. coronifera*.

C'est là une règle générale, mais qui peut souffrir quelques exceptions. C'est ainsi que le *P. triticina* a pris en 1910 moins de développement sur le Blé que le *P. glumarum*, sans doute parce que les feuilles moyennes et supérieures des chaumes qu'il attaque le plus ordinairement ont été envahies de bonne heure par le *Septoria Tritici*, plus favorisé que lui par des conditions atmosphériques tout à fait anormales.

Le *Puccinia graminis* est l'espèce la plus nuisible aux céréales. Après lui, c'est le *P. glumarum* qui cause le plus de pertes, surtout lorsqu'il s'attaque aux glumes. Le Sud-Ouest est donc, au point de vue des rouilles des céréales, relativement favorisé en ce sens que ce sont les rouilles les moins dangereuses qui y prédominent.

Le Blé présente habituellement chaque année, au cours de sa période de végétation, les trois espèces de *Puccinia* qu'il nourrit et ces trois espèces se succèdent généralement dans l'ordre suivant. :

Le *P. glumarum* se montre le premier en automne, en hiver ou au début du printemps sur les feuilles inférieures ou moyennes des chaumes. Le *P. triticina* apparaît plus tard au printemps sur les feuilles moyennes et supérieures; il peut arriver toutefois qu'il se montre dès l'automne et alors on l'observe sur toutes les feuilles. Le *P. graminis* n'apparaît que tardivement, d'ordinaire dans la deuxième quinzaine de juin ou dans les premiers jours de juillet. A cette époque la forme aecidienne existe sur l'Épine-Vinette depuis plusieurs semaines; c'est peut-être là une simple coïncidence, mais elle est constante.

L'apparition tardive de la rouille due au *Puccinia graminis*, c'est-à-dire de la plus dangereuse, fournit au point de vue pratique une indication.

On conçoit en effet que l'intérêt des agriculteurs est de pouvoir moissonner avant que cette rouille ait pris un grand développement. Pour obtenir ce résultat, dans les stations où elle sévit avec une particulière intensité, on devra s'attacher à hâter la moisson par des semailles faites de bonne heure et par la culture de variétés de Blé précoces.

M. A. JOLY,

Collaborateur au Service de la Carte géologique d'Algérie (Constantine).

LA VÉGÉTATION DANS LES BENI ZNASSEN (MAROC) [1].

58.19(64)

6 Août

Sur le flanc nord des montagnes des Beni-Znassen, la brousse est épaisse, presque partout; elle couvre toutes les pentes schisteuses, quelquefois même les pentes calcaires, et s'élève mainte fois jusqu'aux sommets. Les chênes kermès, les thuyas, les arbousiers, les lentisques s'y mêlent aux myrtes, romarins, chèvrefeuilles, cistes, genêts épineux, bruyères. églantiers et lavandes. Des ruisseaux permanents, courant au fond de gorges profondes, sont bordés de peupliers, de frênes, de saules, de buissons de ronces, d'aubépines, de malvacées semi-arborescentes, de grandes scrofulaires, de sureaux, de jasmins, de phyllireas, d'oliviers nains, d'inulas. Aux branches grimpent des lianes nombreuses, bryone, lierre, tamus, smilax, aristoloches.

A la limite de la plaine du nord (plaine des Trifa) les palmiers nains abondent; ils deviennent arborescents autour des cimetières où on les respecte; de loin en loin apparaissent encore des buissons d'aubépines. Sur le cours des rivières issues du massif, les peupliers acquièrent un développement magnifique.

La plaine des Trifa est, en grande partie aussi, couverte de broussailles où dominent les sumacs, les withanias, les jujubiers et les ephedras; c'est une immense nappe de verdure. Au printemps le versant nord des montagnes et la plaine des Trifa, émaillés de fleurs, offrent un aspect magnifique.

Les rives de la Moulouya sont couvertes de bosquets de peupliers et de tamarix.

---

[1] Région comprise entre la frontière Orano-Marocaine, à l'Est et la Moulouya à l'Ouest, la mer, au Nord, le prolongement occidental des Monts de Tlemcen, au Sud. Cette région comprend au Nord, la Plaine des Trifa, avec une zone de collines côtières; au Sud la Plaine des Angad; entre les deux plaines le Massif de Beni-Znassen, allongé à peu près S.-O.-N.-E.

Par contre le versant méridional des montagnes est nu et desséché; on y trouve seulement quelques genévriers oxycèdres rabougris, de rares touffes d'hélianthèmes ou d'ombellifères *(Deverra Scoparia* notamment).

Quant à la plaine des Angad, c'est une triste nappe d'armoise blanche, coupée çà et là d'une touffe de jujubiers, ou de groupes de pistachiers, qui prospèrent dans les dépressions limoneuses.

Certaines plantes se groupent en petites colonies ; le saint-bois, le lycium, sur le flanc nord des montagnes; le laurier rose, le gomphocarpus près de cours d'eau. Des pieds de Ranonculus gramineus couvrent les pentes sèches du versant nord (Aril Ouaden, par ex.); les asphodèles pullulent partout; les thapsias et les fenouils dans les plaines, l'Erophaca betica dans les vallées fraiches, des Malope ornementales aux bords des champs.

L'halfa se rencontre partout sur le versant sud du massif et sur les crêtes élevées; sur le versant nord la plante se présente en peuplements moins denses; elle se mêle au diss (*Ampelodismos tenax*) qui la substitue en grande partie. L'armoise se retrouve sur les pentes médiocrement élevées, au midi de la montagne.

Quelques beaux térébinthes et des caroubiers, des oliviers sauvages sont disséminés dans la broussaille sur le flanc septentrional.

Quelques plantes étrangères se sont naturalisées; dans tous les cimetières fleurissent la julienne de Mahon, l'iris de Florence ou l'iris germanique. Des solanées épineuses, originaires d'Amérique, se sont multipliées chez les Trifa. Les cactus défendent les abords des villages; ils ont envahi les falaises des montagnes, où leurs fruits sont la proie des seuls corbeaux. Ils réussissent à se maintenir avec quelques amandiers, à l'exclusion de presque toute autre plante, dans les terrains stériles des Beni Idrar, et leur rôle est bien plus important sur le flanc sud que sur le flanc nord du massif. L'agave, fréquemment planté en haies, tend aussi à se naturaliser; le Ricin y a réussi le long de l'Oued Ouberkane, chez les Trifa.

D'anciens jardins abandonnés forment d'épais fourrés au fond des vallées bien arrosées de la montagne. Devenus sauvages les grenadiers s'y mêlent aux figuiers, à la vigne, aux amandiers. Les premiers donnent de petits fruits aigres, que l'on mange cependant, et les amandiers des amandes amères (Ces amandiers sauvages forment un petit bois autour du tombeau de Lalla Oum Ezzohra dans les Beni Idrar.) Quelques dattiers sauvages, restes, peut-être, d'une ancienne oasis, poussent épars dans la vallée de Sefrou.

Les végétaux cultivés sont : les fèves, pois chiches, lentilles, petits pois à fleurs blanches ou à fleurs rouges et bleues, pommes de terre (depuis peu), le melon, la pastèque, les courges, navets, oignons, piments, les céréales, orge, sorgho, maïs et blé dur. Les arbres fruitiers, oliviers, caroubiers, figuiers, grenadiers, abricotiers, coignassiers, pommiers, poiriers, pruniers (à fruits noirs), citronniers, bigaradiers, réussissent fort bien, et mieux encore les orangers, dont les fruits sont magnifiques et délicieux. Les jardins d'aurantiacées sont cantonnés surtout dans les vallées fraîches du versant nord de la montagne (Taguerboust, Zegzel, Sidi Ali Elbekkaï); exceptionnellement on en rencontre sur le versant sud, à côté de sources très abondantes, comme à Sefrou. La vigne forme de belles treilles dans presque tous les jardins; les amandiers cultivés se groupent en petits bois autour de certains villages élevés; ils prospèrent seuls avec les cactus chez les Beni Idrar, et dans la haute vallée de Sefrou ils couvrent des espaces considérables. Les amandes font l'objet d'un commerce important avec la ville de Nemours.

Les fèves réussissent à pousser, même sans irrigation, dans la plaine des Angad, mais seulement au débouché des torrents descendus des hauteurs, et sur les alluvions qu'ils ont déposées. Leurs fruits mûrissent en juin dans la montagne, en mai dans la plaine, à peu près comme les lentilles, les pois et les céréales.

Il paraît enfin qu'autrefois on a cultivé avec succès dans le pays le coton, et peut-être la garance.

Au nombre des ennemis des récoltes il faut signaler en premier lieu les moineaux qui pullulent particulièrement sur les bords de la Moulouya. Les Indigènes, pour les effrayer et les chasser, tirent, à la nuit tombante, des coups de fusil, lancent des pierres avec des frondes en halfa, font claquer la fronde comme un fouet, poussent des cris, disposent des mannequins, etc.; mais les oiseaux reviennent bientôt. Les escargots abondent en certains endroits; certaines petites espèces (des *Leucochroa?*) laissent sans feuilles des buissons entiers dans la plaine et certains jujubiers en sont couverts au point de ressembler de loin à des pommiers en fleurs.

L'homme est aussi, comme presque partout, un terrible ennemi pour la végétation sauvage. Comme dans tout le nord du Maroc les Indigènes brûlent, en automne, d'immenses étendues de broussailles pour se procurer du pâturage, et aussi du charbon de bois qu'ils n'ont qu'à ramasser parmi les branches carbonisées. Il est vrai que, sur le versant méditerranéen, les conséquences de cette pratique ne sont pas très fâcheuses, car la broussaille repousse très vite. Mais il n'en est pas de même sur les pentes qui souffrent les atteintes des vents du sud; là tout est détruit sans retour, c'est peut-être à des incendies périodiques de ce genre qu'est due la nudité du versant méridional des Beni Znassen.

Est-il bien sûr, d'autre part, que les Européens, établis depuis peu dans le pays sauront exploiter judicieusement, sans les dévaster, les magnifiques peuplements de sumac des Trifa? Qui pourraient être une source inépuisable de richesse; respecteront-ils les jujubiers, les beaux pistachiers séculaires? Qui sont, dans la plaine des Angad, les seuls îlots de verdure.

En résumé la plaine des Angad et le versant sud du massif des Beni Znassen offrent l'aspect des steppes oranaises ou algézaires et des montagnes qui les sillonnent; le versant nord et la plaine des Trifa rappellent la côte nord du Rif, les verdoyantes régions de Nedroma, certaines partie, de la Grande Kabylie ou du Sahel d'Alger, mais avec une végétation plus rigoureuse. Les affinités botaniques se répartissent de même façon.

LISTE DE QUELQUES PLANTES SPONTANÉES OU NATURALISÉES RECUEILLIES DANS LES BENI ZNASSEN AU PRINTEMPS DE 1908 [1].

Ranunculus gramineus L. (Aril Ouaden).
Ranunculus macrophyllus Desf. (passim, vallées).
Ranunculus chœrophyllos L. (passim, pentes sèches).
Adonis microcarpa D.-C. (passim, champs).
Adonis œstivalis D. C. (passim, champs).
Rœmeria hybrida D. C.
Papaver Rhœas L.
Hypecoum pendulum L.
Hypecoum procumbens L.
Alyssum campestre L. (Beni Ouaklanc).
Koniga maritima, Rob. Br. (passim, rochers).
Matthiola tristis, Rob. Br. (passim, lieux secs).
Nasturtium officinale L. (tous les ruisseaux).
Reseda alba L. (Beni Ouaklane, friches).
Reseda attenuata Ball. (Aril Ouaden, friches).
Fumana sp. (Aril Acaden, rochers).
Fumana glutinosa, Boiss. (Aril Acaden, rochers).
Cistus Clusii, Dunal (Trasrout).
Cistus polymorpha, Willk (Trasrout).
Cistus ladaniferus L. var. *guttatus* (Beni Ouaklane).
Helianthemum polyanthos Pers. (Beni Ouaklane).
Viola suberosa. Desf. (Aril Ouaden).
Lavatera hispida, Desf. (appelée ici Sejerat Meriem (Oued bou Abd Allah).
Lavatera cretica L. (Trasrout).
Lavatera maritima L. (Beni Ouaklane).
Malope malachoïdes L. (passim, champs, friches).
Althœa longiflora Boiss. Reut. (Beni Ouaklane).
Geranium rotundifolium L. (Beni Ouaklane).
Geranium atlanticum Boiss. Reut (Beni Ouaklane).
Silene divaricata. Clem. (Oued bou Abd Allah).
Silene rubella L. (Trasrout).
Silene colorata, Poiret (Aklim, Oued bou Abd Allah).
Paronychia argentea Lam. (passim).
Polycarpon Bivonœ Gay. (Trasrout).

---

[1] MM. BATTANDIER et TRABUT, professeurs à l'École de Médecine d'Alger, ont bien voulu déterminer mes récoltes. Celles-ci ont été bien peu abondantes, à cause des pluies presque continuelles.

Portulaca Oleracea L. (lieux humides).
Linum maritimum L. (Oued Beni Ouaklane).
Linum suffruticosum L. (Trasrout).
Fagonia cretica L. (Aril Ouaden).
Tribulus terrestris L. (friches, non fleuri).
Peganum harmala L. (Angad, Sefrou).
Ruta chalepensis L. (Trasrout).
Zizyphus lotus L. (Angad, Trifa).
Rhus coriaria L. (Trifa).
Pistaccia lentiscus L. (versant nord du massif, passim).
Pistaccia terebinthus L. (versant nord du massif, passim).
Pistaccia atlantica Desf. (Angad).
Calycotome intermedia, Lam. (Beni Ouaklane).
Ononis sp. (Beni Ouaklane).
Medicago denticulata, var. polycarpa, Wild. (Beni bou Abd Allah).
Trifolium stellatum L. (Beni bou Abd Allah).
Tetragonolobus purpureus Mœnch (Beni Ouaklane).
Anthyllis tetraphylla L. (Beni Ouaklane).
Erophaca bœtica, Boiss. (Beni bou Abd Allah).
Colutea arborescens L. (Beni bou Abd Allah).
Vicia sativa L. (passim, friches).
Vicia amphicarpa, Roth. (Trasrout).
Vicia onobrychioides L. (Beni bou Abd Allah).
Hammatolobium Ludovicia. Batt. (Beni Ouaklane).
Ceratonia siliqua L. (Versant nord du massif, passim.
Poterium Magnoli Spach. (Beni Ouaklane).
Rosa sempervirens L. (passim, vallées des montagnes, versant nord).
Rubus discolor Weike (passim, vallées des montagnes, versant nord).
Cratœgus oxyacantha L. (passim, vallées des montagnes, versant nord).
Myrtus communis L. (passim, vallées des montagnes, versant nord).
Tamarix gallica L. (bord des Oueds, Angad, Trifa).
Sedum album L. (passim).
Sedum cœrulœum, Wahl (passim).
Sedum altissimum L. (passim).
Opuntia ficus-indica, Haw (passim).
Bryonia dioïca, Jacquin (vallées du versant nord).
Saxifraga globulifera Desf. (Beni Ouaklane).
Saxifraga corsica, Gr. Godr. (Rejel Bou Zaabel) (¹).
Scandix pecten veneris L. (passim).
Balansœa Fontanesi B. R. (Beni Ouaklane).
Bunium incrassatum Boiss. (passim, champs).
Pimpinella dichotoma L. (Aklim).
Deverra scoparia, Coss. D. R. (Rochers du versant sud).
Ridolfia segetum Moris (champs, passim).
Fœniculum vulgare L. (Trifa).
Ferula communis L. (vallées du versant nord).
Thapsia villosa L. (Aklim).

(¹) Cette plante n'avait pas encore été récoltée dans l'Afrique du Nord.

Thapsia garganica L. (Trifa, Angad).

Caucalis daucoïdes L. (Oued Beni Ouaklane).

Hedera helix L. (Rochers escarpés du versant nord, dans les vallées profondes).

Sambucus nigra L. (vallées du versant nord).

Lonicera implexa L. (Brousailles du versant nord),

Galium glomeratum, Desf. (Aklim).

Asperula hirsuta, Desf. (Aklim).

Rubia lœvis, Poiret (Trasrout).

Centranthus ruber L. (rochers, versant nord).

Fedia cornucopiœ L. (rochers, versant nord).

Fedia Caput-Bovis, Pomel. (rochers, versant nord).

Valerianella discoïdea, Lois (rochers, versant nord).

Scabiosa monspeliensis L. (Aklim et passim).

Bellis sylvestris L. (Ouaklane).

Astericus maritimus, Mœnch (Ouaklane).

Inula viscosa, Aïton, (Bord des eaux).

Phagnalon saxatile, Cassini (Trasrout).

Helichrysum stœchas D. C. (Bou Abd Allah).

Cladanthus arabicus, Cassini (Ouaklane).

Leucanthemum decipiens, Pomel (Ouaklane).

Calendula algeriensis, Boiss. Reut. (Ouaklane).

Centaurea infestans, Coss. D. R. (Aril Ouaden).

Centaurea pullata L. (Aril Ouaden).

Amberboa crupinoïdes D. C. (Aklim).

Catananche cœrula L. (passim).

Scorzonera undulata, Vahl. (passim).

Tragopogon calcitropœfolium, Koch, non D. C. (passim).

Campanula afra, Cav. (Aklim).

Erica scoparia L. (Rejel bou Zaabel, passim).

Arbutus Unedo L. (versant nord, passim).

Jasminum fruticans L. (vallées, versant nord).

Phyllirea latifolia L. (passim).

Olea buxifolia Aït. (passim, rochers).

Fraxinus Australis L. (vallées du versant nord).

Nerium Oleander L. (passim).

Gomphocarpus fruticosus, Rob. Br. (bord des eaux).

Convolvulus suffruticosus, Desf. (Aklim, Oued bou Abd Allah, Aril Ouaden).

Convolvulus arvensis L. (passim).

Convolvulus althœoïdes L. (Beni Ouaklane).

Convolvulus tenuissimus, Sibth. et Sm. (Beni Ouaklane).

Convolvulus tricolor L. (Beni Ouaklane).

Cuscuta pupillosa, Engelmann. (Aklim).

Borago officinalis L. (Beni Ouaklane).

Anchusa italica, Retz. (Beni Abd Allah).

Echium angustifolium, Lam. (Aklim, Trasrout).

Echium confusum, de Coincy (Beni Ouaklane).

Lithospermum fruticosum, Desf. (Beni Ouaklane).

Cynoglossum pictum, Aïton (Beni Ouaklane).

Solenanthus lanatus, D. C. (Beni Ouaklane)..

Lycium europœum, Dunal (passim, versant nord). .

Withania frutescens, Pauq. (Appelée Tireth dans le pays-Trifa).

Solanum nigrum L. (passim).

S. Sodomœum L. (Trifa). .

Antirrhinum majus L. (rochers, passim).

Anarrhinum pedatum Desf. (Ouled bou Abd Allah).

Veronica anagallis L. (Beni Ouaklane). .

Orobanche condensata, Moris (Beni Ouaklane).

Lavandula stœchas L. (Beni Ouaklane).

Lavandula dentata L. (Beni bou Abd Allah).

Mentha rotundifolia L. (bord des eaux).

Thymus ciliatus, Desf. (Beni Ouaklane).

Rosmarinus officinalis L. (Trasrout).

Nepeta multibracteata, Desf. (Trasrout). .

Prasium majus L. (Bou Zaabel).

Marrubium alyssoïdes, Pomel (Aklim).

Marrubium vulgare L. (Ouaklane)..

Stachys hirta L. (Ouaklane).

Teucrium polium L. (Ouaklane, Aril Ouaden, Aklim).

Teucrium pseudo-chamœpytis L. (Ouaklane).

Vitex agnus-castus L. (passim, versant nord du massif, Trifa).

Anagallis collina, Schousbœ (Beni Ouaklane).

Anagallis arvensis L. (Oued bou Abd Allah).

Plantago psyllium L. (passim).

Plantago lanceolata L. (passim).

Plantago coronopus L. (passim).

Statice Thouini, Viv. (passim, plaines).

Rumex bucephalophorus L. (Aklim).

Osyris alba L. (vesant nord du massif).

Daphne gnidium L. (versant nord du massif).

Aristolochia glauca, Desf. (Trasrout).

Cytinus hypocisis L. (passim, montagne).

Euphorbia, sp.

Mercurialis annua L. (passim).

Ricinus communis L. (vallées du nord, Trifa).

Globularia alypum L. (rochers versant nord).

Quercus coccifera L. (versant nord).

Salix alba L. (vallées du nord).

Salix purpurea L. (vallées du nord).

Populus alba L. (bord des eaux).

Chamœrops humilis L. (lisière des Trifa).

Ophrys tenthredinifera, Willd. (Beni Ouaklane).

Serapias Lingua L. (Aril Ouaden).

Tamus communis L. (Trasrout).

Smilax mauritanica, Desf. (Beni Ouaklane).

Gladiolus byzantinus, Miller (Trasrout).

Iris sisyrinchium, L. (passim).

Asphodelus tenuifolius, D. C. (passim). :

Asphodelus microcarpus, Viv. (partout).
Phalangium algeriense, Boiss. Reut. (Trasrout).
Dipcadi serotinum, Med. (Trasrout).
Scilla peruviana L. (Beni bou Abd Allah).
Ornithogalum umbellatum L. (Trasrout).
Muscari Comosum, Miller (Trasrout).
Lygœum spartum L. (passim).
Stipa tenacissima L. (passim).
Triseteum paniceum, Lam. (Aklim).
Avena sterilis L. (passim).
Ampelodesmos tenax, Vahl (Montagne).
Bromus maximus, Desf. (Montagne).
Bromus rubens L. (Beni bou Abd Allah).
Lolium. multiflorum L. (Aklim).
Juniperus oxycerus L. (Montagne).
Tetraclinis articulata, Vahl. (Montagne).
Ephedra altissima, Desf. (Trifa).
Ceterach officinarum, Willd. (Beni Ouaklane).
Cheilanthes fragans, Hook (Beni Ouaklane).
Adianthum Capillus Veneris L. (lieux humides, passim.

L'industrie domestique utilise quelques plantes; toutes les parties du Sumac, l'écorce du Chêne kermès, les feuilles de Withania servent au tannage des peaux. Les racines du Sumac, de Withania, d'Asperula hirsuta, de Rubia lœvis servent à teindre la laine en rouge ; la racine du Peganum harmala sert à teindre en rouge l'halfa utilisée pour tisser des nattes; mais le plus beau rouge est celui qu'on obtient avec la racine de Sumac. Le Saint-bois, l'écorce de Grenade servent à teindre en jaune; la tifeljouj (une ruta), combinée avec la couperose, donne une teinture noire.

M. Paul DOP,

Docteur ès Sciences, chargé d'un Cours à la Faculté des Sciences (Toulouse).

ANOMALIE FLORALE DU « BUDDLEIA OFFICINALIS » MAXIM.

58.12.198.4 *Buddleia officinalis*
6 *Août.*

En étudiant les *Loganiacées* asiatiques contenues dans l'Herbier du Muséum d'Histoire naturelle de Paris, j'ai été amené à examiner un échantillon récolté par *Balansa* au Tonkin sous le n° 930 et qui provient des lieux rocailleux aux environs de Lang-Son. D'après l'aspect extérieur j'avais rapporté cet exemplaire au genre *Buddleia* et à l'espèce *B. officinalis* décrite pour la première fois par *Maximovicz* sur des formes chinoises. L'analyse de la fleur m'a montré une anomalie extrêmement curieuse qui se reproduisait sur presque toutes les fleurs de l'échantillon unique que j'ai examiné, et qui rendait la détermination de cette plante très délicate.

On sait que chez les *Buddleia*, la fleur est constituée par un calice gamosépale à 4 lobes, une corolle en tube à 4 lobes, 4 étamines insérées constamment sur le tube à des niveaux variables et à anthères sessiles ou subsessiles. L'ovaire libre de toute adhérence, est à deux loges et surmonté d'un style généralement court, terminé lui-même par un stigmate simple ou faiblement bilobé. Ces caractères se retrouvent dans l'échantillon de *Balansa* 930, à l'exception toutefois de la disposition de l'androcée qui ici prend des caractères très spéciaux : Les étamines, au lieu d'être insérées sur le tube de la corolle, sont insérées sur l'ovaire. Les filets sont coalescents avec celui-ci sur leur deux tiers inférieurs et ne deviennent libres que sur leur tiers supérieur. Les anthères, au lieu d'être linéaires comme dans les *Buddleia* normaux, sont triangulaires, et de la partie inférieure de leur connectif, se détachent des mamelons parenchymateux qui viennent plus ou moins se souder au sommet de l'ovaire ou à la base du style.

Cette disposition, ainsi définie par des *étamines epigynes*, est tellement spéciale pour des Loganiacées et même des Gamopétales en général, que j'ai eu des doutes très grands sur l'attribution de la plante de *Balansa* à une famille déterminée. Ces doutes persisteraient encore, si je n'avais eu la chance d'observer dans quelques rares fleurs du même échantillon le passage à la structure normale des *Buddleia*, montrant bien qu'il s'agissait non d'une disposition fondamentale mais bien d'une anomalie. Voici en effet les dispositions que j'ai observées. Dans certaines fleurs une ou deux des étamines, étaient entièrement libres par leur filet qui s'insérait à la base de l'ovaire au point de jonction de celui-ci avec la corolle. Dans d'autres enfin, très rares, une des étamines était en position normale, c'est-à-dire insérée par un filet très court sur le tube de la corolle à la place normale pour le *B. officinalis* type; et son anthère linéaire avait tous les caractères normaux. Et quelque soin que j'aie apporté à l'étude de la plante en question, je n'ai jamais pu voir qu'une seule étamine normale. Cependant les deux termes de passage observés sont suffisants pour montrer qu'il y a dans cet échantillon une simple anomalie; ils permettent de suivre pour ainsi dire le détachement de l'étamine de la corolle et sa soudure avec l'ovaire, soudure qui amène en outre la déformation de l'anthère.

Il eût été intéressant de voir ce que devenait la germination du pollen dans les fleurs à étamines epigynes et de rechercher en particulier s'il n'y avait là quelque chose d'analogue à ce qui se passe dans les fleurs cléistogames. J'ai bien essayé de faire des coupes après inclusion, mais l'état de cet échantillon d'herbier ne m'a permis d'arriver à aucun résultat positif.

Sur la cause de cette monstruosité, je ne ferai aucune hypothèse. Je n'ai eu en effet entre mes mains qu'un seul échantillon la présentant et il n'offrait aucune différence morphologique extérieure avec les *B. officinalis* normaux du Yunnan que j'ai étudiés.

L'étude de cette anomalie me suggère cependant la réflexion suivante : C'est que les anomalies peuvent apporter un trouble très grand dans les travaux de systématique faits sur des échantillons d'herbier uniques. Et à cet égard je crois rappeler que Clarke a décrit dans *Flora of British India*, Vol. IV, une plante de la même famille, un *Strychnos*, qu'il a appelé *S. hypogyna*, caractérisé par « des étamines restant en place après la chute de la corolle », c'est-à-dire non fixées sur le tube. Je me demande s'il n'y a pas là une simple anomalie comparable en partie à celle du *Buddleia officinalis* du Tonkin, d'autant plus que parmi les formes extrêmement nombreuses de *Strychnos* que j'ai étudiées, j'ai toujours vu les étamines nettement insérées sur le tube.

M. LECLERC DU SABLON,

Professeur à la Faculté des Sciences (Toulouse).

QUELQUES OBSERVATIONS SUR LES FIGUIERS.

58.11.64 : 58.39.625

5 *Août.*

Je rappellerai d'abord le mode ordinaire de pollinisation du Figuier (*Ficus Carica*), tel qu'il résulte des observations de divers auteurs et notamment de Solms-Laubach et de Eisen. On appelle *Figuiers mâles*, ou *Caprifiguiers*, des Figuiers qui produisent des fleurs mâles et dont les fleurs femelles ont un style relativement court. Les *Figuiers femelles*, au contraire, ne produisent jamais de fleurs mâles et ont des fleurs femelles à style long.

Les Caprifiguiers peuvent porter trois récoltes de figues. La première apparaît en mars et mûrit en juillet; ce sont les *figues d'été*, qui, seules, renferment des fleurs mâles. La seconde apparaît en juin et mûrit en septembre, ce sont les *figues d'automne*. La troisième apparaît en septembre et mûrit en mai, ce sont les *figues d'hiver*. Quelques arbres seulement produisent ces trois récoltes; la plupart n'en ont que deux, quelquefois même qu'une seule.

On sait que l'agent de la pollinisation est un Hyménoptère, le Blastophage (*Blastophaga grossorum*), qui vit en parasite dans le pistil même du Caprifiguier et dont la larve se substitue à l'embryon du Figuier de telle sorte qu'un fruit mur d'apparence normale renferme un Blastophage au lieu d'une graine; c'est une *galle*.

Lorsque les figues d'été sont mûres, en juillet, les Blastophages qui s'y trouvent sont à l'état adulte et les femelles ailées sortent couvertes de pollen. A ce moment, les figues d'automne sont assez avancées pour que les Blastophages s'y introduisent par l'orifice de la partie supérieure et pondent leurs œufs dans les pistils. En septembre, ces œufs ont donné des Blastophages adultes qui sortent des figues d'automne mûres et vont pondre dans les figues d'hiver, qui sont alors suffisamment avancées. Le développement des Blastophages et des figues qui les logent se poursuit lentement pendant l'hiver; en mai, les femelles sortent pour aller pondre leurs œufs dans les jeunes figues d'été, et ainsi de suite. Les Blastophages se multiplient ainsi en passant d'une récolte de figues à l'autre; il y a donc ainsi chaque année trois générations de Blastophages correspondant aux trois récoltes de figues.

Les observations que je fais depuis plusieurs années sur les Caprifiguiers du midi de la France montrent que ce schéma de l'évolution du Blastophage, tout en étant exact dans certains cas n'est pas général. Les Caprifiguiers qui portent des figues d'automne sont en effet très rares et font même complètement défaut dans certaines localités où les Caprifiguiers sont assez communs. La plupart produisent seulement des figues d'été et des figues d'hiver, ou même uniquement des figues d'hiver. Néanmoins, le Blastophage se trouve en abondance dans ces figues. Il est donc à présumer que les Blastophages femelles, sorties des figues d'été, peuvent passer directement dans les figues d'hiver sans l'intermédiaire des figues d'automne.

La principale objection qu'on peut faire à cette hypothèse c'est que, lorsque les Blastophages sortent des figues d'été, les figues d'hiver n'existent pas encore. Il faut donc que les Blastophages attendent à l'état libre, quelquefois plus d'un mois, avant de pouvoir pondre leurs œufs. On manque de données sur cette période de vie libre; on admet généralement qu'elle est très courte et que les Insectes femelles cherchent à entrer dans une jeune figue immédiatement après être sortis de la figue où ils se sont développés.

On peut cependant donner certaines raisons à l'appui du passage direct du Blastophage des figues d'été dans les figues d'hiver et d'une période relativement longue de vie libre. D'abord le Blastophage peut subsister dans les localités où les figues d'automne font défaut. En second lieu j'ai observé à plusieurs reprises des Figuiers femelles qui avaient été fécondés bien que loin de tout Figuier mâle, quelquefois à plus d'un kilomètre. Dans ce cas, l'Insecte pollinisateur a dû faire un voyage assez long, ce qui implique une certaine période de vie libre.

Enfin il m'est arrivé de trouver des graines mûres dans des figues d'hiver. La pollinisation avait donc eu lieu. Or on sait que les figues d'été seules renferment des étamines. Les figues d'hiver avaient donc été visitées par des Insectes venant des figues d'été.

Pour toutes ces raisons, je crois qu'il y a lieu d'admettre que les figues d'automne ne sont pas indispensables pour assurer le développement des générations successives du Blastophage, et, dans la plupart des cas, les figues d'été et les figues d'hiver interviennent seules.

Mes observations ont également porté sur la formation des graines chez le Figuier de Smyrne. Autrefois, Gasparrini avait supposé que les graines du Figuier se développaient sans fécondation. L'idée de la parthénogénèse a été reprise avec des arguments nouveaux par Cunningham pour le *Ficus Roxburghii* et par Treub pour le *Ficus hirta*. D'autre part, j'ai montré que chez le Caprifiguier l'albumen pouvait se former sans fécondation dans les pistils envahis par les Blastophages.

Ces divers faits m'ont amené à donner une interprétation peut-être erronée d'un fait observé à Toulouse. Je cultive depuis cinq ans dans le jardin même de la Faculté quelques pieds de Figuiers de Smyrne provenant de boutures qui m'avaient été envoyées d'Alger par M. Trabut. J'étais persuadé que ces Figuiers ne donneraient jamais de figues; depuis les expériences faites en Californie, on admet, en effet, que les figues de Smyrne ne se développent qu'à la suite de la fécondation; d'autre part le Blastophage, seul agent connu de la pollinisation du Figuier, n'existait pas à ma connaissance aux environs de Toulouse pas plus, d'ailleurs, que des Caprifiguiers pouvant donner du pollen..

Je fus donc très étonné, en octobre 1908, de voir plusieurs figues mûres sur les Figuiers de Smyrne; de plus chaque figue renfermait un grand nombre de graines avec un embryon et un albumen bien constitués; ces graines ont d'ailleurs germé très facilement. Dans une note publiée sur ce cas, j'ai émis l'idée que la production de ces graines pourrait bien être un cas de parthénogenèse. Mais depuis, j'ai observé, dans Toulouse même, à 1200 m environ de la Faculté, un Caprifiguier dont les fruits renfermaient des larves de Blastophage.

Il n'est donc pas impossible que la pollinisation des figues de Smyrne ait été effectuée par le Blastophage. Cependant, dans aucun cas, je n'ai trouvé de cadavre d'Insecte dans les figues qui s'étaient développées. Il y a donc lieu de faire de nouvelles observations pour s'assurer si oui ou non les figues de Smyrne ont été pollinisées.

Dans tous les cas, il reste acquis que le Blastophage vit à Toulouse; ce fait est d'autant plus remarquable que les Caprifiguiers sont très peu nombreux dans la région; je n'en connais pas d'autres que celui que j'ai observé récemment.

CUNNINGHAM, *On the phenomena of fertilisation in* Ficus Roxburghii (*Ann. Royal. Bot. Garden Calcutta*, vol. 1).
LECLERC DU SABLON, *Structure et développement de l'albumen du Caprifiguier* (*Rev.*

gén. de Bot. t. XX; *Observations sur les diverses formes du Figuier* (*Rev. gén. de Bot.*, t. XX); *Sur un cas de parthénogenèse du Figuier de Smyrne* (*Rev. gén. de Bot.*, t. XXII).

TREUB, *L'organe femelle et l'embryogenèse dans le Ficus* hirta (*Ann. Jardin: bot. de Budenzary*, vol. XVIII):

Th. BOUGET.

(Bagnères-de-Bigorre).

ET

M. J. BOUGET,

Botaniste de l'Observatoire du Pic du Midi.

NOTE SUR QUELQUES VÉGÉTAUX PARTICULIÈREMENT RECOMMANDABLES POUR LE REBOISEMENT ET LE REGAZONNEMENT DANS LA HAUTE MONTAGNE ([1]).

63.49-195.7 : 551.43

5 Août.

Dès l'an 1878, nous avons fait de nombreuses expériences personnelles sur les végétaux qui nous paraissaient propres à servir au reboisement ou au regazonnement dans la haute montagne, c'est-à-dire *au-dessus de* 1800 *m*, altitude que nous avons assignée comme limite, dans notre région (Pyrénées Centrales), à la véritable zone forestière (J. BOUGET, *Sur quelques points de la Géographie botanique dans les Pyrénées Centrales* (*Bulletin de la Société Ramond*, 1908).

Depuis onze ans que M. Marchand, Directeur de l'Observatoire du Pic du Midi, nous a fait l'honneur de nous confier la direction scientifique du jardin botanique annexé à cet important établissement, à 2850 *m d'altitude*, nous avons pu poursuivre nos essais dans des conditions vraiment sans égales. Ces études expérimentales poursuivies au jardin de l'Observatoire sont au nombre de 601, *portant sur plus de quatre cents espèces*. Nous avons en outre fait des observations dans des stations intermédiaires.

Il nous paraît intéressant d'extraire de ces matériaux considérables, dont le détail doit être incessamment publié, une rapide énumération

---

([1]) Travail du jardin botanique de l'Observatoire du Pic du Midi (Université de Toulouse).

des espèces qui ont paru mériter une mention spéciale *au point de vue pratique*, c'est-à-dire tant sous le rapport des qualités intrinsèques, que sous celui des facilités d'acquisition, d'apport et de dissémination. Les conditions économiques en effet ont un rôle prépondérant en la matière.

Parmi les végétaux ligneux, nous citerons en premier lieu le Genévrier (Juniperus alpina), qui pousse à l'état spontané jusqu'à 3ooo m et plus, c'est-à-dire jusqu'aux limites des neiges éternelles. A ces hautes altitudes il est évidemment déformé, aplati, affaissé, de forme rampante, mais toujours robuste, ayant des troncs noueux, solides, scellés pour ainsi dire dans les fentes des roches. Le Genévrier semble défier l'avalanche, car on le rencontre partout, même dans les endroits où les tourmentes sévissent le plus. Ses attaches dans le sol sont telles que rien ne le déracine; sa croupe souple, ondulante, se plie au passage des rafales, ou bien s'étale vigoureusement, et supporte sans en souffrir, pendant de longs mois, de prodigieux amoncellements de neige. S'élevant à peine à quelques centimètres au-dessus du sol, il atteint souvent la grosseur de la cuisse, et certains exemplaires exceptionnels arrivent à celle du corps d'un homme. C'est vraiment le roi de la résistance

Restaurer, aménager, conserver, défendre une montagne, selon le sens moderne qu'on attache à ces expressions, c'est lui restituer une végétation supposée disparue, et par cela même la munir d'une armature nouvelle pour la protéger contre les causes de destruction qui désagrégent la roche, entraînent les terres, ravinent les pâturages, et répandent la ruine dans les bas-fonds par de subites inondations. Le Genévrier apparaît comme un remède souverain : une montagne entièrement couverte de cette essence aurait bien peu à craindre des avalanches, qui glissent par dessus ses souches rampantes, pas plus que des éboulements, des entraînements par les fortes pluies, même de la chute des pierrailles qui souvent s'arrêtent sur l'héroïque arbuste sans pouvoir le détruire. Ce précieux végétal pourrait être propagé par semis ou par plantation.

Nous donnerons la seconde place au Pin de montagne (*Pinus montana*), qui croît jusqu'à 26oo m, mais qui ne prospère vraiment bien que sur les terrains granitiques, et dans les endroits abrités des avalanches.

Le bouleau (*Betula alba*) peut être utilisé jusqu'à 22oo m sous la réserve d'être protégé contre la dent du bétail.

Parmi les arbustes de petit taille, le Raisin d'Ours (*Arbutus Uva Ursi*) pousse bien, jusqu'à 26oo m, dans les parties sèches et chaudes, de même que le Rosier des Alpes (*Rosa alpina*), tandis que l'Airelle des marais (*Vaccinium uliginosum*), convient aux endroits froids et humides. Le Myrtille (*Vaccinium Myrtillus*) s'emploierait avantageusement au-dessus de la sapinière, jusque vers 23oo m.

Passons maintenant aux plantes herbacées que nous avons à recommander pour le *regazonnement* et pour la reconstitution des pâturages. Nous ferons une distinction, selon que l'on veut opérer au-dessus ou au-dessous de 2600 m.

1° *Région alpine supérieure.* — Nous avons étudié avec prédilection les plantes utilisables dans la zone alpine supérieure, c'est-à-dire *au-dessus de 2600 m.* C'est d'ailleurs là que l'on rencontre le plus de difficultés, c'est donc la région la plus intéressante pour nous.

Dans cette zone alpine supérieure, nous mettons au premier rang le Pissenlit (*Taraxacum Dens-leonis*), qui pousse aussi bien sur les hauts sommets que dans la plaine. Il s'accommode de tous les sols, de tous les habitats. Sa racine forme un pivot très pénétrant, ce qui rend la plante particulièrement apte à retenir les sols mouvants. Sa robustesse, sa rusticité sont sans égales. Le bétail la mange assez volontiers. Sa multiplication par semis est des plus faciles.

Le Lotier corniculé (*Lotus corniculatus*) a presque les mêmes avantages. Il est toutefois plus grêle et par suite fixe moins bien les sols mouvants.

Le Crépis nain (*Crepis pygmæa*) est une très bonne plante alpine, convenant surtout aux terrains froids et humides, se plaisant dans les éboulis.

L'Oxytropis des Alpes (*Oxytropis campestris*), autre plante alpine à la très forte racine, peut rendre des services dans les terrains mouvants.

L'Anthyllis Vulnéraire (*Anthyllis Vulneraria*), qui provient des vallées sous alpines, s'acclimate bien dans les hautes régions. Sa solide racine la rend apte à consolider le sol.

Le Plantain des Alpes (*Plantago alpina*) prospère dans les lieux frais; il devrait servir à l'amélioration des pâturages de la haute région, car non seulement il est utile pour fixer le sol, mais de plus c'est la plante préférée du mouton. Multiplication des plus faciles.

Le Meum Fenouil des Alpes (*Meum athamanticum*) convient aux mêmes localités, mais les animaux n'en sont pas aussi friands.

La Sibbaldie couchée (*Sibbaldia procumbens*) est une plante alpine très propre à retenir les sols.

Le Leucanthème des Alpes (*Leucanthemum alpinum*) forme des tapis compacts de grande étendue dans la haute région. Vient partout, même dans les lieux les plus arides. Végète jusqu'au voisinage des neiges dans les sols schisteux ou calcaires, monte à une altitude moindre dans les terrains granitiques.

Le Chardon Fausse-Carline (*Carduus carlinoides*) est une plante alpine à forte racine pivotante, pourrait être utilisée pour fixer les éboulis dans les expositions très ensoleillées.

Le Vélar Violier (*Erysimum Cheiranthus*) se trouve depuis les basses vallées jusque sur les hauts sommets, exclusivement sur les versants chauds. Conviendrait aux terrains pierreux, ensoleillés, à éboulis légers.

Graines très nombreuses. On pourrait la semer dans les endroits dépourvus de toute végétation.

Le Chou de Richerius (*Brassica Richerii*) s'emploierait à peu près
dans les mêmes conditions.

Le Trèfle des Alpes (*Trifolium alpinum*) est une excellente plante
alpine, fixant très bien le sol, et très bonne pour le mouton. Monte
jusque vers 2700 m.

Nous donnerons une place à part à deux plantes dont les utilisations
sont multiples. Nous voulons parler du Chénopode Bon-Henri (*Chenopodium Bonus-Henricus*) et de la Ciboulette (*Allium Schœnoprasum*).
Toutes deux montent jusqu'à 3000 m, c'est-à-dire jusqu'à l'extrême
limite de la végétation. Toutes deux peuvent être broutées par le bétail,
et toutes deux ont des usages culinaires. Ce sont les deux seules plantes
comestibles qui, avec le Pissenlit, puissent résister jusqu'à l'extrême
limite de la végétation. La Ciboulette y prospère même avec exubérance,
elle se reproduit à l'infini par division des paquets de bulbes. Le Bon-
Henri fixe en outre très bien les sols.

Mentionnons enfin l'herbe piquante (*Festuca varia*) qui fixe puis-
samment le sol et qui pousse dans les endroits les plus exposés à la sécheresse. Le bétail ne la broute que lorsqu'elle est très jeune, et de bonne
heure elle devient beaucoup trop dure. On pourrait donc l'utiliser dans
certains cas spéciaux.

La Fétuque et l'Agrontis des Alpes (*Festuca alpina, Agrostis alpina*),
vivent dans les mêmes conditions. L'Avoine des montagnes (*Avena
montana*), qui vit dans les sols calcaires, résiste aux pires sécheresses.
La Phléole et le Paturin des Alpes (*Phleum alpinum, Poa alpina*),
viennent partout.

2° *Zone alpine inférieure* (de 1800 m à 2600 m). — Dans cette région,
les espèces végétales propres à la restauration des gazons et pâturages
sont infiniment plus nombreuses, les difficultés sont beaucoup moins
grandes. Nous pouvons donc, pour ne pas étendre outre mesure notre
communication, nous borner à signaler quelques plantes de choix.
Ainsi les trèfles (*Trifolium repens, pratense, cæspitosum*), les plantains
(*Plantago intermedia, lanceolata*), le *Poterium Sanguisorba*, etc., seront
précieux, et comme plantes de pâturages, et comme agents de fixation
du sol. On pourra aussi utiliser dans ce dernier but, *Lathyrus macror-
hizus, Silene inflata, Scabiosa lucida, Veronica fruticulosa, Rumex
Acetosa* (endroits frais), *Epilobium spicatum, Calamagrostis argentea,
Molinia cærulea*, etc., qui nous ont donné de bons résultats.

M. C. HOUARD,

Docteur ès Sciences, Préparateur de Botanique à la Sorbonne (Paris).

LES GALLES DES SALSOLACÉES DU SUD DE LA TUNISIE.

58-12.2-39.14(611)

5 *Août.*

Le Sud de la Tunisie possède une flore intéressante, non seulement parce qu'elle paraît être plus spécialement le point de réunion entre les diverses régions botaniques de l'Afrique du Nord, mais aussi parce que les déserts à Salsolacées y prédominent avec *Traganum nudatum* Del., *Salsola tetragona* Del., *Echinopsilon muricatus* Moq., *Suæda vermiculata* Forsk., *Suæda fruticosa* L., *Suæda prunosa* Lange, *Halocnemum strobilaceum* Moq., *Salicornia fruticosa* L., *Haloxylon salicornicum* Bunge, *Atriplex mauritanicus* B. R., *Atriplex dimorphostegus* Kar., *Arthrocnemum macrostachyum* Moq., *Halopeplis amplexicaulis* Bunge.

Il était curieux de rechercher de quelle manière ces plantes désertiques fournissaient des abris aux Insectes ou aux Acariens contre les vents secs et chauds du Sahara et quelles étaient les galles qu'on pouvait y rencontrer.

Jusqu'à présent, les renseignements que l'on possède sur les galles des Salsolacées du Nord de l'Afrique se bornent à une cécidie radiculaire de la Betterave, à quelques galles d'*Atriplex Halimus*, à une Psyllidocécidie d'*Anabasis articulata*, à une cécidie de *Salicornia fruticosa* et à une galle du Maroc, mal connue, vraisemblablement sur l'*Arthrocnemum glaucum*. La bibliographie de toutes ces cécidies est donnée dans le Tome premier de mes *Zoocécidies des Plantes d'Europe et du Bassin de la Méditerranée* (1908), aux nᵒˢ 2176, 2208, 2209, 2212-2213, 2215-2217, 2235, 2238 et 2247.

J'ai eu l'occasion de parcourir le Sud de la Tunisie cette année, en mars, avril et mai, et d'y recueillir un assez grand nombre de cécidies de Salsolacées. Parmi ces galles, deux étaient déjà connues d'Algérie d'après les recherches de P. Marchal (1897, p. 20-21, nᵒ 1, Pl. I, 15-16) et les miennes (1901, p. 701, nᵒ 6 et p. 702, nᵒ 12) : ce sont celles de l'*Asphondylia punica* Marchal et du *Coleophora Stefanii* Joannis, sur l'*Atriplex Halimus* L. Elles sont répandues un peu partout dans le nord de l'Afrique et je les ai trouvées en abondance au sud de Sfax, près de la station de Graïba (3 avril); je n'en dirai rien de plus. D'autre part, j'ai rencontré également les déformations foliaires de l'*Aphis atriplicis* L. sur le *Chenopodium murale* L. (Gabès, fin mars), non encore signalées au sud de la Méditerranée.

J'insisterai surtout dans cet article sur les galles, presque toutes entièrement nouvelles pour la science, de plusieurs autres Salsolacées. *Haloxylon salicornicum, Salicornia fruticosa, Echinopsilon muricatus, Salsola tetragona, Traganum nudatum*, et j'en donnerai des dessins inédits.

Haloxylon salicornicum Bunge (H. Schmittianum Pomel).

Plante des terrains sablonneux salés de la Tunisie méridionale.

1º *Psyllidocécidie*. — Galle constituée aux dépens de petites pousses dont les entre-nœuds restent courts et dont les feuilles s'hypertrophient (*a, fig.* 1). Chacune des feuilles est épaissie, bombée extérieurement,

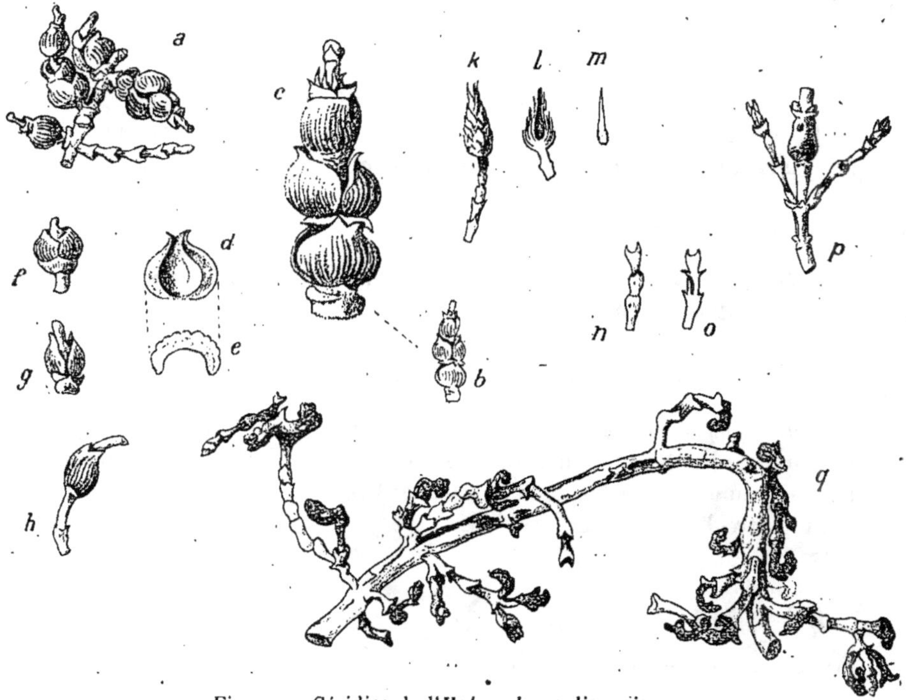

Fig. 1. — Cécidies de l'*Haloxylon salicornicum*.
(*a-h*).   — Psyllidocécidie des jeunes rameaux (gr. 1; *c*, gr. 3).
(*k-m*).   — Diptérocécidie en forme de bourgeon (gr. 1).
(*n-o*).   — Léger renflement caulinaire dû à un diptère (gr. 1).
(*p*).   — Gros renflement caulinaire engendré par un diptère (gr. 1).
(*q*).   — Déformation générale des rameaux (gr. 1).

incurvée en forme de cuiller et appliquée assez étroitement contre celle qui lui est opposée (*b, c, fig.* 1); sa pointe se recourbe en dehors et sa surface se creuse de nombreuses stries longitudinales parallèles, assez profondes (*d, e, fig.* 1); verte au début, elle ne tarde pas à devenir d'un rouge groseille foncé. De plus, sa face concave interne délimite, du côté de l'entre-nœud très élargi qui la surmonte, une cavité irrégulière abritant de nombreux Psyllides. Lorsque l'attaque de ceux-ci se produit sur de jeunes plantes, la cécidie formée ne comporte que deux feuilles vertes (*f*, *g*, *h*, fig. 1), qui laissent émerger, entre leurs pointes écartées, l'extrémité du rameau parasité.

Oasis de Tozeur, dans le Djerid, en avril.

2° *Diptérocécidie.* — Galle en forme de bourgeon, de 7 à 10 mm de longueur et 5 à 6 mm de diamètre tranversal (*k*, fig. 1), composé d'écailles nombreuses, les externes blanchâtres, larges à la base et peu allongées, les internes beaucoup plus longues (*m*, fig. 1), effilées et vivement colorées en jaune, à la pointe. La région centrale de la cécidie est creusée d'une longue chambre axiale (*l*, fig. 1), qui devait abriter une larve de diptère.

Oasis de Tozeur, en avril.

3° *Diptérocécidie.* — Entre-nœud d'un petit rameau très légèrement renflé et un peu raccourci (*n*, fig. 1); trou d'éclosion latéral débouchant dans une cavité cylindrique axiale sensiblement aussi longue que la galle (*o*, fig. 1).

Oasis de Tozeur, en avril.

4° *Diptérocécidie.* — Galle semblable à la précédente, mais de taille plus considérable; son diamètre atteint environ le double du rameau normal (*p*, fig. 1).

Bordj Gouïfla, entre Metlaoui et Tozeur, en avril.

5° *Ériophyidocécidie.* — Rameau principal contourné, portant de nombreuses petites branches latérales vertes, dont l'extrémité est renflée irrégulièrement et tordue dans tous les sens (*q*, fig. 1). Cette déformation semble être l'œuvre d'Ériophyides.

Bordj Gouïffa, en avril.

Salicornia fruticosa L.

Plante des sables maritimes, des dépressions et des alluvions salées de la Tunisie.

6° *Baldratia salicorniæ* Kieff. — Sur les rameaux de *Salicornia fruticosa*, en général arrêtés dans leur développement, entre-nœuds fortement gonflés et colorés en rouge groseille (*a*, fig. 2); ils ont une forme ellipsoïdale et mesurent de 6 à 9 mm de hauteur sur 5 mm de diamètre transversal.

Chaque entre-nœud parasité porte sur le côté une petite tache blanche arrondie (*b*, fig. 2), de 0,5 mm de diamètre, constituée par un lambeau d'épiderme desséché; au-dessous de cet épiderme vient aboutir la cavité larvaire cylindrique qui occupe sensiblement l'axe de la galle (*c*, fig. 2).

Paroi de la cécidie épaisse, rougeâtre et juteuse. Chrysalide marron foncé, de 3 mm de longueur. Adulte en avril. — Déformation déjà signalée en Italie et en Portugal, sur la même plante.

Gabès, sables maritimes, en mars.

7° *Diptérocécidie.* — Entre-nœuds renflés latéralement, surtout dans leur tiers supérieur, et acquérant l'aspect d'une massue (*d, fig.* 2). Cavité larvaire axiale, fermée par un opercule, comme dans le cas précédent, et occupée par une petite chrysalide de Cécidomyie, de 2 mm de longueur (*e, fig.* 2). Éclosion en mai.

Oasis de Nefta, en avril.

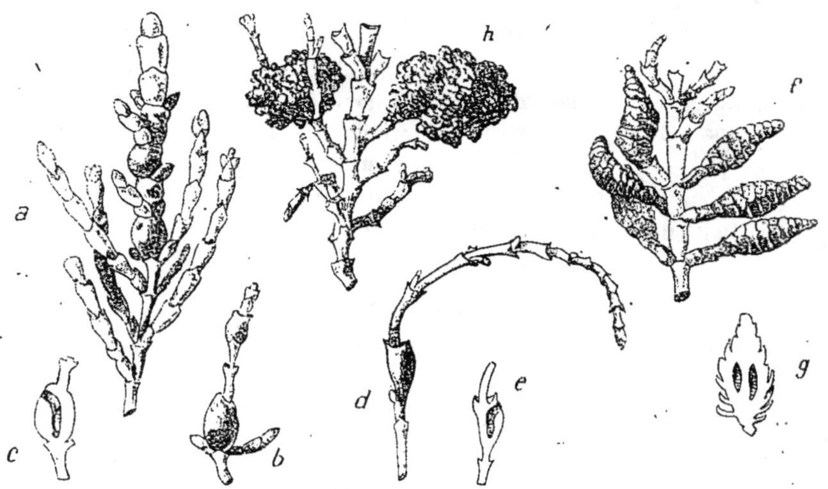

Fig. 2. — Cécidies de *Salicornia fruticosa*.
(*a-c*). — Diptérocécidie globuleuse des rameaux (gr. 1).
(*d-e*). — Diptérocécidie caulinaire latérale (gr. 1).
(*f-g*). — Diptérocécidie terminale (gr. 1).
(*h*).   — Ériophyidocécidie des rameaux (gr. 1).

8° *Diptérocécidie.* — Extrémité des jeunes rameaux arrêtée dans son développement et transformée en une massue noirâtre, de 10 à 15 mm de long sur 5 à 6 mm de diamètre transversal (*f, fig.* 2). Surface garnie de bractées étroitement appliquées les unes contre les autres. La section en long d'une cécidie (*g, fig.* 2) montre, au milieu d'un tissu charnu, une ou plusieurs cavités allongées contenant chacune une chrysalide rougeâtre de Cécidomyie, de 3 mm de longueur. La sortie de l'adulte se fait sur le côté de la galle et a lieu en mai.

Oasis de Nefta, en avril.

9° *Eriophyes salicorniæ* Nal. — Amas globuleux de petits rameaux et de feuilles, verdâtres ou teintés de rouge groseille (*h, fig.* 2). Cécidie connue en Italie et dans l'île de Chypre.

Gabès, sables maritimes, en avril.

Echinopsilon muricatus Moq.

Plante des décombres, lieux incultes, plages sablonneuses, alluvions
et lits des rivières de la Tunisie moyenne et méridionale.

10° *Diptérocécidie.* — Galle globuleuse, de 10 à 15 mm de diamètre, consistant en grosses touffes arrondies de feuilles vert olive, plus longues que les feuilles normales et enfouies au milieu de poils blanchâtres, assez serrés (*a*, fig. 3). Le centre de chaque touffe est occupé par un rameau court, renflé, uni ou pluriloculaire (*b*, fig. 3), abritant dans chaque loge une larve blanche de Cécidomyie. Métamorphose dans la cécidie et éclosion en avril.

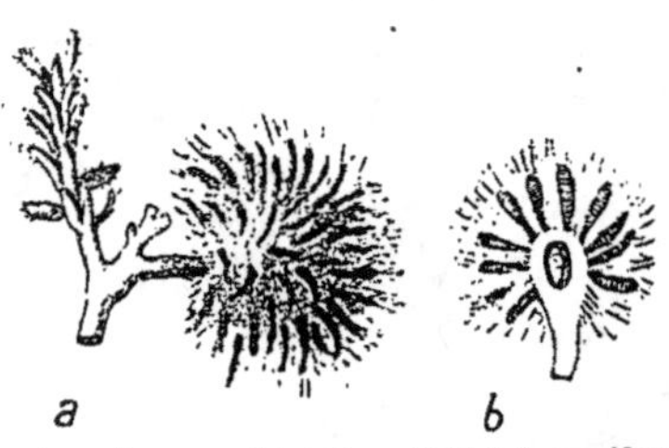

Fig. 3. — Cécidie d'*Echinopsilon muricatus*. (*a*). — Aspect extérieur de la galle (gr. 1). (*b*). — Section longitudinale de la galle (gr. 1.)

Gafsa, au Djebel Ben Younes, vers 450 m d'altitude, en avril. Galle peu commune.

Salsola tetragona Delile.

Plante des sables et graviers littoraux, des dépressions salées
de la Tunisie moyenne et méridionale.

11° *Diptérocécidie.* — Sur les rameaux de cette plante, galles sphériques de 5 à 10 mm de diamètre, comprenant un grand nombre de feuilles élargies (*a*, fig. 4), un peu plus longues que les feuilles normales et couvertes de poils fins, très longs, peu serrés, blancs, plus rarement rougeâtres. Le centre de la cécidie comporte une ou plusieurs petites cavités (*b*, *c*, fig. 4),

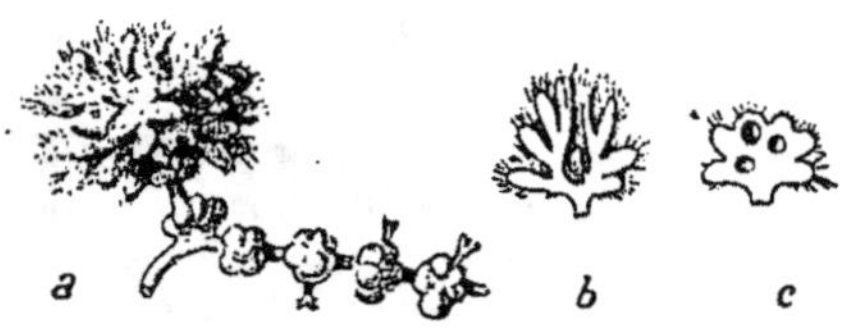

Fig. 4. — Cécidie de *Salsola tetragona*. (*a*). — Aspect extérieur de la galle (gr. 1). (*b-c*). — Section en long de la galle (gr. 1).

de 1 à 2 mm de diamètre, contenant chacune une petite larve jaunâtre de Cécidomyie. Éclosions dès le début de mai.

Gabès, sables maritimes, en mars.

Traganum nudatum Delile.

Plante des dépressions salées de la Tunisie méridionale.

12° *Diptérocécidie.* — Renflements fusiformes allongés (jusqu'à 40 mm) des rameaux, parfois globuleux, de 5 à 8 mm de diamètre transversal (*a*, *b*, *fig.* 5); surface marron crevassée longitudinalement. A l'inté-

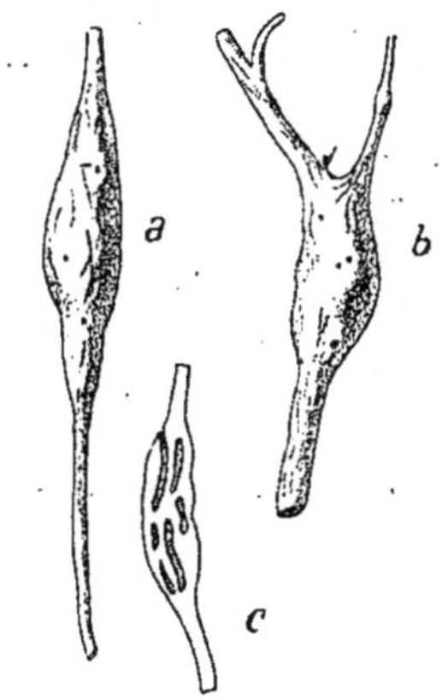

Fig. 5. — Cécidie de *Traganum nudatum*. (*a-b*). — Aspect extérieur de la galle (gr. 1). (*c*). — Section longitudinale de la première cécidie (gr. 1).

rieur, plusieurs cavités larvaires, étirées dans le sens de l'axe du renflement (*c*, *fig.* 5), vides au moment de la récolte.

Oasis de Nefta, vers la maison forestière, en avril.

M. Edmond GAIN,

Professeur-adjoint à la Faculté des Sciences (Nancy).

VARIATION DE LA FLEUR D'UN SAMBUCUS.

58-1151-35.111

5 *Août.*

C'est un fait connu que les fleurs des *Sambucus* peuvent présenter
une variabilité qui se traduit par la présence de fleurs sur un même pied
pourvues d'un nombre de pétales qui s'écarte du type habituel de
l'espèce.

Le sureau examiné est un sureau cultivé dans un jardin à Nancy,
et très âgé. Le tronc atteignant près du sol 20 à 30 cm de diamètre. Il
présentait un polymorphisme floral très accentué. Les fleurs d'un même
type n'étaient généralement pas groupées; sur une inflorescence on pouvait rencontrer plusieurs types, et il était assez rare qu'une inflorescence
donnée soit composée de fleurs toutes du même type. Nous comptions

soumettre à l'expérience des semences de cet arbre assez exceptionnel lorsque les nécessités d'une construction l'ont fait abattre.

Nous donnons seulement ici à l'aide de quelques dessins un aperçu du polymorphisme floral de cette plante qui montre, dans une certaine mesure, les formes de passage entre les types les plus aberrants.

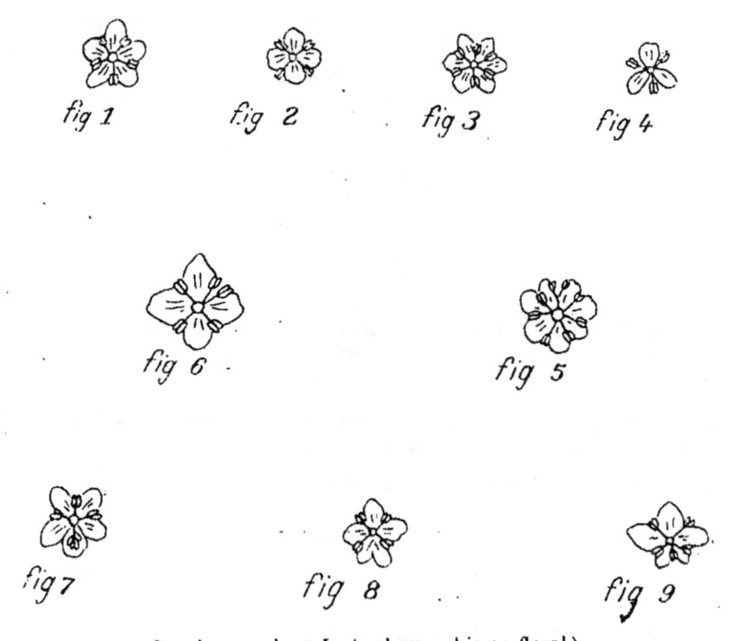

Sambucus nigra L. (polymorphisme floral).

Les figures 5, 6, 7, 8, 9 ont été dessinées grossies pour mieux montrer les anomalies. En 5, 7 pétales, 8 étamines et un filet d'étamine bifurqué; en 6, 2 étamines voisines insérées au même point; en 7, un filet portant deux anthères; en 8, un pétale provenant de la fusion de deux pétales; en 9, inégalité de développement des pétales et des étamines.

La forme habituelle est du type 5 (*fig.* 1). On rencontre aussi très souvent le type 4 (*fig.* 2) et, plus rarement, le type 6 (*fig.* 3). Nous avons vu réaliser le type 3 (*fig.* 4) et un type qui se rapprochait du type 7-8 (*fig.* 5).

Formes de passages entre les types 4-5. — Elles peuvent se manifester par une corolle à 4 pièces avec androcée à 5 étamines (*fig.* 6) ou bien par une corolle à 5 pièces avec un androcée à 4 étamines (*fig.* 7 et 8). Dans certains cas il y a chez les fleurs de ce dernier type une tendance à la fusion de 2 des pétales (*fig.* 8). De même, dans le premier cas, il y a rapprochement de 2 étamines (*fig.* 6 et 7).

Déformation symétrique du type 5 conduisant directement au type 3. — Il se produit une diminution de taille des 2 pétales rapprochés de chaque côté du plan floral (*fig.* 9). La déformation atteint en même temps la longueur des étamines. Si les pétales latéraux non diminués ici disparaissent, il subsiste une fleur à 3 pétales (*fig.* 4) qui peut redevenir régulière, réalisant une corolle et un androcée trimères.

Type anormal ayant 7 pétales et 8 étamines. — Nous pensons que la présence de 8 étamines (*fig.* 5), dont 2 sont rapprochées et à filets soudés indique la régression d'une corolle qui aurait dû présenter un nombre de pétales supérieur à 7. On peut admettre ici qu'il s'agit vraisemblablement d'une fusion de deux fleurs du type 4, car celles-ci sont très fréquentes sur le sureau et les fleurs très rapprochées peuvent entrer en coalescence.

Pourtant, étant donné le polymorphisme particulier de l'individu examiné, on peut aussi envisager comme possible la production d'un type dérivé du type 6, lequel n'était pas rare.

Un certain nombre d'autres types intermédiaires ont été observés; nous n'avons cité que les plus typiques.

L'intérêt de ce cas de polymorphisme floral, c'est qu'il présentait en somme un nombre considérable de *formes intermédiaires* qui permettait de passer graduellement du type 3 au type 6 et au-delà. Il n'y avait pas là, comme on le voit dans certains types de Rosacées et de Rubiacées, une mutation brusque du type, mais une variation à grande amplitude et par étapes insensibles. Dans d'autres cas touchant diverses espèces végétales, on a parfois trouvé des types intermédiaires analogues à ceux que nous signalons ici, et il y avait quelquefois action parasitaire bien établie. Ici le polymorphisme était certainement propriété individuelle du sureau examiné.

La conclusion générale à tirer de ce cas particulier est la suivante :

Dans le sureau, la variation du type floral peut se produire par transition insensible et se manifester par une sorte d'affolement où les verticilles de la fleur ne varient pas suivant la même modalité.

M. Edmond GAIN.

SUR UNE GALLE DE LA GRAINE DE FÉVEROLE.

58.12.2-33.21

5 *Août.*

Les Féveroles peuvent présenter des irrégularités de forme. Elles sont parfois plus larges aux deux extrémités et comme étranglées vers la partie moyenne. On y observe des déformations unilatérales provenant d'une compression entraînant un développement inégal des cotylédons.

Nous décrivons ici une déformation caractérisée par une proéminence latérale due probablement à une action externe. Par réaction, il en est résulté une sorte de cécidie de graine. La cause est peut-être due à un insecte, sans qu'on puisse l'affirmer.

La production de tissus réactionnels galliformes doit être très rare chez les graines. Chez les Légumineuses, notamment, le parasitisme des Bruches se manifeste par des lésions dont beaucoup produisent des tissus subéreux de cicatrisation. Il y a souvent destruction d'une partie des cotylédons, formation de cavités operculées, mais on n'observe pas généralement de réaction hypertrophique du tissu de réserve de la graine.

La galle, signalée ici, n'a été rencontrée que dans deux graines seulement de Féveroles de la variété dite *Féverole de Lorraine petite*. Cette déformation (*fig.* 1) se présente sous l'aspect d'une bosse sensiblement hémisphérique, bien localisée, ayant de 0,40 cm à 0,45 cm de diamètre à la base. Elle proémine latéralement non loin du hile de la graine. Sur le tégument de couleur fauve, elle se détache en noir et présente vers le pôle une dépression de 0,1 cm environ. Au fond de la dépression se distingue une tache de liège ayant 0,03 cm de largeur. D'une part, la présence du liège dans la partie centrale indique un traumatisme. Celui-ci semble antérieur à la réaction du tissu, puisque le liège est localisé au fond d'une petite cavité en coupe.

D'autre part, la proéminence de la bosse représentant, en hauteur, 50 pour 100 environ de l'épaisseur habituelle de la graine, on peut affirmer qu'il y a là une production galliforme provenant d'une réaction du tissu de la graine. Cette même graine était bruchée et habitée sur la face opposée, dans l'autre cotylédon. On peut se demander si le parasitisme des bruches n'est pas la cause de cette production anormale, mais ce serait un cas très exceptionnel; nous avons examiné plus de 10 000 graines bruchées pour ne trouver cette anomalie que sur deux échantillons.

Anatomie pathologique de la galle. — Il s'agit bien d'un tissu pathologique ainsi que l'indique l'étude anatomique.

Une coupe dans la partie renflée montre les faits suivants :

1º Il n'y a pas de cavité dans la galle, ni trace d'organisme étranger.

2º Le tégument de la graine n'est pas modifié dans sa topographie générale; il y a seulement un dépôt épais de matière brune dans l'assise périphérique, et particulièrement vers la partie interne de cette assise. Cette substance semble une accumulation massive du pigment brun qui colore ordinairement la graine.

3º Aucune modification n'existe dans l'assise des cellules en T de la deuxième couche du tégument.

4º Il y a une hypertrophie assez accusée de la troisième zone du tégument avec dépôt brun à la face interne.

5º Pas de modifications dans l'assise des cellules aplaties sous-jacentes.

6º Hypertrophie très accusée des cellules amylacées qui prennent une forme allongée. La longueur de ces cellules est souvent quatre ou cinq fois plus grande que leur largeur, alors qu'un cotylédon normal, dans la même région, présente des cellules presque arrondies et rarement deux fois plus longues que larges (*fig.* 2-3).

Le dépot brun noir signalé, arrive jusqu'au contact des cellules amylacées. Presque toute la masse de la bosse galliforme est due à une réaction hypertrophique de ces cellules amylacées du cotylédon. La production de liège signalée superficiellement ne semble pas différenciée aux dépens de tissus autres que ceux du tégument de la graine.

La galle est donc produite par réaction du tissu du cotylédon probablement pendant la phase d'accroissement de celui-ci.

L'intérêt relatif de cette galle réside dans le fait qu'un tissu de réserve de cette sorte, très bien protégé ordinairement pendant la phase de sa croissance, se trouve rarement dans des conditions favorables à une réaction hypertrophique.

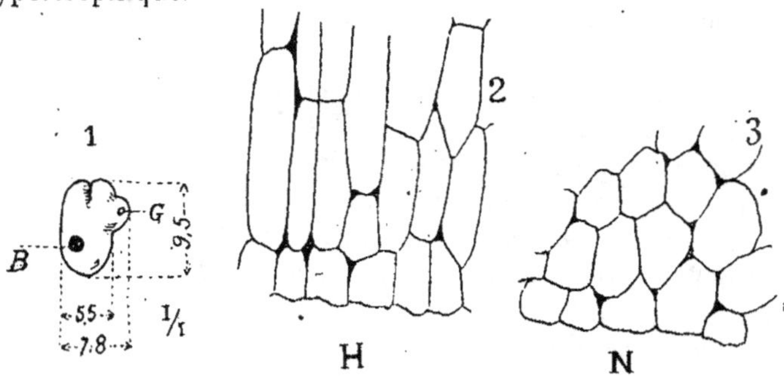

Féverole de Lorraine. — Fig. 1, graine avec la galle G ; B, trou produit par un *Bruchus* (Mylabris); dimensions en millimètres. Fig. 2, tissu amylacé du cotylédon au-dessous du tégument de la galle G. Ce tissu est hypertrophié. Fig. 3, tissu amylacé d'un cotylédon normal N pour comparer avec le tissu H vu au même grossissement.

Une fois la graine adulte, en effet, son état de vie ralentie et sa déshydratation, ne lui permettent plus guère de réagir, les phénomènes de multiplication cellulaire étant momentanément interrompus.

M. É. DE WILDEMAN,

Conservateur au Jardin botanique (Bruxelles),
Chargé de Cours à l'Université de Gand.

NOTES SUR LA GÉO-BOTANIQUE DU SUD DU CONGO BELGE.

58.19(675)

6 *Août.*

La détermination des collections de plantes sèches rapportées du Congo par des agents de la Compagnie du Kasaï, en particulier par M. A.

Sapin; nous a permis de jeter un coup d'œil sur la distribution des végétaux dans la zone méridionale centrale du Congo belge.

M. le P^r Ad. Engler a, dans son étude (¹), essayé de répartir les zones botaniques de l'Afrique et a été amené à ranger le Kasaï, tel que nous l'envisageons ici comme appartenant à plusieurs régions botaniques, ce qui est d'ailleurs indiscutable.

Une partie du domaine de la Compagnie du Kasaï appartiendrait au District des bords du Congo, subdivision de la zone du Congo, dépendant elle-même de la Province florale West-Africaine ou Guinéenne; l'autre partie, celle du Sud, appartiendrait, dans ce dernier grand groupement, à la zone Lunda-Kasaï-Urua et à sa subdivision : District de Malanshe-Lunda-Kasaï. Pour appuyer les idées proposées, M. le Pr Engler cite de longues listes de plantes qu'il a pu extraire des documents publiés par certains explorateurs allemands, des *Annales du Musée du Congo*, etc.

Si l'on jette un coup d'œil sur ces listes et sur l'énumération des plantes congolaises publiée par Th. Durand et Hél. Durand (²), on verra que plusieurs des types proposés comme caractéristiques de ces districts floraux ont été trouvés en dehors de ces limites.

Dans notre *Coup d'œil sur la végétation de l'Afrique centrale* (²), nous avons attiré l'attention sur ce point que le bassin du Kasaï appartient au moins à deux zones différentes, la partie nord appartient à celle que nous avons désignée *Zone forestière centrale;* une autre, la plus étendue, a été appelée par nous *Zone du Kasaï*. Cette zone comprend une partie du bassin du Kasaï à son embouchure, le Sankuru supérieur, la Lulua, le Kasaï supérieur, ses affluents Fini et Kwango et les bords du Congo depuis le Sud de Bolobo jusqu'aux gorges de Zinga; nous sommes donc, au point de vue de la subdivision du pays, d'accord avec le savant directeur du Jardin Botanique de Berlin (³) :

Il n'est pas possible, à notre avis, de fixer dès maintenant avec certitude les caractères de cette partie de la Colonie belge. Ce que nous pouvons affirmer, c'est que ces territoires appartiennent indiscutablement à des régions botaniques différentes.

On y trouve donc, dans la limite sud de la forêt tropicale du centre africain, les types caractéristiques de la brousse et de la steppe ou campine. Ces diverses formations se pénétrant l'une l'autre, sans qu'il soit possible de les délimiter nettement sur une carte.

Nous disions en 1908 :

« La flore de cette région, peu étudiée encore, paraît, d'après les renseignements fournis par les voyageurs allemands, riche en espèces particulières. »

(¹) Ad. Engler, *Pflanzengeographische Gliederung von Afrika in Sitzungber. d. K. Pr. Akad. d. Wissenschaften*, t. XXXVIII, 1898.

(²) Th. Durand et Hél. Durand, *Sylloge Florae Congolanae*, Bruxelles, 1909.

(³) É. De Wildeman, *Plantes tropicales de grande culture*, 2e édition, vol. 1, p. 32.

Depuis, les matériaux sont arrivés nombreux à Bruxelles, mais s'ils ont élargi nos connaissances sur la distribution de nombreuses espèces, ils n'ont pas changé notre manière de voir quant à la présence de nombreux types endémiques.

Nous ajoutions en 1908 :

« La région du Kasaï est-elle une région botanique bien naturelle ? Nous n'oserions l'affirmer ! »

Et déjà alors, nous insistions sur la différence entre la flore du Sud et celle du Nord de notre *Région du Kasaï* qui forme une transition très nette vers la forêt tropicale, comme le démontrait, disions-nous, la présence de certaines essences forestières de haute futaie et celle de divers *Landolphia*.

Depuis, nous avons dû reconnaitre que cette transition ne se faisait pas suivant une ligne parallèle à l'Équateur, et que la présence de types forestiers était due au prolongement de la forêt le long des rivières.

Quand nous parlons de steppes, brousses ou campines du Kasaï, ces zones caractérisées par des associations végétales à aspect spécial, sont-elles comparables, en tous leurs éléments principaux, à celles rencontrées de l'autre côté de la frontière sud de notre Colonie, dans l'Angola et vers le Kunene-Zambèse, dont la flore a été décrite par M. O. Warburg, d'après les matériaux recueillis par l'expédition Baum ?

Nous n'oserions le prétendre, il y a des analogies certaines, mais il y a aussi, pensons-nous, des différences très nettes !

Dans toute la zone du Kasaï, bien visitée par les voyageurs herborisant, la grande forêt proprement dite n'existe pas, du moins cette forêt tropicale si souvent décrite et que l'on croyait, il n'y a pas longtemps encore, s'étendre sur la presque totalité de notre Congo.

Au point de vue botanique pur, et également au point de vue économique, on peut considérer dans la région les genres de stations suivants dont, il ne nous est malheureusement pas possible de donner encore la caractéristique botanique :

Galerie ou rideau forestier, marécageux ou sec;
Savane ou savane-verger;
Savane boisée;
Steppe ou campine.

La distribution de l'eau a une très grande influence sur la végétation; à ce point de vue, il y a lieu de considérer dans le bassin du Kasaï : les cours d'eau, les marais et la région des sources.

Les marais peuvent être boisés ou non, permanents ou intermittents.

La végétation des bords des cours d'eau varie, dans la région du Kasaï, suivant la partie de leur cours : supérieur, moyen et inférieur. Dans le cours supérieur passant à la région des sources, dont les conditions ont été déjà indiquées pour le pays par divers explorateurs et, entre autres, par Frobenius, l'aspect est très différent de celui des autres parties du cours.

La galerie forestière, qui est, peut-on dire, une des caractéristiques de la flore de l'Afrique tropicale, est constituée par des essences assez diverses réunies en une association : plantes ligneuses droites, ramifiées seulement à partir d'une certaine hauteur; plantes ligneuses buissonnantes formant le sous-bois; plantes-lianes s'étendant sur les buissons et de là sur les grands arbres; plantes herbacées apparaissant surtout dans les clairières, au bord de la forêt, soit vers la plaine, soit vers la rivière, soit sur les rochers.

Le long du cours supérieur des rivières, peu après leur formation, on ne trouve en général pas de galerie, ni même de rideau. La rivière se trouve dans le fond d'une légère dépression de la plaine; au milieu de cette dépression se trouve le lit du cours d'eau, présentant, de part et d'autre, une certaine étendue, inondée aux grandes eaux et s'asséchant plus ou moins rapidement; au delà de cet élargissement humide apparaît la savane, légèrement arborée, qui occupe les bords de la dépression dont le fond est traversé par le cours d'eau; au delà de la savane s'étend la steppe ou la campine, qui dans plusieurs régions du domaine du Kasaï est l'habitat des caoutchoutiers des herbes, souvent celui du *Landolphia Thollonii*.

Au fur et à mesure qu'on descend le cours d'eau, et si celui-ci coule sur une certaine déclivité, on voit se modifier la végétation; dans la partie marécageuse du bord du lit de la rivière, apparaissent des végétaux ligneux, qui constituent une première ébauche de la galerie, un rideau d'abord interrompu de distance en distance, formé par des broussailles, puis de plus en plus continu.

Dans le cours moyen, le lit de la rivière s'est de plus en plus creusé; la partie marécageuse de ce lit diminue fréquemment d'importance, par suite même du creusement du lit, et la vallée qui se forme, empêchant en partie l'évaporation de l'eau, conservant donc un sous-sol plus humide, permet à la végétation arborescente de gagner du terrain sur les rebords de la vallée.

Dans le cours inférieur, la galerie marécageuse devient souvent de plus en plus large; le long des flancs de la vallée la forêt remonte, en diminuant graduellement d'importance, pour faire place petit à petit à la savane, puis à la brousse quand on arrive sur la hauteur.

Cette galerie varie excessivement d'étendue; tantôt elle baigne dans la rivière, tantôt elle en est séparée par un marécage ou un banc sablonneux, à végétation herbacée, souvent constituée par des *Papyrus*. Elle peut atteindre une très grande largeur ou parfois, comme dans les environs de Dima, être très réduite; elle est là marécageuse par intermittence et, au delà du marécage, la galerie se perd petit à petit dans la savane à arbustes rabougris.

Dans les environs de Dima, on trouve l'*Elaeis* en assez grande quantité;

on signale également, comme assez répandus, les *Borassus*, qui s'élèvent isolés dans la brousse, à une certaine distance des rivières, le *Penta-clethra macrophylla* ou *Nulla-Panza*, un arbre à beurre, des arbres donnant abri aux fourmis et diverses Commélinacées, parmi lesquelles les *Palisota* à grandes feuilles, à inflorescences en épi, portées au sommet de longues tiges, semblent particulièrement abondantes.

Si la zone forestière s'élargit, la flore change d'aspect, les arbres à tronc droit deviennent plus nombreux, le sous-bois acquiert plus d'importance.

Près de l'embouchure des rivières leur lit s'étale et vient souvent former de vastes deltas marécageux, à zone inondée d'une manière intermittente lors des crues, où se forment très fréquemment des bancs de sable sur lesquels la végétation ne peut prendre pied. Dans cette zone, l'*Elaeis* et les *Raphia* semblent plus rares. Les palmiers du groupe *Eremospatha*, dont les tiges fournissent les coddys avec lesquels les indigènes fabriquent les paniers à caoutchouc, se rencontrent souvent là où *Raphia* et *Elaeis* n'existent plus, et ils apparaissent dans les buissons autour desquels on voit pendre leurs longues flagellums à crochets.

Ces *Eremospatha* paraissent, d'ailleurs, avoir une dispersion assez étendue, ils se rencontrent encore assez loin de l'embouchure des rivières, le long de leur cours; on les trouve souvent associés aux lianes à caoutchouc et la présence de leurs larges flagelles à crochets rend souvent la pénétration du fourré difficile. Ces *Eremospatha*, parmi lesquels il convient de citer l'*Eremospatha Haullevilleana* et l'*E. Cabrae* (ou des formes voisines), ne peuvent donc être cités comme caractéristiques de la région.

Les grands *Raphia*, dont les rachis foliaires sont employés dans la construction et les épidermes des folioles pour la fabrication des fils dont on tisse les nattes, s'ils aiment l'humidité, paraissent plutôt fuir les plaines plus ou moins marécageuses, et même les galeries plus ou moins longtemps sous eau, pour se cantonner dans les galeries relativement sèches et assez étendues ou dans la grande forêt touffue.

Les alluvions sablonneuses ou argilo-sablonneuses de l'embouchure des rivières ou des niveaux où les eaux coulent à plat, sont, dans bien des cas, la station préférée des *Borassus*; là, dès que la prairie s'élève un peu au-dessus du niveau du marais, on trouve souvent des groupes de ces palmiers, dont les stipes sont distants de 15 m à 20 m.

Souvent, au-delà de ces marécages intermittents, on trouve dans le cours inférieur des rivières, non pas une vraie forêt, mais plutôt la savane à arbustes rabougris, bien entendu s'il s'agit de rivières débordant dans une vallée ou dans une plaine, car à l'embouchure des ruisseaux ou rivières secondaires la galerie ne disparaît guère, elle persiste en s'élargissant et en rappelant donc le cours moyen des cours d'eau plus forts.

Dès que sur le bord des rivières, ou de leurs affluents assez développés, se constitue une galerie marécageuse, on voit apparaître plusieurs essences caoutchoutifères, telles *Clitandra Arnoldiana*, *Clitandra robustior*, *Baissea gracillima* et les *Landolphia Gentilii*, *Droogmansiana* et *Klainei*, qui préfèrent de telles stations, tandis que le *Landolphia owariensis* semble aimer des zones plus sèches. Mais il n'est pas nécessaire d'avoir de larges rideaux de forêts pour trouver de nombreuses lianes caoutchoutifères, puisque celles-ci, somme toute, végètent mieux dans les endroits bien aérés.

C'est dans la galerie sèche, qui succède vers l'intérieur des terres à la galerie marécageuse, qu'on rencontre le plus fréquemment, semble-t-il, ce type. Dans des conditions semblables on trouve : *Landolphia Dewevrei*, les *Funtumia* et *Periploca nigrescens* qui apparaît souvent dans les plantations abandonnées. C'est, d'ailleurs, en général dans ces forêts ou galeries sèches que les indigènes installent de préférence, après défrichement par le feu, leurs cultures de manioc et de maïs; mais les villages eux-mêmes, les petites cultures et les plantations d'*Elaeis* sont établis autant que possible en dehors de la forêt, dans la savane, car l'indigène du Kasaï, très porté vers les cultures, n'aime en général pas de vivre dans la forêt.

Cette savane qui s'étend au delà des rideaux forestiers forme une zone herbeuse, un plateau légèrement incliné et moins ondulé, dans lequel on rencontre des arbres et des arbustes plus ou moins espacés. Si les arbres sont assez développés et plus ou moins rapprochés, la savane forme ce que beaucoup de voyageurs ont comparé aux vergers de nos régions tempérées. Dans cette *savane verger*, les arbres sont généralement à tronc assez irrégulier, assez rapidement ramifié formant une couronne; très souvent aussi leur écorce est très subérifiée, pour résister à la sécheresse et probablement aussi aux feux de brousse.

De nombreuses légumineuses existent dans cette savane; des composées, parmi lesquelles les *Pleiotaxis pulcherrima*, à belles fleurs rouges: on y trouve également plusieurs *Strychnos*, et la végétation herbacée est formée par des Graminées au milieu desquelles les Liliacées, les Amaryllidées, les Iridées et les Orchidées terrestres : *Lissochilus*, *Habenaria*, sont nombreuses.

Si dans la savane les arbres sont plus distants, ils deviennent plus rabougris, la région s'appauvrit.

Cette savane à arbres de plus en plus réduits est l'habitat fréquent des *Landolphia humilis* et *Carpodinus gracilis* qui se logent en général à la lisière des bosquets constitués dans les replis de terrains et qui sont parfois marécageux et donnent alors asile à certaines lianes à caoutchouc. Ces replis de terrrain boisés sont très souvent l'indice de la présence d'une source, de la naissance d'une rivière et le commencement d'une galerie.

Dans la savane, en dehors des vallées boisées et parfois marécageuses, on commence à trouver le *Landolphia Thollonii*.

Les indigènes de ces régions qui établissent leurs villages et leurs cultures dans ces savanes, cherchent pour obtenir la matière grasse, à planter des palmiers *Elaeis* qui se développent bien quoique avec une certaine lenteur. Ils soignent particulièrement la culture de cette essence qui doit leur rapporter non seulement une matière comestible et leur huile de toilette, mais aussi du matériel pour l'entretien de leurs foyers.

Alors que dans les vallées de la savane on peut rencontrer des bois plus ou moins étendus, il arrive aussi, et assez souvent, dans la région du Kasaï, que sur les plateaux se constituent de vastes marais peu profonds, à partie centrale plus ou moins dénudée ou portant au milieu un bouquet d'arbres; autour de ces parties dénudées, on trouve alors des bosquets dans les endroits toujours humides. La savane devient donc, près de ces marais de la hauteur, de plus en plus arborée, les arbres y atteignent de plus grandes dimensions et sont plus rapprochés. C'est donc une formation plus dense que la savane-verger, c'est une sorte de *bois-savane* qui rappelle au voyageur de l'hémisphère boréal, les bois d'Europe à essences assez variées; les lianes sont relativement peu nombreuses et peu développées; le sous-bois est peu touffu, quelques broussailles et l'herbe reçoivent les rayons du soleil légèrement tamisés par le feuillage. La circulation dans ces bois est relativement facile.

Pour M. Sapin, une telle formation constituerait le véritable habitat du *Carpodinus gracilis*, cette essence caoutchoutifère dont on a pendant longtemps nié la valeur et qui paraît assez répandue dans la région du Dilolo.

En général, ces bosquets se forment dans des terrains argilo-sablonneux, dans des sols où les termites se rencontrent en assez grande abondance. De tels bosquets, le *Landolphia Thollonii* se trouve natutellement exclu, car il recherche uniquement la steppe ou la plaine à sol sablonneux, le seul genre de terrain dans lequel ce caoutchoutier des herbes puisse étendre ses rhizomes.

Sur les lignes de faîte, sur les plateaux qui couronnent les crêtes entre deux vallées, s'étend la steppe ou la campine, plus ou moins développée suivant les conditions orographiques. Là, il n'y a ni arbre, ni arbuste, le sol de sable pur, sans argile et sans termites, est en général très sec, la terre ne s'agglomère pas, elle coule entre les doigts et les végétaux, même les graminées, n'y atteignent pas de très grandes dimensions.

A côté du *Landolphia Thollonii*, caractéristique pour la campine du Kasaï, on trouve également le *Carpodinus lanceolata*, dont on ne peut assez faire ressortir la non-valeur au point de vue caoutchoutier. Parfois, au sommet des plateaux, dans la steppe dénudée, on rencontre des sortes de marais, ou plutôt de mares, dont la végétation est constituée en grande partie par des touffes d'herbes, généralement de la famille des Graminacées, dont les bases forment des îlots dans l'eau.

Ces mares se dessèchent ordinairement à la saison sèche et leur végétation est, dans la partie aérienne, brûlée comme les herbes du reste de la brousse.

Autour de ces mares les indigènes installent parfois quelques plantations, mais dans le reste de la Campine ils ne se livrent en général à aucune culture.

Les mares sont parfois assez étendues, constituant des sortes de lacs, leur partie centrale étant en toute saison très humide et même sous eau. Souvent alors les parties humides sont boisées. Les lacs de ces hautes régions de la campine paraissent avoir été plus étendus, la végétation de la brousse semble d'année en année empiéter sur le domaine de l'eau, celle-ci est refoulée dans des canaux entre les touffes d'herbes variées, et il se passe pour les lacs de l'Afrique, du moins pour ceux des hauts plateaux sablonneux et sablonneux-argileux, des phénomènes analogues à ceux qu'on a vu se produire dans la région du Nil, phénomènes sur lesquels M. O. Deuerling a attiré l'attention dans son travail (¹) et qui nous permettent de saisir pourquoi certaines espèces se répandent en Afrique centrale, comment des plantes, qu'on a parfois considérées comme caractéristiques des zones du pourtour [de] la grande forêt centrale, sont arrivées dans le centre de l'Afrique, apportées par es courants descendant des hauts plateaux.

C'est souvent autour de ces marais plus ou moins permanents que se constituent les bois-savanes riches en *Carpodinus gracilis*, du moins dans la région du Dilolo, mais cette plante n'est pas tout à fait caractéristique pour cette région, car elle existe dans d'autres brousses arborées, par exemple dans la région de Kisantu, qui a, il est vrai, au point de vue de la situation, des ressemblances avec celle du Kasaï dont elle est voisine.

Sur les plateaux, le long des rivières et près des sources, on rencontre d'une façon aussi caractéristique des *Pandanus* qui rendent la marche à travers les îlots marécageux encore plus difficile.

C'est dans la région du Lac Foa que les *Pandanus*, dont on avait nié la présence à l'intérieur du continent africain, paraissent le plus abondants.

Malheureusement dans cette région des hauts plateaux où les marais sont plus ou moins permanents, où se trouvent souvent les sources des rivières et où les plis de terrains abritent de petites forêts, nous assistons à la disparition progressive des zones boisées, car les indigènes recherchent ces plaines pour la culture et particulièrement pour celle du manioc qui est des plus épuisante. Le soleil, les pluies et les feux de brousse enlèvent alors très rapidement la terre arable, transformant donc les dernières parties cultivables de la steppe en espaces désertiques. Ce sera à nos agronomes de lutter contre ces procédés de culture, faciles, mais irrationnels.

(¹) O. Deuerling, *Die Pflanzenbarren der afrikanischen Flusse* in *Münchener Geographische Studien*, Th. Ackermann, 1909,

Quant à la steppe sablonneuse, à sable non mélangé d'argile, qui occupe souvent les lignes de faîte dans le bassin du Kasaï, c'est le véritable habitat du *Landolphia Thollonii* et du *Carpodinus lanceolata* qui, souvent mélangés, ne se rencontrent plus dès qu'on trouve de l'argile et des termitières.

Il importe, d'ailleurs, comme le fait remarquer M. A. Sapin, de ne pas confondre ces différents genres de steppes au point de vue de la géo-botanique et de la botanique économique; les campines à sol argilo-sablonneux paraissent avoir été boisées et leur transformation en plaines, sans valeur pour la culture, semble devoir être attribuée aux indigènes qui ont détruit la forêt pour installer des plantations, qu'ils ont abandonnées peu de temps après. Les feux de brousse allumés à intervalles réguliers empêchent la forêt de reprendre le dessus, c'est à eux qu'il faut, à notre avis, attribuer en grande partie la diminution de la forêt tropicale et la formation de déserts. On a souvent prétendu que le feu de brousse n'entamait pas la forêt, cela nous paraît inexact; en effet, le feu attaque la lisière de la forêt, qui recule donc de jour en jour devant lui, en même temps qu'elle recule devant la cognée de l'indigène. Le feu de brousse aide donc à la destruction de la forêt.

On a dit également que les bords de la cuvette du Congo ne sont plus boisés à cause des pluies. C'est là un argument sans valeur, car les pluies n'ont pu agir qu'après la destruction des végétaux ligneux, dont les branches feuillues ombrageaient le sol et dont les racines le retenaient; c'est alors seulement que les pluies tropicales ont eu vite fait d'enlever la couche superficielle du sol brûlée par le soleil et de transporter dans le fond des vallées, à des distances variables suivant l'épaisseur des grains, la terre qui aurait pu être cultivée. Sur place est restée une masse compacte, se crevassant sous l'ardeur des rayons solaires, laissant passer l'eau et étant à son tour entraînée.

Cela ne veut pas dire que tout le bassin du Congo, ni même que tous les territoires occupés par la Compagnie du Kasaï aient été boisés dans le temps, nous sommes persuadé du contraire; les plantes si différentes du Sud et du Nord de la région prouvent, à notre avis, qu'il y a bien là des zones différenciées depuis longtemps par la nature de leur sol et par le climat, ce dernier dérivant en partie de l'altitude.

D'après M. Sapin, le grès blanc, le granit de Katola seraient désagrégés par les éléments atmosphériques : eau, air, soleil, etc., et surtout par divers cryptogames. Ils se désagrègent en parties solubles et parties insolubles : sable et argile.

Par suite des pluies torrentielles, le tout est entraîné pour aller former plus loin les terrains d'alluvions.

Les terrains d'alluvions eux-mêmes ne tardent pas à se modifier par suite de la séparation du sable et de l'argile, toujours à cause des pluies torrentielles.

On a donc ainsi toute une série de terrains transformés : rocher, sableux, argilo-sablonneux, argileux. Sur les bords de la cuvette congolaise cette séparation est beaucoup plus nette et plus rapide que sous nos climats tempérés.

Sous le soleil des tropiques un arbre ne pourra jamais croître dans le sol sablonneux! On pourrait cependant admettre une exception pour les sols sablonneux où la nappe d'eau se trouve à une faible profondeur, comme dans la région du Lac Foa et du Lac Mukamba.

Ces diverses argumentations peuvent être exactes, mais ces faits indiscutables sont-ils primordiaux, ou eux-mêmes déjà les résultats de conditions mauvaises. Nous maintenons que c'est par les agissements de l'homme, par la culture mal comprise, par les feux de brousse que la brousse a tant gagné en Afrique, que les déserts ont succédé à des régions jadis fertiles. D'ailleurs, les mêmes phénomènes ont été observés en Amérique (¹), et il conviendra pour la mise en valeur de la colonie de lutter par tous les moyens contre les feux de brousse.

Sur cette question des feux de brousse, les avis sont encore très partagés. Si les feux de brousse peuvent avoir une certaine utilité, il est incontestable qu'ils ont de grands inconvénients.

On a dit souvent que le feu était mis à l'herbe de la campine pour chasser le gros gibier, qui devient trop nombreux et détruit les plantations; que, par ce moyen, l'indigène peut se procurer de la viande; mais fréquemment les feux sont allumés non pas pour chasser le gros gibier, mais bien les insectes et principalement la sauterelle.

Il n'est pas rare de voir des centaines de femmes et d'enfants munis d'une baguette terminée par une petite pelote chasser la sauterelle dans la brousse herbeuse récemment brûlée.

Les chasseurs se garnissent souvent les pieds d'une semelle de peau pour éviter les brûlures et les blessures par les bases d'herbes. Les sauterelles sont ensuite fumées. M. A. Sapin a rencontré des caravanes entières chargées de sauterelles se rendant de Luluabourg à Lusambo.

Les végétaux de cette région Sud-Congolaise, soit dicotylés, soit monocotylés, atteignent donc rarement un grand développement; les touffes de Graminées montrent toujours à leur base les restes des tiges de la saison précédente et forment des touffes plus ou moins compactes; les dicotylées non arborescentes ont une souche généralement ramifiée formée de moignons brûlés au sommet, et de la base desquels partent alors de nouveaux rejets.

Des données réunies jusqu'à ce jour, nous croyons, malgré quelques controverses, pouvoir accepter pour l'Afrique centrale les conclusions présentées par M. Cook pour l'Amérique centrale, à savoir que cette partie du continent était beaucoup plus boisée avant l'arrivée de l'homme se livrant à des cultures, et nous dirons, comme lui, que si l'intervention

---

(¹) O. F. Cook, *Vegetation affected by agriculture in Central America United States Department of Agriculture (Bureau of Plant Industry,* Bull. n° 145).

de l'homme disparaissait, la croissance normale de la végétation recou-
vrirait à nouveau le sol de forêts épaisses et continues. Les soins de culture et l'incendie répété des zones de forêts a permis l'extension de la
brousse. L'incendie empêche le développement des arbres et fait reculer
les forêts existantes.

Dans les vallées les grands arbres peuvent se développer; mais
vers l'embouchure des rivières, où la vallée élargie ne laisse plus, par
suite de la constitution du terrain (sables inertes apportés des plateaux
dénudés) et du niveau des crues, la végétation arborescente ni même
arbustive se développer. C'est ce qui explique comment dans certaines
cartes géo-botaniques du Congo, encore très sommaires, on a été amené
à figurer des îlots de forêt dite *tropicale*, en dehors de la zone centrale.

M. E. BONNET,

Assistant au Muséum national d'Histoire naturelle (Paris).

NOTICES BIBLIOGRAPHIQUES SUR QUELQUES OUVRAGES DE BOTANIQUE RARES OU PEU CONNUS.

094.4 : 58

5 Août.

Ces Notices peuvent être considérées comme formant la seconde série
de celles que j'ai présentées, l'année dernière, au Congrès de Lille; les
Ouvrages étudiés et décrits y sont énumérés dans l'ordre chronologique,
j'y ai ajouté la citation des deux éditions du *Thesaurus litteraturæ bota-
nicæ* de Pritzel (1re édit., 1852, 2e édit., 1872) et quelques courtes notes
biographiques ou explicatives pour compléter certaines parties du texte.

I. Mont-Sainct (Thomas, chirurgien à Sens) : *Le Jardin Senonois
cultivé naturellement, d'environ 600 plantes diverses qui croissent à moins
d'une lieue de la Ville et Cité de Sens.* A M. de Provenchères, Conseiller
et Médecin du Roy. A Sens, chez George Niverd, Imprimeur, devant la
Prévoté; MVICIIII, brochure in-12.

Je ne connais de ce rarissime Catalogue que la réimpression faite dans
la première moitié du siècle dernier par Théodore Tarbé, imprimeur-
libraire à Sens; cette réimpression paraît, du reste, presque aussi rare que
l'original; l'exemplaire que j'ai eu entre les mains est celui même de
Camille Montagne cité par Pritzel ; les renseignements donnés par le
Thesaurus sont beaucoup plus complets dans la première édition (p. 200,
n° 7128) que dans la seconde (p. 223, n° 6398).

Après le titre que j'ai cité viennent, trois pages de dédicace à Provenchères, trois pages de préface et enfin trois autres pages de pièces de vers, dans le goût du temps, à la louange de l'auteur.

Le Catalogue proprement dit contient 26 pages ; les espèces sont classées par ordre alphabétique suivant la nomenclature de Mathiole, Clusius, Pena, Lobel, Pline et Dioscoride ; elles ne sont suivies d'aucune indication de localité, station, date de floraison et de fructification ; cette liste n'énumère du reste que des plantes très vulgaires, spontanées ou communément cultivées et tout l'intérêt de cette plaquette réside uniquement dans sa rareté.

A la suite du Catalogue, on a imprimé une *Lettre missive escrite par M. Thomas Montsainct maître chirurgien à Sens, à un sien amy, de ceste ville de Paris, sur le sujet du fait prodigieux advenu le jour de Feste-Dieu dernière, en ladite ville de Sens, où il est tombé grande quantité de pluie rouge comme sang* ». Dans cette lettre, datée « du samedy vingt-septième mai, mil six cents dix-sept » et imprimée avec une pagination spéciale, l'auteur décrit un phénomène qui, autrefois, effrayait beaucoup les habitants des localités dans lesquelles il se produisait et qui est dû à l'abondante éclosion d'une espèce de lépidoptère, la *Vanessa Cardui* L., vulgairement *Belle-Dame*, laquelle rejette, en quittant sa chrysalide, une sorte de mœconium rouge sang ; Montsainct, qui décrit le phénomène sans savoir à quelle cause l'attribuer, reconnaît cependant que la matière rouge en question n'est pas du sang, mais une substance dont il n'a pu déterminer ni la nature ni la composition.

II. Passæus (Crispin du Pas) : *Hortus floridus in quo rariorum et minus vulgarium florum Icones ad vivam veramque formam accuratissime delineatae,* ... Arnhemi 1614-1617 ; un vol. in-4° oblong (Pritz. *Thes.* 1re édit. p. 221, n° 7796 ; 2e édit., p. 241, n° 6972).

Chaboisseau mentionne cette iconographie (*Bull. Soc. bot. Fr.* XXIII, p. 407) sans aucun commentaire et en renvoyant simplement à la première édition de Pritzel ; ce Volume se compose de quatre Parties publiées à des dates différentes et chacune avec Titre et frontispice spéciaux : pars verna 1614, pars æstiva 1617, pars autumnalis et pars hyemalis 1616 ; le nombre des Planches, dont chacune porte un texte imprimé au verso, varie suivant les exemplaires ; pour la partie du printemps, Pritzel indique 41 Planches et Haller 54, (*Bibl. bot.,* 1re Partie, p. 415), l'exemplaire que je possède en contient 52 ; pour la partie d'automne, Haller mentionne 26 Planches et Pritzel 25, dont deux non numérotées ; en réalité, ce dernier fascicule renferme 27 Planches, deux représentant, l'une la bulbe, l'autre l'inflorescence du Narcissus marinus exoticus, portent le n° 25 tandis que la dernière, non numérotée, donne la figure des tubercules de deux espèces de Cyclamens représentés en fleurs, Planches XIII et XIV.

L'exemplaire qui fait partie de ma bibliothèque a été soigneusement colorié à la main, probablement dans la seconde moitié du xviie siècle, par une artiste ignorée qui a inscrit son nom sur le titre : « Ce livre de fleurs appartient à Catherine Mahon ».

III. Guy de la Brosse : Pièces relatives à la création du Jardin royal des plantes médicinales.

Dans son *Dessein d'un Jardin Royal pour la culture des plantes médicinales* que l'on trouve toujours réuni au traité *De la nature, vertu et utilité des plantes* (Paris 1628, 1 vol. petit in-8º), Guy de la Brosse a reproduit une série de pièces qu'il avait fait imprimer lorsqu'il sollicitait de Louis XIII, de ses ministres et de son premier médecin, l'autorisation et les fonds nécessaires à la réalisation de son projet; ces pièces de format in-4º, imprimées successivement, sans lieu, ni date, sont toutes excessivement rares; Pritzel ne paraît pas les avoir connues, du moins celles qu'il cite (*Thes.*, 1ʳᵉ édit., p. 63, nº 2356; 2ᵉ édit., p. 42, nº 1186) ne concordent pas avec celles que je possède; seul M. L. Denise en a donné la nomenclature complète dans sa *Bibliographie du Jardin des Plantes* (Paris, 1893, p. 21-24, nᵒˢ 13-21); deux de ces pièces: l'*Edict du Roy* et la lettre *A Monseigneur le très révérend et très illustre Cardinal de Richelieu*, ont même eu deux éditions qui se distinguent par les ornements du bandeau lequel représente, dans l'une de ces éditions, l'écu de France, soutenu par deux angelots tenant des cornes d'abondance et, dans l'autre, les quatre saisons, sous forme de divinités antiques.

IV. Donati (¹) : *Trattato de semplici, pietre e pesci marini che crescono nel lito di Venezia...* In Venezia MDCXXXI; un vol. petit in-4º, 120 pages et 33 figures gravées sur cuivre.

Ce petit Volume que G. de Brignoli et Ant. Bertoloni (²) qualifient de *rarissima operetta* et que Pritzel (*Thes.*, 1ʳᵉ édit., p. 72, nº 2681; 2ᵉ édit., p. 89, nº 2368) n'avait vu que dans les bibliothèques de Candolle, Webb et Delessert, offre cette particularité assez curieuse que tous les exemplaires ne sont pas absolument identiques et que quelques-uns diffèrent des autres, qui forment la grande majorité, par le titre de l'épitre dédicatoire qui ne porte pas le même nom et par la figure du Salicornia (p. 88) qui a été changée.

En raison de ces différences, on avait supposé qu'il existait deux éditions du Traité de Donati; cependant Brignoli, d'après l'examen de deux exemplaires qu'il avait à sa disposition, et Bertoloni par l'étude de ceux conservés dans les bibliothèques de Bologne, ont conclu qu'il n'existait, en réalité, qu'une seule édition du *Trattato de semplici*, mais qu'au cours du tirage, le nom avait été changé dans le titre de la dédicace et en même temps la figure du Salicornia remplacée par une autre.

J'ai pu contrôler les assertions des auteurs italiens précités par l'examen

---

(¹) Donati (Antonio), pharmacien naturaliste, né à Venise le 16 juillet 1606 et décédé dans la même ville le 22 mai 1659.

(²) G. de Brignoli, *Intorno la rarità e le differenze nella stampa d'un operetta botanica, lettera al prof. Ant. Bertoloni* (Modena, luglio 1847) *e riposta di questo* (Bologna, ottobre 1847). Faenza, tip. Conti, febrajo, 1870 (in occasione delle nozze Caldesi-Diotavelli); brochure in-16 de 19 pages.

de trois exemplaires: l'un appartenant à la bibliothèque de l'École supérieure de Pharmacie de Paris, l'autre à la bibliothèque du Muséum d'Histoire Naturelle et le troisième existant dans ma propre bibliothèque; ces deux derniers sont de tout point identiques, sauf cependant cette particularité que, dans l'exemplaire du Muséum, les cuivres des pages 41 et 44 ont été transposés, en sorte que la figure de l'*Erica Chironia* a été placée sous la légende et à côté du texte de l'*Eringium marinum* et réciproquement, mais dans l'une comme dans l'autre; l'épître dédicatoire est adressée, Al molto Illustre Excell. Sig. et Patron. Colendiss. Il Sig. Pietro Caffi, tandis que dans le volume conservé à l'École de Pharmacie, le nom de Pietro Caffi a été remplacé par celui de Massimiliano Monte-Verde; mais, à part cette modification, tout le volume, texte, figure et vignette, est absolument semblable à l'exemplaire que je possède; toutefois, contrairement à ce qu'ont affirmé Brignoli et Bertoloni, la figure du *Salicornia* (p. 88) est exactement la même dans ces trois exemplaires; je dois, en outre, faire remarquer que dans le volume dédié à Monte-Verde, il y a, à la première page, signée *a*2, de l'épître dédicatoire, ligne 10, une lettre *b* qui chevauche et, par suite, on peut en conclure que cette feuille a été tirée postérieurement à celle des exemplaires dédiés à Pietro Caffi.

Quant à l'œuvre de Donati, je n'ai que peu de choses à en dire : c'est un Catalogue, par ordre alphabétique, des plantes et des zoophytes que l'on rencontre au Lido, sur le littoral vénitien, avec l'indication de leurs usages en thérapeutique et de leur emploi dans les compositions pharmaceutiques.

V. *Journal d'Histoire naturelle rédigé* par MM. LAMARCK, BRUGUIÈRE, OLIVIER, HAÜY et PELLETIER. Paris 1792, tomes I et II, 2 vol. in-8° avec 42 planches.

Dans la plupart des exemplaires, le Tome I porte avec la même date, ce second titre : *Choix de Mémoires sur divers objets d'Histoire naturelle*, par MM. LAMARCK, BRUGUIÈRE, etc., *formant les collections du Journal d'Histoire naturelle.*

Il existe quelques exemplaires de ce périodique tirés sur grand papier de format in-4°, mais tous les exemplaires connus sont incomplets, ceux in-4° s'arrêtent à la page 320 du tome II, tandis que dans les exemplaires, in-8° le texte s'arrête page 360 de ce même tome, au milieu d'une phrase; il en existe cependant à la bibliothèque du Muséum de Paris, un exemplaire provenant de la bibliothèque de Cuvier contenant, copiée à la main, la fin du Mémoire de botanique (p. 361-366) resté en souffrance dans les autres exemplaires; feu le docteur Lemercier, bibliothécaire-adjoint au Muséum, y a, de plus, ajouté une Table manuscrite des Mémoires contenus dans le Tome II.

VI. VILLAR : *Catalogue des substances végétales qui peuvent servir à la nourriture de l'homme et qui se trouvent dans les départements de l'Isère, la Drôme et les Hautes-Alpes.* Grenoble, de l'Imprimerie d'Alexandre Giroud cadet. Brochure in-8°, 48 pages (Pritz. *Thes.*, 1re édit., p. 309, n° 10748,

2ᵉ édit., p. 332, nᵒ 9794; il y a, dans cette deuxième édition, une erreur concernant le *Prospectus* qui est cité sous le nᵒ 10746 au lieu de 9772).

Rédigée pour répondre à un désir des membres du Directoire de l'Isère, cette brochure est une sorte de livre populaire destiné à faire connaître aux « *pauvres sans-culottes* » du ci-devant Dauphiné, les végétaux qu'ils pourraient, en temps de disette, utiliser pour leur nourriture; imprimée sur mauvais papier, elle est devenue assez rare, comme la plupart des livres populaires un peu anciens; en outre, il y a lieu de remarquer que le nom de l'auteur y est écrit Villar et non Villars particularité qui ne se retrouve que sur le titre du *Prospectus de l'histoire des plantes du Dauphiné*.

Cet opuscule débute par un *Mémoire* sur les aliments, daté de l'an II de l'Ère républicaine et écrit dans le style pompeux et ampoulé qui caractérise toutes les productions littéraires de cette époque; le Catalogue proprement dit occupe les pages 9 à 48 et les plantes y sont distribuées en quatre classes : 1º substances farineuses, fécules, racines, etc. (p. 9); 2º plantes potagères, herbages, improprement appelées légumes, oleraceæ (p. 25); 3º fruits d'été, vins, boissons acides, spiritueuses (p. 39); 4º conserves, compotes, assaisonnements pour l'hiver, confitures, huiles, etc. (p. 48).

Sans doute, beaucoup de plantes citées par Villars n'ont qu'une valeur alimentaire fort contestable et ne pourraient à aucun titre prendre place dans la cuisine d'aujourd'hui; mais, au début de la Révolution, le goût était moins raffiné et les habitants des campagnes se contentaient souvent de mets assez grossiers; aussi, économistes et médecins s'ingéniaient-ils à trouver, dans les productions naturelles du sol, les moyens de suppléer à la disette d'aliments dont le peuple commençait à souffrir ; la curieuse affiche qui fut, à cette même époque, placardée sur les murs de Paris et que je reproduis ci-dessous en est une nouvelle preuve.

COURS PUBLIC ET GRATUIT DE BOTANIQUE.

Chez le citoyen Poiret, *Rue des Rats*, nᵒ 83 ([1]). Ce cours s'ouvrira le 18 de ce mois, à quatre heures précises, par un Discours sur les *Plantes qui croissent naturellement en France, et qui, dans les années de disette, peuvent remplacer le pain, les légumes et les herbes potagères.*

([1]) Poiret, (Jean, Louis, Marie), né à Saint-Quentin en 1757 (et non en 1755 comme le dit Pritzel d'après la *Biographie universelle* de Michaux), auteur du *Voyage en Barbarie*, continuateur de la partie botanique de l'*Encyclopédie*, etc., décédé à Paris en 1834; le cours annoncé dans cette affiche dût commencer le 18 germinal an II et en thermidor an IV, Poiret était nommé professeur d'histoire naturelle à l'École centrale du département de l'Aisne. La rue des Rats, aujourd'hui rue de l'Hôtel Colbert, portait primitivement le nom de *rue d'Arras* et devint par corruption, rue des Rats, c'est seulement en 1829 qu'elle prit le nom de *rue de l'Hôtel Colbert;* il existait une autre rue des Rats dans le quartier Popincourt ; en 1820 Poiret habitait rue Saint-Jacques.

*Ce Cours se continuera les Tridi et Septidi de chaque Décade à trois heures
et demie.*

VII. Desfontaines : *Flora atlantica* (Pritz. *Thes.*, 1re édit., p. 66,
n° 2492; 2e édit., p. 80, n° 2176).

Je ne mentionne ici le titre de cet Ouvrage bien connu que pour indiquer qu'il en existe quelques exemplaires tirés sur grand papier in-folio,
dont Pritzel ne fait aucune mention; j'ai vu adjuger, jadis, un de ces exemplaires à la vente de feu le professeur Deshayes.

VIII. Villars : *Mémoires sur la topographie et l'histoire naturelle,
suivis d'Observations, statistiques sur la nature des Montagnes; sur les
Animaux et les Plantes microscopiques.* Lyon, an XII (1804); un vol.
in-8° 172 pages et 1 planche; dédicace, préface et table non chiffrées.

Dans ce Volume que Pritzel (*Thes.*, 1re édit., p. 309, n° 10751; 2e édit.
p. 332, n° 9776) ; n'avait consulté qu'à la Bibliothèque Webb et que
Chaboisseau n'a pas cité (*Bull. Soc. bot. Fr.* XXIII, p. 409), la botanique
occupe seulement 25 pages; Villars y étudie principalement les méthodes
et les classifications antérieures à son époque, en y ajoutant ses observations personnelles sur quelques algues microscopiques du genre *Conferva*,
notamment sur les *C. infusionum* Sch. et *C. exigua* sp. nov. dont il donne
d'assez médiocres figures (Pl. 1, *fig.* 4-5).

IX. Gaudin : *Étrennes de Flore* n° 1 pour l'an 1804. Lausanne 1804,
in-24, 206 pages (Pritz. *Thes.*, 1re édit., p. 94, n° 3529; 2e édit., p. 118,
n° 3236).

Ce rare petit volume qui mesure dans son cartonnage original 12 cm de
haut sur 6 cm ½ de large, était un essai que Gaudin, ainsi qu'il l'annonce
dans l'avertissement, se proposait de continuer, mais qui n'a pas eu de
suite. Les 12 premières pages contiennent le calendrier avec une *Liste
des plantes intéressantes ou rares qui croissent naturellement aux environs
de Nyon;* le reste du volume est occupé par une monographie des Carex de
la Suisse, au nombre de 73 espèces parmi lesquelles 9 sont décrites
comme nouvelles, mais n'ont pas été admises, dans la suite, même par leur
auteur qui ne les cite plus qu'en synonymes dans son *Agrostologia
Helvetica.*

X. Un autre travail de Gaudin, aussi peu connu que le précédent,
mais plus important au point de vue de la nomenclature est son *Agrostographia alpina oder Beschreibung schweizerischer Græser* publié dans
l'*Alpina* de C. U. Salis-Marschlins et J. R. Steinmuller, Tome III (1808)
pages 1-75 et Tome IV (1809) pages 204-282) (cf. Pritz. *Thes.*, 2e édit.,
p. 118, n° 3237); il n'a pas, que je sache, été fait de tirage à part, mais je
possède un exemplaire complet extrait des deux volumes du périodique
précité. Dans la première partie (1808) de ce Mémoire, Gaudin a créé
plusieurs espèces nouvelles dont il a reproduit le nom et la diagnose
dans son *Agrestographia helvetica* (1811) sans citer l'antériorité de
l'*Agrostographia alpina* et tous les floristes et les agrostographes ont,
après lui, ignoré ce Mémoire ou l'ont volontairement passé sous silence;

voici la liste de ces espèces avec la citation bilbiographique exacte :

Poa minor Gaudin in *Alpina* III, p. 44.

Kœleria valesiana Gaud. in *Alpina* III, p. 47.

Kœleria hirsuta Gaud. in *Alpina* III, p. 48.

Festuca violacea Gaud. in *Alpina* III, p. 57.

Festuca lævigata Gaud. in *Alpina* III, p. 60.

Festuca Scheuchzeri Gaud. in *Alpina* III, p. 70.

Je ne parle pas d'une demi-douzaine d'autres espèces considérées alors comme nouvelles par Gaudin, mais que tous les auteurs ont, depuis, rapportées en synonymes à des espèces antérieurement connues.

XI. Bonnet : *L'amour végétal ou les noces des plantes; seconde édition augmentée des lettres de J.-J. Rousseau sur la Botanique.* Paris, 1809, un vol. petit in-12 de 263 pages avec frontispice gravé.

Ce petit Volume, ignoré de Pritzel, contient un exposé du système sexuel de Linné, sous forme de leçons adressées « à la belle Zoé »; je ne connais que la seconde édition et c'est également la seule qui existe à la Bibliothèque Nationale dont le Catalogue attribue, fort gratuitement et sans aucune preuve, cet opuscule (¹) à Charles Bonnet de Genève ; chaque chapitre porte le titre, traduit en français, de l'une des classes du système Linnéen et en développe les caractères avec exemples à l'appui; mais les termes adoptés par l'auteur sont aussi bizarres que son style est prétentieux; c'est ainsi qu'il appelle l'étamine : l'amant, le berger, le mari; le pistil : la maîtresse, la nymphe, la bergère et l'ovaire, l'enfant, la tendre géniture; les noces publiques et les noces secrètes correspondent à la phanérogamie et à la cryptogamie; un seul lit nuptial et plusieurs lits nuptiaux représentent la monoclinie et la diclinie; domicile commun et domicile-séparé traduisent la monœcie et la diœcie; maris frères équivaut à monadelphie et maris en place à gynandrie; enfin la classe des « beaux garçons préférés aux autres » comprend la didynamie, ou quatre maris dont deux petits et la tétradynamie ou six maris dont deux petits.

Ces quelques exemples suffisent pour démontrer le peu d'importance scientifique de ce petit livre qui n'offre absolument qu'un intérêt de pure curiosité.

XII. De Saint-Amans : *Voyage agricole, botanique et pittoresque dans une partie des Landes, de Lot-et-Garonne et de celles de la Gironde.* Agen, 1818, un vol. in 8° de 241 pages et 3 planches.

Inconnu de Pritzel et mentionné, à tort par Chaboisseau (*Bul. Soc. bot. Fr.* t. XXIII, p. 410) comme étant de format in-12, ce volume assez rare et dont la majeure partie est consacrée au récit de voyage, se termine (p. 191-214) par l'*Itinéraire botanique ou Catalogue des plantes les plus remarquables observées dans le cours du voyage* lequel contient

---

(¹) Je ne connais pas le prénom de cet auteur sur lequel je n'ai pu trouver aucun renseignement et qui ne peut, à aucun titre, être identifié avec le célèbre philosophe et naturaliste Genevois du même nom.

leś descriptions princeps des *Serapias lancifera* S^t Am. (p. 195) *Cerastium obscurum* Chaub. (p. 197), *C. pellucidum* Chaub. (p. 198), *Verbascum caliculatum* Chaub. (p. 199), *V. longiracemosum* Chaub. (p. 199), *V. semi-album* Chaub. (p. 202), *Erica decipiens* S^t Am. (p. 203), *Galium orbibracteatum* Chaub. (p. 208), et *G. constrictum* Chaub. (p. 208); aucun de ces noms n'a été adopté par Grenier et Godron et il est certain que plusieurs doivent passer dans la synonymie, mais les auteurs de la *Flore de France* n'ayant connu que la *Flore Agénaise*, postérieure de trois ans au *Voyage dans les Landes*, n'ont pu tenir compte de la priorité de quelques-unes des dénominations proposées par Saint-Amans et Chaubard.

XIII. Boreau : *Voyage aux montagnes du Morvan suivi d'observations sur les végétaux de cette contrée.* Nevers 1832. (Pritz. *Thes.*, 1re édit., p. 28, n° 1123; 2e édit., p. 35, n° 1001),

Ce petit Volume in-18 de 146 pages, assez rare, est une œuvre de jeunesse de Boreau (¹), qui était installé pharmacien à Nevers depuis 4 ans, lorsqu'il le publia; les pages 1 à 108 contiennent la description du pays exploré, son histoire, des remarques sur ses productions, son commerce, ses usages locaux, etc.; on y trouve même un pastiche de Velleda avec une élégie qui nous révèle Boreau, poète à peu près ignoré (²).

Les observations sur la végétation commencent à la page 109 et terminent le volume; elle constituent un assez bon guide d'herborisation dans lequel les espèces, dont la détermination avait été revue par Guépin, sont énumérées à la suite de chaque localité, avec des remarques sur leurs affinités, la station, la nature du sol, etc., enfin, un résumé de l'histoire et des progrès de la Botanique dans le Nivernais termine ce Chapitre.

XIV. Grenier et Godron : *Prospectus de la Flore de France.* Besançon, novembre 1846, in-8° de 8 pages.

Bien que ce Prospectus ait été distribué gratuitement et assez libéralement, il est depuis longtemps déjà devenu à peu près introuvable; il appartient en effet à une catégorie d'imprimés auxquels on n'accorde aucune importance et que, pour cette raison, on néglige de conserver.

Les quatre dernières pages du Prospectus sont occupées par « un spécimen qui fait connaître la disposition typographique adoptée par les auteurs ainsi que la marche qu'ils ont suivie et l'esprit qui les a guidés dans la rédaction de leur Ouvrage » et ce spécimen comprend (p. 5-7) une partie du genre *Silene*, correspondant aux pages 202-204 du Tome I de la *Flore* et (p. 8) les descriptions de trois espèces nouvelles: *Euphorbia Chamaebuxus* Bernard, *Amarantus incurvatus* Timeroy, *Thlaspi virgatum*

(¹) Boreau (Alexandre), né à Saumur le 15 mars 1803, pharmacien de l'École supérieure de Paris (25 mars 1828), établi pharmacien à Nevers le 6 avril 1828, directeur du Jardin des plantes d'Angers où il succède à Desvaux le 1er octobre 1838, nommé professeur de Botanique à l'École supérieure des Sciences le 25 septembre 1855 décédé à Angers le 5 juillet 1875.

(²) Antérieurement, il avait publié en 1827, dans la Société Linnéenne de Paris une *Épître*, en vers, *aux Linnéens.*

Gren. et Godr. reproduites avec modifications dans les Tomes I, p. 144 et III, p. 4 et 84 de la *Flore de France*.

L'exemplaire que je possède avait appartenu à Boreau qui l'a agrémenté de quelques critiques plutôt acerbes; ainsi, à côté de l'*Amarantus incurvatus*, il a ajouté cette note: « vieillerie, sous un nom nouveau » et à la suite du *Thlaspi virgatum :* « espèce empruntée à Jordan qui la leur avait communiquée »; il est certain, du moins en ce qui concerne l'*Amarantus incurvatus*, que Boreau avait raison et les auteurs de la Flore de France semblent l'avoir implicitement reconnu en reléguant dans la synonymie le nom spécifique de Timeroy.

M. Raoul COMBES,

Docteur ès sciences (Paris).

L'ÉCLAIREMENT LE PLUS FAVORABLE POUR LES VÉGÉTAUX, AUX DIFFÉRENTES PHASES DE LEUR DÉVELOPPEMENT.

58.11.434

6 *Août*

J'ai indiqué, dans un précédent Mémoire ([1]), quels ont été les résultats obtenus dans mes recherches relatives à l'influence de l'intensité lumineuse sur la production de substance sèche, sur la production de substance fraîche, sur la teneur en eau des tissus et sur la morphologie, pour différentes plantes supérieures. En opérant sur des espèces adaptées à un fort éclairement, sur des espèces adaptées à un éclairement moyen, et sur des espèces adaptées à un éclairement faible, j'ai montré : 1° que l'optimum d'éclairement, à un stade déterminé, pour un phénomène physiologique donné, n'est pas le même pour toutes les espèces végétales; 2° que l'optimum d'éclairement, à un stade déterminé, pour une plante donnée, n'est pas le même pour tous les phénomènes physiologiques; 3° que l'optimum d'éclairement, pour un phénomène physiologique déterminé, chez une plante donnée, n'est pas le même suivant le stade que l'on considère. Je vais indiquer ici à quels résultats m'ont conduit les recherches relatives à l'éclairement optimum pour l'ensemble du développement des trois groupes de plantes sur lesquelles ont porté mes expériences, en envisageant successivement, chez ces plantes, la germination, le développement de

---

([1]) R. COMBES, *Détermination des intensités lumineuses optima, pour les végétaux, aux divers stades du développement* (Annales des Sciences naturelles. Botanique, 9° série, t. XI, 1910, p. 75-254).

**9

l'appareil végétatif, la floraison, la formation des fruits et la maturation des fruits.

Plantes sciaphobes. — Les espèces habituées à vivre à un éclairement intense sur lesquelles ont porté mes recherches, sont : *Atriplex crassifolia* et *Salsola Kali.* Pour ces deux plantes, l'éclairement naturel qui est le plus favorable à la germination, au développement de la tige, des feuilles et des racines, à la floraison, à la formation des fruits, et à la maturation des fruits, est représenté par la lumière naturelle la plus intense, c'est-à-dire la lumière solaire directe.

Plantes sciaphiles. — Pour les espèces d'ombre, c'est à la lumière solaire très fortement atténuée que correspond l'optimum lumineux pour la germination, ainsi que pour le développement de l'appareil végétatif.

Plantes adaptées à une lumière moyenne. — Pour les espèces habituées à vivre, dans nos régions, à une lumière moyenne, l'intensité de l'éclairement optimum varie, au cours du développement, dans de très larges limites. Les plantes de ce groupe, sur lesquelles ont été faites mes expériences, sont : *Triticum vulgare, Mercurialis annua, Raphanus sativus, Pisum sativum, Tropæolum majus, Saponaria officinalis, Amarantus retroflexus, Solanum tuberosum.*

Pour toutes les plantes appartenant à ces espèces, l'optimum lumineux correspond à un éclairement très faible au moment de la germination. Dès le début du développement de l'appareil végétatif, l'éclairement optimum est déjà représenté par une intensité lumineuse plus forte; cette intensité croît progressivement depuis cette période jusqu'au stade de la floraison. A ce moment, la courbe qui représente la variation des optima lumineux pour le développement général reste horizontale, ou même subit une dépression; l'éclairement le plus favorable à la floraison (en considérant la rapidité de formation des fleurs, et le développement des pièces florales) n'est jamais plus élevé, et se trouve même parfois moins élevé que celui qui représente, à ce moment, l'optimum lumineux pour le développement de l'appareil végétatif.

De même, pour la formation des fruits, l'optimum d'éclairement est représenté par une intensité lumineuse égale ou inférieure à celle qui est le plus favorable pour le développement de l'appareil végétatif: cet éclairement optimum est de même intensité que l'éclairement optimum pour la floraison. L'intensité lumineuse à laquelle les fleurs s'épanouissent le plus rapidement est donc aussi celle à laquelle les fruits se forment le plus vite.

Après avoir conservé son horizontalité ou subi la dépression dont il vient d'être question, la courbe des optima remonte dans sa partie correspondant à la période du développement pendant laquelle les fruits mûrissent. C'est à la lumière solaire non atténuée que la maturation des fruits s'effectue avec la plus grande rapidité.

Si, dans le phénomène de la floraison, et dans celui de la formation des fruits, on considère, non pas la rapidité avec laquelle se produit le phénomène, mais le nombre des fleurs et le nombre des fruits qui se forment, on remarque que c'est à la lumière solaire directe que correspond l'optimum d'éclairement.

La figure 1 représente la courbe de la variation de l'optimum lumineux au cours du développement du *Raphanus sativus*.

Les graines de *Raphanus* exposées à l'obscurité sont celles chez lesquelles la sortie de la radicule se produit le plus tôt. Au moment où les cotylédons sont étalés, ce sont les individus croissant à l'éclairement 2 qui ont atteint le plus grand développement. Plus tard, lorsque les plantes sont pourvues de quatre feuilles, ce sont

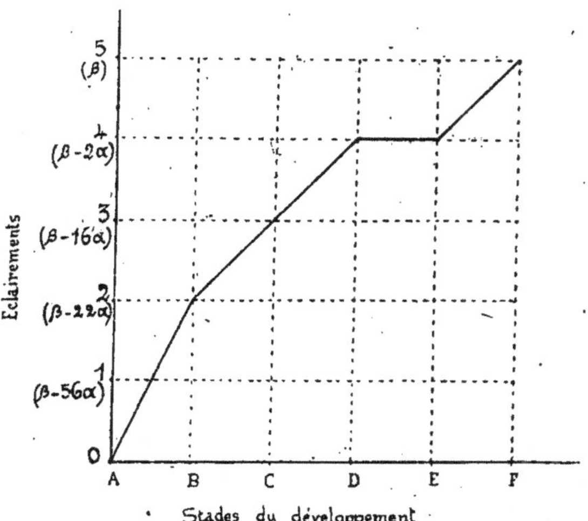

A, sortie de la radicule. — B, cotylédons étalés. — C, quatre feuilles développées. D, floraison. — E, formation des fruits. — F, fruits mûrs.

celles qui sont exposées à l'éclairement 3 qui sont les plus robustes. Les individus chez lesquels la floraison se produit le plus tôt sont ceux qui vivent à l'intensité lumineuse 4; c'est encore à l'éclairement 4 que vivent les plantes chez lesquelles la formation des fruits est le plus précoce. Enfin la maturation des fruits s'effectue avec le maximum de rapidité chez les *Raphanus* cultivés à l'éclairement 5, c'est-à-dire à la lumière solaire directe.

En résumé, l'éclairement naturel le plus favorable au développement des plantes sciaphobes reste le même pendant toute la durée de ce développement; il est représenté par la lumière solaire directe.

Pour les espèces d'ombre, c'est la lumière solaire très fortement atténuée qui représente l'optimum lumineux pour la germination des graines et pour le développement de l'appareil végétatif.

Chez les plantes habituées à vivre à une lumière moyenne, l'éclairement le plus favorable au développement n'a pas la même intensité pendant toute la vie de la plante; la courbe qui représente la variation de cet éclairement optimum commence à l'obscurité, s'élève progressivement jusqu'à une intensité lumineuse qui est voisine de celle de la lumière solaire ou qui lui est

---

(¹) Les valeurs β, β-2α, etc., sont expliquées dans le Mémoire précédemment cité.

égale, reste horizontale ou subit une dépression (floraison et formation des fruits), et s'élève à nouveau jusqu'à une intensité lumineuse égale à celle de la lumière solaire directe (maturation des fruits).

M. A. JOLY,

Collaborateur au Service de la Carte géologique de l'Algérie,
[Constantine (Algérie)].

LA VÉGÉTATION A TÉTUAN (MAROC).

58.19(64 Tétuan)

6 *Août.*

La végétation aux abords de Tétuan se répartit de façon très nette en trois zones : les dunes qui bordent la côte et la plaine qui leur est contigue; les jardins qui forment autour de la ville comme un petit bois; enfin les montagnes couvertes de broussailles.

Les dunes portent des graminées, des tamarix, des ephedras, des retamas; dans les dépressions humides qui les traversent, poussent des roseaux, des staticées, des cypéracées, des joncées ou des typhacées. Mais la végétation est peu vigoureuse et les dunes sont nues dans la majeure partie de leur étendue. Les rives, ici basses et humides, là sablonneuses, de l'Oued Tetuan près son embouchure sont couvertes, suivant le cas, de salsolacées et de staticées, ou bien de solanums épineux. Il en est de même des dépressions, marécageuses en hiver, sèches en été, et des légères ondulations qui parsèment la plaine, à peu de distance de la côte.

Le terrain s'élève légèrement et progressivement en approchant de la ville; il est nu en hiver, coupé seulement de buissons de jujubiers, de genêts épineux ou de vastes nappes d'euphorbes; il se couvre, pendant la belle saison, de riches moissons de céréales, desquelles émergent, comme des îlots, les touffes grisâtres des jujubiers.

Autour de la ville, les jardins forment un bois toujours vert, composé d'oliviers, sauvages ou cultivés, de caroubiers, d'orangers, de citronniers, de lentisques; des haies de ronces, d'églantines, de rosiers, des murailles élevées de roseaux, des cyprès et des peupliers prêtent leur appui au lierre, au chèvrefeuille, à la clématite, aux smilax, aux grandes convolvulacées à fleurs ornementales, aux aristoloches. Cà et là quelques beaux frênes dominent le tout.

Sur les premières pentes des montagnes, des agaves, des figuiers de barbarie rompent à peu près seuls la nudité du roc. La brousse commence à mi-côte et grimpe jusqu'au pied des grandes crêtes; elle comprend aussi beaucoup d'espèces à feuilles persistantes et l'hiver ne la fait pas disparaître. Elle est épaisse, presque inextricable, chez les Beni Maaden et les Beni Salah, tandis qu'elle est plus maigre au nord de Tétuan. Le palmier nain, les ronces, le diss (*Ampelodesmos tenax*), les cistes, les lavandes, le romarin, les myrtes, les genêts épineux, les lentisques, les asperges sauvages, les églantiers et les aubépines y poussent mélangés ou bien groupés en îlots ou bien encore en nappes étendues où dominent un petit nombre d'espèce, selon le relief et la nature du sol. Les sommets calcaires laissent à peine leur nuque se couvrir d'un maigre tapis de diss et de chêne kermès rabougris, tandis que, sur les escarpements, quelques thuyas, térébinthes ou genévriers réussissent à grand peine à pousser leurs racines dans les anfractuosités de la pierre.

Au bord des ruisseaux de la montagne, on trouve des lauriers roses, des menthes, des oliviers, des frênes, des véroniques, des aunées visqueuses et la *Colocasia antiquorum* dont les feuilles atteignent plus d'un mètre de longueur.

Laissant de côté les affinités botaniques de la flore de Tétuan, indiquées déjà par Ball dans son *Spicilegium*, j'insisterai seulement sur la vigueur que présentent tant espèces indigènes qu'espèces naturalisées. On voit des roseaux atteindre 6 et 7 m de haut, des chardons, des ciguës, abondant parmi les décombres, dans la ville même ou à ses portes, dépasser 2 m; des laitues sauvages, des *Phytolacca decandra*, des Pelargonium de près de 3 m; des ricins formant de vrais bois. Dans tous les cimetières prospèrent les Iris de Germanie ou de Florence, les Juliennes de Mahon; les énormes tas d'immondices et de fumiers disparaissent sous les *Mirabilis jalapa;* les pieds de *Solanum Sodomoeum* se groupent ou point de former des brousses impénétrables. Je n'ai vu nulle part en Algérie, ni en Tunisie, d'aussi beaux lauriers roses, d'aussi grands arbousiers : ce sont souvent des arbres. Les daturas, les pervenches et les jusquiames forment, au pied des murs ou des haies, des colonies d'une singulière densité.

Notons enfin la grandeur des corolles de certaines fleurs, naturellement ornementales, qui ne le cèdent en rien aux plus belles espèces cultivées : chrysanthèmes jaunes et blancs, malvacées pourpres, convolvulus carminés ou tricolores.

Comme suite à ce tableau d'ensemble, et pour en préciser les traits, j'espère pouvoir donner prochainement une liste des espèces principales que j'ai récoltées aux alentours de Tétuan; quelques-unes sont nouvelles pour la région, d'autres pour la Science.

ZOÓLOGIE, ANATOMIE ET PHYSIOLOGIE.

M. A. De MONTLEZUN.

MATÉRIAUX POUR SERVIR A L'ÉTUDE DES OS PÉNIENS DES MAMMIFÈRES DE FRANCE.

5g-18.4-g(44)

2 Août.

Les squelettes des Mammifères montés pour les collections scientifiques sont généralement incomplets. Les os de petite taille, qui ne sont retenus généralement que par des ligaments ou des enveloppes fibreuses, passent dans les déchets charnus en dégrossissant le squelette ou se perdent en cours de macération; tels sont les clavicules rudimentaires ou flottantes noyées dans les masses musculaires, les os hyoïdes dissimulés dans les parties charnues qui accompagnent la langue; tels sont enfin les os péniens, dissimulés dans l'enveloppe du bas-ventre ou dans les parties charnues du bassin. C'est en recherchant ces os, qui passent le plus souvent inaperçus, qu'il m'est venu à la pensée de collectionner les os péniens. J'ai non seulement gardé tous ceux des animaux dépouillés au laboratoire du Musée d'Histoire naturelle, j'ai encore mis à contribution la complaisance de notre préparateur toulousain, M. Lacomme-Bonhenry, qui s'est fait un plaisir de me réserver tous ceux des sujets préparés dans son laboratoire de taxidermie.

Je n'ai pas encore des éléments assez complets pour aborder des idées d'ensemble et passer en revue la classification générale des Mammifères connus, mais j'ai l'espoir de pouvoir, dans quelque temps, réunir la série des os péniens des Mammifères de France. Je puis, en ce moment, présenter celle des mustelidés disposée suivant l'ordre adopté par MM. Flower et Lydekker.

Laissant à de plus autorisés que moi le soin de passer à des examens plus minutieux pour entrer dans des vues d'ordre purement scientifique, je me bornerai à placer les os péniens des mustelidés dans l'ordre que je viens d'indiquer, la vue de cette série indiquera les analogies que telles ou telles espèces peuvent avoir entre elles et les différences qui existent entre telles ou telles autres.

Ainsi entre le blaireau et la loutre, la différence de forme de l'os pénien est tellement sensible qu'il serait impossible avec un peu d'habitude de ne pas les reconnaître à première vue, comme on reconnaîtrait ces animaux eux-mêmes, s'ils étaient placés l'un à côté de l'autre, il en serait de même de la fouine et du putois, de la bellette et de l'hermine, les différences sont trop grandes pour que la confusion soit possible; par contre, la diffé-

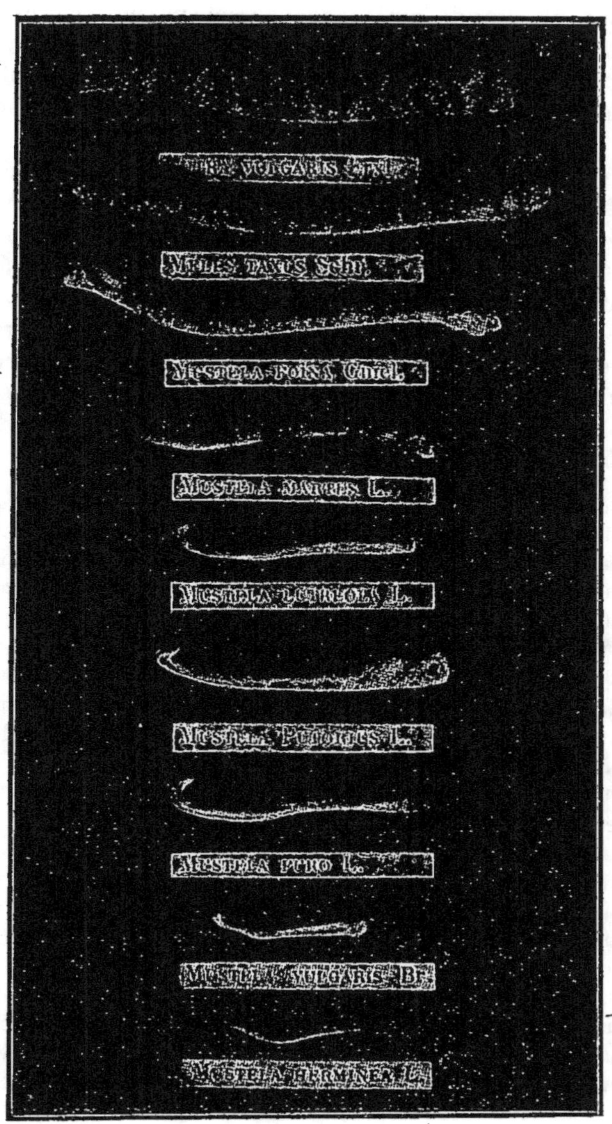

rence est bien peu caractérisée entre le putois, le furet et le vison.

L'étude des os péniens pris sur des sujets en chair qui ne laissent aucun doute sur l'exactitude de leurs origines pouvant aider à déterminer des ossements fossiles d'animaux similaires, j'ai eu la pensée de présenter cette série des mustéliens de France, en attendant de pouvoir compléter celles pour lesquelles il me manque encore des documents.

J'ajoute quelques considérations générales et une description de l'os pénien de chacune des espèces qui figurent sur la planche qui l'accompagne; je ferai remarquer tout d'abord que les figures sont un peu plus petites que l'os ne l'est en réalité, ainsi l'os pénien de la loutre qui a 0,066 mm de long n'a sur la figure que 64 1/2; il en est de même des autres.

Il est également important de faire remarquer que les insertions des attaches musculaires, qui se trouvent à la partie postérieure de l'os pénien, sont d'autant plus développées que le sujet est plus adulte; dans les sujets jeunes, le renflement de la base de l'os pénien est très peu apparent (¹); dans les adultes la base est au contraire d'autant plus développée que le sujet est plus vieux (²). Cette observation a été corroborée par les remarques que j'ai pu faire sur de nombreux sujets de la même espèce et sur des sujets d'espèces différentes. Dans la même espèce et suivant l'âge, la longueur de l'os pénien peut aussi varier de plusieurs millimètres (³).

Description des os péniens qui se trouvent sur la figure. Lutra vulgaris; Erxl. —L'os pénien de la loutre, vu de profil tel qu'il est représenté sur la figure a 0,066 de long, il affecte une courbure de haut en bas dont la flèche prise dans le milieu de la longueur de l'os est d'environ 0,005; sur ce point son diamètre est d'environ 0,006; il va en s'amincissant vers l'extrémité et en grossissant vers la base recouverte d'insertions musculaires qui occupent de chaque côté un longueur de 0,012 environ. Cet os pénien, vu de dessous ou de dessus, au lieu de ne présenter qu'une extrémité arrondie, comme l'indique la planche, se termine par deux parties arrondies et juxtaposées, séparées entre elles par un vide de 5 à 6 mm de long sur environ 1 mm de large.

Les os péniens, que j'ai pu recueillir sur des loutres adultes, varient comme longueur entre 0,067 et 0,075 mm.

Meles taxus Schr. — L'os pénien de blaireau est beaucoup plus mince que celui de la loutre; il est un peu plus long, son diamètre pris dans le milieu de l'os n'a que 0,04. La flèche de sa courbure est à peu près la même, mais la courbe est plus régulière et plus allongée. Vu de profil, cet os va en s'amincissant vers la pointe qui présente de chaque côté une sorte de renflement. Vu en dessus ou en dessous, l'aspect change; l'extrémité est élargie en forme de spatule concave par dessous, convexe par dessus et, pour ainsi dire, festonnée tout autour. La rainure de dessous qui s'accentue en avançant vers l'extrémité offre un jour comme un trou de passe-lacet et précède la partie voisine du gland. Les os péniens de blaireau adulte, qu'il m'a été permis de recueillir, varient entre 0,070 et 0,081 mm.

(¹) *Voir* sur la figure : meles taxus, mustela lutreola, mustela furo.

(²) *Voir* : lutra vulgaris, mustela putorius, mustela vulgaris.

(³) Pour mustela foina, j'ai trouvé, pour des sujets adultes, des variations de 10 à 11 mm.

Mustela foina. Gmel. — L'os pénien de la fouine, tel qu'il est figuré sur la planche, présente deux courbures, l'une descendante à partir des insertions musculaires de la base, l'autre ascendante à partir des deux tiers de la longueur; cet os a 0,062 de long et un diamètre moyen d'un peu plus de 2 mm. Vu de profil, ses courbures ressemblent à celles de la moitié d'une accolade. Vu de dessus, sa ligne est presque droite sur les deux tiers de la longueur; à partir de ce point elle se retourne vers la gauche et se termine par une partie aplatie de chaque côté avec un trou ovale dans le milieu et une légère déviation de gauche à droite à l'extrémité. La nombreuse série d'os péniens, recueillie sur des sujets adultes, présente des longueurs variant entre 0,051 et 0,063. Les insertions musculaires de la base sont d'autant développées que les sujets sont plus vieux.

Mustela Martes. L. — Quoique de plus grande taille que la fouine, la marte a l'os pénien sensiblement plus court que cette dernière; il mesure 0,042 de long et son diamètre à la partie moyenne est de 0,002; ses courbures sont à peu près les mêmes; celle de la partie postérieure est cependant plus allongée, tandis que celle de la partie antérieure est plus courte; l'extrémité aplatie de l'os pénien est également percée d'un trou, mais elle est moins large et se replie sur elle-même de droite à gauche.

Mustela Furo L. — L'os pénien du furet a de grandes analogies avec celui du vison, il est plus grêle que celui du putois et plus long de trois ou quatre millimètres que celui du vison. Sa longueur est de 0,038 et son diamètre à sa partie médiane de 2 mm. Comme courbure, il est presque identique à celui du vison, mais la cannelure de l'extrémité recourbée est plus comprimée et moins déviée à gauche. N'ayant pu avoir que quelques spécimens peu adultes, je n'ai pu me rendre compte du développement des insertions musculaires chez le furet très adulte.

Le penis qui se trouve figuré sur la planche est d'un sujet jeune mais adulte.

Mustela vulgaris Br. — L'os pénien de la belette, quoique beaucoup plus petit que celui du putois, a néammoins quelques analogies avec ce dernier; sa cannelure du dessous et la partie crochue qui la termine, sont à peu près disposées de la même manière. La différence la plus appréciable, à première vue, provient de ce que la ligne courbe, qui part des insertions musculaires de l'os pénien du putois, est remplacée par la ligne droite sur les deux tiers de sa longueur; à partir de ce point, le relèvement de la partie antérieure s'effectue presque en ligne droite jusqu'au crochet qui est dévié vers la gauche, comme dans les espèces qui précèdent. La longueur totale de l'os pénien de la belette est de 0,02 et son diamètre pris dans le milieu de l'os d'un millimètre et demi.

Les insertions musculaires présentent les mêmes dispositions que chez le putois.

Les insertions musculaires de la base occupent moins d'espace que chez la fouine.

L'os pénien de la martre varie comme longueur entre 0,042 et 0,050. Il est d'un tiers plus court que celui de la fouine.

Mustela lutreola L. — L'os pénien du vison ne ressemble en rien à celui des espèces précédentes, ses courbures sont à peine sensibles.

Sa partie postérieure présente de chaque côté une dépression jusqu'à la moitié de sa longueur; à partir de ce point, son extrémité se relève en forme de crochet avec une légère inflexion de droite à gauche. Il a 0,034 de long et son diamètre, pris dans le milieu, un peu moins de 2 mm.

Le sujet que j'ai eu n'étant pas très adulte, les insertions musculaires sont peu apparentes.

Mustela putorius L. — L'os pénien du putois a une certaine analogie avec celui du vison, mais il est plus long et plus robuste, les dépressions latérales qui s'étendent du milieu de l'os aux insertions musculaires de la base sont moins prononcées. Les insertions musculaires, au contraire, sont très apparentes. Chez les putois adultes, elles occupent une longueur d'environ 0,006. La longueur totale de cet os est de 0,042 mm et son diamètre pris vers le milieu est de 0,003, il affecte une légère courbe de la base en remontant vers l'extrémité. La cannelure de la partie inférieure part du milieu de l'os, comme chez le vison, et remonte jusqu'à l'extrémité du crochet avec une déviation encore plus accentuée vers la gauche.

Sa longueur varie, suivant l'âge, de 0,038 à 0,043.

Mustela herminea L. — L'os pénien de l'hermine n'a aucune analogie avec ceux des espèces qui précèdent. Ses courbes ressemblent un peu à celles de l'os pénien de la fouine, c'est-à-dire à une demi-accolade, mais l'extrémité, au lieu d'être aplatie et percée d'un trou, est au contraire de la forme d'une alène de cordonnier.

La cannelure qui se trouve en dessous de l'os existe comme chez le putois et le vison, mais n'est pas terminée par un crochet. L'os pénien de l'hermine à 0,027 de long; son diamètre, pris au milieu, a un peu plus de 1 mm. Les insertions musculaires sont disposées comme chez la fouine.

M. A. MENEGAUX,

Assistant au Muséum national d'Histoire naturelle (Paris).

SUR LA DISTRIBUTION GÉOGRAPHIQUE DES OISEAUX EN ÉQUATEUR. COMPARAISONS ENTRE LES DIVERSES RÉGIONS ORNITHOLOGIQUES DE CE PAYS ET LES PAYS VOISINS.

59-19.82 (866)

6 Août.

Les premiers travaux sur l'ornithologie systématique de l'Équateur sont dus à Sclater qui, en 1854, publia une étude sur les Oiseaux de la Province de Quixos, Éq. or., reçus par Gould, et en 1858, une deuxième, sur une collection reçue du Napo par J. Verreaux, de Paris. En somme, les premières recherches précises sur les Oiseaux de la région sont dues à Louis Fraser qui, en 1858 et 1859, explora les environs de Babahoyo, localité située au nord de Guayaquil, ainsi que le plateau interandin, le sud de la région orientale et le nord de l'ouest équatorien, car il envoya de nombreuses collections faites à Cuenca, Gualaquiza, Zamora, Riobamba, Pallatanga, aux environs de Quito, sur le Pichincha, sur le Chimborazo, à Nanegal, Calacali, Perucho, Puellaro et Esmeraldas. Ces collections furent aussi étudiées par Sclater, en de nombreux Mémoires publiés dans les *Proc. Zool. Soc.* de Londres, en 1860.

Buckley collecta plus tard dans la région orientale, et surtout près de Sarayacu, plus de 800 espèces, mais malheureusement la liste complète d'une si intéressante collection n'a pas été publiée, ce qui rend bien difficile la comparaison de cette faune avec celle de l'Ouest.

En 1876, les célèbres voyageurs Stübel et Wolf firent à Quito d'importantes collections qui ont été depuis déposées au Musée de Berlin et dont le Catalogue que j'ai entre les mains et qui comprend environ 300 espèces sera bientôt publié.

Dans la même année, Jelski et Stolzmann, pour compléter leurs recherches dans le Pérou septentrional, eurent l'idée d'explorer la forêt de Palmal, près Santa Rosa, province de Guayaquil, afin de pouvoir mettre en relief les rapports qui existent entre cette faune du sud de l'Équateur et celle du nord du Pérou.

En 1882, Jean Stolzmann et Joseph Siemiradzki, se dirigèrent vers la région occidentale de l'Équateur. Leurs recherches, faites d'abord près de Guayaquil et de Chimbo, furent continuées à Yaguachi, Cayandeled, puis sur le plateau interandin. Les collections qu'ils rapportèrent ont été étudiées en français par M. le comte de Berlepsch et par Taczanowski, dans les *Proc. Zool. Soc.* de Londres (1883, 1884, 1885).

En 1897, Rosenberg explora le nord de l'ouest de l'Équateur, et le Dr Enrico Festa, en 1898, collecta dans diverses régions de l'Équateur 2892 spécimens se rapportant à 610 espèces, c'est la collection la plus considérable qui ait été apportée en Europe. Puis Coodfellow et Hamilton, en 1898, abordant l'Équateur par le nord, par la vallée du Cauca et Pasto, explorèrent la vallée interandine, les sommets voisins et le sud de la région orientale jusqu'au Rio Tiputini. Ils récoltèrent plus de 4000 peaux appartenant à 550 espèces.

Le Dr Rivet, médecin de la Mission géodésique française, a exploré surtout la région nord occidentale et la vallée interandine pendant cinq ans. Il a rapporté 885 spécimens appartenant à plus de 290 espèces (y compris 33 espèces de Colibris) (Voir *Arc de méridien équatorial*, t. IX, p. 1 à 128).

Quoique ses récoltes aient été souvent faites dans les localités que visita aussi Goodfellow (voir *Ibid*, 1901 et 1902), les collections rapportées par M. Rivet renferment bon nombre d'espèces qui avaient échappé à l'explorateur américain.

Nulle part, en Amérique, on ne trouve une plus grande diversité d'espèces et de formes que dans l'Équateur, étant donnée la diversité des climats, fonction de l'orographie et de la latitude. A l'ouest et à l'est des Andes, la chaleur est intense. A l'ouest, de vastes forêts couvrent tous les contreforts occidentaux des Cordillères, sauf sur le littoral et elles s'élèvent parfois jusqu'à 3000 m. L'est, abrité par les Andes, jouit d'une température encore plus torride et les pluies y sont très abondantes. Ce climat est très insalubre. Il a imprégné à la faune ornithologique en particulier un caractère spécial différent de celui qui frappe à l'ouest. L'est et l'ouest constituent ce qu'on appelle les *tierras calientes* ou terres chaudes.

Entre ces deux régions, les Andes équatoriennes forment une double barrière courant à peu près du Nord au Sud et s'étendant depuis la diramation de Pasto (Colombie) jusqu'au nœud de Loja (sud de l'Équateur). Le milieu de l'intervalle forme un plateau à environ 3000 m au-dessus du niveau de la mer et qu'on nomme la *vallée interandine*. Là, le climat, comme à Quito, par exemple, est aussi parfait qu'il peut l'être, ni trop chaud, ni trop froid, toujours tempéré. Ce sont les *tierras templadas* ou terres tempérées, où vit la majorité des Équatoriens. Cette sorte de vallée, découpée en tronçons par des ramifications transversales qui s'élèvent souvent à 4000 m et réunissent la Cordillère occidentale et la Cordillère orientale, présente de nombreuses découpures, soit vers l'est, soit vers l'ouest, servant à l'écoulement des eaux vers l'Atlantique ou vers le Pacifique. Ces vallées profondes, ou *quebradas*, sont excessivement chaudes et insalubres.

La Cordillère occidentale renferme les sommets suivants : le Pichincha (4797 m), près Quito, le Corazon (4816 m), l'Illiniza (5035 m), le Carihuairazo (5106 m), le Chimborazo (6310 m), le géant de l'Équateur; elle est coupée par sept gorges profondes dont l'une renferme le Rio Guayas, de Quayaquil.

Dans la Cordillère orientale (ou Real), on remarque le Cayambe, exactement sous l'Équateur, l'Antisana (5756 m), le Cotopaxi (5943 m), le Tunguragua (5087 m), l'Altar (5404 m) et le Sangay (5323 m). De nombreux fleuves reçoivent les eaux de ces sommets et se rendent dans l'Amazone; entre autres, le Rio Napo (avec le Coca) et le Rio Pastaza, qui sillonnent la province de l'Orient. Au sud, on trouve le Rio Zamora et le Rio Santiago.

· La végétation des arbres sur ces hauts sommets s'arrête à environ 3400 m; au-dessus, ce sont des régions désolées appelées *páramos* et constituant ce qu'on désigne sous le nom de *tierras frias* ou terres froides.

Ces quatre régions ainsi bien déterminées, bien distinctes, non seulment par leur position géographique, mais surtout par leur altitude qui change les conditions de chaleur, d'humidité et de végétation, constituent quatre régions ornithologiques, plus ou moins riches en espèces et en individus, caractérisées chacune par des formes spéciales qui manquent par conséquent dans les autres. La région andine, quoique la moins riche en formes, est celle qui possède le plus grand nombre d'espèces caractéristiques, parce qu'elles ne descendent pas et ne peuvent vivre au-dessous de 3400 m.

Un certain nombre d'espèces sont communes à ces diverses régions de l'Équateur, ce sont :

Odontophorus malanonotus Gould,
Tinamus ruficeps Scl. et Salv.,
Metropelia melanoptera (Mol.),
Semnornis rhamphastinus (Jard.),

Malacoptila panamensis poliopsis Scl.,
Acropternis orthonyx infuscatus Salvad. et Festa.
Thamnistes æquatorialis Scl.,

Grallaria gigantea Lawr.,
Grallaria nuchalis Scl.,
Cinclodes fuscus albidiventris Scl.,
Dendrornis fuscus æquatoriolis B. et T.,
Ochthoeca frontalis Lafr.,
Elainea griseigularis Scl.,
Megarhynchus chrysocephalus minor B. et T.,
Machaeropterus deliciosus Scl.,
Pipreola jucunda Scl.,
Atticora murina (Cass.),
Thryothorus euophrys Scl.,
Cistothorus æquatorialis Lawr.,
Chlorospingus semifuscus Scl. et Scv.,
Henicorhina hilaris B. et T.,
Basileuterus bivittatus chlorophrys Berlp.,

Pœcilothraupis lunulata atricrissa Cab.,
Pheucticus crissalis Scl. et Salv.,
Sporophila ophtalmica (Scl.),
Sporophila gutturalis olivacea B. et T.,
Catamenia beecheyi minor Berlp.,
Arremonops striaticeps chrysoma Scl.,
Buarremon spodionotus Scl. et Salv.,
Diglossa sittoides similis Lafr.,
Calospiza rufigularis (Bp.).,
Calospiza cyanopygia Scl.,
Compsocoma sumptuosa cyanoptera Cab.,
Chlorospingus semifuscus Scl. et Salv.,
Hemispingus superciliaris nigrifrons Lawr.,
Cacicus leucoramphus Bp.,
Cacicus uropygialis Lafr., etc.

La région occidentale et nord-occidentale est celle qui a été le mieux explorée au point de vue ornithologique. Les principales localités où l'on a collecté des oiseaux sont : Guayaquil, Puerto de Chimbo, Puntilla de Santa Elena, Babahoyo, Vinces, Balzar, Pallatanga, Gualea, Nanegal, Niebli, Cachavi, Paramba.

C'est dans les parties presque nord-occidentales que le Dr Rivet, qui, de par ses fonctions ne pouvait quitter la mission géodésique, a fait une bonne partie de ses récoltes, d'Esmeraldas à Quito, à Santo Domingo de los Colorados.

Les espèces connues actuellement qui habitent l'ouest de l'Équateur sont au nombre d'environ 55o, nombre auquel il faudrait ajouter les oiseaux marins qui vivent sur les côtes du Pacifique et dont l'aire d'habitat est ordinairement très étendue. Les chasses de Festa ont fait connaître un bon nombre de ces derniers. Les principales espèces occidentales caractéristiques sont les suivantes :

Osculatia saphirina purpurata Salv.,
Accipiter bicolor schistochlamys Hellm.,
Pteroglossus erythropygius Gould,
Dysithamnus flemmingi Hart.,
Philydor columbianus riveti Menegx et Hellm.,
Xiphocolaptes crassirostris Berlp.,
Mecocerculus uropygialis Lawr.,
Myiobius ornatus stellatus Cab.,
Myiobius crypterythrus Scl.,

Tyranniscus niveigularis Scl.,
Cephalopterus penduliger Scl.,
Parula pitiayumi pacifica Berlp.,
Conirostrum fraseri Scl.,
Calospiza lunigera Scl.,
Tanagra palmarum violilavata B. et T.,
Chlorospingus phæocephalus Scl. et Salv.,
Ostinops atrocastaneus Cab., etc.

L'habitat de bon nombre d'espèces s'étend vers le Nord. Les unes ne dépassent pas la Colombie.

Hapaloptila castanea (Verr.),
Thamnophilus unicolor (Scl.),
Automolus holostictus Scl. et Sav.,
Rupicola sanguinolenta Gould,
Cinnicerthia unibrunnea (Lafr.),
Grallaria monticola Lafr.,

Synallaxis frontalis elegantior Scl.,
Lysurus castaneiceps Scl.,
Iridornis dubusia (Bp.).,
Cacicus uropygialis Lafr.,
Cacicus leucoramphus Bp.,
Cyanolyca turcosa (Bp.), etc.

D'autres se retrouvent jusqu'au milieu de l'Amérique centrale ou même jusqu'au Mexique.

Crax panamensis Grant, jusqu'au Nicaragua,
Glaucidium jardinei (Bp.), jusqu'au Costa Rica,
Urospotha martii semirufa (Scl.), jusqu'au Costa Rica,
Prionornis platyrhynchus (Leadb.), jusqu'au Costa Rica,
Rhamphastus tocard (Jard.), jusqu'au Nicaragua,
Galbula melanogenia Scl., jusqu'au Mexique,
Melanerpes pucherani (Malh.), jusqu'au Mexique,
Myrmelastes immaculatus (Lafr.), jusqu'au Costa Rica,

Synallaxis pudica Scl. jusqu'au Nicaragua,
Siptornis erythrops (Scl.), jusqu'au Costa Rica,
Xenicopsis subalaris (Scl.), jusqu'au Costa Rica,
Premnoplex brunnescens (Scl.), jusqu'au Costa Rica,
Merula absoleta Lawr., jusqu'au Costa Rica,
Hemiura [solstitialis (Scl.), jusqu'au Costa Rica,
Calospiza gyroloides (Lafr. et d'Orb.), jusqu'au Costa Rica, etc.

D'autres enfin se retrouvent de l'Amérique centrale au Pérou ou même à la Bolivie.

La région occidentale et la région orientale ont toujours des espèces communes avec les régions correspondantes de la Colombie et du Pérou. Diverses espèces de l'ouest de la Colombie ont un habitat qui s'étend à l'ouest de l'Équateur.

Entomodestes coracinus Berlp.,
Chlorochrysa phœnicotis (Bp.),
Rhamphocœlus icteronotus Bp.,
Tachyphonus luctuosus Lafr. et d'Orb.,

Guiraca cyanoides (Lafr.),
Zarhynchus wagleri (Gr. et Mitsch.), etc.

D'autres espèces se retrouvent au Sud, dans le Pérou occidental.

Andigena laminirostris Gould,
Campophilus guayaquilensis (Less.),
Hypoxanthus rivolii brevirostris Tacz.,
Pyriglena leuconota atterrima Lafr. et d'Orb., jusqu'en Bolivie,
Troglodytes solstitialis (Scl.),
Basileuterus tristriatus (Tsch.),
Phrygilus ocularis Scl.,
Calospiza gyroloides (Lafr. et d'Orb.), jusqu'en Bolivie,

Myiotheretes erythrogypia (Scl.),
Ochthoeca rufimarginata Lawr.,
Ochthoeca gratiosa (Scl.),
Mecocerculus calopterus (Scl.),
Todirostrum sclateri B. et T.,
Divers *Anæretes*,
Trupialis bellicosa (de Eil.), Eq. occ. et Pérou, etc.

Le district de Santa Rosa, prov. de Guayaquil, possède de nombreuses espèces qui sont communes avec la région de Tumbez, du Pérou septentrional.

Dans la région côtière, vivent quelques espèces spéciales dont plusieurs se retrouvent aux environs de Tumbez (Pérou); entre autres.

Mimus longicaudatus Tsch.,
Dendroeca aureola Gould.
Poospiza bonapartei, Scl.,

Neorhynchus devronis (Verr.),
Thinocorus rumicivorus Esch, etc,.

A la pointe Sainte Hélène, Festa a récolté de nombreux oiseaux d'eau et en particulier des Charadriidés. (*Voir* 1899 et 1900, Salvadori et Festa.) Il est certain que les côtes et les lagunes (de Kingora, Narihuina, etc. et les lacs de l'intérieur (lac de Yaguarcocha), n'ont été qu'insuffisamment explorés au point de vue ornithologique, en sorte qu'on ne peut dresser, la nomenclature complète des oiseaux qui fréquentent ces parages, surtout pendant l'hiver.

La région andine proprement dite se trouve entre la limite supérieure où cesse la végétation des arbres et celle des neiges éternelles, c'est-à-dire de 3400 m à 4600 m d'altitude. Elle se trouve tantôt sur la Cordillère occidentale, tantôt sur la Cordillère orientale, ou bien même sur le plateau interandin. Ces régions froides, ou *páramos*, ouvertes à tous les vents, sont caractérisées par une très maigre végétation; quelques graminées dures, entre autres *Stipa ichu*, et quelques rares arbustes comme *Churiragua insignis*. Les principales localités étudiées sont Paredones, la lagune de Culebrillas, de l'Azuay, Chaupi, les monts Corazon, Illiniza, Pichincha (avec ses trois sommets, le Guagua, le Rucu Pichincha et le Cratère), ainsi que Ville Viciosa, les páramos du Coltopaxi, le col de Guamani, etc.

Quoique étant la plus pauvre en espèces, cette région possède le plus grand nombre de types caractéristiques vivant à ces hautes altitudes. Ce sont :

Nothoprocta curvirostris Scl. et Salv.;
Attagis chimborazensis Scl., signalé sur le Chimborazo par Sclater, à San Rafael par Berlepsch et Taczanowski, sur le mont Corazon, par Salvadori et Festa et sur le Pichincha jusqu'à 5000ᵐ par Goodfellow;
Gallinago jamesoni (Bp). et *G. nobilis* Scl., ce dernier signalé à Maravina, Yoyacsi, à 3000 m, par Berlp. et Tacz., sur les páramos de Cañar à

El Troje (Huaca) et à Chaupi par Goodfellow;
Theristicus branicki B. et St., collecté sur les páramos du Cotopaxi par Festa et entre Antisana et Kilendaſa par Goodfellow;
Sarcoramphus gryphus (L.) et *S. æquatorialis* Sharpe, signalés à Quito, et par Goodfellow, en nombre, au Chimborazo.
Phalcobænus carunculatus des Murs.

Deux Trochilidés vivent à ces hauteurs :

Oreotrochilus chimborazo chimborazo (Del. et B.) et *Or. ch. jamesoni* (Jard.).

Parmi les Dendrocolaptidés, il faut signaler :

Upucerthia excelsior Scl.,
Cinclodes albidiventris Scl.,
Leptasthenura andicola Scl., signalé sur le Chimborazo, le volcan du Pichincha et le col de Mojanda,
Siptornis flammulata (Jard.),
Thripophaga guttuligera Scl. (Papallacta, 3800 m, Goodfellow).

Parmi les Tyrannidés, on trouve dans les Andes de l'Équateur :

Ochthoeca œnanthoides brunneifrons B. et St.,
Ochthodiæta fumigata (Boiss.),
Muscisaxicola alpina (Jard.), jusqu'à 5330ᵐ (col de Guamani, Goodfellow).
Musc. maculirostris rufescens B. et St,
Deux Fringillidés,
Phrygilus alaudinus (Kittl.) et *P. unicolor* Lafr. et d'Orb.
Et un Cœrébidé,
Oreomanes fraseri Scl. du Chimborazo (Sclater. Berlp. et Tacz.) et de Chaupi, páramos de l'Illiniza (Goodfellow),

Beaucoup de ces espèces se retrouvent dans les Andes du Pérou septentrional.

Plus bas, entre la région des páramos et les plateaux interandins, on rencontre les espèces suivantes :

Metropelia melanoptera Mol.,
Zenaida auriculata des Murs,
Larus serranus Tsch.,
Ptiloscelis resplendens (Tsch.),
Semimerula gigas (Fraser),
Agriornis solitaria Scl.,
Anthus bogotensis Scl.,
Phrygilus ocularis Scl.,
Chlorospingus semifuscus Scl. et Salv.,

rapportées par M. Rivet, et en outre,

Podicipes juninensis B. et St.,
Fulica ardesiaca Tsch.,
Oxyechus vociferus (L.),
Nettium andium (Scl. et Salv.),
Dafila spinicauda (V.),
Erismatura æquatorialis Salvad.,
Merganetta leucogenys columbiana des Murs,
Geranætes melanoleucus (V.),
Cistothorus æquatorialis Lawr, etc.

Dans la région interandine, à une altitude d'environ 3000 m, on trouve Quito et ses environs (vallée de Chillo, de Tumbaco, Chinguil, Lloa et Frutillas), Cuenca, Canar, Sigsig, Ibarra, lac de Yaguarcocha, la Concepcion, etc.

Je signalerai quelques-unes des espèces caractéristiques rapportées par M. Rivet,

Scytalopus niger (Sw.),
Grallaria squamigera Prév.,
Grallaria monticola Lafr.,
Grallaria rufula Lafr.,
Anaeretes parula æquatorialis Berl. et Tacz.,
Sycalis arvensis luteiventris (Meyen),
Catamenia beecheyi minor Berlp.,
Catamenia lafresnayei Sharpe,
Pheucticus crissalis Scl. et Salv.,
Pheucticus chrysogaster (Less.),
Tanagra darwini Bp., etc.

La région orientale beaucoup plus chaude, comprend toute la position de l'Équateur qui est située à l'est des Andes et dont la plus grande partie forme une sorte de coin dans la plaine de l'Amazonie. On y trouve le Rio Napo, affluent du Maranon, le Rio Coca, le Rio Zamora, le Rio Santiago, ainsi que Pun, Papallacta, San José, Gualaquiza, Baeza, Archidona. Cette région est beaucoup plus riche en espèces que la région occidentale; ainsi Buckley en a rapporté au moins 800 espèces, qui ont toutes été indiquées comme provenant de Sarayacu. Cette richesse s'explique par ce fait qu'en outre d'espèces spéciales, elle renferme, beaucoup d'espèces de l'Amazonie, de l'est de la Colombie, du Pérou et de la Bolivie.

Cotinga maynana (L.), du versant oriental des Andes, est l'espèce dont l'aire d'habitat est le plus limité.

Parmi les espèces qui ont été récoltées par Buckley et étiquetées ensuite *Sarayacu*, beaucoup n'ont pas été signalées à nouveau dans la région; quelques autres y ont été aussi récoltées plus récemment pour la première fois :

Mitua salvini Reich (Sarayacu),
Psophia napensis Scl. et Salv. (Sarayacu et Napo),
Celeus spectabilis Scl. et Salv. (Sarayacu),
Lioscelis erithacus Scl. (Sarayacu),
Myrmotherula spodionota Scl. et Salv. (Sarayacu),
Gymnopithys melanosticta Scl. et Salv. (Sarayacu),
Pithys lunulata Scl. et Salv. (Sarayacu),
Thamnocharis dignissima Scl. et Salv. (Sarayacu),
Grallaria fulviventris Scl. (Sarayacu),
Automolus dorsalis Scl. et Salv. (Sarayacu),
Serpophaga albogrisea Scl. et Salv.
(Sarayacu),
Heterocercus aurantiiventris Scl. et Salv. (Sarayacu),
Nothocercus bonapartei (Gray) (Machay, Stolzmann),
Galbula pastazœ B. et T. (Mapoto, Stolz.),
Malacoptila fulvigularis Scl. (Mapoto, Stolz.),
Scytalopus griseicollis Lafr. (Quixos, Sclater),
Schizoeca griseo-murina Scl. (San Lucas, Villagomez),
Calochaetes coccineus (Scl.) (Napo, Chiquindo, Buckley),
Cyanolyca angelae Salvad. et Festa (Pun, Festa), etc.

Certaines espèces de la Colombie orientale se retrouvent dans l'Équateur oriental :

Basileuterus luteoviridis (Bp.),
Merula phæopygia Cab.,
Sericossypha albocristata (Lafr.),
Cissopis leveriana (Gm.),
Chlorochrysa bourcieri (Bp.),
Sporophila castaneiventris (Cab.),
Gymnoptinops yuracarium (d'Orb. et Lafr.)., etc.

Quelques espèces sont communes à la Colombie ainsi qu'à l'Amazonie et à l'Équateur oriental

Brotogerys devillei Salvad.,
Pionopsitta amazonina (des Murs),
Urochroma hueti (Tem).,
Urochroma stictoptera (Scl.),
Trogon ramonianus Dev. et des Murs.
Bucco collaris Lath.,
Micromonacha lanceolata (Deville),

Formicarius rufipectus Salv.,
Grallaricula flavirostris (Scl.),
Conopias cinchoneti (Tsch.),
Syristes albocinereus Scl. et Salv.,
Cotinga maynana (L.),
Rhamphocœlus nigrogularis (Spix),
Creurgus verticalis Scl., etc.

D'autres se rencontrent dans l'Équateur oriental et le Pérou :

Odontorhynchus branicki B. et T.,
Calospiza melanotis (Scl.),
Thlypopsis chrysopis Scl. et Salv.,
Clypeicterus oseryi Dev.,

Ocyalus latirostris (Sw.),
Calospiza punctulata (Scl. et Salv.),
dans l'Équateur oriental et la Bolivie, etc.

Il est intéressant de faire remarquer que beaucoup d'espèces de l'Est ont dans l'Ouest des formes représentatives voisines, ainsi :

Osculatia saphirina (Bp.) est remplacé par *O. purpurea* Salv. dans l'Ouest
Trogon coll. collaris V. par *Tr. virginalis* Cab. et Heine,
Trogon vir. viridis L. par *Tr. chionurus* Scl. et Salv.,
Formicarius quixensis (Corn.) par *F. consobrina* Scl.,
Formicarius thoracicus B. et T. par *F. rufipectus* Salv., ·
Copurus colonus (V.) par *C. leuconotus* Lafr.,
Todirostrum cinereum (L.) par *T. sclateri* B. et T.,
Myiobius phænicomitra B. et T., par *M. litae* Hart.
Masius chrysopterus (Lafr.) par *M. coronulatus* Scl.
Machœropterus striolatus (Bp.) par *M. deliciosus* (Scl.),
Cephalopterus ornatus Geoff., par *C. penduliger* Scl.

Rupicola peruviana (Lath) par *R. sanguinolenta* Gould,
Pipeola riefferi Bourc. par *P. melanolœma* Scl.
Stelgidopteryx ruficollis (V.) par *S. uropygialis* Lawr.,
Henicorhiua leucosticta (Cab.), par *H. hilaris* B. et T.,
Merula ignobilis (Scl.), par *M. maculirostris* Berlp.,
Basileuterus uropygialis Scl., par B. semicervinus Scl.
Arremon spectabilis Scl., par *A. erythrorhynchus* Scl.,
Calospiza cœruleocephala (Sw.), par *C. cyanopygia* Scl.,
Calospiza chrysotis (du Bus), par *C. lunigera* Scl.,
Ostinops alfredi (des Murs) par *O. atrocastaneus* Cab., etc.

Parfois les formes sont moins modifiées et ne présentent que de légères différences de teintes; on les regarde alors comme des sous-espèces de l'espèce typique. De plus, dans les vallées qui descendent des Andes, on trouve encore des formes intermédiaires entre les formes orientales et occidentales, comme Goodfellow l'a montré dans la vallée de Chillo pour *Colibri iolatus* (Gould).

On trouve dans l'Équateur des Bécasses, des Bécassines, des Ibis, des Ardéidés qui vivent dans les plaines de l'Amazonie de mai à septembre et qui, dès que le beau temps s'établit en septembre, vont chercher leur nourriture dans les hautes montagnes en passant par les cols les moins élevés.

A ce moment, il règne encore des vents violents et des tempêtes qui les repoussent et en font périr un grand nombre; seuls les plus vigoureux peuvent passer. On ne connaît pas les espèces qui participent à ce mouvement régulier qui se fait de l'Est à l'Ouest ou en sens inverse.

La conclusion plausible qu'il paraît possible d'en tirer, d'après Reiss, c'est que ces Oiseaux ne se soucient pas du temps qu'il fait au moment de leur départ, et qu'ils ne paraissent pas être capables d'en prévoir les changements.

M. Jacques PELLEGRIN,

Docteur ès Sciences,
Docteur en Médecine, Assistant au Muséum d'Histoire naturelle,
Secrétaire général de la Société centrale d'Aquiculture
et de Pêche (Paris).

LES POISSONS D'ORNEMENT EXOTIQUES.

------

2 *Août.*

63.93.04
59-15.6-7

Il y a lieu d'attirer tout spécialement l'attention sur une branche de la pisciculture encore presque complètement négligée en France : l'élevage des espèces ornementales d'aquarium ou d'appartement en y ajoutant accessoirement celles susceptibles de peupler les pièces d'eau des serres, des parcs et des jardins.

Devant les progrès réalisés en ces dernières années à l'étranger, notamment en Allemagne, je crois utile de revenir sur cette question car elle intéresse non seulement les pisciculteurs producteurs qui trouveront là une source de revenus fructueuse, mais encore les particuliers, les amateurs, tout le monde pourrait-on dire. En effet, la conservation de ces jolies petites espèces, qui s'élèvent facilement dans des récipients de faibles dimensions et n'exigent, en général, que peu de soins, contribuera à l'embellissement de toutes les demeures en même temps qu'elle constituera un passe-temps des plus agréables, une distraction attrayante, un perpétuel sujet d'observations scientifiques.

Il y a là une industrie nouvelle complète à introduire en France; nul doute qu'elle pourra donner un jour des résultats comparables à celle de l'élevage des Oiseaux de volière.

Dans la revue sommaire qui va suivre on trouvera la liste des principales familles de Poissons qui fournissent des espèces exotiques ornementales. Les unes sont surtout remarquables par leurs qualités esthétiques, par la richesse et la variété de leur coloration, les autres par la bizarrerie de leurs mœurs; beaucoup, comme on le verra, méritent de retenir l'attention à ce double titre.

C'est la famille des Cyprinidés qui a fourni les premiers Poissons d'ornement introduits en Europe. Tout le monde connaît le Carassin de la Chine, le Poisson rouge comme on le désigne vulgairement. Cette espèce, domestiquée en Chine depuis fort longtemps, parait avoir été importée en France sous le règne de Louis XV. Aujourd'hui, c'est la seule qui soit véritablement répandue partout, aussi bien dans les pièces d'eau des jardins que dans les aquariums d'appartement; elle peut donc être considérée comme le type du Poisson d'ornement. On sait qu'il en existe un nombre considérable de variétés obtenues avec une inlassable persévérance par les Chinois. Plusieurs de celles-ci sont chez nous d'importation assez récente et atteignent encore des prix élevés.

Mais en dehors du Poisson rouge on cultive maintenant en aquarium, surtout en Allemagne, un certain nombre de Cyprinidés exotiques remarquables par la beauté des teintes ou l'agréable dessin de leur livrée. Ce sont des espèces asiatiques provenant de l'Inde ou des îles de la Sonde; elles appartiennent principalement aux genres Barbeau ou *Barbus, Rasbora, Danio*. On peut citer parmi les plus jolies le *Barbus ticto* Ham. Buch., le *Barbus vittatus* Day, le *Danio rerio* Ham. Buch. La coloration de cette dernière est vraiment merveilleuse. Qu'on se représente, sur les côtés de ce petit Poisson qui n'atteint que quelques centimètres, une série de bandes parallèles alternativement dorées ou du bleu le plus chatoyant!

Les Cyprinodontidés, Poissons minuscules, à aspect de Cyprins, mais à mâchoires garnies de dents de forme des plus variables, sont des animaux de choix pour la conservation dans les aquariums. Leur coloration aussi est souvent des plus vives, mais ils sont en outre remarquables par une particularité physiologique curieuse, tout à fait exceptionnelle dans la classe des Poissons; beaucoup d'entre eux, en effet, sont ovovivipares. Les sexes sont différents et aisément reconnaissables; la nageoire anale du mâle étant modifiée en un organe spécial. Parmi les genres ornementaux donnant naissance à des petits vivants et maintenant introduits en Europe on peut citer les *Gambusia* du sud des États-Unis, les *Pœcilia*, les *Mollienisia*, du Mexique, les *Xiphophorus*, les *Belonesox*, de l'Amérique centrale, les *Girardinus* également américains.

D'autres Cyprinodontidés, ovipares à la façon des Poissons ordinaires,

---

(¹) Deux ou trois amateurs ont déjà obtenu en France la reproduction en aquarium du *Xiphophorus Helleri* Heckel, ravissante petite espèce du sud du Mexique et de l'Amérique centrale, chez laquelle le mâle a les rayons inférieurs de la nageoire caudale prolongés en un long appendice pointu en forme d'épée, d'où le nom donné au genre.

mais à sexes encore faciles à distinguer, au moins par la coloration, les uns africains comme les *Cyprinodon* ou certains *Haplochilus*, les autres américains comme les *Fundulus* et les *Rivulus*, sont aujourd'hui entre les mains de nombreux amateurs étrangers.

Les Characinidés, qui constituent une des plus riches familles des eaux douces africaines et américaines, possèdent quelques genres susceptibles d'être conservés en aquarium. Ces Poissons sont surtout attrayants par leur coloration, car leurs mœurs, en général, ne présente pas d'intérêt particulier. Ils sont ovipares et les sexes sont le plus souvent difficiles à distinguer. On a récemment introduit quelques Tétragonoptères, des Pyrrhulines et enfin des *Macrodon*. Tous ces genres sont originaires du Brésil.

D'une façon générale, les nombreux Poissons de la famille des Siluridés à la peau nue, à la coloration le plus souvent assez terne, ne renferment guère d'espèces ornementales; cependant il en est certains qui possèdent des facultés singulières, d'autres qui présentent un aspect bizarre, non dépourvu d'originalité. Parmi les premiers, on peut mentionner le Maloptérure électrique, curieux Poisson africain donnant des décharges électriques, parfois amené dans les Ménageries et se conservant facilement dans des bacs assez peu volumineux; parmi les seconds, les Loricaires et les *Callichthys* de la Guyane et du Brésil, au corps complètement cuirassé; ces derniers, en outre, sont nidificateurs. Enfin, quelques *Macrones* asiatiques ou *Pimelodus* américains, récemment importés, ne manquent pas d'une certaine élégance de formes.

Les Gobiidés, si répandus dans les eaux douces et marines, chaudes ou tempérées, de toutes les régions du globe commencent à être parfois cultivés en aquarium. Les espèces acclimatées appartiennent aux genres *Gobius*, *Eleotris* et *Periophthalmus*.

Les Labyrinthicés se recommandent tout spécialement à l'attention des amateurs, à la fois par la beauté constante de leur parure et par leurs habitudes souvent des plus singulières. Aussi depuis longtemps, en Extrême-Orient, ces Poissons sont-ils élevés en aquarium. Les Chinois, les Japonais, les Malais ont domestiqué plusieurs espèces. La plus connue chez nous est le Macropode vert-doré (*Macropodus viridi-auratus* Lacépède) de Chine et de Cochinchine, acclimatée en France depuis 1870, grâce à Carbonnier. Ces Poissons vivent pas couples. Les œufs sont placés dans des sortes d'abris ou de nids flottants formés d'une grande quantité de gouttelettes d'air emprisonnées et agglutinées par une sorte de mucus. C'est le mâle qui se charge des œufs sur lesquels il veille avec la plus grande sollicitude. Il les prend momentanément dans sa gueule, les retourne, les place dans les meilleures conditions d'oxygénation possibles et il les défend courageusement contre les malintentionnés ou simplement les importuns, d'où la nécessité d'isoler les animaux après la ponte. Ses soins se poursuivent après la naissance, et ce modèle des pères de famille nage à la poursuite des jeunes qui s'égarent et vient les replacer sous la cloche d'écume qui doit leur servir d'asile. Quel spectacle attrayant que celui de ces petits Poissons qu'on peut faire se reproduire dans des aquariums contenant quelques litres d'eau à peine, pourvu que la température externe se maintienne aux environs de 20° C !

Le Poisson arc-en-ciel (*Trichogaster fasciatus* Bloch Schneider) qui doit son nom scientifique de Trichogastre à ses nageoires ventrales prolongées en filament est comme le Macropode remarquable par la beauté de sa coloration. On le connaît aussi depuis d'assez longues années en Europe et il se multiplie bien dans les aquariums.

On peut citer parmi les Labyrinthicés asiatiques d'importation relativement plus récente, les Polyacanthes qui doivent leur nom aux nombreuses épines de leurs nageoires pouvant se chiffrer par une vingtaine aussi bien à l'anale qu'à la dorsale, les Osphromènes et surtout les Combattants (*Betta pugnax* Cantor). Ces petits Poissons célèbres dans tout l'Extrême-Orient servent pour certains jeux qu'on peut comparer aux combats de Coqs. On prend deux de ces bestioles, des mâles, qu'on place dans un petit vase. Ils se précipitent l'un sur l'autre, se combattent avec acharnement jusqu'à ce que l'un des deux périsse. C'est là l'occasion de faire sur les chances de ces champions minuscules des paris parfois fort importants. Chez nous, ce sont des Poissons assez délicats à conserver. On les isole et l'on peut constater chez eux des changements de coloration parfois assez rapides.

.Quantité de Centrarchidés, Poissons percoïdes surtout répandus aux États-Unis, ont été maintenant introduits en Europe. Le plus commun est sans doute la Perche-soleil (*Eupomotis gibbosus* Linné) qui se multiplie à l'heure actuelle librement dans plusieurs de nos rivières. En captivité, c'est un ravissant Poisson, vif, rapide, aux couleurs chatoyantes et harmonieuses. Beaucoup d'autres espèces de la même famille sont acclimatées chez nous et s'élèvent admirablement dans les aquariums, dans les bassins des parcs et même abandonnées complètement à elles-mêmes dans les étangs les plus vastes. Souvent d'une taille appréciable, elles ont, en outre, une certaine valeur au point de vue alimentaire, ce qui a vulgarisé leur élevage chez nombre de pisciculteurs.

Les Cichlidés, plus connus sous leur ancien nom de Chromidés, assez voisins comme aspect des Centrarchidés, offrent comme les Labyrinthicés, le double avantage d'être revêtus de la parure la plus brillante. et fort souvent de posséder, en ce qui concerne l'élevage de leur progéniture, des mœurs tout à fait curieuses et intéressantes. Ce sont donc des Poissons très recommandables pour l'élevage en aquarium, d'autant plus que plusieurs d'entre eux sont résistants et s'accommodent d'eaux relativement tempérées.

Beaucoup proviennent de l'Amérique du Sud, principalement du Brésil (*Acara, Cichlasoma, Geophagus, Crenicichla*) ou de l'Amérique centrale (*Neetroplus, Heros*). Le plus connu maintenant en Europe est le Chanchito (*Cichlasoma facetum* Jenyns) de l'Uruguay. Il se multiplie assez facilement. C'est ainsi qu'à la galerie des Reptiles du Museum d'histoire naturelle de Paris, on a obtenu la reproduction de cette espèce dans un grand bac alimenté par de l'eau de Seine à la température ordinaire ([1]).

Les *Geophagus* ont une habitude des plus singulières qu'on a pu observer en aquarium en Allemagne. Ces Poissons dévoués n'abandonnent pas leurs œufs au sein des eaux, mais après la ponte, les mâles les placent dans leur bouche, les mettant ainsi à l'abri des causes de destruction qui ne manqueraient pas de les atteindre, s'ils étaient abandonnés au hasard. Cette tendre sollicitude ne s'arrête pas à la naissance et les jeunes alevins viennent encore chercher dans la bouche paternelle asile et protection.

On a introduit aussi en Europe, dans ces toutes dernières années, plusieurs Cichlidés africains qui pratiquent également l'incubation bucale comme certains *Tilapia* d'Egypte, certains *Pelmatochromis* de l'Ouest africain, mais dans ce cas, ainsi que je l'ai montré ([2]), c'est la femelle qui se charge des soins à donner à sa progéniture. D'autres Cichlidés africains comme l'*Hemichromis bimaculatus* Gill, du nord de l'Afrique, et l'*Hemichromis fasciatus* Peters, importés du Congo, possèdent une coloration des plus remarquables, mais ne présentent pas cette curieuse particularité éthologique.

On voit par ce rapide aperçu combien sont nombreuses les espèces ornementales exotiques maintenant introduites en Europe. Malheureusement, en France, il n'existe encore que quelques rarissimes amateurs se livrant à l'élevage de ces jolies et intéressantes bestioles.

Comme je l'ai déjà signalé ([3]), quelle différence avec ce qui se passe chez nos voisins. Il existe, en effet, actuellement en Allemagne et en Autriche, et même en Russie et en Suisse, un nombre considérable de Sociétés ayant pour principal objectif l'importation et l'acclimatation des espèces animales ou végétales de parc ou d'appartement. Sans exagérer, on peut estimer à 150, rien que pour l'Empire allemand, le chiffre de ces Sociétés d'amateurs d'Aquariums et de Terrariums « *Vereine der Aquarien und Terrarienfreunde* ». Toutes sont des plus florissantes et chaque centre un peu important possède la sienne. Les membres de ces multiples associations sont nombreux; les importateurs d'animaux exotiques, les jardins zoologiques, les diverses administrations, leur apportent un précieux appui. Des expositions sont orga-

---

([1]) *Cf.* Dr J. PELLEGRIN, *Les Cichlidés comme Poissons d'ornement. Observations en aquarium* (*Bull. de la Société d'Aquiculture*, 1904, p. 216).

([2]) Dr J. PELLEGRIN, *L'incubation buccale chez le* Tilapia galilæa *Artédi* (*Comptes rendus du VIe Congrès de Zoologie*, Berne, 1904, p. 330. — *L'incubation buccale chez deux* Tilapia *de l'Ogôoué* (*Comptes rendus de l'Association française pour l'Avancement des Sciences*. Lyon, 1906, p. 555).

([3]) Dr J. PELLEGRIN, *Les Sociétés d'amateurs d'aquariums à l'étranger* (*Bull. Soc. Aquiculture*, 1909, p. 231).

nisées de temps à autre pour stimuler le zèle des amateurs, des concours ont lieu, des prix sont décernés. Des publications périodiques tiennent au courant des importations les plus récentes et des résultats obtenus, et fournissent des conseils aux débutants.

Pour n'en citer qu'un exemple dans un Annuaire publié par M. Rudolf Mandée (¹) et qui tient au courant de tous les progrès accomplis, on peut constater que l'année dernière plus de vingt espèces africaines, asiatiques ou américaines de Poissons d'ornement ont été introduites en Allemagne.

J'ai pensé que notre pays ne pouvait se désintéresser plus longtemps de cette question.

Le Museum d'histoire naturelle de Paris a acquis d'une maison de Berlin une vaste série de ces jolies et intéressantes espèces. Après plusieurs mois de séjour à la Ménagerie des Reptiles, la plupart de ces petits Poissons sont encore en excellent état. En dehors du maintien à une température à peu près constante, leur conservation n'exige aucun soin spécial; ils s'accommodent des aquariums les plus réduits, dont l'eau est changée fort rarement; ils se nourrissent facilement, à la façon de nos Poissons indigènes, de Vers de vases et de petits Crustacés (²).

Sur mon initiative, la Société centrale d'Aquiculture et de Pêche de Paris vient de créer dans son sein un groupe d'amateurs d'aquariums. Espérons que son appel sera entendu (³). Il faut introduire en France la mode des Poissons d'ornement telle qu'elle existe à l'étranger.

(¹) Rudolf Mandée, *Jahrbuch fur Aquarien und Terrarienfreunde.* VI. Jahrgang. Stuttgart, 1910.

(²) Il y a lieu de recommander tout spécialement aux pisciculteurs importateurs de bien séparer les espèces entre elles et parfois même, au moment de la reproduction, les couples d'une même espèce (Macropodes, Combattants, Xiphophores, etc.). De plus, il leur est indispensable, pour éviter des confusions regrettables, de noter consciencieusement les appellations scientifiques, les noms vulgaires de ces Poissons de provenances si diverses étant soumis à trop de variations. Ce sont des soins que prennent tous les horticulteurs et pépiniéristes. Rien n'empêche les pisciculteurs sérieux d'en faire autant. C'est pour eux une question de réussite.

(³) *Cf.* Léon Sanson, *Note relative à la formation d'un groupe d'amateurs d'aquariums (Bull. Soc. Aquiculture,* 1910, p. 117).

M J. COTTE,

Professeur-suppléant à l'École de Médecine (Marseille).

OBSERVATIONS SUR LA CÉCIDOLOGIE DES CISTÉS DE PROVENCE.

58-12.3+31.34

6 Août.

I. Jacob de Cordemoy [1] a signalé la fréquence sur *Cistus albidus* L., dans les environs de Marseille, de la pleurocécidie caulinaire produite par *Apion cyanescens* Gyllh. Dans des travaux qui renferment des détails très complets sur l'éthologie de ce parasite, Gerber, soit seul [2], soit en collaboration avec Vayssière [3], a indiqué que le même Curculionide déforme aussi, chez nous, les rameaux de *C. salvifolius* L. et, très accidentellement, ceux de *C. monspeliensis* L.

Goury et Guignon [4], les derniers auteurs, à ma connaissance, qui aient résumé cette question, indiquent qu'*Apion cyanescens* Gyllh. vit sur *C. albidus* L., *C. crispus* L., *C. ladaniferus* L., *C. monspeliensis* L., *C. salvifolius* L.; mais les entomologistes provençaux ont remarqué depuis longtemps qu'ils avaient surtout chance de rencontrer cet insecte sur *C. albidus*, car il est moins indifférent chez nous sur le choix de son hôte que plusieurs autres insectes non gallicoles, qui se rencontrent sur nos divers cistes avec une fréquence à peu près égale.

On peut dire qu'en Provence l'habitat normal de *Apion cyanescens* est *C. albidus*, et que la dispersion de ce végétal y commande en général celle du parasite. Partout où se trouve une station un peu importante de ce dernier ciste, on est à peu près assuré d'y trouver l'Apionide. Je l'ai même observé sur des pieds isolés de *C. albidus*, noyés dans les Maures au milieu de *C. salvifolius* et *C. monspeliensis* et éloignés de plusieurs centaines de mètres, à vol d'oiseau, de tout autre représentant de la même espèce : les autres cistes congénères, voisins, paraissaient être absolument indemnes.

La déformation de *C. salvifolius* est plus rare; à la suite des auteurs

---

[1] H. Jacob de Cordemoy, *Sur trois zoocécidies de la région méditerranéenne* (*Bull. Soc. ent. Fr.*, 1902, p. 119-121).

[2] C. Gerber, *Habitat de l'*Apion cyanescens *Gyllh. aux environs de Marseille* (*Ibid.*, 1902, p. 208).

[3] A. Vayssière et C. Gerber, *Recherches cécidologiques sur Cistus albidus L. et Cistus salvifolius L. croissant aux environs de Marseille* (*Ass. franc. av. Sc.*, Congrès de Montauban, 1902, et *Ann. Fac. Sc. Mars.*, t. XIII, 1902, p. 23-82).

[4] G. Goury et J. Guignon, *Insectes parasites des Cistinées* (*F. J. Nat.*, t. XXXVIII, 1908-9).

précédents j'ai pu cependant l'observer en plusieurs points, dans les Bouches-du-Rhône et le Var. Par contre il ne m'a pas été donné, malgré des recherches répétées, de voir un seul pied de *C. monspeliensis* attaqué par *Apion cyanescens*. Il est impossible cependant de mettre en doute la détermination faite par Gerber, qui a longuement et patiemment étudié la cécidologie des cistes. D'ailleurs Tavares [1] avait signalé qu'en Portugal ce même Curculionide s'attaque à *C. monspeliensis* L. et à *C. ladaniferus* L., d'où il sort, comme en Provence d'ailleurs, en avril et mai. Le même auteur rapporte encore à *Apion cyanescens*, avec doute cependant, des renflements qui se trouvent en Portugal sur les tiges de *Helianthemum occidentale* Nyman et de *Hel. heterophyllum* Steud. [2].

En examinant les diverses espèces de cistes qui sont cultivées, côte à côte, au Jardin botanique du Parc Borély, à Marseille, il est facile de constater quelles sont les préférences de *Apion cyanescens*. On peut remarquer que les cécidies du Coléoptère s'y rencontrent, par ordre de fréquence décroissante, sur *C. candidissimus* Dun., *C. villosus* Lam., *C. incanus* L., *C. albidus* L., *C. salvifolius* L.; *C. crispus* L. possède de très rares et très petits renflements, d'un diamètre de 3 mm environ, et dont l'attribution doit rester provisoirement douteuse. *C. monspeliensis* L. et *C. ladaniferus* L. sont indemnes [3]. Il n'y a aucune hésitation à avoir au sujet de l'agent causal des cécidies de ces divers cistes : il est facile d'en obtenir le parasite, que j'ai capturé d'ailleurs, le 10 mai, au moment où il cherchait à entamer un jeune rameau de *C. villosus* [4]. Par suite du rapprochement de ces divers végétaux sur une même plate-bande du Jardin botanique, les constatations précédentes ont presque la valeur d'une expérience de laboratoire.

On remarquera que *C. villosus* Lam. et *C. incanus* L., qui se suivent sur la liste que je viens de donner, ont été confondus par certains auteurs dont j'accepterais volontiers l'opinion; tous les deux, ainsi que *C. albidus*, avaient été réunis par Spach [5] dans son espèce *C. vulgaris*.

---

[1] J.-S. Tavares, *As Zoocecidias Portuguezas* (*Annaes de Sciencias naturaes, Porto*, t. VII, 1901, p. 16-108).

[2] Je ne connais pas encore de déformation de nos *Helianthemum* indigènes comparable à celles qu'a signalées Tavares. J'ai observé cependant, sur un pied de *Fumana viscida* Spach, dans les environs de Marseille, une pleurocécidie caulinaire, de 3 mm de diamètre environ. L'échantillon a été prélevé en hiver, la larve qui avait déterminé sa production était morte sans se développer; il est donc impossible de savoir quel était ce parasite.

[3] *Cistus creticus* L. est indemne au Jardin botanique de l'École de Médecine de Marseille.

[4] Cette dernière observation concorde d'une manière absolue avec ce que nous apprennent Vayssière et Gerber au sujet des mœurs et des dates de sortie d'*Ap. cyanescens*. C'est par erreur que Goury et Guignon impriment que cette sortie « s'opère vers le mois de juillet, surtout par les temps chauds et lourds ».

[5] E. Spach, *Conspectus monographiæ Cistacearum* (*Ann. Sc. Nat.-Bot.*, 2e série, 1836, t. VI, p. 357-375).

Dunal, dans le *Prodrome* ([1]), groupe ces trois espèces, et avec elles *C. candidissimus* Dun. (dont Spach a fait cependant *Rhodocistus Berthelothanus*) dans la section *Erythrocistus* du genre *Cistus*, section conservée par Grenier et Godron, et qu'acceptent aussi Rouy et Foucaud. Il s'agit là de plantes très voisines, et il n'y a pas lieu de s'étonner si trois d'entre elles sont ajoutées, dans cette Note, à la liste de celles qui étaient déjà citées comme hébergeant dans leurs tiges les larves d'*Apion cyanescens*. Par contre il est curieux de voir *C. crispus* séparé d'elles à ce point de vue; il appartient à la même section *Erythrocistus* et avait été aussi englobé par Spach dans son espèce *C. vulgaris*. On aurait pu croire, *à priori*, qu'il se montrerait atteint au même titre que ses congénères.

II. Dans les Maures (Var) *C. monspeliensis* L. est attaqué par un Aphide d'un noir brillant; sous l'action de celui-ci les feuilles se recourbent fortement, dans le sens de leur longueur, vers leur face inférieure. A cause de sa coloration, il est impossible de réunir ce parasite à celui dont Tavares a signalé ([2]) l'existence sur *C. hirsutus* Lam. et *C. crispus* L., en Portugal et qui est d'une coloration verte. Trotter ([3]) a indiqué sur un *Cistus* sp. du Maroc des déformations plus marquées que celles que j'ai observées; il les rapporte, avec doute, à un Aphidide. Lichtenstein avait parlé d'un *Aphis Cisti* Licht., mais sans en donner la description; Goury et Guignon se demandent si ce ne serait pas la même espèce que *Aphis helianthemi* Ferrari. Il ne faut pas non plus confondre la déformation de *C. monspeliensis* des Maures avec celle qui a été observée, par Tavares encore, sur *C. ladaniferus*, et qui est rapportée par lui, avec doute, à un Psyllide.

III. Vayssière et Gerber ont décrit une pleurocécidie caulinaire de *Cistus salvifolius*, avec aplatissement de la région parasitée et déviation de la tige pouvant aller jusqu'à la torsion en spirale. Des renseignements verbaux fournis par les auteurs, il m'est connu que ces cécidies ont été récoltées dans les environs de Marseille, à Mazargues. L'agent causal en est un Coccide, que Guercini rapporte à un *Lecaniodaspis* voisin de *Lecaniodapsis Sardoa*.

Aussi ai-je été heureux de trouver à la Môle (Var) un rameau de *C. monspeliensis* déformé par un Coccide. L'exemplaire était malheureusement en mauvais état, et M. P. Marchal, professeur à l'Institut Agronomique, à qui je l'ai soumis, n'a pu caractériser avec certitude les débris d'insectes qui y étaient restés fixés; il incline cependant à y voir des restes d'un *Asterolecanium*, et sans doute d'*A. fimbriatum* (Fonsc.). Cette dernière espèce n'est pas rare dans le Midi de la France;

([1]) A.-P. DE CANDOLLE, *Prodomus systematis regni vegetabilis*, t. I, 1842.

([2]) J.-S. TAVARES, *Primeiro Appendice a' Synopse das Zoocecidias portuguezas* (*Broteria*, t. VI, 1907, p. 109-134).

([3]) A. TROTTER, *Di alcune galle del Marocco* (*Marcellia*, t. III, 1904, p. 14-15).

aux environs de Marseille notamment, et M. Marchal a reconnu sa présence sur des plantes diverses dont il avait bien voulu faire l'examen.

IV. J'ai remarqué sur *Cistus salvifolius* une déformation des feuilles assez fréquente. On la voit débuter sur les jeunes feuilles, si fortement tomenteuses à leur sortie du bourgeon, par un accroissement local, ou plutôt par une persistance de leur tomentum serré; à mesure que la feuille grossit, elle continue à posséder des taches blanches, avec en général saillie de la partie atteinte vers la face supérieure de la feuille. Il est facile de constater qu'il y a en ce point accumulation anormale des poils étoilés du ciste, sans apparition de poils anormaux, et ce fait est dû à ce que dans la région malade le parenchyme foliaire ne se développe pas comme ailleurs. La pubescence anormale se voit encore pendant un certain temps sur les feuilles complètement développées; elle tend ensuite à brunir, en cet endroit la chlorophylle disparaît et cette partie de la feuille se dessèche. La première date d'apparition de cette déformation aux environs de Marseille, cette année, a été le 7 juin.

La première impression, en voyant des lésions de ce genre, est que l'agent causal doit être rapporté aux Eriophyides, et cependant je n'ai pu y distinguer aucun parasite animal. Par contre, dans tous les examens que j'ai faits, aussi bien sur des feuilles fraîches de cistes des Bouches-du-Rhône que sur des échantillons conservés dans l'alcool et rapportés du Var, j'ai vu constamment un champignon auquel je suis obligé de rapporter la lésion foliaire de *C. salvifolius* : celle-ci est purement et simplement cryptogamique.

Ne peut-on pas essayer de la rapprocher de la déformation plusieurs fois signalée autour du bassin méditerranéen, sur des cistes divers, et attribuée à un Eriophyide inconnu? Massalongo [1] l'avait observée sur *C. creticus* L. (Eriophyide); Trotter [2] l'a indiquée précisément sur *C. salvifolius* (? *Eriophyidæ*) en ajoutant : « Tra questi anomalie trichomi non ho trovato traccia alcuna di Acari ... dal che si puo dedurre che l'eziologia di queste deformazioni non appare ancora in tutti i punti chiarica ». Cecconi [3], de Stefani-Perez [4] l'ont revue sur la même espèce (*Eriophyidarum* sp.); Trotter [5] la retrouve sur *C. villosus* L. (*Eriophyes?*). Enfin Trotter et Cecconi [6] l'ont distribuée en 1907 sur *C. salvifolius* et

---

[1] C. MASSALONGO, *Acarocecidii da aggiungersi a quelle finora notati nella flora italica.* (*Boll. Soc. bot. ital.*, 1893, p. 484-490).

[2] A. TROTTER, *Comunicazione intorno a vari acarocecidi nuovi o rari per la flora italiana* (*Ibid.*, p. 191-203, 1900).

[3] G. CECCONI, *Zoocecidi della Sardegna* (*Boll. Soc. bot. ital.*, 1901, p. 135-143); *Contribuzione alla Cecidologia Toscana.* (*Marcellia*, 1902, p. 128-130).

[4] T. DE STEFANI-PEREZ, *Contribuzione all' entomocecidologia della Flora sicula* (*Nuov. giorn. bot. ital.*, 2e série, t. VIII, 1901, p. 543-556).

[5] A. TROTTER, *Galle della Peninsola balcanica ed Asia Minore* (*Nuov. giorn. bot. ital.*, 2e série, t. X, 1903, p. 5-54); — *Nuovi Zoocecidii della Flora italiana*, Quinta serie *Marcellia*, 1908, p. 111-123).

[6] A. TROTTER et G. CECCONI, *Cecidotheca italica*, fasc. XVI, 1907.

sur *C. villosus* (? *Eriophyidæ*), et ils disent à ce sujet : « L'autore di questa deformazione è tuttora ignoto, sembra possa trattarsi di un Eriofiide. »

On pourra, je pense, assimiler les déformations des feuilles des cistes observées en Italie et en Asie Mineure à celle que j'ai vue en Provence; il serait bien étonnant que le cécidozoaïre, s'il existait, eût échappé à tous ces observateurs et l'inutilité de leurs recherches s'expliquerait aisément si l'on pouvait établir que, dans tous les cas, c'est un champignon parasite qui a attaqué les feuilles des cistes.

M. J. COTTE.

QUELQUES CÉCIDIES RÉCOLTÉES A VICHY ET AUX ENVIRONS, EN JUILLET 1909 (¹).

58.12.2(44.57)

6 Août.

1º *Abies excelsa* D. C. — *Adelges abietis* Kalt. (Bellerive).

2º *Abies excelsa* D. C. — *Adelges strobilobius* Kalt.

3º *Acer pseudo-platanus* L. — *Eriophyes macrorrhynchus* Nal.

4º *Alnus glutinosa* Gærtn. — ? *Epitrimerus trinotus* Nal.

5º *Alnus glutinosa* Gærtn. — *Eriophyes Nalepai* Fockeu.

6º *Atriplex patula* L. — *Aphis atriplicis* L.

7º *Bryonia dioica* Jq. — *Perrisia bryoniæ* Bouché.

8º *Buxus sempervirens* L. (var. hortic.). — *Psylla buxi* L.

9º *Cerasus Mahaleb* Mill. — *Myzus Mahaleb* Koch.

10º *Cirsium arvense* Scop. — *Trioza cardui* L.

11º *Cratægus monogyna* Jacq. — ? *Cécidomyide.* Il s'agit vraisemblablement de la cécidie décrite sous le numéro 2947, dans le Catalogue de Houard, et dont l'auteur est inconnu.

12º *Crat. monogyna* Jacq. — *Myzus oxyacanthæ* Koch.

13º *Erigeron canadensis* L. — *Aphis myosotidis* Kalt.

14º *Euphorbia cyparissias* L. — *Perrisia capitigena* Bremi (Bellerive).

15º *Filago canescens* Jord. — *Pemphigus filaginis* Fonsc. (Bellerive).

16º *Lolium perenne* L. — ?? L'axe des épis était fortement tordu, les glumes étaient légèrement écartées et déformées. On pouvait penser à une lésion due à un *Eriophyide*, ou à un *Tarsonemus*; mais l'examen microscopique ne m'a pas montré le moindre parasite.

17º *Malva silvestris* L. — *Aphis malvæ* Koch (Bellerive).

18º *Persica vulgaris* Miller. — *Aphis persicæ* Fonsc.

19º *Populus nigra* L. — *Pemphigus bursarius* L.

(¹) Lorsque la cécidie n'a pas été vue à Vichy, le nom de la commune dans laquelle elle a été récoltée est mis entre parenthèses.

20° *Populus nigra* L. — *Pemphigus populi* Courchet.

21° *Populus pyramidalis* Rozier. — *Pemphigus spirothecæ* Pass.

22° *Populus pyramidalis* Rozier. — *Pemphigus marsupialis* Koch.

23° *Populus pyramidalis* Rozier. — *Pemphigus bursarius* Courchet.

24° *Populus pyramidalis* Rozier. — *Pemphigus affinis* Kalt. (Bellerive).

25° *Populus pyramidalis* Rozier. — *Eriophyes populi* Nal. (Bellerive).

26° *Prunus spinosa* L. — *Aphide* à l'état de dépouilles, ayant déformé les feuilles.

27° *Quercus pedunculata* Ehrh. — *Andricus curvator* Hartig.

28° *Quercus pedunculata* Erhrh. — *Biorrhiza pallida* Oliv.

29° *Rosa* sp. — *Rhodites rosæ* L.

30° *Salix alba* L. — *Eriophyes triradiatus* Nal.

31° *Salix alba* L. — *Oligotrophus capreæ* Winn. *major* Kieff. (Bellerive) (¹).

32° *Salix alba* L. — *Pontania proxima* Lepel. (Bellerive).

33° *Salix alba* L. — *Cryptocampus testaceipes* Zadd. (Bellerive).

34° *Salix alba* L. — *Perrisia terminalis* H. Löw. (Bellerive).

35° *Salix alba* L. — *Eriophyide*. Il s'agit de la déformation des feuilles inscrite sous le n° 628 dans le Catalogue de Houard.

36° *Salix purpurea* L. — *Perrisia terminalis* H. Löw.

37° *Salix purpurea* L. — *Rhabdophaga salicis* Schrank.

38° *Salix purpurea* L. — *Rhabdophaga heterobia* H. Löw.

39° *Salix purpurea* L. — *Rhabdophaga saliciperda* Dufour (Bellerive).

40° *Salix purpurea* L. — *Rhabdophaga rosaria* H. Löw.

41° *Salix purpurea* L. — *Eriophyes truncatus* Nal.

42° *Salix purpurea* L. — *Pontania vesicator* Bremi.

43° *Salix purpurea* L. — *Pontania salicis* Christ.

44° *Salix triandra* L. — *Rhabdophaga heterobia* H. Löw.

45° *Sambucus nigra* L. — *Epitrimerus trilobus* Nal.

46° *Scrophularia canina* L. — *Asphondylia* sp. (Bellerive). Il s'agit de la mycozoocécidie des fleurs décrite sous le n° 5065 dans le Catalogue de Houard.

47° *Senecio vulgaris* L. — *Aphis jacobeæ* Schrank.

48° *Solanum nigrum* L. — *Aphis rumicis* L.

49° *Stachys annua* L. — *Aphide*. Déformation de la plante à entre-nœuds raccourcis, à tiges contournées, à feuilles fortement crispées et enroulées par le bas; parasite d'un beau vert (²).

50° *Tilia platyphylla* Scop. — *Eriophyes tiliæ* Pagenst.

51° *Ulmus campestris* L. — *Aphide* déformant les feuilles de l'extrémité des rameaux et les rameaux eux-mêmes. Cette déformation, signalée en Italie par Massalongo, a été citée par Houard sous le n° 2040.

52° *Ulmus campestris* L. (et variété *suberosa* Mœnch). — *Tetraneura ulmi* De Geer (Cusset).

53° *Ulmus campestris* L. (et variété *suberosa* Mœnch). — *Schizoneura ulmi* L. (Cusset).

54° *Ulmus campestris* L. (et variété *suberosa* Mœnch). — *Schizoneura lanuginosa* Hartig.

(¹) Cette cécidie, qui avait été abandonnée par ses parasites quand je l'ai récoltée, ne figure pas dans le Catalogue de Houard.

(²) Ne figure pas, non plus, dans le Catalogue de Houard.

55° *Ulmus montana* With. — *Tetraneura ulmi* De Geer (Bellerive).
56° *Ulmus montana* With. — *Schizoneura ulmi* L.
57° *Urtica dioica* L. — *Perrisia urticæ* Perris.
58° *Viburnum opulus* L. — *Aphis viburni* Scop.

M. Jules CHALANDE,

Président de la Société d'Histoire naturelle (Toulouse).

L'ACCROISSEMENT BINAIRE CHEZ LES MYRIOPODES.

59-11.05-56

3 *Août.*

Quel que soit leur mode d'évolution, les Myriopodes présentent une particularité tout à fait caractéristique de leur classe; c'est : *l'Accroissement et l'alliance des segments deux à deux, qu'ils soient morphologiquement séparés ou réunis.*

Chez la plupart le développement de l'individu procède par anamorphose, chez quelques-uns seulement le développement est direct.

Les jeunes, au sortir de l'œuf, présentent, chez les Diplopodes et les Pauropodes, trois paires de pattes et selon les groupes quatre, cinq ou six segments plus l'anal. Parmi les Chilopodes, les *Scutigeridæ* et les *Lithobiidæ* possèdent à leur naissance sept paires de pattes et sept segment plus l'anal, les *Geophilidæ* un grand nombre, très variable, de segments pédigères, et les *Scolopendridæ* vingt-un segments pedigères.

Chez les Myriopodes à développement anamorphotique l'accroissement pendant la période post-embryonnaire sera toujours binaire, soit qu'il procède par le bourgeonnement, entre le segment penultième et l'anal, d'anneaux composés de deux somites comme chez les Diplopodes et les Pausopodes, ou de segments simples apparaissant toujours deux à deux comme chez les Chilopodes.

Chez les Myriopodes à développement épimorphotique, le travail de la période post-embryonnaire se réduira au développement des formes acquises au sortir de l'œuf, mais l'accroissement binaire se révèlera par le nombre de segments qui, en dehors des trois segments thoraciques, sera toujours pair.

Chez les Diplopodes et les Pauropodes, à part les premiers segments thoraciques qui sont simples et portent les trois premières paires de pattes au moment de l'éclosion, tous les autres anneaux du corps sont composés de deux somites. Le fait est connu et presque classique. Leur organisation interne et externe révèle leur dualité. Dans la plupart des cas, chaque anneau chitineux est formé de deux parties, l'une antérieure, l'autre postérieure, intimement liées l'une à l'autre, mais de structures différentes et porte deux paires de pattes et deux paires de stigmates aérifères, avec leurs rameaux ou faisceaux de trachées. La chaîne ganglionnaire ventrale présente également deux ganglions nerveux. Chez les *Glomeridæ* cependant, l'anneau n'est pas complet et la division des lames ventrales en deux sclérites libres et non soudés, portant chacun une paire de pattes et une paire de stigmates, précise cette association des segments deux à deux.

Si l'on suit le développement post-embryonnaire des *Glomeris*, on assiste à cette division. A chaque stade de développement, un nouvel anneau bourgeonne entre le pénultième et l'anal, suivi de la croissance d'une paire de pattes; au stade suivant, après le bourgeonnement d'un nouvel anneau, la deuxième paire de pattes apparaît en arrière de la première et bientôt après la scutelle ventrale se divise en deux lames distinctes.

Chez les *Scutigeridæ* et les *Lithobiidæ*, Chilopodes à développement anamorphotique, le développement embryonnaire produit à l'éclosion des individus pourvus de sept paires de pattes. Aux trois paires de pattes thoraciques, se sont ajoutées quatre autres paires de pattes; une partie de l'évolution qui chez les Diplopodes est post-embryonnaire et qui comporte ces quatres paires de pattes, s'est effectuée et fixée dans l'œuf, pendant la période embryonnaire. Ces quatre paires (ou $2 + 2$) correspondent à quatre segments simples pour un Chilopode ou à deux segments doubles de Diplopodes. L'alliance des segments deux à deux est ici frappante et elle se poursuivra encore par l'accroissement binaire, pendant la période post-embryonnaire. Pendant cette période, le développement gemmaire produira à chaque stade un nouvel anneau, qui bourgeonnera entre le segment pénultième et l'anal, mais bientôt sur ses côtés apparaîtront deux paires de pattes, puis l'anneau lui-même se divisera en deux sgments. On assiste ainsi au dédoublement successif de tous les anneaux au fur et à mesure de leur bourgeonnement, dédoublement qui est resté incomplet chez les *Glameridæ*.

Parmi les *Geophilidæ*, certains naissent avec un nombre non limité de segments pédigères et l'accroissement gemmaire est réduit à quelques somites, chez d'autres, l'évolution semble s'accomplir entièrement pendant la période embryonnaire. Mais quel que soit leur mode de développement et le nombre de leurs segments, nombre parfois très variable pour les individus d'une même espèce, l'accroissement sera toujours d'un nombre pair.

Cette alliance des segments deux à deux, n'est pas la propriété exclusive des Myriopodes à développement anamorphotique, elle est propre à tous les Chilopodes, que leur développement soit direct ou post-embryonnaire, et la conséquence de cette alliance est l'existence, chez ces animaux, d'un nombre toujours impair de paires de pattes, le nombre initial étant trois, correspondant aux trois paires de pattes thoraciques.

Nous n'avons pas été le premier à énoncer ce fait [1], M. O. Duboscq l'avait déjà signalé au sujet du développement de la Scolopendre et, rappelant que la tête d'un Diplopode a deux segments de moins que celle d'un Chilopode et que chez ces derniers deux segments se transforment en segments génitaux, il avait exprimé que *tout myriopode est fondamentalement Diplopode*, ce que confirme pleinement l'étude du développement post-embryonnaire.

Cette règle de l'imparité des segments pédigères est constante chez les Chilopodes et ne rencontre pas d'exception. Nous l'avons appelée : *Loi de l'imparité du nombre de paires de pattes chez les Chilopodes*, et on peut la formuler :

Quel que soit le nombre de segments pédigères d'un Chilopode, ce nombre est toujours impair et peut être représenté par la formule $1 + (x \times 2)$, *ou plus exactement* $3 + (x \times 2)$.

Cette loi ne peut pas s'appliquer aux Symphyles, chez eux, le nombre des segments pédigères est au contraire toujours pair, en raison de l'organisation particulière de leur segment anal, pourvu de deux appendices filières, mais elle peut s'étendre aux Pauropodes et aux Diplodes, pour le nombre de paires de pattes. Chez ces derniers, les trois premiers segments pédigères thoraciques étant simples, et ne portant chacun qu'une seule paire de pattes, les autres segments étant doubles, le nombre des paires de pattes sera toujours impair, c'est-à-dire de $3 + (x \times 2)$. Cependant on rencontre de nombreuses exceptions par suite de l'anomalie des derniers segments dont quelques uns ne portent qu'une seule paire de pattes, ou sont apodes.

Chez les Chilopodes anomorphes, *Scutigeridæ* et *Lithobiidæ*, les trois premiers segments pédigères étant les homologues des anneaux simples thoraciques des Diplopodes et l'évolution embryonnaire étant poussée plus loin, les jeunes au sortir de l'œuf possèdent $3 + 2 + 2$ segments pédigères, soit sept paires de pattes, et, l'accroissement post-embryonnaire se poursuivant par le bourgeonnement successif d'anneaux doubles qui se divisent, l'animal possèdera à toutes époques, comme à l'âge adulte $3 + (x \times 2)$ paires de pattes au segments pédigères.

Chez les *Geophilidæ*, le développement embryonnaire et le bourgeonnement post-embryonnaire, quand il existe, suivent la même loi et quel que soit le nombre, très variable, de leurs segments pédigères, il sera toujours impair, selon la même formule. Ainsi pour *Himantarium Gabrielis* L., qui peut avoir de 133 à 173 paires de pattes, on trouvera tanjours un nombre impair, 133, 135, 137, ..., 169, 171, 173 paires de pattes,

Les *Scolopendridæ* n'échappent pas à la règle commune, quoique chez eux le développement soit direct, et nous ferons remarquer à ce sujet.

---

[1] O. DUBOSCQ, *Archives de Zoologie expérimentale et générale*, 1900.

la belle concordance qui existe entre le développement post-embryonnaire des *Lithobiidæ* et le développement embryonnaire des *Scolopendridæ*.

Le corps de *Lithobius* présente, sur toute son étendue, alternativement, des segments munis d'une paire de stigmates et recouverts par une scutelle dorsale longue, et des segments dépourvus de stigmates et présentant une scutelle dorsale très courte. Cette alternance n'est rompue qu'entre le septième et le huitième segment, le septième étant le segment germinatif du métasome. Ce septième segment présenté une grande scutelle dorsale et devrait régulièrement être pourvu d'une paire de stigmates, qui cependant fait défaut. La huitième scutelle, qui devrait être courte, est au contraire longue et son segment porte une paire de stigmates. L'alternance reprend avec le neuvième segment.

On trouve ainsi :

Scutelles dorsales....	1	2	3	4	5	6	7	8	9	10	11	12	13	14	15
Stigmates..........	»	»	1	»	1	»	»	1	»	1	»	1	»	1	»

Les *Scolopendridæ* présentent un accroissement de six somites de plus que *Lithobius*, accroissement binaire de 2 + 2 + 2, soit 21 segments pédigères au lieu de 15, et la différence entre les scutelles longues et courte est moins apparente, mais la disposition des stigmates est identique à celle qu'on trouve chez *Lithobius* et quoique le septième segment ne joue plus le rôle de segment germinatif, puisque toute l'évolution s'opère dans l'œuf, l'alternance est également rompue au même point.

Comme on le voit par ce qui précède, quel que soit le mode d'évolution des Myriapodes, développement direct ou développement par gemmation post-embryonnaire, que le nombre de leurs segments soit fixe ou variable pour les individus d'une même espèce, l'accroissement est toujours d'un nombre pair de paires de pattes, chaque deux paires correspondant à un anneau double chez les Diplopodes et les Pauropodes, ou à deux segments simples chez les Chilopodes; il y aura toujours accroissement et alliance des segments deux à deux, qu'ils soient morphologiquement séparés ou réunis et le nombre des paires de pattes sera toujours impair, sauf les anomalies qu'on peut rencontrer chez quelques Diplopodes et chez les Symphiles.

M. Marcel BAUDOUIN.

(Paris):

DÉCOUVERTE D'UN TYPE DE TRANSITION ENTRE LERNŒENICUS SARDINÆ M. BAUDOUIN, ET LERNŒENICUS SPRATTŒ SOWERBY, SUR LA MÊME SARDINE (CLUPEA PILCHARDUS WAL) : L. SARDINÆ, VARIÉTÉ MONILIFORMIS.

59-169-53.4

1ᵉʳ *Août.*

Observation nº I. — En juin 1908, fut pêchée, sur les côtes de Vendée, une sardine *Clupea Pilchardus* Wal., infestée par deux Copépodes du genre *Lernœenicus*, bien connu désormais. — Nous avons déjà cité ce fait dans une statistique antérieure [1] [cas nº LXVII].

1º *L. Sardinæ typique.* — L'un des Parasites était situé sur le *flanc gauche* de l'animal, à 10 mm du bord ventral (c'est-à-dire sur la *partie moyenne* du corps) et à 20 mm de la racine de la queue, c'est-à-dire dans la *région caudale*, assez loin derrière la *nageoire dorsale*, lieu d'élection habituel. Au point de pénétration du Copépode, il y avait un *Abcès intramusculaire*, d'origine *parasitaire* : constatation d'ailleurs assez rare, sur laquelle nous reviendrons ailleurs.

A la dissection de ce *Lernœenicus*, qui, comme d'ordinaire, s'était fixé sur la *colonne vertébrale* du côté *gauche*, après s'être tracé en pleins muscles une voie un peu oblique (sans toutefois pénétrer dans l'abdomen), on constata que l'abcès était nettement *localisé sous la peau*, sur laquelle se voyait d'ailleurs une *tache* blanchâtre, de 2 mm de diamètre, pendant la vie de la sardine.

En raison de ces faits et des caractères anatomiques de l'animal, le Copépode fut reconnu pour être un *Lernœenicus Sardinæ* M. Baudouin, absolument *typique.*

2º *L. var. moniliformis.* — Le second Parasite était fixé, du *côté droit*, sur l'*œil même*, au niveau du *pôle postérieur* et dans le *quart inférieur*, sur un rayon correspondant environ à 270º. L'animal avait, comme d'ordinaire, la tête plongée dans la cavité oculaire et encastrée au milieu des plexus choroïdes; mais une partie du céphalothorax avait pénétré aussi, puisqu'il ne restait à l'extérieur que 6 mm de cette partie du corps, au lieu de 8 à 9 mm, comme d'usage.

---

[1] Marcel Baudouin. *Nouvelles observations statistiques sur le* Lernœenicus Sardinæ *M.-B. de la Sardine Atlantique.* Vᵉ Congrès national des Pêches maritimes. Les Sables d'Olonne, 1909 (1ʳᵉ section). — Tiré à part, 1909; in-8º, Paris, 19 p. (*Voir* p 15, Cas LXVII, note 1.)

A la dissection, nous fûmes surpris de la *forme* et des *caractères anato-miques* de ce Copépode. Nous crûmes y reconnaitre tout d'abord un *Lernœenicus Sprattœ* Sowerby, classique, et pensâmes à une erreur de *fixation*, en ce qui concerne l'*hôte*, pour le Parasite : cet animal ayant cru attaquer un Spratt (*Clupea Sprattœ*), et non une Sardine (*Clupea pilchardus* Wal.) [1]. Pourtant, à un examen plus attentif, nous constatons : *a.* que le Céphalothorax, vivant, avait bien l'aspect *moniliforme* [si caractéristique du *L. Sprattœ*, qu'il lui a valu le nom de *monillaris* de la part de Thompson (1843)], mais que cet aspect était *peu marqué* en somme;

b. que la tête, au lieu d'avoir deux *cornes latérales*, grêles, très fines, *très allongées*, et *dirigées en arrière*, comme chez le *L. Sprattœ*, n'en avait qu'*une seule* de cette sorte, d'ailleurs assez petite;

c. que l'autre *corne latérale* était au contraire *courte et trapue*, comme dans le *L. Sardinæ*;

d. et que la tête faisait un certain *angle* sur la partie allongée du thorax, comme dans *L. Sardinæ*.

Cette constatation étant indiscutable, restait à en tirer la conclusion !

Observation n° II. — En 1909, au mois de juin, nous avons observé un autre cas de fixation sur l'œil (cas LXX, de la 4e série, inédite), dans lequel le Copépode avait un thorax très légèrement *moniliforme*.

Observation n° III. — Un autre fait (cas LXXI), de la même époque, que nous avons pu disséquer, nous a montré que le *L. Sardinæ*, fixé sur l'œil, avait une de ses *cornes latérales* très longue, comme chez *L. Sprattœ*, mais que par contre l'autre corne latérale était *courte* ($\frac{1}{3}$ moins longue), et qu'il y avait une *corne centrale*, comme dans *L. Sardinæ*.

Observation n° IV. — En juillet 1909, un autre fait (5e série), nous a fourni un parasite très grêle, avec aspect nettement *moniliforme* à l'état frais. Mais, chose curieuse, dès le séjour dans le formol à $\frac{1}{10}$, *la monilisation disparut*. A la dissection, le Copépode donna l'impression d'un *L. Sardinæ*, et non pas d'un *L. Sprattœ*.

Observation n° V. — A la même époque, nouveau fait (5e série). Copépode très grêle, avec cornes *dirigées en arrière*, *très fragiles*, un peu allongées, et thorax *moniliforme*, comme dans *L. Sprattœ*; mais le formol fit aussi disparaitre cet aspect.

**

 — Il est facile de voir que ces cinq faits, observés en deux années, sont de même ordre, et peuvent être considérés comme les divers anneaux d'une même chaîne, commençant à *L. Sardinæ* typique et allant vers *L. Sprattœ*.

---

[1]. Briau (1906) a signalé *L. Sprattœ* sur *Clupea pilchardus* ; il n'y a sans doute pas là une erreur de détermination. — Je viens d'en observer un cas, très net (1910).

On peut en effet les classer ainsi :

1º L. SARDINŒ, typique.
- Céphalothorax *uni*.
- 2 *cornes latérales* : courtes, obliques.
- *Corne centrale* : une.

Obs. nº 2........ Aspect *moniliforme* du céphalothorax.

— Nº 4....... Aspect *moniliforme, disparaissant dans le Formol*.

— Nº 5.......
- Aspect *moniliforme, disparaissant dans le Formol*.
- 2 *cornes latérales : allongées* et *dirigées en arrière*.

— Nº 3.......
- 1 *corne latérale* : très longue.
- 1 corne centrale.
- 1 corne *latérale : très courte*.

— Nº 1.......
- Aspect *moniliforme*.
- 1 corne latérale : très courte, trapue.
- 1 corne latérale : allongée.
- Tête à angle droit sur le thorax..

2º L. SPRATTŒ, typique.
- Céphalothorax à aspect *moniliforme : persistant*.
- 2 *cornes latérales* : très-allongées, très grèles, dirigées en arrière.
- Pas de corne centrale.

Il semble résulter de là que le *L. Sardinæ*, qui se fixe sur l'*œil* de la Sardine, tend à prendre les caractères du *Lernœenicus* du Spratt (qui lui *est toujours fixé sur l'œil*), au lieu de garder les caractères du type, fixé sur la *Nageoire dorsale*, dans la moitié des cas au moins.

Évidemment il ne s'agit pas ici d'un *hybride*, mais d'une *variété* du *type* et d'une sorte de forme de transition entre les deux Copépodes, si l'on suppose que l'*Espèce n'est pas absolument fixée* (ce qui n'a rien d'extraordinaire dans le cas présent), comme caractères anatomiques *extérieurs* du moins.

Et on la comprend d'autant mieux que, d'une part, cette variété anormale intermédiaire entre les formes typiques a été trouvée sur l'*œil* des *Sardines;* que, d'autre part, le *L. Sprattœ* ne s'observe que sur l'*œil* chez le *Spratt;* et, enfin, que nous avons déjà constaté la présence d'un *L. Sardinæ* sur le *Spratt*, au niveau de la *Nageoire dorsale* !

1º *Processus de transformation.* — A mon avis, on ne peut s'empêcher dès lors de conclure que le *L. Sardinæ*, qui paraît être l'espèce la plus ancienne, a une tendance, sinon à se transformer en *L. Sprattœ*, du moins à devenir *moniliforme*, avec *cornes allongées, quand il se fixe sur l'œil*.

a. En effet, voici une première preuve assez convaincante. Presque tous les *L. Sardinæ, fixés sur l'œil*, que nous avons observés (au moins

14 cas), ont une *tendance à avoir* un céphalothorax *moniliforme*, quoique, pour la plupart, ils conservent encore les caractères du *L. Sardinæ* typique pour la *tête* (Cornes fortes et trapues, et *courtes*) [sauf les faits cités ci-dessus : Obs. nos 1, 3, 5].

Il est facile de saisir la raison de cette tendance. Le *L. Sardinæ* possède un céphalothorax *très allongé*, parce qu'il *doit pénétrer ou entrer dans les masses musculaires de la Sardine* et atteint les 10 mm de longueur nécessaires, pour que la tête puisse aller chercher sa vie dans les *vaisseaux périvertébraux!* Mais, quand le parasite se fixe sur l'œil, la tête est de suite rendue aux *plexus choroïdes* et ne peut pénétrer dans l'œil que de quelques millimètres (2 à 3 mm). Restent 7 mm au moins de céphalothorax *libres*, qui n'ont plus aucune raison d'être! D'où la tendance qu'à cet organe à se recroqueviller ou plutôt *à se tasser sur lui-même*; et par suite la *forme, temporaire* (1), *en accordéon*, qu'il prend, peut diminuer les chances de traumatisme extérieur, et partant de mort.

b. Mais, dans les faits cités plus haut et si intéressants, l'une des *cornes* est en outre devenue très longue, l'autre restant courte. Cela tient, très probablement, à ce que l'animal a besoin de *longs appendices*, pour *se bien fixer* dans le *milieu liquide* constitué par la *cavité oculaire* : ce qui était inutile lors de la fixation à la colonne vertébrale! Il y a donc, là encore, *adaptation manifeste au milieu* de la part du Copépode : allongement des *cornes fixatrices!*

2° *Rapports entre les deux espèces.* — Je crois qu'on est presque autorisé à conclure de ces remarques que l'espèce *L. Sprattæ* n'est qu'une modification de l'espèce *L. Sardinæ*; mais que le changement d'espèce n'a pu être obtenu que par le changement de *fixation* (c'est-à-dire de *milieu*) *définitif* du *L. Sardinæ* sur l'œil du *Spratt. Adapté* pour la *colonne vertébrale*, c'est-à-dire pour la fixation *à travers les masses musculaires*, quand il s'est trompé de but *par erreur de visée* et qu'il s'est *attaché* à l'œil, il s'est *modifié* forcément.

Dès lors, il a pu vivre en se localisant à l'œil SEUL d'un poisson très voisin de la Sardine, le *Spratt.* — Nous ne connaissons pas, en effet, un seul exemple de *L. Sprattæ*, fixés sur le Spratt ou la Sardine, *autre part* que sur l'œil!

Cette nouvelle explication diffère de celle que nous avons donné jadis dans notre mémoire sur le *L. Sprattæ* (2); mais elle est seule acceptable, en présence des faits cités aujourd'hui, faits qui nous étaient inconnus en 1907!

*
* *

Concluons que nous ne sommes ici en présence que d'une *Variété*, déter-

---

(1) En effet, l'immersion dans le Formol la fait disparaître.

(2) Mode d'attaque du Spratt (*Clupea Spratta*) par le *Lernœenicus Sprattæ* Sow., Copépode parasite de l'œil de ce poisson. *Assoc. franç. av. des sc.*, Congrès de Reims, 1907. Paris, 1908, in-8°. — Tiré à part, 15 pages, 2 figures.

minée par le changement d'habitat, et très distincte du type *L. Sardinæ :* ce qui permet, d'ailleurs, de comprendre comment jadis cette espèce a pu donner *L. Sprattœ*, par suite du changement d'hôte (Spratt), grâce à la variation du milieu [*œil* ([1]), au lieu de *tissu musculaire*] sur l'hôte d'origine lui-même. — Mais ajoutons qu'actuellement la BIOLOGIE du *L. Sprattœ*, si différente de celle du *L. Sardinæ*, même fixé sur l'œil, différencie cette espèce, encore plus nettement que l'ANATOMIE pure, comme nous l'avons montré ailleurs; et que, par conséquent, il est impossible de confondre ces deux animaux, dont l'un paraît cependant être dérivé de l'autre, à une époque déjà très éloignée !

M. CH. GRAVIER,

Assistant de Zoologie au Muséum national d'Histoire naturelle (Paris).

SUR QUELQUES PARTICULARITÉS BIOLOGIQUES DES RÉCIFS MADRÉPORIQUES DE LA BAIE DE TADJOURAH (GOLFE D'ADEN).

59.36.6(677.1)

2 Août.

La baie de Tadjourah, située au sud du détroit de Bab el Mandeb et de la Mer Rouge, par conséquent, s'ouvre dans le golfe d'Aden qui est lui-même un diverticule de l'Océan Indien. Elle possède un certain nombre de récifs coralliens qui se ramènent à deux types : 1° les récifs frangeants comme le Laclocheterie, à Obock, le grand récif de l'île Musha; 2° les Coral patches, comme les récifs du Marabout, Pascal, de la Mission, Bonhoure, etc. On ne trouve là-bas ni récifs-barrières ni atolls vrais. Plusieurs récifs de la baie de Tadjourah reposent sur un sable jaunâtre fin et sont situés à une profondeur très faible; il ne sont recouverts que par quelques mètres d'eau, au niveau le plus inférieur à mer basse. Ils ont une surface peu étendue et ils n'ont, en général, qu'une médiocre épaisseur; ils sont, en revanche, très vivants, très luxuriants dans toutes leurs parties. Les Algues calcaires de la famille des Lithothammiées ne forment que quelques encroûtements sans importance dans le développement de ces constructions coralliennes; le rôle de ces Végétaux est ici beaucoup plus effacé que dans beaucoup de récifs madréporiques du Pacifique et de l'Océan Indien.

([1]) Mode fixation du *Lernœenicus Sardinæ*.M.-B. sur l'œil de la Sardine (*Clupea Pilchardius* Wal. — *Assoc. franc. av. des Sc., Congrès de Lille*, 1909. Paris, 1910, in-8°. — Tiré à part.

Entre les récifs Bonhoure, du Pingouin, du Héron, de la Mission et Pascal, un curieux Alcyonaire, le *Lithophytum arboreum* Forskål forme comme d'immenses prairies, si l'on peut s'exprimer ainsi, d'un jaune verdâtre pâle. Il se développpe [sur le sable, à 2 ou 3 m de la surface. Il se montre là sous forme d'arborescences très denses, de touffes très serrées les unes contre les autres qui offrent, vues de l'embarcation d'où on les examine, une apparence rappelant les inflorescences des choux-fleurs. Ça et là, dans les points où le fond était à nu, on voyait de nombreux *Culcita coriacea* Müller et Troschel, dont les disques pentagonaux épais, aux colorations chaudes, atteignent une vingtaine de centimètres de largeur.

Les Millépores couvrent aussi de vastes surfaces à côté des récifs, dans la rade de Djibouti. Ces Millépores (*Millepora dichotoma* Forskål) se présentent sous forme de palissades verticales disposées parallèlement les unes aux autres, très régulièrement, dont la direction paraît orientée normalement à celle des courants dominants. Ces palissades sont très serrées, souvent à 20, 30 cm l'une de l'autre, hautes de plus d'un mètre, épaisses d'un centimètre à peine, parfois sur 40, 50 m de longueur, sur une largeur de 5 à 6 m et souvent plus.

Toute la vie se concentre à la crête, sur une largeur qui excède bien rarement 10 à 15 cm. L'uniformité de ces champs de Millépores, leur teinte sombre, leur densité qui exclut presque les autres animaux, — on n'y voit guère circuler que quelques Poissons — la taille infime de leurs polypes qui rend l'existence de ces derniers insoupçonnable de la surface de la mer où on les observe, tout cela fait un contraste frappant avec le récif d'à côté, si varié dans sa population et dans sa coloration, où tout grouille, où la vie est exubérante, où le soleil éclaire tout le fond sur lequel on distingue tous les détails jusqu'à une grande profondeur; cela paraît être le cimetière à côté de la cité débordante d'activité.

Divers parasites attaquent les Millépores; ce sont d'abord des Cirripèdes, des *Pyrgoma* ou des formes voisines, qui ne causent pas grand dommage, car les Millépores les recouvrent rapidement, ne laissant vide que l'orifice de l'opercule. Ce sont aussi des Serpuliens qui accolent leur tube aux frondes de ces Hydrocoralliaires. Les tubes de ces Polychètes sont rapidement recouverts par les polypes voisins; certains d'entre eux se trouvent même profondément incorporés dans la masse et viennent s'ouvrir à la surface. Mais les parasites les plus actifs sont les Cliones. Il semble bien que ce soient elles qui, dans bien des cas, limitent en hauteur la région vivante; au fur et à mesure que le Millépore croît vers le haut, il meurt par le bas, rongé par ces Éponges perforantes. Les parties mortes sont toutes criblées de galeries creusées par elles.

A la base des parties vivantes, on voit un lacis serré qui émet des ramifications nombreuses, dont les unes restent superficielles, tandis que les autres pénètrent en profondeur; ça et là, on voit pointer à la surface, au sommet d'une éminence, d'un petite verrue déterminée par le parasite, l'extrémité de l'une de ces ramifications; ces saillies sont nombreuses à la partie inférieure, à la limite de la partie vivante. Toute la zone basilaire est ainsi ravagée par les Cliones; lorsque les ramifications deviennent trop serrées, elles tuent fatalement leur hôte. L'envahissement par les Cliones paraît être assez général dans ces champs de Millépores. De la surface de la mer, on distingue nettement la bande vivante de couleur brun foncé au sommet des palissades jaune clair formées par ces Millépores.

M. F. ESCANDE,

ET

M. A. MOUCHET.

(Toulouse).

SUR QUELQUES POINTS D'ANATOMIE RELATIFS AUX ARTÈRES DU CERVEAU.

611.133.32

5 Août

Les artères du cerveau et principalement les artères corticales sont connues depuis longtemps; les anciens anatomistes et Willis en particulier avaient déjà donné des figures représentant le trajet de ces vaisseaux. Ce même auteur, dès 1650 avait représenté quelques artères centrales, en particulier des branches de la cérébrale postérieure se rendant à la couche optique et aux corps striés. Vieussens, Bourdon, Verheyen ont reproduit ces descriptions sans ajouter de notions nouvelles, et c'est à Haller, anatomiste du XVIIIe siècle, qu'il faut remonter pour trouver un commencement de description véritablement anatomique des artères centrales du cerveau. Malgré tout, l'on peut dire que la connaissance précise et réellement scientifique de ces artères est essentiellement moderne et l'on s'accorde à reconnaître que c'est à Heubner et Duret qu'il faut attribuer la paternité véritable de la description de ces vaisseaux. Nous n'avons pas la prétention de refaire un historique complet de tout ce qui a été dit sur ce point de l'anatomie. L'intérêt du sujet, qui n'échappe à personne, légitime en quelque sorte les nombreuses publications qui ont été faites sur ce point. Mais, comme retracer l'histoire de ces travaux et présenter l'état de là question nous obligerait à des répétitions, nous croyons qu'il vaut mieux faire l'exposé du sujet et dire en même temps sur quel point nous pensons avoir apporté notre contribution personnelle.

Exposé du sujet. — Plusieurs points de l'histoire des artères cérébrales nous semblent définitivement acquis, notamment en ce qui concerne les territoires artériels. Déjà M. Charpy, dans son *Traité d'Anatomie des centres nerveux* avait établi les limites des différents territoires grâce à des injections colorées poussées dans les différentes artères de la base. Un auteur américain, Ayer, de Boston, a précisé les départements artériels des noyaux cérébraux et a donné une série de dessins montrant la répartition générale des artères centrales. Un auteur anglais, Beewor, a publié un travail important sur le même sujet. Sans nous appesantir davantage sur ce point, disons simplement que la question des territoires artériels du cerveau nous paraît suffisamment éclaircie à la condition de faire intervenir la notion de variations possibles déjà constatées par Duret dans une revue critique très documentée parue dans *L'Encéphale*, en janvier 1910.

Les points suivants nous paraissent moins bien étudiés; en tout cas, les anatomistes ne sont pas d'accord à leur sujet, nous voulons parler :

1º Du réseau pie-mérien fourni par les artères corticales;

2º De la morphologie des branches issues de ce réseau (artères courtes et artères longues);

3º Des caractères morphologiques des artères centrales et des rapports de ces dernières avec les artères d'origine corticale.

Technique. — Les opinions différentes des divers anatomistes sur les points précédents paraissent provenir de la difficulté dont est entourée l'étude des vaisseaux du cerveau. Veut-on les étudier sur l'organe frais sans injection préalable ? On se trouve en présence de rubans grêles et fragiles qu'il est fort difficile de suivre par la dissection. Dès lors, il faut pousser une injection. Faisons remarquer que les artères plongées dans un tissu friable et peu consistant, nullement soutenues par conséquent, éclatent sous des pressions relativement basses, d'où la difficulté d'obtenir des injections parfaites sans diffusion partielle de la masse injectée dans les milieux interstitiels. Nous avons pensé qu'il était possible de tourner cette difficulté en nous adressant à la radiographie, comme moyen d'étude de ces vaisseaux.

Parmi les nombreux avantages que nous avons retirés de ce mode d'investigation, il en est un plus particulièrement important, à savoir : la conservation des rapports exacts des artères qui se ramifient à l'intérieur de l'organe.

Après avoir poussé par la carotide primitive et les vertébrales une injection de minium en suspension dans l'essence de térébenthine, nous faisons durcir le cerveau, puis nous le débitons en tranches frontales, sagittales et horizontales, de manière à saisir les différents aspects que présentent les vaisseaux étudiés. Dans cette Note, nous n'avons rapporté que quelques points relatifs aux artères du cerveau de l'homme, nous réservant de faire connaître les résultats de nos recherches sur les cerveaux des mammifères dans un travail d'ensemble que nous nous proposons de publier sur la question.

1º *Réseau pie-mérien.* — Dans son fameux Mémoire de 1873, Duret rejetait tout réseau artériel à la superficie des circonvolutions cérébrales. Heubner, au contraire, admet que les artères corticales forment au niveau de la pie-mère des réseaux à mailles serrées qui assurent une suppléance parfaite dans le cas d'oblitération d'un vaisseau. M. Charpy, après ses recherches personnelles, et dans le travail de son élève Biscons, reconnaît l'existence de ces réseaux et en donne un dessin démonstratif. Nous-mêmes, après avoir radiographié des coupes tangentielles corticales de cerveaux injectés, nous avons reconnu que les artères du cerveau donnaient naissance à un réseau pie-mérien à anastomoses assez nombreuses. Looten, dans sa thèse, a précisé les points de l'écorce où se faisaient les anastomoses les plus fréquentes. Nous avons reconnu l'existence de ces dernières, mais après l'examen de nos radiographies, nous inclinons à croire que ces anastomoses sont plus fréquentes qu'il ne le dit.

2º *De la morphologie des branches issues de ce réseau.* — En examinant les radiographies des coupes frontales portant sur des cerveaux injectés, il nous a été loisible d'étudier la distribution et le trajet des artères issues des branches corticales. Elles se divisent en deux groupes : les unes, en effet, courtes, multiples, s'épuisent dans la coque de substance grise sans empiéter sur le centre ovale de Vieussens ; les autres, très longues au contraire, s'infléchissent en dedans, en se dirigeant en sens radiaire vers la profondeur de la substance blanche. Elles semblent fournir très peu de branches soit collatérales, soit terminales et l'on voit leur troupe serrée s'avancer vers la profondeur sans échanger la moindre anastomose.

Il existe des variations régionales en ce qui concerne les caractères de ces vaisseaux. C'est ainsi que sur une coupe frontale, passant, par exemple, par le chiasma optique, les artères longues issues des corticales au niveau du bord supérieur des hémisphères mesurent plusieurs centimètres avant de venir se terminer sur les confins du territoire des artères centrales. Au contraire, dans la scissure de Sylvius, ces mêmes vaisseaux plongeant dans la profondeur rencontrent l'avant-mur, traversent cette formation, mais s'arrêtent à la capsule externe dont la majeure partie est irriguée par de très courts rameaux issus du groupe externe des artères lenticulo-striées. De plus, ces artères longues de la région sylvienne, au lieu de ressembler à de longs filaments rectilignes, sont flexueuses et en même temps plus volumineuses.

3º *Des caractères morphologiques des artères centrales et des rapports de ces dernières avec les artères d'origine corticale.* — Dans le groupe des artères centrales, il y a plusieurs ordres de vaisseaux à considérer : les uns antérieurs forment ce qu'on appelle *les artères striées* ; elles ont été, de notre part, en raison de leur importance au point de vue anatomo-pathologique depuis les travaux de Charcot, l'objet d'une étude spéciale que nous nous réservons de publier. Nous ne nous appesantirons pas davantage sur les caractères morphologiques de ces vaisseaux. Nous

Fig. 1. — Radiographie : Coupe frontale pratiquée dans un cerveau d'adulte ♂ 40 ans environ. — Dans la région corticale on distingue le fin chevelu des artères courtes et, plongeant dans la substance blanche, les artères longues. — Au centre, une partie du plexus choroïde.

allons simplement indiquer quelques caractères intéressants de leurs terminaisons.

En examinant principalement des radiographies de coupes frontales, on reconnaît que les artères longues d'origine corticale arrivent jusqu'aux confins de la zone des noyaux de la base. D'autre part, les artères qui vascularisent ces derniers par quelques-unes de leurs branches pénètrent jusqu'aux limites des ganglions cérébraux et parfois même les dépassent.

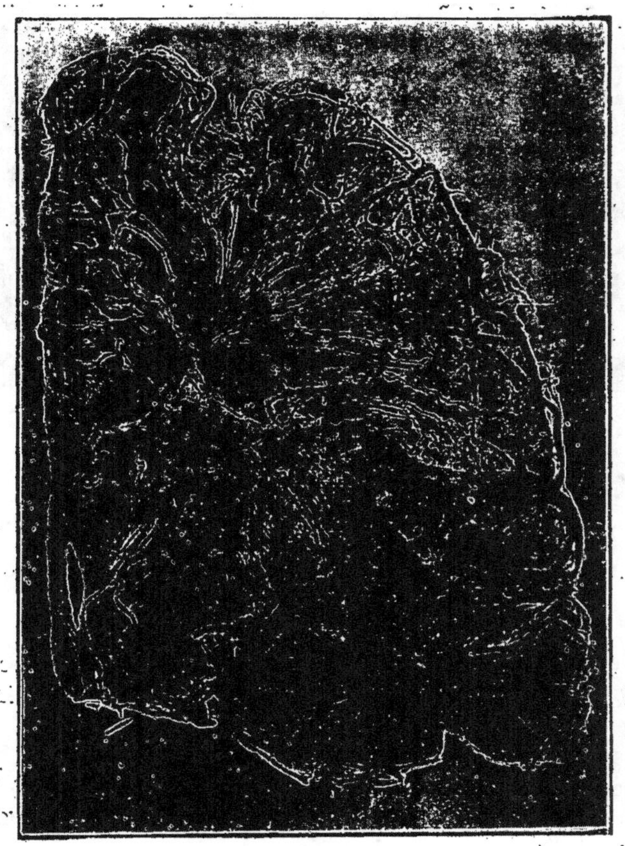

Fig. 2. — Radiographie : Coupe frontale, cerveau d'adulte ♂, 28 ans. — Destinée à montrer les rapports des artères corticales et des artères centrales (la section n'intéresse que l'hémisphère gauche).

Nous prendrons comme exemple la capsule externe irriguée en partie par des branches des artères lenticulo-striées. Quoi qu'il en soit, au niveau de la zone qui sépare ces deux territoires, il existe une sorte de département invasculaire qui semble séparer les artères corticales des artères centrales. Ces constatations radiographiques suffisent à établir qu'il n'existe aucune anastomose entre les artères de ces deux groupes et qu'en second lieu, cette vascularisation moindre d'une sorte de zone frontière entre ces deux départements artériels met bien en lumière la signification différente de ces deux systèmes.

En résumé. 1º La radiographie appliquée à l'étude des artères du cerveau présente sur la dissection de ces vaisseaux plusieurs avantages en particulier, celui de respecter leurs rapports.

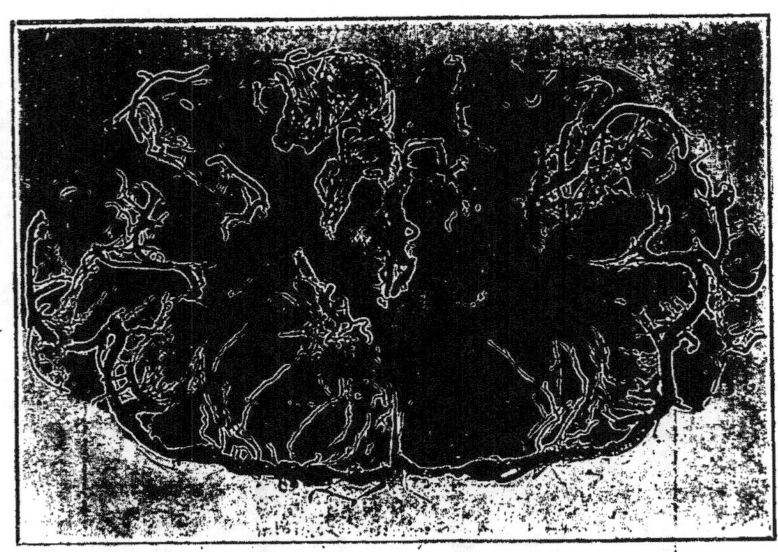

Fig. 3. — Cerveau de veau. — Coupe frontale. — Distribution des artères cérébrales dans les régions de l'écorce et de la base.

2º Elle nous a permis, en outre, de vérifier d'une manière qui nous paraît irréprochable, l'indépendance des systèmes artériels périphérique et central au niveau de cet organe.

3º Les caractères morphologiques des artères peuvent aisément être précisés par ce mode d'étude. Nous n'avons donné ici que nos premiers résultats sur ce point, mais nous les croyons assez importants pour faire l'objet d'un travail plus complet.

MM. LES D^{RS} DIEULAFÉ ET AVERSENQ.

(Toulouse).

LA CAPSULE PROSTATIQUE ET LES FEUILLETS PÉRIPROSTATIQUES.

611.637

6 *Août.*

Les récentes données de la chirurgie prostatique ont attiré l'attention des anatomistes et des cliniciens sur la glande prostatique et les feuillets qui l'enveloppent dans le but de préciser les techniques opératoires.

Nous n'avons pas à revenir sur la topographie générale de la prostrate, car de nombreux travaux exposent clairement cette question. Ce que les applications chirurgicales nous ont inspiré d'étudier d'une manière plus particulière c'est la disposition de l'enveloppe de la glande et des feuillets fibreux ou celluleux qui se disposent autour d'elle.

Il y a lieu de préciser dès le début de cette étude la définition de deux ordres de formations bien distinctes et dont la dénomination anatomo-clinique a pu parfois prêter à confusion.

Il existe tout autour de la glande prostatique une membrane conjonctive, doublée en certains points de fibres musculaires, qui adhère intimement au tissu glandulaire et qui représente la capsule conjonctive que l'on retrouve plus ou moins développée, au niveau des autres glandes. Cette enveloppe mérite le nom de *capsule propre de la prostate* ou plus simplement de *capsule prostatique.*

En outre, tout autour de la glande, sauf dans les régions juxta-viscérales base et bec de la prostrate, se disposent des lamelles conjonctives ayant en certains points la valeur d'aponévroses; ce sont les *feuillets péri-prostatiques.*

L'une et l'autre de ces formations, capsule prostatique et feuillets périprostatiques, offrent un intérêt chirurgical à cause des détails qu'elles imposent aux techniques opératoires ou de l'existence de lésions pathologiques dont elles sont fréquemment le siège.

I. CAPSULE PROSTATIQUE. — L'ensemble des glandules prostatiques est circonscrit par une couche de tissu fibro-musculaire que les auteurs confondent volontiers avec l'atmosphère péri-prostatique. On a décrit sous le nom de *capsule prostatique* cette couche enveloppante. En réalité, il existe tout autour des lobules glandulaires une membrane fibreuse aux éléments de laquelle se mélangent des fibres musculaires, surtout dans la partie antérieure de l'organe, mais il s'agit d'une membrane bien délimitée, circonscrivant l'organe et le séparant nettement des espaces celluleux qui l'entourent. Cette membrane fibro-musculaire est unie, en dedans avec les tractus fibro-musculaires qui se répandent entre les lobules glandulaires et, en dehors, avec d'autres tractus conjonctifs qui l'unissent avec les espaces celluleux et les aponévroses péri-glandulaires.

II. Feuillets péri-prostatiques. — Nous ne saurions mieux faire pour fixer les idées, au point de vue historique, sur l'interprétation des divers feuillets qui enveloppent la prostate et délimitent l'espace quadrangulaire que l'on appelle *loge prostatique*, que de renvoyer le lecteur à la description de Denonviliers (¹), que les divers auteurs ont conservée presque intégralement ou à quelques détails près.

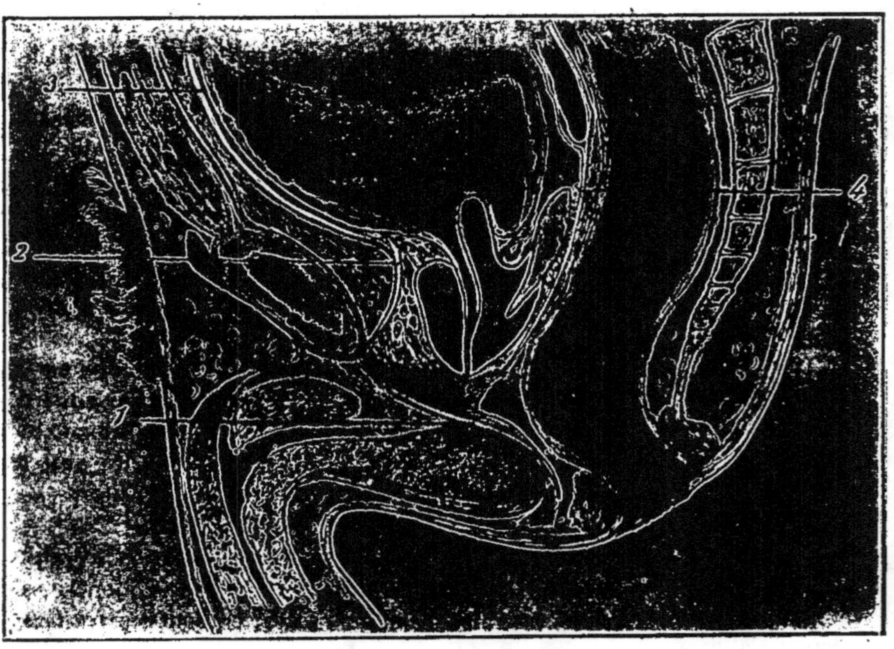

Fig. 1. — *Section sagittale para-médiane sur un sujet-adulte congelé* (réduction de moitié).

1, aponévrose moyenne.
2, feuillet péri-prostatique antérieur.
3, fascia prévésical.
4, feuillet péri-prostatique postérieur.

Ainsi que le reconnaît Denonviliers, il existe autour de la prostate des espaces correspondant à ses faces antérieures, latérales et postérieures qui sont circonscrites par des feuillets lamelleux.

a. Feuillet péri-prostatique antérieur. — Le feuillet péri-prostatique

---

(¹) Denonviliers, *Propositions et observations d'Anatomie, de Physiologie et de Pathologie*. Thèse de Paris, 1857.

antérieur est situé à quelques millimètres au-dessus de la prostate, séparé d'elle par les fibres musculaires du sphincter strié qui recouvre un petit segment inférieur de la glande et par les nombreuses veines qui constituent le plexus pubio-vesico-prostatique. Signalée par Denonviliers sous le nom *d'aponévrose pubio-prostatique* et plus tard par Zuckerkandl, cette lame est indiquée par Albarran et Motz ([1]) et par Starkow ([2]) sous le nom de *lamelle de Zuckerkandl*, par Paul Delbet ([3]) sous le nom de *lame fibreuse pré-prostatique*.

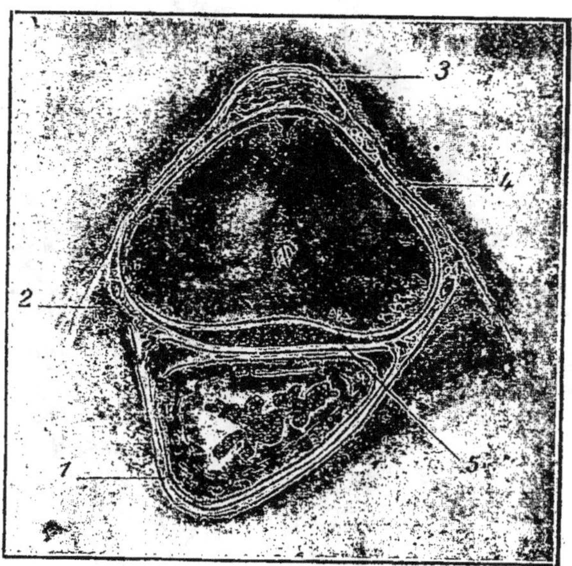

Fig 2. — *Section transversale sur les viscères pelviens d'un supplicié* [fixation au formol (grandeur nature)]. La coupe passe dans la région moyenne de la prostate. On voit entre la capsule prostatique, en arrière, et le feuillet péri-prostatique postérieur l'espace décollable rétro-prostatique.

1, fascia recti,
2, aponévrose du releveur de l'anus.
3, feuillet péri-prostatique antérieur.
4, feuillet péri-prostatique latéral.
5, feuillet péri-prostatique postérieur.

Il s'agit, ainsi que le montre notre figure 1, d'un feuillet conjonctif recouvrant le plexus de Santorini, allant de la face antérieure de la vessie à la face postérieure du pubis au niveau de son bord inférieur. Cette

---

([1]) ALBARRAN et MOTZ, *Anatomie microscopique de la prostate hypertrophiée* (*Annales des maladies des organes génito-urinaires*, 1902, t. XX. p. 762).

([2]) S.-W. STARKOW, *Russich Analysis in Jahresbericht*, 1905.p. 556.

([3]) PAUL DELBET, *Traité d'Anatomie de Poirier et Charpy*. Volume des organes génito-urinaires.

lamelle va se mettre en relation, sur les côtés, avec l'aponévrose du releveur de l'anus. En arrière, elle reçoit la terminaison du *fascia prévésical* de Charpy ([1]), se fusionne pour ainsi dire avec ce fascia qui par son intermédiaire atteint ainsi le jubis.

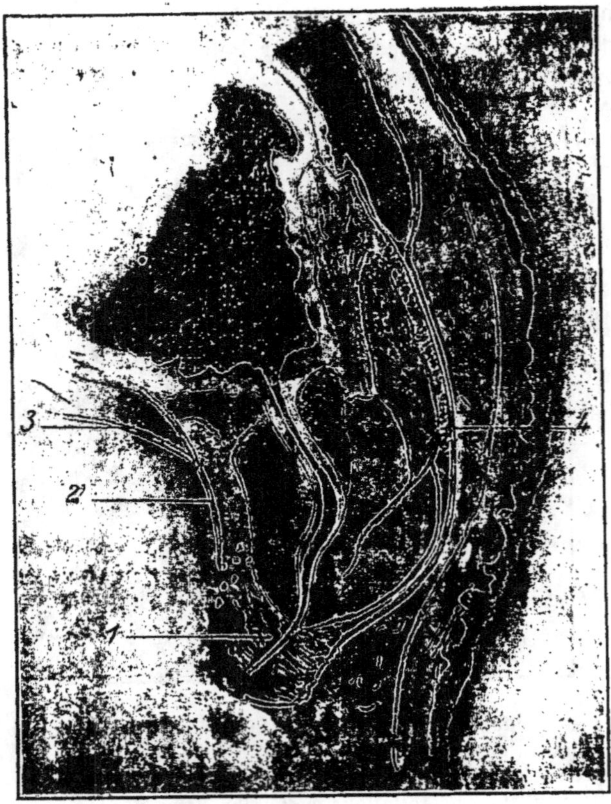

Fig. 3 — *Section sagittale para-médiane sur les viscères pelviens d'un supplicié (fixation au formol), grandeur nature.*

1, gaine musculaire de l'urètre membraneux.
2, feuillet péri-prostatique antérieur.
3, fascia prévésical.
4, feuillet péri-prostatique postérieur.

On sait que le fascia pré-visical a reçu de Cunéo et Veau une interprétation le rattachant à la formation des fascias d'accolement; il s'agirait là, en avant de la vessie, d'un fascia d'accolement, vertige des culs de sac péritonéaux pré-vésicaux, qui à une phase du développement, ont existé sur la face antérieure de l'allantoïde. La vésicule allantoïde donnant

---

([1]) CHARPY, *Études d'anatomie.* Toulouse, barian, 1891.

au delà de la vessie une partie de l'urètre, le fascia pré-vésical doit naturellement se poursuivre au-dessous de la limite inférieure de la vessie et c'est ainsi qu'il va se jeter sur le feuillet péri-prostatique antérieur.

b. Feuillet péri-prostatique latéral. — Le feuillet péri-prostatique latéral, ainsi que le montre la figure 2, se trouve constitué essentiellement par une lame aponévrotique, qui est l'expansion de l'aponévrose supérieure du releveur de l'anus, se dirigeant en haut vers la prostate et la vessie et dont l'existence et les connexions sont bien décrites par tous les auteurs, depuis Denonviliers (*aponévrose latérale de la prostate* ou *pubio rectale* de cet auteur).

Au niveau de l'angle dièdre postéro-latéral de la prostate, la face profonde de ce feuillet reçoit l'inertion d'une autre aponévrose venue de la région postérieure et résultant de la fusion, du feuillet péri-prostatique postérieur et du fascia recti. Au niveau de l'angle antéro-latéral de la prostate les lamelles s'isolent pour envelopper un gros vaisseau au delà duquel elles vont se perdre dans des tractus conjonctifs qui vont constituer le trame de la région antérieure, dans laquelle se trouve contenu le plexus de Santorini. Les lamelles les plus périphériques vont en haut se mettre en relation avec la face profonde du feuillet péri-prostatique antérieur. L'ensemble du feuillet péri-prostatique latéral a donc un aspect lacuneux, lamelleux ; des tractus conjonctifs l'unissent profondément à la périphérie de la capsule prostatique.

c. Feuillet péri-prostatique postérieur. — Le feuillet péri-prostatique postérieur correspond à l'*aponévrose prostato-péritonéale* de Denonviliers, correspond au feuillet qu'on décrit ordinairement sous le nom d'*aponévrose de Denonviliers.* Cette aponévrose (*fig. 3*) recouvre la face postérieure de la prostate et des vésicules séminales. En haut, elle s'insère sur le tissu sous-péritonéal du cul de sac vésico-rectal. Son insertion intérieure a été diversement interprétée ; les uns la font s'unir au feuillet supérieur de l'aponévrose moyenne (¹), d'autres, avec Delbet, l'amènent en un point central du périnée (noyau fibreux central), d'autres enfin l'unissent à la face antérieure du rectum. Nos dissections et nos coupes (*fig.* 1 et 3) nous montrent nettement que l'insertion inférieure de ce feuillet se fait sur la gaine musculaire de l'urètre membraneux, immédiatement au-dessous du bec prostatique.

Ce feuillet se trouve ainsi localisé à la région allantoïdienne. Examiné sur une section sagittale d'un fœtus nouveau-né (*fig.* 4), cette aponévrose apparaît avec les mêmes connexions. On remarque sur cette section que la partie supérieure de l'aponévrose, confondue avec le cul de sac péritonéal,

---

(¹) L'aponévrose moyenne doit être considérée comme une forte lame qui, ainsi que l'a dit Charpy, est « la partie résistante de la membrane interpubienne » ; elle comble l'espace compris entre les deux branches de l'arcade pubienne et correspond au feuillet inférieur des auteurs ; le feuillet supérieur qu'on décrit à cette aponévrose n'est qu'une lame celluleuse recouvrant le muscle transverse profond ou muscle de Guthrie.

présente une certaine épaisseur et que de ce point, en descendant, l'aponévrose s'amincit et s'effile. Ceci est bien en accord avec la conception
que Cunéo et Veau ont donnée de cette aponévrose. C'est un fascia d'accolement qui résulte de l'oblitération de la partie inférieure du cul de sac
intestino-allantoïdien. Mais il nous paraît exagéré, sous prétexte de
fascia d'accolement, de vouloir rattacher à l'aponévrose de Denonviliers,
tous les éléments cellulo-musculaires qui placés en avant de cette aponévrose englobent les vésicules séminales.

Fig. 4. — *Section sagittale d'un fœtus nouveau-né congelé* (grandeur nature).
Cette figure montre les relations topographiques de la prostate et tout
particulièrement les connexions péritonéale et musculaire du feuillet
péri-prostatique postérieur.

Il serait aussi erroné de confondre la gaine musculo-conjonctive des
vésicules séminales avec l'aponévrose de Denonviliers, que de décrire
comme une seule formation les divers plans qui s'étagent sur la face
antérieure de la vessie; l'aponévrose de Denonviliers s'isole partout de
la gaine hypogastrique ou de ses dépendances comme le fascia pré-vésical
de Charpy est indépendant du tissu allantoïdien qui recouvre l'ouraque
et la vessie.

Latéralement ce feuillet va s'unir avec la face profonde du feuillet
émané de l'aponévrose du releveur de l'anus, et, de concert avec ce dernier,
va fournir le feuillet péri-prostatique latéral.

Avant de s'unir avec ce feuillet, il reçoit la terminaison latérale d'une

aponévrose (*fascia recti*) venue de la face postérieure du rectum; la
fusion entre le feuillet péri-prostatique postérieur et le fascia recti
s'effectue au-dessus d'une veine placée au niveau de l'angle postéro-
latéral de la prostate; tout autour de cette veine ces deux feuillets se
trouvent réunis par de nombreux tractus celluleux, dans les mailles
desquels on remarque l'existence de nombreux petits vaisseaux.

La face antérieure du feuillet péri-prostatique postérieur, se trouve
séparée de la prostate par une véritable cavité (virtuelle à l'état normal),
dont les parois sont en contact mais sont susceptibles de s'écarter sous
l'influence de la moindre traction. L'existence d'un tel espace a été signalé
sous le nom d'*espace décollable rétro-prostatique* de Gosset et Proust.

C'est grâce à l'existence de cet espace qu'on peut chirurgicalement, après
avoir franchi le feuillet péri-prostatique postérieur, isoler sans difficultés
la prostate. Au niveau des vésicules séminales le feuillet péri-prostatique
postérieur est uni à ces organes par des tractus assez serrés créant une
véritable adhérence.

La face postérieure du même feuillet est unie par des tractus en bas du
feuillet supérieur de l'aponévrose de Carcassonne et au noyau central du
périnée, en arrière à la face antérieure du rectum. Ces tractus délimitent
entre eux des mailles assez lâches dans lesquelles se trouvent des vaisseaux; lorsqu'on aborde le rectum par la voie périnéale et la voie sacrée,
on effectue l'isolement facile de ce conduit grâce à la déchirure de ces
tractus conjonctifs. Ce tissu cellulaire lâche étant détruit, le rectum se
trouve séparé de ses connexions antérieures tandis que le feuillet péri-
prostatique postérieur protège en avant le prostate et les vésicules séminales. En avant du feuillet péri-prostatique postérieur il existe un espace
naturel séparant ce feuillet de la prostate; en arrière de ce même feuillet
l'espace doit être créé artificiellement, il correspond à ce que Quénu et
Hartmann ont décrit sous le nom d'*espace décollable prérectal*.

III. Topographie de la prostate. — Organe sous péritonéal, appartenant à ce qu'on décrit sous le nom d'*étage supérieur du périnée*, la prostate
se trouve, grâce aux divers feuillets que nous venons de décrire, placée
dans une loge close de tous côtés sauf en haut et en bas où elle continue
le segment viscéral sus et sous-jacent (vessie et urètre membraneux).
Tout autour de la prostate se disposent des espaces, les uns interceptés
entre les feuillets péri-prostatiques et la capsule propre de la glande, les
autres situés à l'extérieur; en avant la cavité de Retzius, sur les côtés
l'espace pelvi-rectal supérieur, en arrière l'espace pré-rectal. Chacun de
ces espaces a sa pathologie propre, peut être le siège d'abcès à point de
départ infectieux venus de l'urètre ou de la glande prostatique. C'est
ainsi que la disposition des feuillets péri-prostatiques nous indique qu'il
peut exister deux ordres d'abcès péri-prostatiques, les uns circonscrits,
parce qu'ils sont englobés, délimités par les feuillets, les autres diffus, parce
qu'ils se répandent dans les espaces extérieurs aux feuillets. En ce qui
concerne ces diverses données pathologiques nous nous proposons d'en

faire l'exposé d'après nos recherches expérimentales et les protocoles nécropsiques ou opératoires des cas pathologiques connus ou personnels.

MM. MONTANÉ,

Professeur,

ET

BOURDELLE,

Chef de travaux d'Anatomie à l'École nationale vétérinaire de Toulouse.

QUELQUES OBSERVATIONS SUR LES CIRCONVOLUTIONS CÉRÉBRALES DE L'ÉLÉPHANT.

611.813.1+59.9.61

5 Août.

Les documents relatifs à l'étude des circonvolutions cérébrales de l'éléphant sont rares à notre connaissance et pour la plupart peu précis.

Blair [1] reconnaît seulement qu'au volume près, le cerveau de l'éléphant ressemble au cerveau de l'homme.

Perrault [2] a trouvé le cerveau de l'éléphant *très petit;* il est muet sur les circonvolutions cérébrales.

Stuckeley [3] a seulement remarqué que le cerveau de l'éléphant ne le cède en rien à celui de l'homme au point de vue du plissement *délicat* de sa surface.

Camper [4] a été plus précis dans ses observations que les auteurs précédents. Après avoir donné des indications justes sur les principales parties de l'encéphale, il parle sans insister des circonvolutions cérébrales, et c'est seulement en 1839-1857 que Leuret et Gratiolet [5] fournissent les premiers documents importants sur ce sujet.

Pour Leuret et Gratiolet, « l'éléphant l'emporte sur l'homme quant au nombre et au volume des circonvolutions ». Chaque hémisphère offre quatre *circonvolutions longitudinales,* coupées en deux parties, une antérieure et une postérieure, par des *circonvolutions transversales.* Trois des circonvolutions

---

[1] Blair, *Memoirs of the Royal Society(Philos., trans. of London),* cité par Camper.

[2] Perrault, *Mémoire pour servir à! histoire naturelle des animaux* (1666-1699), cité par Camper.

[3] Stuckeley. *Essays Towards the anatomy of an elephant,* 1772.

[4] Camper, *Œuvres de Camper* (1803), t. II.

[5] Leuret et Gratiolet, *Anatomie comparée du système nerveux considéré dans ses rapports avec l'intelligence,* 1839-1857.

longitudinales sont visibles sur la face externe; la quatrième occupe la face interne qui présente, en outre, une circonvolution autour du corps calleux. Cette dernière, « double en avant, devient simple vers le bord postérieur du corps calleux, où elle envoie une sorte de ramification aux circonvolutions supérieures ».

A peu près en même temps que Leuret et Gratiolet, DARESTE ([1]) publiait deux importants Mémoires sur les circonvolutions cérébrales des Mammifères, dans lequel il était question de l'éléphant. Pour Dareste le développement des circonvolutions est en rapport avec la taille; les deux Mammifères les mieux pourvus en circonvolutions, l'éléphant et la baleine, sont justement les plus grands.

CUVIER ([2]), à part des indications sur le poids et les dimensions de l'encéphale, n'en dit pas plus long que Dareste sur le volume, l'étendue, le nombre des circonvolutions chez l'éléphant.

BROCA ([1]) enfin, dans son magistral travail de 1878 sur l'Anatomie comparée des circonvolutions cérébrales, aborde quelques faits relatifs à l'éléphant; mais ses observations sont malheureusement très limitées. C'est ainsi qu'il constate que, sur l'immense cerveau de l'éléphant, le lobe frontal est beaucoup plus grand et beaucoup plus compliqué que chez les autres Mammifères; que la scissure limbique forme un arc complet par la continuité de ses parties sous-frontale et sous-pariétale; enfin il donne une description du lobe calleux. A l'encontre de ce qu'on observe chez le cheval et le tapir, ce lobe serait très étroit chez l'éléphant, où il est en quelque sorte *étouffé* sous la masse énorme des circonvolutions fronto-pariétales qui se pressent sur lui. Après avoir affirmé la continuité de l'arc supérieur de la scissure limbique, Broca parle de son interruption par de nombreux plis de passage.

Tels sont les documents pour la plupart très imparfaits que nous avons pu recueillir sur les circonvolutions cérébrales de l'éléphant. Nous allons essayer d'ajouter notre modeste collaboration aux points déjà établis.

Le cerveau que nous avons étudié provient d'une jeune éléphante des Indes, Topsy, âgée de 9 ans, appartenant de son vivant au cirque Pinder, morte d'une néphrite chronique, à la suite d'une grave lésion de l'appareil génito-urinaire, pour laquelle elle avait été *heureusement* opérée dans le Service de Chirurgie de l'École vétérinaire de Toulouse par M. le Pr Sendraif. Ce cerveau, convenablement durci et dépouillé de sa pie-mère, nous a montré un ensemble de circonvolutions bien supérieur à tous ceux des autres animaux, et dans lequel on retrouve les scissures et les lobes que l'on connaît déjà chez l'homme.

Nous indiquerons d'abord ces *scissures;* nous ferons ensuite une description des différentes *lobes* et nous terminerons cette étude par un examen détaillé du *lobe limbique.*

I. *Scissures et sillons de l'hémisphère.* — En outre de la scissure limbique qui sera décrite à propos du lobe correspondant, on trouve dans le

---

([1]) DARESTE, *Annales des Sciences naturelles,* 3ᵉ série, t. XVII, 1852; 4ᵉ série, t. I, 1854.

([2]) CUVIER, *Anatomie comparée,* 1845.

cerveau de l'éléphant une scissure de Sylvius, un sillon de Rolando et des scissures perpendiculaires.

a. La scissure de Sylvius (*fig.* 1), déjà relevée par Leuret [1], est située à la partie moyenne et inférieure de l'hémisphère qu'elle croise de bas en haut et d'avant en arrière, correspondant aussi comme situation et direction à l'étranglement moyen de l'hémisphère.

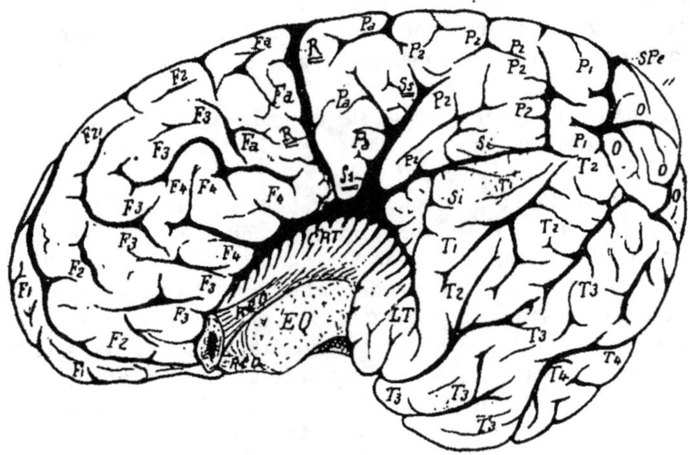

Fig. 1. — *Face externe de l'hémisphère cérébral gauche de l'éléphant.*
(La pièce a été légèrement déformée pendant la conservation et dessinée telle.)

R, sillon de Rolando. — S s, branche supérieure de la scissure de Sylvius. — S i, branche inférieure de la scissure de Sylvius. — SP e, scissure perpendiculaire externe. — R e O, racine externe du lobule olfactif. — R i O, racine interne du lobule olfactif. — EQ, espace quadrilatère. — F a, circonvolution frontale ascendante. — F₁, F₂, F₃, F₄, 1ʳᵉ, 2ᵉ, 3ᵉ, 4ᵉ circonvolutions frontales longitudinales. — P a, circonvolution pariétale ascendante. — P₁, P₂, 1ʳᵉ, 2ᵉ circonvolutions frontales longitudinales. — LT, T₁, T₂, T₃, T₄, circonvolutions temporales. — O, circonvolutions occipitales. — CRT, circonvolution rhino-temporale.

Elle commence, en avant du pôle temporal, par une vallée largement ouverte par suite de l'écartement du lobe frontal, atteint ainsi la partie externe de la scissure limbique avec laquelle elle communique largement et se divise en deux branches après un court trajet.

Ces deux branches peuvent être distinguées en supérieure et inférieure. La branche supérieure, large et profonde, s'élève en haut et en arrière. décrit une courbe à concavité postérieure, et se termine à 3 ou 4 cm du bord sagittal dans l'intérieur du lobe pariétal. La branche inférieure est plus longue, mais plus étroite que la précédente dont elle se sépare en avant à angle aigu, elle se dirige d'avant en arrière en formant une légère

---

[1] LEURET et GRATIOLET (*loc. cit.*).

concavité inférieure à la limite des lobes pariétal et temporal. Les deux branches sont séparées l'une de l'autre par une forte circonvolution en forme de coin du lobe pariétal, qui semble être la cause initiale de la division en deux branches de la scissure de Sylvius. La scissure de Sylvius se trouverait donc réduite à sa branche postérieure, elle-même divisée en deux chez l'éléphant. Sa branche antérieure semble faire défaut, peut-être pourrait-on la voir dans ce sillon qui contourne la quatrième ciconvolution frontale.

b. Le sillon de Rolando (*fig.* 1), indiqué aussi par Leuret ([1]), est rapporté très en arrière chez l'éléphant comparativement aux autres espèces animales, et il occupe comme chez l'homme une situation nettement transversale à la partie moyenne de l'hémisphère.

Il est profond, plus étroit que la branche supérieure de la scissure de Sylvius et limité par deux circonvolutions très puissantes. Inférieurement il prend naissance un peu en avant de la scissure de Sylvius, au-dessus de la partie externe de la scissure limbique, dont il est séparé par un petit pli de passage; supérieurement, il entaille le bord sagittal de l'hémisphère, et se prolonge sur la face interne, sur une longueur de 3 à 4 cm.

c. Les *scissures perpendiculaires* (*fig.* 1 et 2), sont moins nettement indiquées que les précédentes. Nous pensons cependant qu'il faut voir la première dans une incisure courte et profonde située à quelques centimètres en avant du pôle occipital. Cette incisure se prolonge sur la face interne par un court trajet qui représenterait la scissure perpendiculaire interne.

II. *Lobes.* — Les scissures ou sillons précédents séparent quatre lobes principaux plus ou moins nets. Ce sont les lobes frontal, pariétal, temporal et occipital, auxquels on peut ajouter une lobe de l'insula rudimentaire.

a. Lobe frontal (*fig.* 1, 2 et 3). — Ce lobe occupe presque la moitié antérieure de l'hémisphère. Il est nettement limité en arrière par le sillon de Rolando, en dehors et en bas par la partié externe de la scissure limbique; en dedans il s'étend largement sur la face interne.

Ce lobe comprend une circonvolution ascendante et dés circonvolutions longitudinales. La circonvolution frontale ascendante (Fa), large et contournée, est assez nettement limitée en avant par un sillon prérolandique; inférieurement, cette circonvolution lance un pli de passage profond à la partie inférieure de la circonvolution pariétale ascendante, elle est rattachée à l'extrémité interne de la même circonvolution par un pli superficiel qui constitue la limite interne du sillon de Rolando.

Les circonvolutions frontales longitudinales sont nombreuses, très contournées et plus ou moins bien séparées. On peut cependant en distinguer quatre principales. La première (F_1) forme la face interne, antérieure et inférieure du lobe frontal; elle présente de nombreuses traces de division; sa partie inférieure ou orbitaire est allongée, étroite, divisée longitudinalement; le pôle frontal de l'hémisphère est formé par cette circonvolution.

La deuxième frontale longitudinale F₂ est allongée, étroite, nettement séparée de la précédente, mais présente de nombreuses connexions avec F₃. Celle-ci, F₃, étroite aussi, est en forme d'arc ouvert en dehors et en arrière; elle englobe F₄ qui est elle-même recourbée étroitement autour d'un sillon qui gagne la scissure limbique, et dans lequel on pourrait voir la branche antérieure de la scissure de Sylvius, les trois dernières circonvolutions ont entre elles des anastomoses nombreuses.

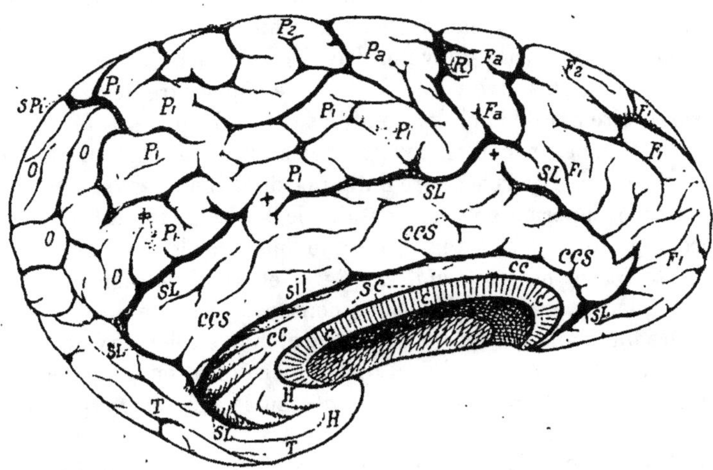

Fig. 2. — *Face interne de l'hémisphère cérébral gauche de l'éléphant.*
(La pièce a été légèrement déformée pendant sa conservation et dessinée telle.)

C, corps calleux. — CC, circonvolutions du corps calleux. — CCS, circonvolution calleuse supérieure. — SC, sillon du corps calleux. — S*il*, sillon intra-limbique. — SL., partie ou arc interne de la scissure limbique. — +, plis de passage fronto-calleux et pariéto-calleux. R, sillon de Rôlando. — S*pi*, scissure perpendiculaire interne. — F*a*, F₁, F₂, circonvolutions du lobe frontal visibles sur la face interne. — P*a*, P₁, P₂, circonvolutions du lobe pariétal visibles sur la face interne. — ⧧, plis de passage pariéto-occipital. — O, circonvolutions occipitales. — T, circonvolutions temporales. — H, circonvolutions de l'Hippocampe.

b. Lobe pariétal (fig. 2 et 3). — Il occupe la partie moyenne et postérieure des faces interne et externe de l'hémisphère, limité en avant par le sillon de Rolando, en bas par la branche inférieure de la scissure de Sylvius, en arrière par la scissure perpendiculaire externe. Il s'étend largement sur la face interne de l'hémisphère dont il occupe les deux tiers de la hauteur. Ce lobe comprend une circonvolution pariétale ascendante P*a*, débordant sur la face interne par son extrémité supérieure, et de laquelle se dégagent en arrière deux circonvolutions longitudinales. La première P₁ est tout entière située sur la face interne ;

elle est divisée par de nombreuses incisures et se porte en arrière jusqu'au pôle occipital auquel elle est rattachée par un pli de passage; puis elle se contourne en dehors en avant de la scissure perpendiculaire et vient sur la face externe s'anastomoser avec les circonvolutions temporales.

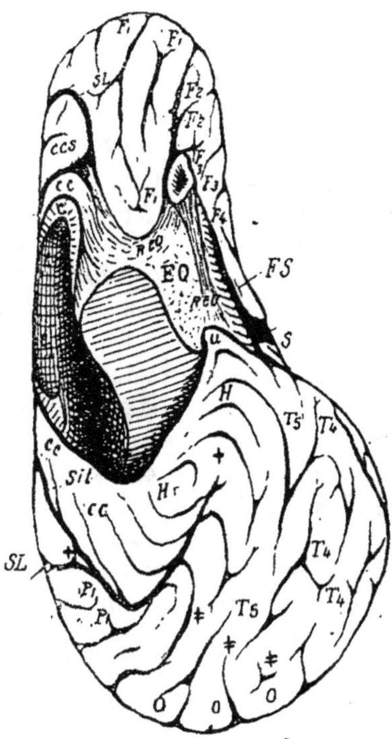

Fig. 3. — *Face inférieure de l'hémisphère cérébral gauche de l'éléphant.* (La pièce a été légèrement déformée pendant la conservation et dessinée telle.)

C, corps calleux (la section de son genou et de son bourrelet sont légèrement visibles, par suite de la déformation de la pièce. — CC, circonvolutions du corps calleux. — HH, hippocampe. — Sil, sillon intra-limbique. — SL, scissure limbique. — +, plis de passage rétro-limbique. — ‡, anastomoses temporo-occipitales. — EQ, espace quadrilatère. — F_1, F_2, etc., circonvolutions frontales. — T_4, T_5, circonvolutions temporales. — P_1, circonvolution pariétale. OO, circonvolutions occipitales.

La deuxième pariétale longitudinale P_2 est constituée par une grosse masse qui forme la partie moyenne du bord sagittal de l'hémisphère; elle n'est qu'incomplètement séparée en dedans de P_1, contourne la branche supérieure de la scissure de Sylvius et vient se loger entre cette branche et l'inférieure, après s'être anastomosée avec la première circonvolution temporale. La division de la scissure de Sylvius en deux branches n'est probablement que le résultat de l'inclusion de l'extrémité de P_1 dans la branche postérieure de la scissure de Sylvius primitive.

c. Lobe temporal (fig. 1, 2 et 3). — C'est le plus développé des lobes du cerveau; il constitue, à lui seul, toute la partie postéro-externe de la masse hémisphérique. Il est limité, en dehors, par la bifurcation inférieure de la scissure de Sylvius, en avant par la dépression représentant la vallée de Sylvius, en arrière et dedans, il s'étend jusqu'aux lobes pariétal et occipital, dont il n'est qu'incomplètement séparé. Ce lobe offre en avant et en bas une partie en saillie légèrement détachée qui constitue le pôle temporal, et dont l'extrémité interne se recourbe un peu en dedans pour former une sorte de crochet ou d'*uncus*.

Du pôle temporal se dégagent, en arrière, cinq à six circonvolutions temporales plus ou moins bien distinctes, qui atteignent les circonvolutions occipitales, avec lesquelles elles s'unissent et cela plus en dedans qu'en dehors. Ces circonvolutions temporales sont séparées par des sillons bien indiqués, quoique interrompus par de nombreux plis de passage.

La plus externe des circonvolutions temporales T_1 s'unit aux extrémités des circonvolutions pariétales. La plus interne forme la limite postéro-externe du seuil de l'hémisphère: c'est la circonvolution de l'hippocampe, légèrement recourbée en crochet à son extrémité antérieure ou inférieure, unie par son extrémité postérieure avec la circonvolution du corps calleux. Cette circonvolution offre à sa surface des traces de division, et c'est surtout elle qui, dans le lobe temporal, s'unit, en arrière et en dedans, avec les circonvolutions occipitales internes.

d. Lobe occipital (fig. 1, 2 et 3). — C'est le moins caractérisé et le moins développé des lobes cérébraux de l'éléphant. Il n'occupe qu'un territoire très restreint de la surface du niveau, et n'est qu'incomplètement séparé, en avant, des autres lobes, par les scissures perpendiculaires. Il forme le pôle postérieur ou occipital de l'hémisphère, et ne comprend que quelques circonvolutions mal séparées, qui tendent cependant à prendre la disposition rayonnée des circonvolutions occipitales de l'homme. Les circonvolutions internes sont mieux marquées que les externes, et s'unissent plus complètement aux circonvolutions temporales.

e. Lobe de l'insula. — On trouve enfin dans le cerveau de l'éléphant un insula rudimentaire représenté par quelques plis de substance grise situés au fond de la partie initiale de la scissure de Sylvius.

III. *Lobe limbique.* — Le lobe limbique de l'éléphant est bien développé dans tous ses éléments, et rattache de ce fait cet animal au groupe des *osmatiques.* Certaines parties de ce lobe se présentent cependant avec une disposition spéciale, soit en raison de leur conformation propre, soit en raison de formations particulières du cerveau qui nous paraissent en dépendre, et que nous proposerons d'y rattacher. L'étude de ce lobe comportera : le lobe olfactif, la circonvolution de l'hippocampe, la circonvolution du lobe du corps calleux avec les formations nouvelles qui lui sont annexées, enfin la description de la scissure limbique.

A. *Lobe olfactif.* — Le *lobule olfactif* est bien développé chez l'éléphant. Il est situé sur la partie inférieure du lobe antérieur de l'hémisphère qui le recouvre complètement, mais sur lequel il se détache nettement en saillie.

Il est de forme ovalaire à grand axe oblique, en arrière et en dedans, et du double plus long que large. La face inférieure est convexe, cannelée, dans le sens transversal. La face supérieure est étroitement appliquée sur la face inférieure de l'hémisphère, auquel elle n'adhère cependant qu'en arrière. Son extrémité antérieure est renflée, son extrémité postérieure s'atténue légèrement. Ce lobule est creusé d'une vaste cavité communiquant en arrière avec la corne frontale du ventricule latéral par un canal de 4 à 5 mm de large.

Le *pédoncule* du lobule olfactif est court. Il rattache le lobule à l'hémisphère par une courte racine supérieure grise et se prolonge par deux racines blanches, l'une interne, l'autre externe.

La racine externe (*fig.* 1 et 3), nettement dessinée, plus large en avant qu'en arrière, se porte en arrière et en dehors en contournant l'espace quadrilatère ou perforé antérieur à la rencontre de la partie la plus antérieure du lobe temporal.

En dehors de cette racine et tout à fait en bordure, on observe une production grise, qui forme la limite de la portion externe de la scissure limbique. Cette production grise, régulièrement plissée dans le sens transversal, forme une circonvolution d'aspect gaufrée qui se dégage de dessous la partie externe du lobe frontal, et se porte en arrière à la rencontre de la partie antérieure des circonvolutions temporales, pour se confondre avec elles. Nous donnerons à cette production grise le nom de *circonvolution rhino-temporale*, et nous la considérerons comme une dépendance du lobe temporal annexée en dehors au lobe limbique.

La *racine interne* (*fig.* 3), plus mince et beaucoup moins apparente que l'externe, se dévie, en bas et en dedans, puis en haut pour rejoindre la partie antérieure de la circonvolution du corps calleux.

Telle est la portion antérieure du lobe limbique chez l'éléphant. Elle rappelle tout à fait la disposition observée dans les autres espèces osmatiques, et n'en diffère que par la circonvolution rhino-temporale, production grise annexée à la racine externe, et que nous ne pouvons interpréter autrement qui comme une dépendance du lobe temporal.

B. *Circonvolution de l'hippocampe* (*fig.* 3). — Cette circonvolution forme l'arc postérieur et inférieur du lobe limbique; elle reçoit en avant la racine externe du lobule olfactif, en arrière elle se continue avec l'extrémité postérieure de la circonvolution du corps calleux. Nous avons déjà décrit cette circonvolution à propos du lobe temporal; nous n'insisterons pas davantage à son sujet.

C. *Circonvolution ou lobe du corps calleux* (*fig.* 2). — Le lobe du corps calleux nous a paru très étendu chez l'éléphant et bien mériter le nom de *lobe* qui a été donné à cette partie du lobe limbique par Broca.

En outre d'une circonvolution du corps calleux indivise, on trouve en effet sur la face interne de l'hémisphère, entre cette circonvolution et les circonvolutions fronto-pariétales, une formation nouvelle de circonvolutions que nous proposerons de rattacher au système limbique et auxquelles nous donnerons le nom de *circonvolution calleuse supérieure*. Nous examinerons donc successivement la circonvolution du corps calleux et la circonvolution calleuse supérieure.

a. Circonvolution du corps calleux. — Cette circonvolution est relativement peu développée chez l'éléphant, écrasée en quelque sorte par la masse des circonvolutions de la face interne, ainsi que l'avait signalé Broca.

Très étroite en avant, où elle reçoit la racine interne du lobule olfactif, elle n'a guère plus d'un centimètre de large au-dessus du corps calleux; mais elle s'accroît progressivement au niveau du bourrelet, pour s'unir largement avec la circonvolution de l'hippocampe.

A ce niveau elle se plisse en plis régulièrement ondulés. Cette circonvolution est séparée du corps calleux par un sillon calloso-marginal peu profond et oblique, de la circonvolution calleuse qui la surmonte par un sillon bien marqué et continu d'avant en arrière, mais dont le fond est traversé par des plis de passage nombreux, qui rattachent la circonvolution du corps calleux, en avant au lobe frontal, en haut à la circonvolution calleuse supérieure, en arrière aux circonvolutions pariétales et occipitales adjacentes.

C'est là la circonvolution du corps calleux proprement dite. L'autonomie de la circonvolution du corps calleux, en apparence complète par la continuité superficielle tout au moins du sillon qui la limite supérieurement, l'est beaucoup moins qu'elle le paraît, puisqu'elle est profondément rattachée à toutes les circonvolutions voisines, en particulier à la circonvolution calleuse supérieure. Celle-ci, que nous allons maintenant étudier, se présente donc comme annexée ou une dépendance de celle-là. C'est surtout elle qui modifie par sa présence la disposition de l'arc supérieur du lobe limbique.

b. Circonvolution calleuse supérieure (fig. 2). — Cette formation nouvelle du cerveau de l'éléphant est située sous les lobes frontal et pariétal, au-dessus de la circonvolution du corps calleux; elle occupe plus du tiers inférieur de face interne de l'hémisphère. En bas elle est séparée superficiellement de la circonvolution du corps calleux par un sillon dont nous avons déjà parlé. Supérieurement elle est limitée par un sillon très profond qui la sépare des lobes frontal et pariétal, mais qui est interrompu en divers points par des plis de passage. Ce sillon contourne la circonvolution en avant et en arrière, et va rejoindre le sillon qui limite la circonvolution du corps calleux.

Cette vaste circonvolution calleuse supérieure augmente de largeur d'avant en arrière. En avant, elle commence derrière la partie la plus antérieure du lobe frontal, sous F_1, dont elle est nettement séparée, sauf en arrière, où un pli de passage superficiel la rattache au pied de cette première circonvolution frontale. Elle s'étend ensuite sous le lobe pariétal, réunie à la partie moyenne de P_1 par un autre pli de passage superficiel. Elle se termine enfin au-dessus de la partie élargie de la circonvolution du corps calleux, à laquelle la rattache un pli assez superficiel. A propos de la circonvolution du corps calleux, nous avons déjà vu que de nombreux plis situés au fond du sillon qui sépare les deux circonvolutions calleuses, plis surtout développés en arrière, rendent les deux systèmes calleux solidaires l'un de l'autre.

La circonvolution calleuse supérieure est découpée par des incisures plus ou moins profondes. Mais elle forme, malgré ces incisures et malgré les nombreux plis qui la rattachent aux circonvolutions voisines, en particulier avec la circonvolution du corps calleux, un tout assez nettement caractérisé pour justifier une description particulière.

Quelle est la signification de cette nouvelle formation et comment devons-nous l'interpréter ? La circonvolution calleuse supérieure nous apparaît comme une dépendance de la circonvolution du corps calleux, qui se serait peu à peu isolée pour se rattacher aux circonvolutions fronto-pariétales au fur et à mesure que le développement de l'intelligence empiète sur le sens osmatique. Des faits relevés chez l'homme et les animaux par Manouvrier [1], justifient cette interprétation. Dans certains cerveaux, chez l'homme, on constate que la circonvolution du corps calleux présente souvent un *sillon intra-limbique*, dont l'importance est en raison inverse de la circonvolution frontale interne; ce sillon est l'indice de la formation d'un groupe fronto-limbique ou fronto-calleux.

Chez les animaux osmatiques, ainsi que Broca l'a démontré, on trouve aussi, dans la circonvolution du corps calleux, un sillon intra-limbique, qui se divise parfois et dont l'importance serait en rapport avec la taille.

Enfin chez les animaux anosmatiques, on trouve une circonvolution du corps calleux élargie en avant et quelquefois divisée (balœnides) en plusieurs circonvolutions longitudinales d'autant plus apparentes que la circonvolution frontale interne est plus réduite; le lobe nouveau indépendant de la taille, semble adapté à un besoin physiologique ne relevant pas de l'odorat, mais plutôt des fonctions frontales, car il y a anastomose large avec le lobe frontal. Ici la portion du lobe calleux, qui, chez les animaux osmatiques, a des relations avec le sens olfactif, a perdu ces fonctions et revêtu les fonctions frontales. La fusion fronto-calleuse serait donc chez les anosmatiques une compensation à un lobe frontal ou tout au moins une circonvolution frontale interne peu développée. Chez l'homme, qui est microsmatique, le lobe calleux perd la fonction olfactive et fusionne avec le lobe frontal, quelquefois même

---

[1] MANOUVRIER. 1° *Étude du cerveau d'Eugène Véron*; 2° *Nouvelles études sur le sillon sous-frontal intra-limbique* (*Société d'Anthropologie de Paris*, 1892).

avec le lobe pariétal; il procède ainsi, au moins partiellement, de leur
fonction physiologique. Ce fait se constate d'ailleurs aussi chez les animaux osmatiques. Chez le cheval, la circonvolution du corps calleux se
trouve réunie au lobe frontal par des anastomoses situées au fond de la
partie antérieure de l'arc interne de la scissure limbique (*pli pré-limbique*).
Cette anastomose fronto-calleuse est superficielle chez les Ruminants;
elle devient très large chez le chien et le porc. La portion sous-frontale
de la circonvolution du corps calleux apparaît donc aussi tributaire
du lobe frontal chez les animaux osmatiques.

Le même fait se rencontre donc à des degrés divers chez les anosmatiques, les microsmatiques et les osmatiques. Il consiste dans l'apparition
d'un système nouveau de substance grise qui semble se dégager des
fonctions olfactives pour s'unir aux lobes frontal et pariétal et s'adapter
à des fonctions nouvelles sans doute plus élevées. C'est ce système,
décrit par Manouvrier chez l'homme sous le nom de *circonvolution
fronto-limbique*, qui nous semble prendre un développement considérable
chez l'éléphant, et que nous avons décrit sous le nom de *circonvolution
calleuse supérieure*.

Systématiquement, nous l'avons rattachée à la circonvolution du
corps calleux, en la décrivant avec elle dans *un lobe calleux* spécial.
Elle ne serait que la traduction d'un sillon intra-limbique très développé
chez l'éléphant, et qui séparerait complètement le lobe calleux en deux
parties, la circonvolution du corps calleux et la circonvolution calleuse
supérieure. Les nombreux plis du passage, profonds en avant, superficiels et volumineux en arrière, sont l'indice de l'étroite parenté de ces
deux systèmes dont le plus développé cherche à se dégager de l'autre
pour s'adapter à des fonctions nouvelles plus élevées, mais en dépend
encore et doit lui être anatomiquement rattaché.

*d. Considérations générales sur le lobe et la scissure limbique chez l'élé-
phant.* — Le lobe limbique se présente, en somme, complet chez l'éléphant, mais certaines de ses parties sont en voie de transformation.
Le lobe olfactif est très développé, mais on voit une partie nouvelle,
la circonvolution rhino-temporale, s'annexer à sa racine externe et l'on
peut présumer que cette production temporale joue un rôle dans l'olfac-
tion, qui de son fait doit être plutôt augmentée que diminuée.

La circonvolution de l'hippocampe perd, chez l'éléphant, l'indépendance à peu près complète qu'elle a chez certains osmatiques, et se rattache comme chez l'homme à un lobe temporal nettement distinct.

Quant à la partie calleuse du lobe limbique, elle s'est compliquée
par la formation de deux systèmes, dont l'un, l'inférieur, assez réduit,
la circonvolution du corps calleux, continue à appartenir au lobe limbique,
tandis que l'autre, la circonvolution calleuse supérieure, très puissante,
cherche à s'en dégager en se réunissant aux circonvolutions frontales
et pariétales. Cette modification considérable de la partie calleuse du
lobe limbique semble indiquer, non pas la réduction du sens olfactif,

mais la subordination de ce sens à l'intelligence de l'animal. Cette diminution de l'indépendance anatomique et probablement aussi, physiologique du lobe limbique, se manifeste d'ailleurs dans la *scissure limbique* qui est fréquemment interrompue par des plis de passage. La partie ou arc externe *(fig. 1)* de cette scissure forme une profonde dépression située sur la face externe de l'hémisphère entre les circonvolutions de la face convexe et la circonvolution rhino-temporale. En avant, ce sillon contourne la face inférieure de l'hémisphère, pour rejoindre l'extrémité antérieure de l'arc interne de la scissure limbique; en arrière, il est interrompu par le lobe temporal, qui le sépare largement de l'extrémité postérieure de l'arc interne.

La partie, ou arc interne *(fig. 2)*, de la scissure limbique, est représentée par le sillon étroit, mais profond qui limite supérieurement la circonvolution calleuse supérieure. Ce sillon est découpé en trois parties, moyenne, antérieure et postérieure, par les deux plis de passage qui rattachent la circonvolution calleuse supérieure aux lobes frontal et pariétal. La partie antérieure de cette scissure se dirige en avant et en bas, reçoit l'extrémité antérieure du sillon qui sépare les deux circonvolutions calleuses, et se porte à la rencontre de l'extrémité antérieure de l'arc externe de la scissure.

La partie postérieure se contourne, en bas et en arrière, derrière la partie élargie de la circonvolution du corps calleux après avoir reçu elle aussi le sillon qui sépare les deux circonvolutions calleuses, et se termine enfin dans le lobe temporal, largement séparée de l'arc externe de la scissure limbique par la circonvolution de l'hippocampe.

La scissure limbique est, on le voit, très incomplète chez l'éléphant puisque de nombreux plis de passage la coupent en avant, en arrière et en haut; c'est ce qui nous fait dire que le système limbique perd son indépendance anatomique chez l'éléphant, pour s'adapter ou se subordonner à des fonctions plus élevées.

Quant au sillon qui sépare les deux formations calleuses, nous pensons qu'il représente le sillon intra-limbique qu'on trouve plus ou moins développé dans la circonvolution du corps calleux de l'homme et de certains animaux. Il s'est considérablement développé chez l'éléphant, mais le nom de *sillon intra-limbique* peut lui être conservé.

IV. *Résumé et conclusions.* — Les faits qui précèdent consacrent des précisions qui intéressent la topographie cérébrale de l'éléphant, tant au point de vue du groupement des circonvolutions que sur certaines formations nouvelles de l'écorce cérébrale.

Quant aux circonvolutions de la face convexe, notre description diffère complètement de celle qu'a donnée Leuret. Nos observations nous ont permis d'établir l'existence, chez l'éléphant, d'un système rolandique très net (fait qui avait déjà été indiqué par Leuret) et la différenciation des principaux lobes, dont trois : frontal, temporal et pariétal, sont bien développés; l'occipital seul est encore petit et incomplet, mais il tend à s'individualiser. Quant au lobe limbique, s'il existe à l'état complet, quant au nombre de ses parties, dont certaines sont très développées, d'autres semblent non pas en voie de régression, mais de transformation, en vue de l'adaptation ou de la subordination du sens osmatique à d'autres fonctions. L'éléphant se présenterait aussi comme intermédiaire entre les osmatiques et les microsmatiques.

De cette étude des circonvolutions cérébrales de l'éléphant, on peut donc retenir :

1º *L'apparition et le développement d'un système rolandique très net* (ce fait avait déjà été indiqué, mais non précisé par Leuret et Gratiolet);

2º *La délimitation des principaux lobes du cerveau dont seul l'occipital est rudimentaire;*

3º *L'apparition de formations nouvelles de l'écorce cérébrale annexées au lobe limbique (circonvolution rhino-temporale) ou provenant de ce lobe (circonvolution calleuse supérieure).*

M. R. DUBOIS,

Professeur de Physiologie générale à la Faculté des Sciences (Lyon).

SUR LA BIOPHOTOGENÈSE OU PRODUCTION DE LA LUMIÈRE PAR LES ÊTRES VIVANTS.

59.11.99

5 *Août.*

En raison de certaines controverses récentes, je crois devoir faire la Communication suivante. Les faits ci-dessous rapportés et qui ont été l'objet de démonstrations expérimentales publiques n'infirment nullement ceux que j'ai publiés antérieurement; ils les complètent seulement.

En 1887 ([1]) j'ai démontré expérimentalement :

1º Que l'intégrité des cellules photogènes des organes lumineux de *Pyrophorus noctilucus* n'est nullement nécessaire pour que la réaction lumineuse se produise;

2º Que celle-ci peut se faire *in vitro* par le conflit de deux substances distinctes et séparables extraites des organes lumineux;

3º Que l'oxygène libre est impuissant à produire soit avec l'une de ces substances, soit avec l'autre de la lumière.

([1]) *Les Élatérides lumineux : Contribution à l'étude de la production de la lumière par les êtres vivants (Bull. de la Soc. zool. de France,* 1887).

Expériences. — 1° On écrase et l'on broie très exactement entre deux lames de verre des organes lumineux : la lumière ne tarde pas à s'éteindre;

2° On éteint par une courte immersion dans l'eau bouillante d'autres organes lumineux et on les broie comme ci-dessus. Les produits des opérations 1 et 2 ne brillent plus isolément, même au contact de l'oxygène de l'air et ne renferment plus aucune trace de cellule, si l'opération a été bien faite.

En mélangeant le produit n° 1 avec le produit n° 2 par frottement d'une lame contre l'autre, la lumière reparaît : ces produits doivent être encore humides : au besoin, on ajoute une goutte d'eau.

Par de multiples expériences, on peut prouver directement ou indirectement que cette réaction est très générale : elle est particulièrement facile à produire avec *Pholas dactylus.*

Expériences. — 1° Dans un grand bocal de verre, cylindrique, à bords rodés, on introduit un entonnoir évasé rempli de ces mollusques ayant l'extrémité de leur siphon, tournée du côté de la douille. L'entonnoir est placé sur un flacon vide. Sur le fond du bocal, on verse une couche de benzine cristallisable rectifiée. On ferme très exactement le bocal, dont les bords ont été suiffés préalablement, avec un rond de verre qu'on charge d'un poids. Au bout de 24 heures, le flacon supportant l'entonnoir contient un liquide aqueux non lumineux (liquide A);

2° On enlève les siphons des Pholades, on les ouvre, on verse dessus de l'eau bouillante, on décante et l'on filtre. On obtient ainsi un second liquide qui ne brille pas plus que le premier par l'agitation en présence de l'air (liquide B).

On mélange A et B; la lumière apparaît aussitôt. Après l'agitation au contact de l'air, elle augmente d'intensité. L'une des deux substances agit comme oxydant indirect. En effet, si l'on ajoute au liquide B une parcelle de permanganate de potasse, ou de bioxyde de plomb, on obtient de la lumière, comme si l'on mélangeait A et B.

Les substances photogènes peuvent être isolées par le procédé que j'ai décrit en 1901 [1].

CONCLUSIONS. — *Dans les cas que je viens de signaler très certainement, et dans tous les autres cas de biogénèse vraisemblablement, le phénomène lumineux résulte du conflit, en présence de l'air et de l'eau, de deux substances séparables, dont l'une agit comme un oxydant indirect pouvant être remplacé par un produit chimique défini* [2].

---

[1] Voir *Comptes rendus de la Société de Biologie,* t. LIII, p. 702.

[2] La composition chimique exacte des substances photogènes A et B que j'avais provisoirement nommées *luciférine* et *luciférase* en raison des analogies de la réaction photogène avec une réaction zymasique, n'est pas définitivement fixée. Ces dénominations *provisoires* ayant donné lieu à des controverses de nature à compromettre la portée des résultats expérimentaux définitivement acquis, je les abandonnne; ces derniers suffisent à débarrasser la science d'une foule d'hypothèses faites sucessivement depuis des siècles pour expliquer la production de la lumière par les êtres vivants et à donner une explication scientifique de la nature intime du phénomène de la biophotogénèse, *si longtemps cherchée.* Les réactions que j'ai indiquées sont d'ordre fondamental; le principe est établi expérimentalement; les autres points sont d'ordre secondaire et accessoire.

M. Raphaël DUBOIS.

SUR LE MÉCANISME PHYSIOLOGIQUE DU SOMMEIL NORMAL.

612.821.73

5 Août.

Dans une série récente de communications à la Société de Biologie (*voir* les nᵒˢ des *Comptes rendus* des 17, 20, 22 juin et 1ᵉʳ juillet 1910). MM. Legendre et Piéron ont entrepris de discréditer diverses théories proposées pour expliquer le mécanisme physiologique du sommeil normal dans le but évident d'en fournir une nouvelle, meilleure et définitive.

Ce n'est pas l'intention, d'ailleurs fort louable de ces auteurs, que je veux critiquer, mais seulement les moyens qu'ils emploient pour arriver à leurs fins.

A les entendre, il semblerait que l'imagination seule de ceux qui les ont précédés dans cette difficultueuse entreprise a fait les frais des théories existantes. Pourtant il existe des faits nombreux d'*ordre expérimental* dont ces auteurs ne paraissent pas avoir eu connaissance ou bien dont ils ont fait volontairement abstraction.

Ils nient, par exemple, que *dans le sommeil* il y ait concentration du sang et déshydratation de certains tissus. Cependant ce point a été bien mis en lumière, par moi, chez la marmotte en sommeil, par de nombreuses expériences. Il n'y a pas là un simple effet de l'imagination, puisque les résultats que j'avais annoncés ont été découverts de nouveau par M. Raphaël Blanchard. Il est évident que nous ne nous étions pas mis d'accord puisque j'ai dû reprocher à mon Collègue de la Faculté de Médecine de Paris d'avoir omis de citer mes recherches bien antérieures cependant aux siennes.

Pour prouver qu'il n'y a pas de phénomènes de déshydratation *dans le sommeil*, MM. Legendre et Piéron emploient un procédé bien étrange. Au lieu d'endormir les sujets, ils les empêchent, au contraire, de dormir, puis ils les sacrifient en *état d'insommie*. Dans ces conditions, ils ne trouvent pas ce que nous avons annoncé comme existant dans le *sommeil profond* de la marmotte. En quoi cela infirme-t-il ce que nous avons dit ? C'est au contraire une confirmation ! En tous cas, en supposant que leurs procédés expérimentaux soient absolument irréprochables, ils étaient seulement en droit de conclure que sur deux chiens en *état d'insommie*, ils n'avaient pas constaté de phénomènes de déshydratation et pas plus.

Mais d'abord était-il bien prouvé que les deux chiens de MM. Legendre et Piéron étaient restés pendant dix jours et dix nuits consécutives en état d'insommie complète, *sans fatigue.*

Ils ne nous disent pas comment ils ont fait pour obtenir cette curieuse insommie *sans fatigue,* pendant 240 heures consécutives, sans interruption, et surtout comment ils ont pu vérifier s'il n'y avait eu aucune interruption. De semblables expériences ne sont pas d'un usage courant dans les laboratoires !

Et puis chacun sait qu'un cheval peut dormir sans que le cavalier qui le monte s'en aperçoive, qu'un fantassin peut dormir en marchant sans que son voisin le constate.

Les animaux dont le sommeil est léger, superficiel pourrait-on dire, sont de mauvais sujets d'expérimentations : on n'en peut rien tirer de précis.

Mais, en admettant même par hypothèse que MM. Legendre et Piéron aient obtenu une *insomnie sans fatigue* de 240 heures consécutives chez le chien, cela ne les autorise nullement à prétendre que dans la période qui précède le sommeil, le besoin de sommeil fut-il *impératif,* l'état de l'animal est identique à celui de l'animal endormi.

Tous les médecins savent que c'est au moment où le sommeil se mafeste, et non dans celui qui le précéde, que les sueurs profuses apparaissent chez les malades débilités, chez les phtisiques principalement.

Il n'y a donc aucune objection à tirer, même contre les *théories osmotiques,* des expériences de MM. Legendre et Piéron et rien n'autorise les auteurs à écrire que :

« sous leurs diverses formes, les théories dites osmotiques du sommeil sont nettement réfutées par les faits expérimentaux ».

Après s'être attaqués aux théories dites *osmotiques* du sommeil, MM. Legendre et Piéron s'en prennent à ma théorie du sommeil par autonarcose carbonique. Pour cela, ils ont fait également

« quelques recherches sur les phénomènes respiratoires d'animaux soumis à l'insommie jusqu'à besoin impératif de sommeil, ainsi que deux dosages des gaz du sang chez des animaux *éveillés.*

Et, sans aucune hésitation, ces auteurs déclarent que :

« le besoin de sommeil normal n'est dû à une autonarcose carbonique ».

Ce ne sont pas ces procédés sommaires, admirablement expéditifs, mais absolument insuffisants, qui nous ferons renoncer aux conclusions que nous avons tirées de *résultats expérimentaux* qui nous ont coûté plus de sept années de recherches. Nous ne pouvons reproduire ici toutes les preuves expérimentales que nous avons patiemment accumulées, mais nous prions les personnes qui voudraient se faire une opinion impartiale sur la valeur comparative de nos expériences et de celles de MM. Legendre et Piéron de bien vouloir se reporter au volume que nous avons publié sur le sujet (¹) et aux nombreuses Notes qui ont paru depuis, particulièrement dans les *Comptes rendus de la Société de Biologie*.

On objectera peut être que j'ai surtout expérimenté sur des marmottes en état de sommeil hivernal. Cette objection n'est pas sérieuse; elle n'a jamais été faite que par des gens qui n'avaient jamais vu de marmottes en hivernation. S'ils avaient attentivement observé ces animaux, ils auraient reconnu facilement qu'entre notre sommeil ordinaire et celui de la Marmotte, il n'y a que des différences de degré, le phénomène est fondamentalement le même; or, j'ai démontré, et tout le monde peut répéter l'expérience, que, dans des conditions dont j'ai nettement établi le déterminisme, l'acide carbonique peut endormir la marmotte éveillée et éveiller la marmotte endormie. Cette expérience cruciale vient corroborer nettement les nombreuses observations que nous avons faites sur les échanges respiratoires et sur les gaz du sang dans les états de veille, de sommeil, de réveil et qui nous ont permis de donner une explication simple et claire du mécanisme de ces divers phénomènes, de la relation qui existe entre eux et avec l'état de fatigue qui précède le sommeil.

Que nous apportent MM. Legendre et Piéron ? Dans leur Note des *Comptes rendus* de la Société de Biologie du 18 juin, ces auteurs déclarent :

« qu'il n'est pas possible de conclure de leurs expériences à une influence hypnotonique accompagnant le besoin impératif de sommeil chez les animaux insomniques ».

Mais ce qui ressort bien plutôt de l'examen de la Note en question, c'est qu'on ne peut rien conclure du tout des faits qui y sont rapportés. C'est d'ailleurs le résultat définitif auxquels MM. Legendre et Piéron aboutissent dans leur dernière Note (13 juillet 1910).

Pourtant ces auteurs annoncent que :

« La question des facteurs impératifs du sommeil *pourra* entrer dans une *période nouvelle* où l'on ne fera plus appel à des *hypothèses gratuites* ».

Les *hypothèses gratuites* les plus évidentes sont celles de MM. Legendre et Piéron, car malgré leur apparente rigueur scientifique, elles présentent de nombreux points faibles. Je les ferai ressortir en détail autre part; mais, pour le moment, je n'en veux montrer qu'un seul, parce qu'il est d'importance capitale. MM. Legendre et Piéron placent manifestement le siège du sommeil dans le cerveau. Il semble même que les lobes temporaux, occipitaux et frontaux, ont été de leur part l'objet d'investigations histologiques d'une extrême délicatesse qui aurait fait reculer beaucoup d'anatomistes, et qui dénotent chez leurs auteurs une

---

(¹) *Étude sur le mécanisme de la thermogenèse et du sommeil chez les mammifères :* in *Ann. de l'Université de Lyon*, 1896.

habilité et une sûreté techniques véritablement exceptionnelles. Il est même tout à fait regrettable qu'ils ne nous aient pas fait connaître la technique qu'ils ont employée dans leurs recherches histologiques.

Malheureusement, tout cela est peine perdue, attendu que l'hypothèse sur laquelle sont échafaudées les ingénieuses conceptions qui font le plus grand honneur à l'imagination de MM. Legendre et Piéron, est aujourd'hui absolument démodée depuis que le physiologiste Goltz a montré un chien privé d'hémisphères cérébraux, qui avait cependant des périodes de sommeil et de réveil ordinaires et que j'ai montré, de mon côté, des marmottes auxquelles on avait fait subir la même opération et qui se conduisaient semblablement dans la période hivernale.

Je le répète, il n'y a qu'un moyen d'étudier fructueusement le mécanisme du sommeil, c'est de s'adresser, non à des animaux dont le sommeil est léger, superficiel, mais à des mammifères chez lesquels il est très profond, qui s'endorment lentement et se réveillent de même : on a ainsi le temps de suivre les diverses phases de ce curieux phénomène et de tirer des conclusions sérieuses de l'*observation* et de l'*expérimentation*.

J'ajouterai que j'ai *expérimentalement* démontré (¹) que, chez les végétaux, le sommeil est également provoqué par une autonarcose carbonique accompagnée de déshydratation. Les animaux invertébrés à sang froid sont dans le même cas et servent, sous ce rapport, de passage entre les animaux et les végétaux (²).

Il ne faudrait donc plus s'obstiner à croire que le sommeil est un phénomène particulier à l'homme et à quelques animaux : c'est un phénomène commun aux animaux et aux végétaux et qui constitue un des plus beaux chapitres de la physiologie générale.

M. Henri PIÉRON,

Maître de Conférences à l'École pratique des Hautes-Études (Paris).

L'ÉTAT DU PROBLÈME EXPÉRIMENTAL DU SOMMEIL.

612.821.73

? Août.

J'ai indiqué à un précédent Congrès de l'Association Française toute la complexité de l'étude expérimentale du sommeil normal, l'état d'obnu-

---

(¹) *Autonarcose carbonique chez les végétaux* (*Compte rendu de la Soc. de Biol.*, t. LIII, 1901, p. 958); et *Narcose provoquée et autonarcose chez les végétaux* (*Ann. de la Soc. linnéenne de Lyon*, 1909).

(²) Marguerite BELLION, *Contribution à l'étude de l'hibernation chez les invertébrés* (*Ann. de l'Un. de Lyon*, 1909).

bilation cérébrale dans lequel l'attention sensorielle et la motricité volontaire sont plus ou moins abolies, et qui caractérise le sommeil, pouvant résulter de l'action des facteurs très divers (¹).

D'autre part, le sommeil normal apparait, en général, semble-t-il, avant que ses causes physiologiques soient assez fortes pour l'entraîner nécessairement : on peut s'abstenir pendant un certain temps de dormir par suite d'un effort volontaire. On peut, par une *réaction de désintérêt*, suivant l'expression de Claparède, anticiper sur le mécanisme physiologique impératif, et dormir avant d'en avoir véritablement besoin.

Pour rechercher les facteurs profonds du sommeil, il est donc nécessaire d'empêcher cette anticipation préalable, et laisser le besoin de sommeil devenir véritablement impératif : Il faut soumettre les animaux en expérience à une insomnie expérimentale assez longue, de 240 h. en moyenne. C'est la condition essentielle de toute recherche expérimentale sur les facteurs physiologiques du sommeil (²).

Au bout de cinq années de recherches, voici les résultats principaux obtenus, par cette méthode, pour la plupart avec la collaboration de M. R. Legendre :

1º. Chez les animaux soumis à l'insomnie, il existe, comme l'ont constaté Daddi et Agostini, des altérations graves des cellules de l'écorce, altérations que l'on constate sans attendre comme ces auteurs la mort des animaux, et qui sont réparables rapidement, grâce à quelques heures de sommeil : elles sont donc d'ordre physiologique. Ces altérations consistent en chromatolyse, excentricité nucléolaire et nucléaire, vacuolisation protoplasmique, etc.

2º Les altérations du système nerveux sont limitées à l'écorce cérébrale; elles sont, dans l'écorce, à peu près exclusivement limitées à la région frontale; enfin, elles affectent surtout les grandes cellules pyramidales, les petites pyramidales étant rarement et peu atteintes.

3º Par injection intravasculaire de sang défibriné d'un animal insomnique à un animal normal on n'obtient aucun résultat.

4º Par injection de sérum ou d'émulsion cérébrale, on provoque une certaine somnolence, pouvant apparaître aussi chez les témoins par injection de sérum ou d'émulsion provenant d'animaux normaux; mais on provoque en outre, ce qui ne se rencontre jamais avec les liquides normaux, des altérations cellulaires semblables à celles de l'insomnie.

5º Par injection de petites quantités de sérum, de liquide céphalorachidien ou de plasma cérébral provenant d'un chien insomnique à un chien normal, en empruntant la voie intra-occipito-allantoïdienne, qui permet d'éviter les actions antitoxiques du sang, du foie, etc., on provoque, chez l'animal qui reçoit l'injection, des phénomènes de somnolence

---

(¹) *Le Sommeil comme phénomène de convergence physiologique*, A. F. A .S., 1907.
(²) H. Piéron, *L'Étude expérimentale des facteurs du sommeil normal. La méthode* (C. R. Soc. biol., 1907, p. 397, t. TLXII).

très accentués et des altérations concomitantes de la région frontale de l'écorce identiques à celles des animaux insomniques.

6° Les animaux insomniques ne perdent que très peu de poids, gardent l'appétit, n'ont pas de variations systématiques dans la température, ni dans les échanges respiratoires, ni dans les gaz du sang (ce qui va contre les théories par autonarcose carbonique), leur sang ne manifeste pas d'augmentation de la densité, de l'extrait sec ni de la tension osmotique, pas plus que la teneur en eau du tissu cérébral ne diminue (ce qui réfute les théories dites *osmotiques* du sommeil) [1].

Il y a là une série de données qui permettent de préciser déjà, en fermant certaines voies et en ouvrant plus complètement certaines autres, la physiologie des facteurs du sommeil. Je compte que les recherches que nous poursuivons actuellement, M. Legendre et moi, permettront d'apporter une solution satisfaisante du problème depuis si longtemps posé.

M. ALEZAIS,
Professeur à l'École de Médecine (Marseille),

ET

M. PEYRON.

SUR LA DUALITÉ DE LA SUBSTANCE COLLOÏDE DANS LES TUMEURS DE L'HYPOPHYSE.

611.813.5

6 Août.

On sait que l'hypophyse élabore dans ses cordons épithéliaux et évacue par ses vaisseaux sanguins une substance d'aspect colloïde

---

[1] H. Piéron, *Comment se pose expérimentalement le problème des facteurs du sommeil (C. R. Soc. biol., t. LXII, p. 342); L'État actuel des problèmes des facteurs du sommeil périodique. I. L'insuffisance des voies d'introduction péritonéale, rachidienne et ventriculaire (Ibid.) p. 100). II. Introduction vasculaire de sang insomnique (Ibid., p. 1005). R. Legendre et H. Piéron, Les rapports entre les conditions physiologiques et les modifications histologiques des cellules cérébrales dans l'insomnie expérimentale (Ibid., p. 512); Retour à l'état normal des cellules nerveuses après les modifications provoquées par l'insomnie expérimentale (Ibid., p. 1007); Distribution des altérations cellulaires du système nerveux dans l'insomnie expérimentale (Ibid., t. LXIV, p. 1102). Réfutation expérimentale des théories dites osmotiques du sommeil (Ibid., t. LXVIII, p. 962); La théorie de l'autonarcose carbonique comme cause du sommeil et les données expérimentales (Ibid., p. 1014). Le problème des facteurs du sommeil. Résultats d'injections vasculaires et intracérébrales de liquides insomniques (Ibid., p. 1077). Des résultats histophysiologiques de l'injection intraoccipito-allantoïdienne de liquides insomniques (Ibid, p. 1108).*

que certains auteurs (Pisenti et Viola, Benda, Gemelli) ont considérée comme une production pathologique. Nos recherches confirment l'opinion récente de Guerrini, Cagnetto, Sandré, Soyer qui regardent cette substance comme un produit de l'activité physiologique de la glande. Il convient toutefois de remarquer que dans le cycle de la fonction hypophysaire, la formation des amas colloïdes ne correspond pas au stade de sécrétion ou élaboration cytoplasmique, mais à la phase consécutive d'excrétion.

Nous avons recherché les caractères de ce produit d'excrétion dans un certain nombre de tumeurs épithéliales de l'hypophyse humaine dont la plupart étaient accompagnées d'acromégalie. Nous l'avons trouvé très inégalement répandu, réduit dans certaines tumeurs à quelques amas de faible volume, couvrant dans d'autres le tiers ou le quart des coupes et offrant dans les divers points d'une même tumeur la même variabilité. Sa présence ne saurait, pas plus qu'à l'état normal, être rattachée exclusivement à un des types fonctionnels de la cellule hypophysaire (éosinophile, sidérophile, cyanophile). C'est, d'ailleurs, dans deux néoplasies à type sécrétoire uniforme que son abondance nous a paru la plus marquée.

Les rapports de la substance d'excrétion avec les éléments épithéliaux s'effectuent suivant plusieurs types :

1º Dans les simples hypertrophies adénomateuses de la glande qui modifient assez peu la disposition générale des cordons, la substance colloïde se présente sous forme d'amas circonscrits par une couronne folliculaire pseudo-acineuse avec cadres cellulaires de bordure (Kittleisten). Le mécanisme suivant lequel la cavité du pseudo-acinus entre en communication avec les vaisseaux pour y évacuer son contenu a été étudié par Soyer qui a établi un rapport entre la fonte colloïde d'une des cellules radiées du follicule (cellule de couloir) et l'irruption consécutive du sang. Tout ce que nous avons observé sur les hypophyses normales et pathologiques confirme sur ce point les idées de l'élève de Prenant. Ce même processus explique bien la présence dans les dernières ramifications du système sanguin de l'hypophyse, d'amas colloïdes mélangés en proportion variable aux corpuscules sanguins. Ils sont particulièrement nombreux, volumineux et irréguliers dans certains hypophysomes accompagnés d'acromégalie.

2º Les lacs colloïdes, localisés à l'état normal dans la région interlobaire, se retrouvent dans les tumeurs avec des caractères spéciaux; ils sont plus nombreux, singulièrement plus étendus et surtout irrégulièrement répartis. Normalement la bordure cellulaire de ces cavités offre un revêtement assez régulier de cellules cubiques et ce n'est qu'en certains points, où elle se plisse et s'effrite, que ses éléments disparaissent par incorporation progressive à la masse colloide. Ici, la fonte pariétale des cellules hypophysaires est absolument générale, beaucoup plus rapide et réalise parfois un véritable écroulement. Tous les degrés

peuvent s'observer entre les zones à fonte cellulaire réduite ou irrégulière et les vastes cavités à contenu colloide homogène. Celle-ci sont
irrégulièrement disséminées dans la tumeur, sans qu'on puisse parfois
retrouver traces de la zone interlobaire primitive. Pas plus que dans
l'hypophyse normale, nous n'avons décelé des communications directes
entre ces lacs et les vaisseaux sanguins. Toutefois, la présence de globules
rouges réguliers et de cavités endothéliales libres à leur voisinage immédiat, semble autoriser à penser que les réserves de colloïde accumulé
doivent se vider dans les vaisseaux sanguins, surtout dans l'intervalle
des périodes d'accroissement.

3° Un dernier aspect, le plus intéressant peut-être, de la substance
colloïde est le suivant, qui fait défaut dans l'hypophyse normale et
caractérise au contraire certaines néoplasies à tendances hypersecré-
toires prononcées. Dans les espaces intercellulaires, s'insinuent des traînées
irrégulières, d'aspect vitreux, ramifiées ou convergentes suivant les
points, presque toujours élargies à mesure qu'on se rapproche des lacs.
Elles confluent progressivement vers ces derniers, après avoir contracté
parfois des rapports avec des cavités endothéliales vasculaires.

Sous ces aspects divers, il nous a paru que la substance colloide,
dans les tumeurs que nous avons étudiées, résultait du mélange en
proportions variables, de deux produits : l'un, d'origine nucléaire,
l'autre d'origine cytoplasmique.

1° Dans les vaisseaux, on observe deux substances qui se différencient assez longtemps par leurs réactions colorantes, leur mode de constitution et d'accroissement.

Si l'éosine, l'hématoxyline ferrique les colorent uniformément soit
en rose-rougeâtre, soit en gris-noir, si la safranine et le picro-indigo-
carmin les différencient mal, par contre la méthode de Cagnetto les
met en relief. L'une de ces substances, comme certains noyaux, se
teinte en violet-foncé et l'autre en rose ou brun-rougeâtre. Par la méthode
de Mallory les différences s'accentuent; les noyaux et le colloïde nucléaire
sont bleus, l'autre colloïde, de nature cytoplasmique, est rose-rougeâtre.

On peut suivre dans les vaisseaux l'accroissement du colloïde nucléaire aux dépens de noyaux isolés qui proviennent soit de cellules
riveraines, soit d'éléments en migration vasculaire. La mise en liberté
de ces noyaux s'effectue tantôt par expulsion, tantôt par une cytolyse
de la partie achromatique de la cellule. Antérieurement à leur séparation,
ils prennent une coloration foncée homogène caractéristique. Une fois
isolés, leur hyperchromatisme s'accentue; ils perdent l'aspect figuré
et se présentent dans la lumière du vaisseau, comme des blocs irrégulièrement juxtaposés au milieu des flaques du colloïde cytoplasmique
et des corps fibrillaires *en fagots*. Ils se fusionnent en dernier lieu, après
avoir régularisé et confondu leurs contours. L'amas homogène ainsi
constitué épouse la forme du vaisseau, s'arrondit. s'effile ou devient
bilobé suivant les points.

Il est à noter que certains vaisseaux offrent exclusivement du colloïde nucléaire et d'autres du colloïde cytoplasmique.

2º L'étude des éléments cellulaires de bordure des lacs colloïdes confirme la participation du noyau à la formation du colloïde. Des noyaux à topographie variable, offrent des caractères de pycnose ou plus souvent de caryolyse suivie de disparition de la membrane. A l'état de blocs ou de fine poussière chromatique, ils entrent en contact et se fusionnent en trainées amorphes, plus ou moins ramifiées et arborescentes qui vont se confondre avec celles du colloïde nucléaire déjà formé dans la cavité. De la même façon, les corps cellulaires se fondent progressivement dans le colloïde cytoplasmique.

Ailleurs et en particulier dans les dépressions angulaires de certaines cavités, le processus est quelque peu différent. Les chromatines nucléaires et le cytoplasme semblent être évacués séparément par dialyse à travers les vestiges respectifs de la membrane nucléaire et de l'exoplasme. En ces points les cellules sont parfois cubiques ou cylindriques et leur disparition parait plus lente.

En définitive, la cavité des lacs colloïdes parait s'accroître par la fonte distincte des noyaux et du cytoplasme des cellules de l'hypophyse. Les deux substances semblent ne se mélanger et s'homogénéiser que lentement. Dans les lacs récents, le colloïde nucléaire prédomine souvent, mais au cours de l'accroissement le colloïde cytoplasmique parait l'emporter en étendue. Cette particularité jointe à d'autres aspects nous porterait à croire que le premier, plus dense, est destiné à se dissoudre peu à peu dans le second.

Dans les grands réservoirs, cette homogénéisation parait plus marquée; néanmoins des traces éparses de la distinction primitive se retrouvent presque toujours au Mallory.

Les rapports qui existent entre ces particularités de la substance colloïde des tumeurs et son mode d'excrétion normale feront de notre part l'objet de précisions ultérieures.

M. J.-E. ABELOUS,

Professeur à la Faculté de Médecine (Toulouse).

L'UROHYPOTENSINE, SES EFFETS PHYSIOLOGIQUES ET SES RAPPORTS AVEC L'URÉMIE.

612-398.8-461.178

5 Août.

L'urohypotensine est une toxine dont j'ai pu, en collaboration avec M. Bardier, reconnaitre la présence dans l'urine normale de l'homme.

Pour l'obtenir, on concentre l'urine par congélation et essorage et l'on traite le liquide par 3 fois son volume d'alcool à 80°. Le précipité qui se forme est séparé, essoré et dissout dans une petite quantité d'eau. Cette solution, dialysée pendant 48 heures, est précipitée par 5 fois son volume d'alcool à 95°. Le précipité est desséché dans le vide à froid. On obtient ainsi une poudre blanche entièrement soluble dans l'eau, mais contenant une proportion variable de matières minérales (50 à 70 °/o). Cette solution fournit les réactions de matières protéiques (Réaction du binret, de millon, xanthoproteique, Elle précipite par le ferrocyanure de potassium et l'acide acétique, par le sulfate ammonique à saturation. On ne peut, même après une dialyse prolongée, débarrasser le produit de ses matières minérales; le produit le plus pur que nous ayons obtenu renfermait encore 40 °/o de cendres. Il n'y a d'ailleurs pas intérêt à pousser trop loin la dialyse, car, d'une part, une dialyse prolongée affaiblit la toxine et, d'autre part, les matières minérales n'entrent pour rien dans sa toxicité.

Les deux effets les plus caractéristiques de l'urohypotensine administrée par voie veineuse, sont le *myosis* qui se manifeste, même pour de très faibles doses, d'une façon intense et prolongée et un abaissement considérable et prolongé de la tension artérielle (d'où le nom d'urohypotensine).

L'urohypotensine, administrée à dose suffisantes, entraîne la mort des animaux.

Les lapins meurent avec des convulsions à la dose moyenne de 4-5 cg par kilogramme (défalcation faite des matières minérales). Une dose semblable tue les chiens. Pour des doses moindres, les animaux survivent mais en présentant un ensemble de troubles absolument semblables aux symptômes de l'urémie (myosis, narcose, secousses convulsives hypothermie, diarrhée, vomissements, dyspnée, pollakiurie, albuminurie, etc.).

Des doses, inférieures à la dose immédiatement mortelle, peuvent entraîner la mort au bout de quelques jours. Les signes nécropsiques sont également ceux de l'intoxication urémique. Je signalerai, en particulier, la néphrite parenchymateuse, la congestion du tractus gastro-intestinal, du foie; une hypérémie intense des glandes surrénales, la congestion et l'œdème pulmonaires, la congestion et l'œdeme du cerveau (apoplexie séreuse).

En un mot, j'ai pu, dans la série des animaux étudiés, relever tous les symptômes et les signes de l'urémie, de telle sorte que je ne crains pas de trop m'avancer en disant que *l'urohypotensine est l'agent causal de l'urémie.*

On peut atténuer l'action toxique de l'urohypotensine en la chauffant pendant quelques instants à 75° et la supprimer complètement en maintenant sa solution, pendant quelques minutes, à 100°. De même la toxine est retenue par le noir animal. Une solution filtrée à travers le noir animal ne possède plus ses effets physiologiques caractéristiques.

Immunisation des animaux. — On peut, en injectant l'urohypotensine à doses graduellement croissantes aux animaux, créer chez eux une résistance de plus en plus marquée à l'action de la toxine, de telle sorte que des lapins ou des cobayes, après 7 à 8 injections, résistent admirablement à des doses plus que mortelles. L'immunisation est complète quand une dose, même très forte, ne détermine plus le myosis. Je n'insiste pas sur les précautions à prendre dans les tentatives d'immunisation. La courbe du poids des animaux en traitement doit guider l'expérimentateur pour l'espacement des injections et les doses à injecter.

Serum antitoxique. — Si l'on recueille le sérum des animaux ainsi immunisés et qu'on le mette en contact, *in vitro*, pendant quelques instants avec une solution d'urohypotensine, l'injection du mélange à des animaux neufs ne détermine plus d'effets toxiques ou tout au moins ne détermine que des troubles extrêmement atténués. De même si l'on fait précéder l'injection de toxine d'une injection de sérum antitoxique. Le sérum d'animaux non immunisés ne possède pas ces propriétés.

En présence de ces faits, considérant, d'une part, que l'intoxication par l'urohypotensine rappelle trait pour trait les troubles de l'urémie et, d'un autre côté, que le sérum d'animaux immunisés possède des propriétés préventives et antitoxiques manifestes, il n'est pas peut-être trop présomptueux d'espérer arriver à obtenir un sérum antitoxique contre l'urémie. Nous poursuivons nos recherches dans ce sens.

M. F. MAIGNON,

Chef des Travaux de Physiologie à l'École vétérinaire (Lyon).

RECHERCHES SUR LA VALEUR NUTRITIVE DE L'ALBUMINE.

612.398

6 *Août.*

Magendie a démontré que les matières albuminoïdes sont indispensables à la vie des animaux et qu'il est impossible de nourrir des chiens exclusivement avec des aliments ternaires.

Après avoir constaté que ces substances étaient indispensables, il se demanda si elles étaient suffisantes à l'exclusion de toutes autres. A cet effet, il chercha à nourrir des animaux avec de la gélatine, mais ces derniers moururent dans un état cachectique comme les chiens alimentés exclusivement avec de la graisse ou avec du sucre.

Magendie conclut que les matières azotées sont indispensables, mais non suffisantes.

On objecta à ce savant que la gélatine est une albumine tout à fait spéciale et qu'il ne fallait pas conclure de cette substance aux albuminoïdes alimentaires.

Pettenkofer et Voit, nourrirent des chiens exclusivement avec de la viande d'animaux maigres bouillie au préalable dans plusieurs eaux, afin d'enlever le glycogène et la graisse. Non seulement les chiens vécurent, mais ils engraissèrent.

On en conclut que l'interprétation de Magendie était fausse, et que les matières albuminoïdes étaient de tous les aliments, les seuls capables d'entretenir la vie à l'exclusion de tous autres et cela parce qu'ils pouvaient se transformer en graisses et en hydrates de carbone.

Or, les expériences de Pettenkofer et Voit n'ont pas la signification qu'on leur a prêtée parce que la viande des animaux les plus maigres, renferme encore une notable proportion de graisse intra-protoplasmique, et qu'il est impossible de priver cette viande de sa graisse par une simple ébullition dans l'eau. Ces expérimentateurs ont en définitive nourri leurs animaux avec un mélange d'albumine et de graisse.

J'ai répété l'expérience de Magendie, non plus avec de la gélatine, mais avec de l'albumine d'œuf, qui est une albumine alimentaire au premier chef. Cette albumine était administrée soit sous forme de blancs d'œufs frais, soit sous la forme coagulée.

Dans tous les cas les animaux ont maigri, malgré des doses surabondantes d'albumine, et sont morts dans un état d'amaigrissement extrêmement avancé.

Des recherches en cours nous permettront probablement de donner une explication à ce phénomène.

M. F. MAIGNON.

RECHERCHES SUR LE MODE DE DÉPERDITION DE POIDS PENDANT LE JEUNE.

612.391

6 Août.

Pendant le jeûne, la dépense énergétique étant sensiblement constante chez les animaux n'effectuant aucun travail extérieur, la consommation des réserves doit être uniforme. Si la courbe de perte de poids était fonction exclusivement de la destruction des réserves, elle devrait être régulièrement descendante.

Des expériences faites sur des chiens, privés d'aliments, ne recevant
que de l'eau et des sels minéraux (chlorure de sodium, poudre d'os

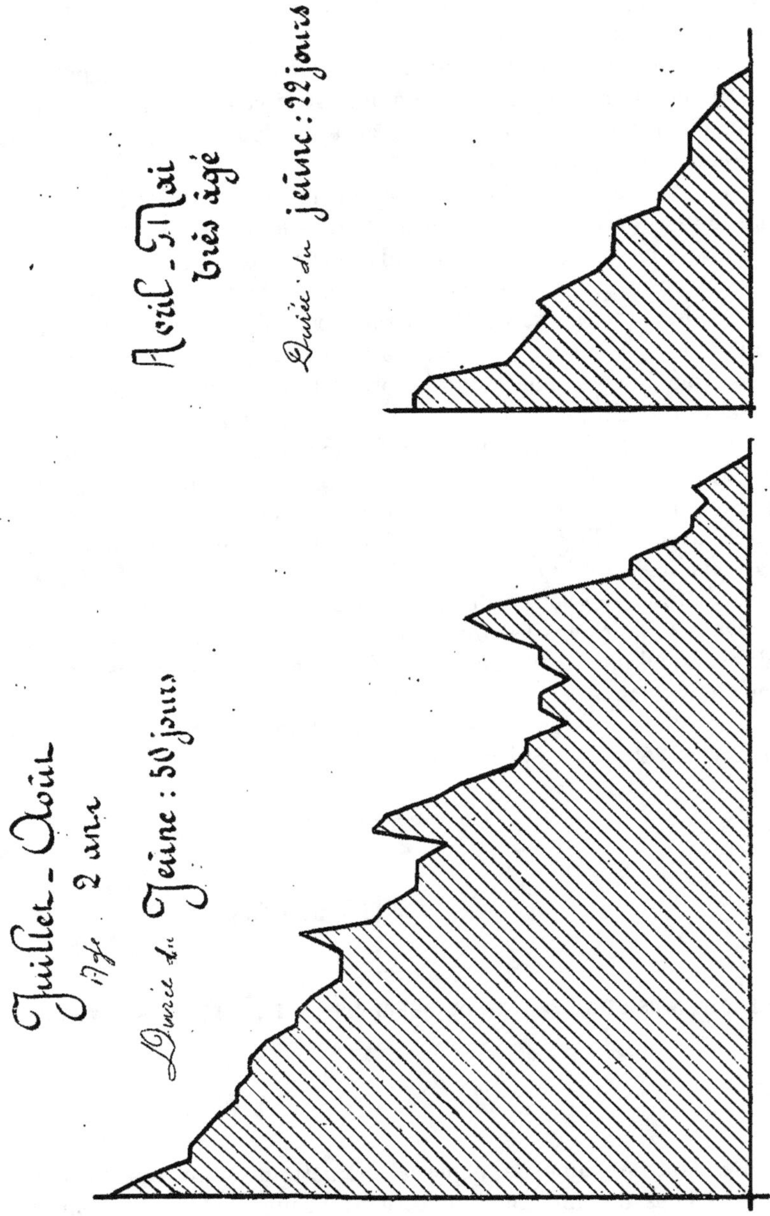

grillés, carbonate de fer) afin d'éviter la déminéralisation, nous ont
montré, comme le représentent les graphiques joints à cette communication que la perte de poids n'est pas régulière. Le poids diminue

rapidement pendant deux ou trois jours, puis reste stationnaire et quelquefois même remonte pendant une durée égale, pour subir ensuite une nouvelle chute.

En un mot, dans la grande majorité des cas, la perte de poids est une courbe en escalier.

Les sujets d'expériences étaient toujours pesés à la même heure, le matin, après avoir uriné et avant d'avoir bu, par conséquent dans des conditions aussi semblables que possible.

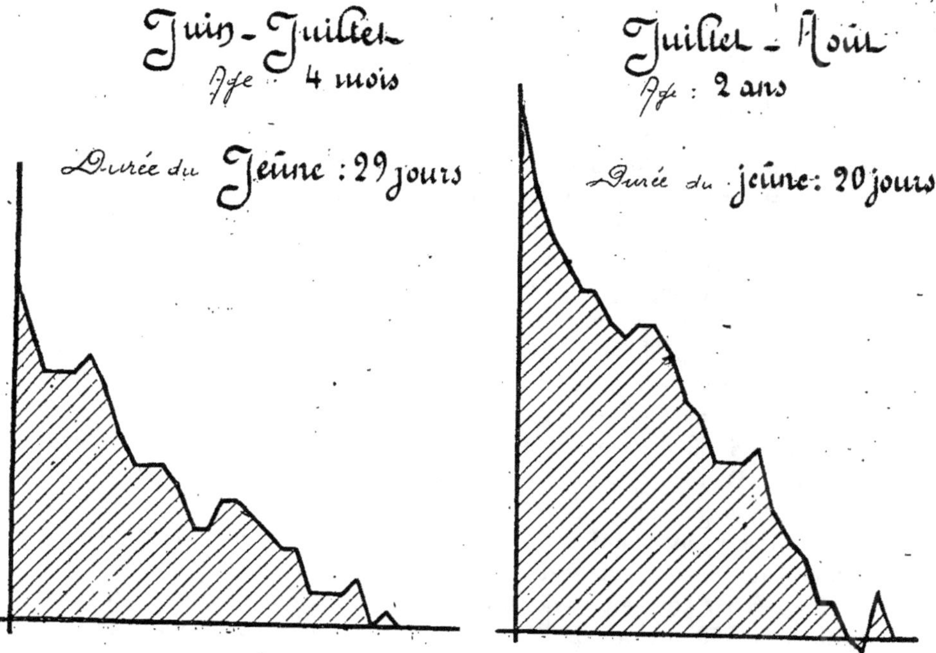

Pour expliquer ces résultats nous avons pensé qu'il fallait faire intervenir dans les variations du poids, non seulement la disparition des réserves, mais aussi la fixation d'eau par les tissus au fur et à mesure que l'amaigrissement se poursuit. Nous savons, en effet, que la viande d'animaux maigres est plus riche en eau que celle d'animaux gras, par conséquent, à mesure que la graisse disparaît des tissus, ceux-ci s'hydratent davantage.

Or il est possible que ces deux phénomènes : disparition de la graisse, et fixation d'eau, ne s'effectuent pas simultanément et qu'il y ait une certaine alternance entre les phénomènes chimiques de la dénutrition.

Cette hypothèse pourrait même nous expliquer l'augmentation que nous avons observée dans certains cas sur des chiens inanitiés : la fixation d'eau l'emporterait alors sur la consommation de graisses.

Des recherches en cours nous permettront ultérieurement d'étudier d'un peu plus près cette question.

M. ROSE,

Professeur-Agrégé au Prytanée militaire (La Flèche).

TROPISMES ET SENSIBILITÉS DIFFÉRENTIELLES.

59.11.044

6 *Août.*

I. *Phototropisme.* — Nous l'avons étudié chez les Daphnies (*Daphne longispina*). Un vase de verre cubique, placé dans une chambre noire, est éclairé horizontalement soit par un faisceau parallèle de lumière solaire, soit par un faisceau de lumière artificielle dont on peut mesurer l'intensité. Les animaux s'amassent vers la paroi éclairée. Le phototropisme est positif. Mais on peut agir sur l'intensité et le sens de la réaction par l'emploi des agents physiques, mécaniques ou chimiques.

Parmi les premiers, on peut faire varier l'intensité lumineuse. Si elle est faible, le tropisme est positif; si elle est forte, il devient négatif et l'on peut réaliser une intensité moyenne où le tropisme disparaît. Les animaux deviennent indifférents.

Si l'on agit sur la température, on observe des faits absolument correspondants. De même, des chocs répétés peuvent aboutir au renversement du sens de la réaction tropique.

Parmi les agents chimiques, les acides, CO_2 surtout, l'urée, l'acide urique renforcent, à des concentrations faibles, les réactions des animaux en expérience. Si l'on fait varier les concentrations des solutions, on peut également affaiblir, abolir le tropisme, ou même renverser le sens de la réaction.

Enfin, les animaux âgés réagissent en général à l'inverse des jeunes.

Les vieilles Daphnies sont négatives dans les conditions où les jeunes sont positives.

II. *Sensibilité différentielle lumineuse.* — Toute variation brusque dans l'éclairage des animaux en expérience produit un déplacement vertical, indépendant de la direction des rayons lumineux. Un accroissement brusque de l'intensité de la source lumineuse provoque une chute instantanée des Crustacés éclairés.

Mais, pour qu'il y ait mouvement, la variation lumineuse doit atteindre ou dépasser une valeur minimum qui est un véritable seuil d'excitation. La position de ce seuil dépend de l'intensité lumineuse originelle. Ainsi une bougie placée à 1,50 m de l'aquarium doit être rapprochée brusquement de 10 cm par provoquer un déplacement vertical. Dans les mêmes conditions, 4 bougies doivent être rapprochées de 40 cm. Et ce fait se vérifie avec les diverses sources lumineuses employées.

L'intensité lumineuse doit croître toujours de la même fraction de sa valeur pour produire le même déplacement vertical.

La loi de Weber s'applique exactement aux oscillations verticales des Daphnies. Si la variation lumineuse est lente et continue, il n'y a pas déplacement vertical, ou il n'apparaît que fort tard, par exemple quand la bougie placée à 1,50 m à l'origine, se trouve rapprochée de plus de 1 m.

III. *Thermotropisme.* — Si l'on chauffe brusquement et en un point, par un dard de chalumeau, un vase où nagent des Daphnies, elles se précipitent sur le point chauffé. Il semble y avoir un thermotropisme positif net. Les courants de convection n'interviennent pas, car les animaux réagissent très vite, avant l'établissement de ces courants, en dehors de la zone agitée et en sens inverse du déplacement liquide.

IV. *Sensibilité thermique différentielle.* — Toute variation brusque dans la température du liquide où vivent des Daphnies provoque un mouvement vertical tout à fait comparable à celui causé par une variation lumineuse brusque. Un échauffement provoque une chute, un refroidissement, une élévation des animaux. Une variation lente et continue ne produit pas de mouvement. Ici encore la loi de Weber semble s'appliquer, quoique nous n'ayons pu faire de mesures précises.

Connaissant ces faits, et les lois qui les régissent, on peut réaliser dans un aquarium toutes les répartitions, tous les groupements désirés à l'avance, des Daphnies en expérience. On peut les condenser en amas compacts, ou en couches denses dans telle ou telle partie du vase, et ceci de deux manières : en prenant la température fixe et une intensité lumineuse variable, ou au contraire en prenant l'intensité lumineuse constante et une température variable et hétérogène. On peut expliquer facilement les courbes données par les Américains, Birge en particulier, qui traduisent suivant les saisons la répartition des Crustacés planktoniques d'eau douce. On peut même réaliser en petit les conditions des lacs américains suivant les saisons et reproduire les répartitions observées.

La répartition des Crustacés planktoniques d'eau douce semble réglée en majeure partie et pour des parts à peu près équivalentes par leurs sensibilités différentielles lumineuse et thermique.

V. *Galvanotropisme.* — Il est très net chez les Lymnées, les Gammarus, les Gardons.

Les Lymnées montrent l'orientation immédiate de la tête vers l'un des pôles, et ce n'est que plus tard que le corps s'oriente à son tour et que l'animal se dirige en ligne droite dans le sens du courant.

Les Gammarus sont peu sensibles à un courant faible, réagissent immédiatement à un courant plus intense et se précipitent sur la cathode. Un courant trop intense les paralyse et empêche toute réaction. Il y a un optimum d'intensité situé vers 8 volts sous $\frac{1}{50}$ d'ampère.

Pour le même courant les gardons se précipitent sur l'anode, et l'on peut ainsi séparer les espèces dans un aquarium.

Si l'anode est garnie de pointes, ils s'embrochent et se tuent. Leurs réactions n'ont donc rien de volontaire. Si l'anode est un filet métallique souple, ils s'y précipitent et se font capturer en une fraction de seconde.

M. G. BOHN,

Directeur de laboratoire à l'École des Hautes-Études (Paris).

LES RÉACTIONS DES COMATULES.

59-11.044-39.1

5 *Août.*

Dans un travail antérieur, j'ai longuement étudié les réactions des Étoiles de mer (*Asterias rubens* entre autres) et des Ophiures [1]. Ayant eu à ma disposition, l'été dernier, au laboratoire de Banyuls-sur-Mer, de nombreuses Comatules (*Comatula mediterranea*), je les ai comparées aux espèces d'Échinodermes que j'avais déjà examinées.

Ce qui a tout d'abord attiré mon attention, c'est que les Comatules que j'observais dans les bacs de l'aquarium de Banyuls se montraient fort peu sensibles à la lumière. En cela, elles se comportaient comme les Ophiures des fonds sableux. On a signalé, au contraire, le phototropisme des Étoiles de mer, et j'ai décrit chez ces animaux, dans mon Mémoire, les multiples manifestations de la sensibilité différentielle.

En revanche, les Comatules, comme les Ophiures, réagissent très facilement aux divers excitants mécaniques.

1° *Excitation du disque oral ou des cirres dorsaux.* — Que l'on touche soit le disque oral, soit les cirres dorsaux insérés au pôle opposé, on obtient une réaction simultanée des 5 bras. A toute excitation du disque oral, les 5 bras se relèvent, formant comme une sorte de dôme au-dessus de ce disque; il pourrait sembler, au premier abord, qu'il y ait là un mouvement de protection. Mais, ici, comme dans tous les cas où il s'agit de l'adaptation d'un acte, je crois qu'il faut se montrer très réservé. A toute excitation des cirres, au contraire, les bras s'abaissent.

En règle générale, *il y a flexion du membre du côté du pôle touché.*

L'intensité de la réaction se montre variable; la réponse à l'excitant est d'autant plus forte que la fixation de l'animal par les cirres est mieux assurée; quand l'animal n'est pas fixé, ou même quand il est mal fixé, elle est tardive et toujours faible; je ne crois pas que ce soit dû à des conditions

---

[1] G. Bohn, *Les essais et les erreurs chez les Étoiles de mer et les Ophiures* (*Bulletin de l'Institut général psychologique,* 1907).

mécaniques qui facilitent certains mouvements musculaires. J'ai des raisons pour croire qu'il s'agit ici de variations de la sensibilité : les sensations tactiles du disque oral seraient inhibées plus ou moins par certaines sensations des cirres. Qu'une sensation inhibe une autre sensation est un fait très général, et fréquemment observé chez les Insectes. Chez les Branchellions, Hirudinés parasites des Torpilles, j'ai indiqué un fait du même ordre : la fixation, sur la peau du Poisson, du parasite de la ventouse postérieure inhibe en grande partie la sensibilité vis-à-vis de la lumière, qui est excessivement prononcée, lorsque la ventouse est fixée sur un plan de verre (*voir* ma Communication de l'an dernier au Congrès de Lille).

Il peut arriver que, la Comatule étant fixée par ses cirres, certains bras reposent sur un support solide, les autres restant complètement libres. Dans ce cas, ces derniers se relèvent beaucoup plus facilement que les autres, quand on excite le disque oral.

2° *Excitations répétées portant sur le corps ou les bras.* — J'ai maintes fois observé qu'une série d'excitations se succédant à de faibles intervalles et portant sur le même point du corps d'un animal finissent par avoir un tout autre effet qu'une ou deux excitations portant sur le même point. Avec les Étoiles de mer, le fait apparaît très nettement. Si l'on excite un certain nombre de fois de suite un point quelconque du disque ou d'un bras, l'Astérie se met à tourner sur elle-même, ce mouvement de rotation pouvant d'ailleurs se combiner avec un mouvement de translation déjà commencé. De même, une Écrevisse répond en général à une excitation de la partie antérieure de son corps par un mouvement de recul; après quelques excitations qui se suivent, ce mouvement est remplacé par un mouvement de rotation, dit *pas de valse.*

Des excitations répétées portant sur le corps ou les bras d'une Comatule entraînent des mouvements ondulatoires de tous les bras, non synchrones; d'où finalement l'élévation de l'animal dans l'eau par natation.

3° *Excitation d'un bras.* — Quand on excite un bras d'une Étoile de mer ou d'une Ophiure, en général l'animal s'éloigne dans la direction diamétralement opposée. Il en est de même en ce qui concerne la Comatule. Cependant il semble y avoir des exceptions à cette règle.

Si, par exemple, une Comatule repose sur un fond lisse, tout entière, sauf les deux rameaux appartenant au même bras ou à des bras voisins, c'est le plus souvent dans la direction de ces deux rameaux que se fera le déplacement. Soient 1 et 1′, 2 et 2′, 3 et 3′, 4 et 4′, 5 et 5′, les bras bifurqués, numérotés dans le sens des aiguilles d'une montre; en excitant 1, en général l'animal tend à fuir suivant la direction 3′; toutefois si 4 et 4′ reposent sur une surface rugueuse, la fuite peut se faire suivant la direction 4 — 4′; si c'est 4′ et 5 qui reposent sur la surface rugueuse, la direction de fuite pourra être 4′ — 5, ou tout au moins une direction comprise entre 3′ et 5.

On voit l'importance qu'a l'état de la surface de support pour la direction du déplacement.

4° *Géotropisme.* — Il y a lieu de tenir compte également de l'inclinaison du support et de la ligne de plus grande pente.

Sur un fond incliné, les Comatules excitées tendent à se déplacer suivant les lignes de plus grande pente, en s'élevant le long de ces lignes.

C'est là d'ailleurs un fait assez général chez les Échinodermes.

M. G. BOHN.

LA SENSIBILISATION ET LA DÉSENSIBILISATION DES ANIMAUX.

59.11.044

5 *Août.*

L'an dernier, au laboratoire de Banyuls-sur-Mer, mon attention a été attirée par un fait qui m'a paru très curieux. En observant dans les grands bacs à fond de sable les Coralliaires fouisseurs, Vérétilles et Pennatules, i'ai remarqué qu'à certains moments ces animaux se montraient absolument insensibles à la lumière et aux excitants mécaniques, tandis qu'à d'autres la sensibilité était des plus fines : il suffisait parfois de toucher le tentacule d'un polype pour que toute la colonie se rétracte (¹).

J'ai reconnu que ce fait n'était que l'exagération d'un fait très général : chez les animaux inférieurs, la sensibilité varie dans d'assez larges limites. Il m'a semblé intéressant de chercher les causes de la désensibilisation et de la sensibilisation de ces animaux.

A. *Désensibilisation.* — Dans l'étude des réactions des organismes inférieurs, il est très important de tenir compte de la désensibilisation progressive. On observe celle-ci principalement dans les trois circonstances suivantes : 1° un éclairement qui se prolonge; 2° des excitations qui se répètent; 3° une activité qui se poursuit.

1° *Désensibilisation sous l'influence de la lumière.* — La lumière, lorsque son action s'exerce *un certain temps* sur l'organisme, est un désensibilisateur. Sous l'influence d'un éclairement prolongé ou intense, la désensibilisation se manifeste nettement. L'animal se comporte un peu comme une plaque photographique. Quand il s'agit d'étoiles de 12e grandeur, il y a possibilité de poses très longues, tandis que devant un paysage vivement éclairé la plaque devient rapidement insensible. De même une Actinie exposée à une vive lumière finit par devenir insensible à la lumière et par s'épanouir; à l'obscurité, la sensibilité revient progressivement,

---

(¹) G. Bohn, *Les variations de la sensibilité périphérique chez les animaux* (*Bulletin scientifique de la France et de la Belgique*, t. XLIII, 1909, p. 481-519).

car l'être vivant a toujours la propriété de reformer les substances détruites par la lumière.

Voici, à cet égard, quelques exemples très frappants (¹). Il s'agit d'*Actinia equina*, observées, en mai et avril 1910, dans les rochers qui bordent la plage de Port-Lin, sur la grande côte du Croisic, parmi les Fucus, Patelles et Balanes, à divers niveaux; quand la mer se retire, on peut les examiner aisément dans les flaques d'eau; s'il fait jour, au moment du retrait de la mer, elles se ferment d'autant plus vite que l'éclairement est plus intense; s'il fait nuit, elles s'épanouissent au contraire. Je vais considérer seulement le premier cas. L'Actinie fermée dans la flaque d'eau finit par se désensibiliser et par s'épanouir à la lumière; mais, d'un jour à l'autre, le temps nécessaire pour la désensibilisation varie.

27 *mars* : température de l'eau, 9° à 20°; température de l'air, 7° à 14°; ciel clair, soleil.

Les Actinies restant fermées de 7 h 30 m à 2 h 30 m, c'est-à-dire pendant toute la durée d'émersion des rochers, l'épanouissement précède parfois le retour de l'eau, mais en général il n'a lieu qu'après le recouvrement des rochers.

28 *mars* : température de l'eau, 10° à 23°; température de l'air, 10° à 15°; ciel clair, soleil.

Les Actinies se ferment vers 8 h, c'est-à-dire au moment du retrait de la mer; déjà à midi, quelques-unes commencent à s'épanouir; à 1 h 30, un assez grand nombre sont plus ou moins ouvertes; on en trouve d'épanouies dans des mares à 23°.

1ᵉʳ *avril* : température de l'eau, 8° à 9°; température de l'air, 4° à 7°; ciel nuageux l'après-midi.

Quand, à 5 h du soir, l'eau vient recouvrir les rochers émergés depuis 9 h du matin, les Actinies sont encore toutes fermées, et elles mettent un temps assez long à s'ouvrir après le recouvrement .

20 *avril* : température de l'eau, 9° à 16°; température de l'air, 7° à 13°; ciel clair, soleil vif.

Bien que la mer retarde de 45 minutes sur hier, dès 11 h du matin, quelques Actinies sont déjà épanouies; à 5 h, un cinquième sont plus ou moins épanouies; le retour de l'eau détermine un épanouissement général.

Ainsi, le temps nécessaire pour qu'une Actinie se réépanouisse, pendant le jour, dans une flaque littorale, est d'autant plus court que l'éclairement est plus intense et la température plus élevée.

Ce réépanouissement tardif des Actinies dans les mares abandonnées par la mer est la conséquence d'une désensibilisation vis-à-vis de la lumière. Quand il se produit, les animaux ont cessé de réagir aux variations d'éclairement, et en même temps leur sensibilité vis-à-vis des agents mécaniques est en général atténuée. En un mot, à la pleine lumière du jour,

---

(¹) *Voir* G. Bohn, *Intervention de la vitesse des réactions chimiques dans la désensibilisation par la lumière* (*Comptes rendus de la Société de Biologie*, t. LXVIII, 25 juin 1910, p. 1114).

les animaux, devenus insensibles à la lumière, se comportent comme s'il faisait nuit, c'est-à-dire s'épanouissent.

Chez beaucoup d'autres Actinies, on observe une désensibilisation progressive vis-à-vis de la lumière au cours de la journée. Les *Actinoloba dianthus*, les *Sagartia erythrochila* Fischer, en aquarium, se montrent d'autant moins sensibles à la lumière que l'heure est plus avancée; la composition chimique de l'eau et l'éclairement étant maintenus sensiblement constants, à partir d'un certaine heure, les Actinies, fermées depuis le lever du soleil (¹), s'épanouissent; le soir, tout à fait insensibles aux variations d'éclairement, elles restent épanouies.

A Arcachon, j'ai exposé souvent au soleil des *Sagartia erythrochila*. Dans la matinée, alors qu'elles sont encore épanouies dans une chambre relativement peu éclairée, elles se ferment en moins de cinq minutes quand elles reçoivent les rayons du soleil même à travers une couche d'eau assez épaisse, qui ne s'échauffe pas sensiblement. Vers le soir, au contraire, entre 5 h et 6 h, elles restent épanouies, quel que soit l'éclairement auquel on les soumet; au bout d'une demi-heure d'un soleil vif, il semble même que l'épanouissement ait augmenté.

Les diverses Planaires qui vivent sous les pierres, dans les ruisseaux ou les torrents, se désensibilisent assez rapidement une fois qu'elles sont exposées à la lumière; à l'obscurité elles retrouvent assez vite leur sensibilité. J'ai commencé cette étude en août 1909, dans les Alpes, à Lauenen (Suisse). Placées dans une cuvette plate, les Planaires ne tardent pas à s'immobiliser, dans les parties les plus obscures; elles prennent alors une forme plus ou moins globuleuse. Vient-on à augmenter suffisamment l'éclairement, elles s'allongent de nouveau et se déplacent pendant un certain temps. A la lumière solaire directe, il y a des contractions énergiques et désordonnées du corps. Vient-on à diminuer suffisamment l'éclairement, alors qu'elles se meuvent, la plupart s'arrêtent et deviennent globuleuses.

A un moment donné, il y a une certaine valeur critique de l'éclairement ε; au-dessus, les Planaires sont en activité; au-dessous, elles restent immobiles. Eh bien, ce qui est intéressant, c'est que cette valeur ε varie (pour un état chimique de l'eau déterminé), non seulement suivant les espèces et les individus, mais encore, chez un même individu, suivant les heures. Pour les Actinies, il y a à considérer également une pareille valeur critique de l'éclairement; au-dessus, elles se ferment; au-dessous, elles s'épanouissent; et cette valeur, autrement dit le seuil de l'excitation, varie suivant les espèces, les individus, les heures. Dans l'un et l'autre cas, les valeurs de ε dépendent principalement des traitements subis précédemment par l'individu considéré; et en particulier de la quantité totale de lumière qu'il a reçu les jours qui précèdent.

Revenons à nos Planaires. Après quelques heures d'exposition à la

---

(¹) A moins qu'elles se trouvent dans un milieu asphyxique.

lumière, la valeur de ε s'élève d'autant plus que l'éclairement a été plus intense.

La désensibilisation se fait progressivement et assez rapidement. Je place un lot de Planaires contre la fenêtre de la chambre, à 10 h du matin par exemple (orientation ouest); chaque 10 minutes, j'isole quelques individus afin de chercher le minimum d'éclairement ε, nécessaire pour déterminer leur mise en branle; je trouve de 10 h à 11 h une série de valeurs croissantes :

$$\varepsilon_1, \ \varepsilon_2, \ \varepsilon_3, \ \varepsilon_4, \ \varepsilon_5, \ \varepsilon_6, \ \varepsilon_7.$$

Si le lot est replacé dans un coin obscur de la chambre, les valeurs ε croissent moins rapidement, ou restent stationnaires.

Quand je prenais un lot de Planaires et que je le partageais en deux, l'un que je plaçais devant la fenêtre, l'autre au fond de la pièce, au bout de quelques heures les réactions vis-à-vis de la lumière se montraient différentes.

On voit l'importance qu'ont les éclairements passés dans les réactions actuelles d'un organisme. Dans mes publications précédentes, j'ai signalé beaucoup de faits du même ordre [1], mais maintenant je vois nettement le lien qui unit ceux-ci entre eux.

Dans tous ces faits de désensibilisation par la lumière, tout se passe comme si celle-ci détruisait dans l'organisme une certaine substance active. Il s'agit peut-être d'une oxydase; des expériences ultérieures nous indiqueront si cette hypothèse est exacte. Dès maintenant, la sensibilité à la lumière me paraît liée en général aux oxydations organiques; la désensibilisation s'accompagnerait d'une diminution de ces oxydations.

Je ne parle ici que de la sensibilité à la lumière; il est fort possible que la sensibilité vis-à-vis des agents mécaniques repose sur d'autres réactions chimiques. Des recherches en cours ont été instituées pour élucider ce point : je noterai pour le moment ces deux faits : 1° la sensibilité vis-à-vis des agents mécaniques disparaît en général *après* qu'a disparu la sensibilité à la lumière; 2° les secousses mécaniques peuvent augmenter momentanément la sensibilité à la lumière.

2° Désensibilisation à la suite d'excitations répétées. — Des excitations qui se répètent entraînent la désensibilisation vis-à-vis des excitants employés. C'est là un fait très général, banal en physiologie.

Un Annélide se rétracte dans son tube quand on porte sur lui une ombre; si l'on recommence peu après, l'effet est moindre; si l'excitation se répète à des intervalles courts, irréguliers ou réguliers, au bout d'un certain temps, le Ver cesse de réagir. Il y a extinction de la réaction. Au bout d'un repos convenable, celle-ci réapparaît.

---

[1] *Voir* en particulier : *Intervention des influences passées dans les mouvements d'un animal* (*Comptes rendus de la Société de Biologie*, t. LVI, 1904, p. 791); *L'influence de l'éclairement passé sur la matière vivante* (*Ibid.*, t. LXII, 1907, p. 292).

Ici encore il semble que l'excitation entraîne l'usure de certaines substances indispensables pour l'accomplissement de la réaction. Au bout d'une série d'excitations, la masse de ces substances deviendrait trop petite, et la réaction n'aurait plus lieu. Pendant le *repos* ces substances se reformeraient.

L'effet des secousses successives est des plus intéressants à étudier. Une première secousse exalte la sensibilité. A l'état de repos, une cellule périphérique peut être considérée comme un petit récipient contenant superposés dans un certain ordre une série de mélanges chimiques de densités différentes; dans un système de plusieurs « phases », en équilibre, les principales réactions chimiques ont lieu au niveau des surfaces de séparation, et l'accumulation le long de ces surfaces des produits de réaction peut diminuer beaucoup l'intensité des réactions primitives. On conçoit que des secousses qui déterminent un brassage du contenu de la cellule entraînent une accélération des réactions chimiques et par suite la sensibilisation. Mais il ne faut pas que les secousses se prolongent trop longtemps : toute accélération des réactions chimiques en vase clos a pour conséquence forcée un appauvrissement plus rapide des masses actives en présence, d'où bientôt un ralentissement des mêmes réactions chimiques et la désensibilisation. A vrai dire, une cellule n'est pas un vase clos, mais il faut toujours un certain temps pour que les substances actives puissent s'y reformer. Ces considérations, qui s'appuient d'ailleurs sur des hypothèses légitimes, permettent donc de se représenter le mécanisme de la désensibilisation qui, sous l'influence des secousses successives, succède à la sensibilisation du début.

Un fait, qui paraît avoir une importance des plus considérables pour l'analyse physico-chimique des activités animales et que j'ai mis en évidence, est le suivant : *chez beaucoup d'animaux inférieurs, sous l'influence des excitations mécaniques répétées, la désensibilisation survient d'autant plus tôt que l'exposition de l'organisme à la lumière a été plus longue.* Un cas particulier est le suivant : le matin, la désensibilisation ne survient que tardivement; pendant longtemps les secousses restent sensibilisatrices; le soir, au contraire, la phase de sensibilisation est si fugitive qu'elle passe souvent inaperçue, et les secousses sont, dès le début, désensibilisatrices. J'ai observé ceci d'une façon assez nette chez des Actinies, et d'une façon très nette chez les Cérianthes et certains Coralliaires.

Je m'explique ce fait par l'hypothèse suivante : la lumière détruit certaines des substances actives qui interviennent dans la sensibilité vis-à-vis des agents mécaniques; après la nuit ou un séjour dans l'obscurité, l'organisme est riche en ces substances actives, et il faut un certain temps pour qu'elles s'épuisent sous l'influence des excitations mécaniques.

Ce n'est là qu'une hypothèse, mais féconde, me semble-t-il.

La désensibilisation sous l'influence d'une activité qui se prolonge s'expliquerait par des considérations du même ordre.

B. *Sensibilisation.*—On peut distinguer trois sortes de sensibilisateurs :

1° sensibilisateurs chimiques; 2° sensibilisateurs physiques; 3° sensibilisateurs mécaniques.

1° *Sensibilisateurs chimiques.* — Je ne puis, dans les limites restreintes de cette Note, insister longuement sur cette première catégorie de sensibilisateurs, d'autant plus que ce n'est pas moi qui ai attiré le premier l'attention sur eux. On connaît les belles recherches par lesquelles Jacques Loeb a montré le rôle sensibilisateur de l'acide carbonique et de l'alcool.

Il suffira de lire le livre que vient de consacrer à la parthénogenèse artificielle ce biologiste pour être convaincu que même des changements infinitésimaux dans la composition chimique du milieu extérieur suffisent pour entraîner dans l'œuf soit une accélération des oxydations, soit un ralentissement, voire même une inhibition de celles-ci.

Or, il résulte jusqu'ici des recherches que j'ai entreprises qu'un certain nombre des facteurs chimiques qui accélèrent les oxydations de l'œuf accélèrent aussi celles de l'adulte, et augmentent par suite la sensibilité, du moins vis-à-vis de la lumière. J'aurai à revenir dans un Mémoire ultérieur sur le rôle si important de l'alcalinité et de l'acidité.

2° *Sensibilisateurs physiques.* — Au début de son action sur l'organisme, la *lumière* est un sensibilisateur; mais il ne faut pas oublier, comme le font la plupart des auteurs, que la désensibilisation succède plus ou moins tôt à la sensibilisation. On a déjà beaucoup étudié l'action photochimique de la lumière. On sait qu'un grand nombre de réactions chimiques présentées par les corps organiques, en particulier les oxydations, sont influencées par cet agent physique. Ceci résulte non seulement des travaux de Loeb, mais encore de ceux de Luther, de Neuberg, de Ciamician, de Wolfgang Ostwald. D'après les faits déjà si nombreux que nous font connaître ces auteurs, on est autorisé à admettre que l'action de la lumière sur les animaux et les plantes se réduit en dernière analyse à ce que la lumière modifie la vitesse des réactions chimiques dans les cellules de la rétine ou autres points sensibles à la lumière de l'organisme; à mesure que l'intensité de la lumière s'accroît, la vitesse de certaines réactions chimiques, des oxydations en particulier, varie suivant une loi déterminée qui est à l'étude pour le moment.

La quantité des substances photochimiques qui sont transformées par la lumière est souvent assez faible; mais un acide, tel que CO^2, peut intervenir et agir à la façon d'un catalyseur. D'après Stieglitz, en effet, dans la catalyse de certains corps organiques, l'acide ne fait qu'augmenter la masse des substances qui subissent la transformation. Me voici ainsi ramené au rôle sensibilisateur des acides.

C'est un fait banal, qui n'est plus à démontrer, que l'*élévation de température*, en augmentent la vitesse des réactions chimiques (suivant une loi connue), augmente en même temps la sensibilité. Les animaux insensibles ou presque aux basses températures deviennent très sensibles aux températures élevées, pourvu que la chaleur ne détériore pas la matière vivante.

3º *Sensibilisateurs mécaniques.* — Les sensibilisateurs mécaniques ont été beaucoup moins étudiés que les précédents.

J'ai déjà parlé plus haut de l'influence sensibilisatrice des *secousses*, et j'ai cherché à l'expliquer par une augmentation de la vitesse des réactions chimiques de la cellule à la suite du brassage de son contenu. Si les secousses cessent, bientôt l'effet sensibilisateur ne se fait plus sentir ([1]); si les secousses se prolongent, la désensibilisation survient.

J'ai reconnu, et c'est là un fait très curieux, qu'on peut modifier la sensibilité d'un être tout simplement par un *changement de son orientation vis-à-vis de la pesanteur.* Il y a déjà longtemps que j'ai signalé que le phototropisme des Littorines peut présenter des signes contraires suivant que ces petits Gastéropodes rampent dans la position dressée ou dans la position renversée. De nouvelles recherches me conduisent à penser que la vitesse des réactions chimiques, de la rétine en particulier, n'est pas la même dans les deux cas. Il peut se faire par exemple que, après le retournement de l'animal, une substance active plus légère que toutes lés autres contenues dans la cellule, et qui par conséquent se trouvait du côté de la face externe de celle-ci, se rende du côté de la face opposée, dans une position, par rapport aux autres substances chimiques, telle que son activité se trouve diminuée par exemple. Cette hypothèse se montre féconde dans la recherche des faits nouveaux.

D'ailleurs, c'est d'une façon analogue qu'on explique le *géotropisme* (Lœb). Dans les cellules sensibles à la pesanteur se trouveraient deux substances de poids spécifique différent, par exemple deux substances liquides non miscibles, ou difficilement miscibles, ou encore une substance solide et une liquide. Si la direction du corps de l'animal est oblique par rapport à celle de la pesanteur, la position réciproque de ces deux substances ne sera pas la même d'un côté du corps et de l'autre. Or, cette différence dans la position relative des éléments peut entraîner une différence dans la vitesse des réactions, et les conséquences se trouvent les mêmes que dans le cas d'un animal éclairé latéralement : l'animal se redresse automatiquement vis-à-vis de la pesanteur (géotropisme) comme il se dresse vis-à-vis de la lumière (phototropisme).

Parmi les sensibilisateurs mécaniques, j'ai encore signalé l'*augmentation de l'étendue de la surface du corps.* C'est ainsi qu'une Vérétille qui *vient* de s'étaler est excessivement sensible aux attouchements. On conçoit facilement qu'au moment où les éléments anatomiques viennent de subir une extension parfois considérable, les surfaces d'échange étant très augmentées, les réactions chimiques deviennent beaucoup plus actives. Or, je l'ai déjà répété bien des fois, la sensibilité serait en rapport avec la

---

([1]) La conséquence est lé *retour progressif à l'état de repos*, que j'ai décrit antérieurement. (*Comptes rendus de la Société de Biologie*, t. LXIII, 1907, p. 655).

vitesse de ces réactions. Ici, d'ailleurs, comme dans les cas précédents, l'accélération des réactions chimiques ne peut pas durer indéfiniment, et il y a un moment où la désensibilisation succède à la sensibilisation.

Il y a quelques années, M. Ostwald a montré qu'on peut sensibiliser les Daphnies par *l'augmentation de la viscosité du milieu*, sans changer d'ailleurs le degré d'alcalinité ou d'acidité de l'eau. J'ai reconnu qu'une *augmentation de la pression* peut avoir le même effet sur divers organismes inférieurs, en particulier sur les Actinies; j'ai eu soin bien entendu d'éliminer l'intervention d'un changement chimique du milieu extérieur.

On entrevoit difficilement encore les mécanismes qui sont en jeu dans ces deux derniers cas de sensibilisation. J'ajouterai qu'Ostwald invoque les *frottements internes*. Il y a intérêt, je crois, à rapprocher de ces deux cas un troisième, qui résulte d'une série d'observations encore inédites que j'ai faites principalement sur les Insectes; il s'agit d'une sensibilisation par *l'augmentation des charges portées par l'animal*.

En août 1909, j'ai en particulier étudié, en Suisse, à Lauenen, les Fourmis rousses, si abondantes dans les forêts de sapins et de pins. Dans la nature, alors qu'elles effectuent leur va-et-vient, ces Fourmis paraissent peu sensibles à la lumière; il n'y a pas de déplacement général par rapport au soleil, ou par rapport aux grandes surfaces d'ombre; les variations brusques d'éclairement ne produisent aucune déviation dans les trajectoires. Toutefois, si l'on place ces insectes dans un tube de verre, qu'on oriente dans le sens de la lumière, surtout si l'on imprime quelques secousses au tube, on les voit parfois se diriger vers l'extrémité la plus éclairée et rebrousser chemin sous l'influence des ombres. Mais la sensibilité à la lumière ainsi éveillée n'est que fugitive, surtout s'il y a des débris de feuilles ou de bois dans le fond du tube. Il semble que dès que la mémoire associative s'exerce, le phototropisme et la sensibilité différentielle soient annihilées. Mais voici le fait sur lequel je veux surtout attirer l'attention : dès qu'une Fourmi s'empare d'un fardeau, surtout d'un œuf, d'un cocon, elle devient très sensible à la lumière : elle se rend vers l'extrémité la plus obscure du tube, elle rebrousse chemin dès qu'elle passe d'une région moins éclairée dans une région plus éclairée. Les Fourmis porteuses de cocons manifestent une sensibilité des plus fines vis-à-vis de la lumière, déposant finalement le cocon dans le point le moins éclairé du tube, déplaçant le cocon quand ce point se déplace sous l'influence du mouvement d'écrans; les Fourmis porteuses de cocons semblent apprécier les moindres contrastes d'éclairement. Ces réactions peuvent se perdre également. En effet, quand les Fourmis restent dans l'obscurité complète, elles ne tardent pas à faire choix d'un emplacement (*a*) pour les cocons; or, à la lumière, après avoir porté les cocons un certain temps dans la région la moins éclairée, elles peuvent ensuite les transporter dans l'endroit habituel (*a*), bien que celui-ci soit plus éclairé.

Ce n'est là qu'un exemple. Il y a lieu de tenir compte ici encore des variations de la sensibilité à la lumière suivant les espèces, les heures de la journée, les états physiologiques. C'est le moment de rappeler la sensibilisation qui accompagne la maturité sexuelle chez les reines et d'où résulte le *vol nuptial*.

Conséquences de la sensibilisation et de la désensibilisation. — Il est de la plus haute importance de considérer les variations de la sensibilité chez les animaux inférieurs pour bien comprendre les réactions de ces organismes. C'est en partie pour ne pas en avoir tenu compte que certains auteurs ont été conduits à critiquer injustement la théorie des tropismes.

Il ne faut pas oublier, quand on étudie les tropismes, que le seuil de l'excitabilité vis-à-vis d'un agent déterminé varie d'un instant à l'autre et suivant les traitements passés.

En particulier, très souvent la sensibilité, non seulement vis-à-vis de la lumière, mais encore des divers agents mécaniques, est plus grande le matin que vers le soir; souvent le soir, un agent sensibiliseur ne tarde pas à entraîner la désensibilisation.

Or, l'intensité des tropismes est en rapport avec le degré de sensibilité. Les tropismes apparaissent d'autant plus nettement que la sensibilité est plus grande. De faibles quantités d'acide exaltent la sensibilité des Copépodes d'eau douce à la lumière, et fait apparaître en même temps leur phototropisme.

Dans les tropismes, tout se passe comme si les organismes étaient entraînés suivant les lignes de force d'un champ déterminé par l'une des forces du monde extérieur. Quand la sensibilité de l'être est grande vis-à-vis de cette force, ces lignes sont suivies très rigoureusement. Mais, à mesure que l'être se désensibilise, on le voit de plus en plus s'affranchir et décrire des sinuosités de plus en plus marquées de part et d'autre de ces lignes. Les auteurs peu initiés aux questions de Physique et de Chimie ont vu dans ce dernier cas un état initial, et ont parlé d'essais et erreurs qui à la longue pourraient aboutir aux tropismes.

L'étude que je viens de faire, et qui m'a été inspirée par la certitude que la Chimie physique peut donner la solution des problèmes biologiques, montre, me semble-t-il, qu'il y a un moyen plus sûr d'analyse de l'activité animale que la narration en termes psychologiques des faits et gestes des animaux inférieurs.

M. A. MENEGAUX.

PROBLÈMES DE PSYCHOLOGIE CHEZ LES OISEAUX.

59-15.1-82

6 *Août.*

L'ornithologie nous pose de nombreux problèmes. Il est certain qu'il est intéressant de faire des études morphologiques sur la variabilité des formes, sur l'étendue des variations sous l'influence des diverses saisons et de préciser les causes qui ont amené la formation de races locales ou géographiques, enfin de chercher à préciser avec quel coefficient propre la nourriture, la radioactivité du sol et les conditions climatériques interviennent alors. Au point de vue spéculatif l'intérêt n'est pas moindre, car c'est par l'étendue des formes locales qu'on arrivera à fixer le sens qu'il faut attribuer au mot *espèce* que l'on conserve toujours dans la science malgré les critiques qu'on lui fait, car il apporte encore à l'esprit du public un sens inexact d'immutabilité de constance; l'espèce n'étant qu'une entité morphologique temporaire, c'est une *morphe* en voie d'évolution externe et probablement interne, une *protéomorphe* dont les variations sont fonctions de l'ensemble des conditions modificatrices et du temps pendant lequel leur influence s'est fait sentir. On ne s'est jamais inquiété de savoir et de déterminer s'il n'y a pas aussi un facteur psychique qui intervient ou bien si la *psychie* de l'animal ne se trouve pas alors modifiée dans une certaine mesure.

Nous ne pourrons solutionner les nombreuses questions qu'en les sériant et en les abordant avec méthode et persévérance de façon à nous garder des conclusions hâtives ou trop vite généraliées.

Les études anatomiques, morphologiques, biologiques et économiques ont fourni de nombreux travaux des plus estimés. Mais il est tout un groupe de recherches qui ne paraît pas avoir provoqué assez d'activité chez les savants; ce sont celles sur les facultés psychiques et leur analyse chez les divers animaux, afin de les comparer entre elles et afin d'arriver à reconnaître et définir leur nature intime.

Les oiseaux doivent forcément attirer et retenir beaucoup l'attention, à cause des phénomènes remarquables auquel donne lieu le grand développement de leurs facultés psychiques, et ils nous offrent un champ d'étude d'autant plus intéressant qu'il est constitué par des animaux hautement différenciés au point de vue de l'intelligence et de ce qu'on appelle l'*instinct.*

Les observations isolées non coordonnées dans un but déterminé, et portant sur un animal qu'on possède, peuvent pour l'instant paraître n'avoir que peu de valeur et pourtant elles ne doivent pas être négligées, elles peuvent à un moment donné servir de passage, et servir à élucider certains faits ultérieurement constatés. Ce n'est que lorsqu'on aura réuni un grand nombre de faits précis et authentiques, qu'on pourra bâtir un édifice durable ou tout sera à la place qui lui convient. *Mais il est de toute nécessité que les observations psychologiques s'appuient sur la morphologie.* Il est bon de dire et de répéter que, pour qu'on attribue toute son importance à une observation psychologique, même bien faite, il ne suffit pas de donner à l'animal son nom vulgaire, imprécis, sujet à variations locales, mais il est nécessaire d'indiquer qu'elle se rapporte à telle ou telle espèce désignée par *son nom latin actuel*, puisque c'est le seul qui fasse foi; car ce qu'on observe chez une mésange, une alouette, etc., peut ne pas s'appliquer à toutes les espèces de ces groupes, surtout s'il y a des formes habitant des pays très distants.

Toutes ces recherches doivent s'appuyer sur une connaissance minutieuse de l'anatomie histologique. L'étude comparative des noyaux gris et des faisceaux d'association dans les diverses espèces n'a pas été faite, de même qu'on n'a pas encore essayé de comparer les cellules nerveuses chez les chanteurs et les oiseaux non chanteurs. L'étude microscopique des centres nerveux est loin d'être assez avancée pour qu'on puisse comparer la structure du cerveau chez les perroquets à celui des autres groupes. On se demande même s'il n'y aurait pas là un critérium à chercher pour déterminer l'éducabilité comparée des diverses espèces et par conséquent la possibilité d'éducation et de dressage pour une espèce donnée. Dans tous les cas il faudrait étudier le développement relatif des cerveaux par rapport à la masse du corps, comparer les résultats obtenus pour les animaux domestiques et les animaux sauvages et fixer ainsi le coefficient de céphalisation chez les divers groupes d'oiseaux. Ces études commencées par Lapicque et Girard méritent d'être poursuivies. L'éducation et le développement d'un sens en vue d'un but déterminé, comme dans la colombophilie, l'étude analytique des transformations qui se produisent dans l'état psychique des oiseaux sous l'influence de la domestication paraissent constituer les méthodes de recherches les mieux appropriées au but poursuivi. Il en serait de même de ce qu'on peut observer par le retour à une liberté relative ou entière.

Les éleveurs ont donc à leur disposition un champ d'étude dont l'exploration méthodique ne peut qu'être féconde, car il est certain que les résultats auxquels est arrivé, après une longue expérience un praticien possédant le sens critique scientifique doivent toujours être hautement estimés. Il pourrait en être de même des chasseurs.

La monographie d'une faculté psychique chez une espèce sauvage ou chez une de nos races domestiques, faite d'après l'étude d'un très grand nombre d'individus ne peut qu'être intéressante. Ce qui le serait plus encore, ce serait l'étude d'une faculté chez une espèce souche et chez les formes domestiques qui en sont dérivées.

A un autre point de vue, il faut attirer l'attention sur l'intérêt qu'il y aurait à présenter une étude des variations qu'un instinct déterminé éprouve suivant les individus d'une même espèce, suivant le climat et les conditions différentes dans lesquelles il peut être appelé à l'exercer, et même suivant les conditions anormales qui pourront être créées par l'expérimentation. Certains oiseaux n'émettent que quelques sons, toujours les mêmes, tandis que d'autres peuvent en vrais virtuoses varier les sons qu'ils émettent, les modifier, les combiner suivant leurs émotions et leurs talents. A-t-on étudié suffisamment la diversité et les variations du chant suivant l'émotilité, l'âge et le sexe, ainsi que le chant imitatif et les nombreux moyens communicatifs par lesquels certains oiseaux, comme le paon, l'ara, etc., peuvent manifester les diverses sensations qu'ils éprouvent? Savons-nous même quelle importance le Perroquet attache aux mots qu'il emploie?

L'étude comparative chez les diverses espèces de la recherche de la nourriture, de la nidification, de l'élevage et des méthodes d'éducation des petits, du degré de sensibilité réserve certainement bien des surprises à ceux qui l'entreprendront avec soin. Il en est de même de l'éducation et du dressage des adultes, ce qui nous permettrait de nous faire une idée plus nette de l'éducabilité des diverses espèces, si l'on a soin de n'employer que des méthodes rigoureusement scientifiques. Les modifications qu'apporte le développement annuel des glandes génitales dans le plumage ont été étudiées au point de vue morphologique; mais la partie psychologique a été laissée de côté. Il en est de même de l'hybridation. On n'a jamais recherché le rôle et l'importance de chaque parent au point de vue psychologique.

Les études sur l'intelligence, sur le degré d'acuité des divers sens, sur les sens spéciaux qu'on concède aux oiseaux : sens de l'orientation et de la migration, sens magnétique, sens météorologique, etc., n'ont pas donné encore des solutions satisfaisantes à notre esprit. Comment expliquer l'existence de facultés aussi affinées en des cerveaux aussi réduits comme volume, étant donnée l'ignorance complète où nous sommes de la nature et de l'intensité des sensations dans les centres nerveux de l'oiseau. Savons-nous même, si les conditions des problèmes ont été posées avec précision, et si ces désignations ne servent pas à déguiser notre ignorance à cet égard. Toutes ces questions sont évidemment très complexes, et il est certain qu'il entre dans cet acte un facteur psychique dont il serait intéressant de fixer l'importance. La plupart des actes de la vie des oiseaux ont été qualifiés d'instinctifs, c'est-à-dire de spontanés. Mais remarquons que cet instinct n'est pas comparable à celui des insectes, puisque chez ces derniers, il n'y a jamais éducation des descendants qui accomplissent d'emblée les mêmes actes que leurs parents.

On dit que c'est l'instinct, hérité des parents, qui les pousse à émigrer en automne et à revenir au printemps. Devons-nous nous contenter de dire que l'instinct est une impulsion de la nature, quasi infaillible et d'ordre inconnu, ou bien admettre que c'est une part variable d'intelligence, en sorte que l'intelligence influerait sur la migration? On ne peut en effet refuser aux oiseaux une certaine faculté d'évoluer, de s'adapter de mieux en mieux au milieu ambiant, qui a varié depuis l'origine du monde, en sorte que si nous ne pouvons constater les progrès individuels, nous pouvons voir les progrès au point de vue de l'espèce, car toute forme qui n'a pu subir une adaptation progressive vis-à-vis du milieu ambiant, a dû forcément disparaître.

Pour quelques ornithologistes, la migration est un acte spontané, pour d'autres c'est une conséquence de causes multiples, d'ordre physique et même moral, de causes périodiques ou irrégulières, prévues ou parfois fortuites. Est-ce une prévoyance instinctive ou raisonnée de la nécessité de rechercher de meilleures conditions d'existence? Comment l'animal se rend-il compte du meilleur moment pour le départ et de la hauteur à laquelle doit se faire son vol?

On dit qu'il est doué de la faculté de prévoir la succession des phénomènes météorologiques à une distance assez grande et pendant une durée variable. Cette impressionnabilité particulière est désignée sous le nom de *sens météorologique*. Le plumage est-il l'organe de ce sens? Est-ce un hygromètre ultrasensible qui s'associerait à un électromètre d'une sensibilité spéciale. Ce dernier renseignerait l'animal sur les variations du potentiel électrique de l'atmosphère et par conséquent il lui indiquerait les perturbations atmosphériques prochaines et la nécessité du départ. Il se produirait ainsi des migrations progressives, car ce seraient les individus les plus sensibles qui partiraient les premiers, à moins que ce ne soient ceux dont l'humeur est la plus vagabonde. Comment expliquer les divers modes de migration que peuvent effectuer les mêmes espèces. Tous les chasseurs savent que par certains vents le gibier disparaît: pourquoi, et où est-il? La température est la pression exercent-elles une action connue?

Il est certain que la mémoire visuelle du relief du sol joue un très grand rôle chez les hauts et bas migrateurs; elle leur permet de reconnaître les montagnes, les plaines, les cours d'eau, de se rendre plus rapidement à leur but, donc avec moins de fatigue. Fatio fait remarquer qu'en effet les jeunes s'égarent plus souvent que les vieux, et que, sous l'influence de la peur, ces derniers s'éloignent plutôt du lieu qu'ils auraient choisi s'ils avaient été tranquilles. Et pourtant pourquoi certaines espèces voyagent-elles assez volontiers la nuit, parfois par petites étapes, au moment où la mémoire des lieux ne peut leur être d'aucune utilité?

Ces déplacements sont influencés par de nombreuses causes morales, comme la peur, la tranquillité, le confort, la paresse, l'énergie vitale, et par des causes où interviennent le raisonnement et la volonté.

Ces déplacements sont donc fonctions de causes multiples, externes et internes, en sorte qu'il faudrait voir s'il y a réellement là un sens migrateur au sens strict qu'admettait Darwin, ou bien s'ils ne seraient pas plutôt une grande manifestation de l'énergie de la nature.

Le sens de l'orientation est-il seulement une mémoire perfectionnée? L'oiseau enregistre-t-il pendant son sommeil la notion de son déplacement comme l'admet le Dr Bonnier, c'est-à-dire conserve-t-il après le sommeil le souvenir des mouvements accomplis pendant le sommeil?

Enfin d'aucuns admettent qu'il y a peut-être un sens magnétique qui indiquerait à l'oiseau sa direction avec toute la précision de l'aiguille aimantée. Ou bien les sacs aériens joueraient-ils à la fois le rôle d'hygromètre, de baromètre et de thermomètre, et par conséquent seraient-ils capables de donner au pigeon adulte des indications suffisantes pour le retour au colombier? Mais ces dires demanderaient encore des preuves.

Il y a probablement des organes percepteurs ou spécialement adaptés qu'il s'agirait de découvrir et dont on ne pourrait peut-être développer l'exercice chez divers oiseaux. Ainsi M. R. Dubois à Tamaris, a déjà obtenu, au point de vue de l'orientation, des résultats intéressants avec des mouettes domestiquées, d'autres avec des corbeaux.

Divers oiseaux présentent certaines facultés portées à un degré extraordinaire. Par quels moyens le républicain du sud de l'Afrique, peut-il si bien retrouver son nid particulier dans le dôme de la colonie où il y en a souvent jusqu'à 300? Comment font les pingouins pour retrouver leur chemin et leur nid au milieu du dédale de leurs immenses rookeries comprenant parfois des centaines de mille individus, et comment les mères pingouines peuvent-elles reconnaître leurs petits sans jamais se tromper, au milieu de la cohue qui les attend au retour de la pêche? Est-ce l'odeur ou la vue qui les guide? Elles réussissent dans des conditions où des mères humaines échoueraient certainement.

Leurs rapports vis-à-vis du monde extérieur sont donc des plus intéressants à élucider, mais le comportement des diverses espèces entre elles à l'état de liberté ou de domesticité et vis-à-vis de nous-mêmes ne le serait pas moins.

En résumé, nul animal ne surpasse l'oiseau en vigueur, en indépendance et en perspicacité. L'acuité des sens, surtout chez les oiseaux sauvages qui luttent pour la vie, est bien supérieure à la nôtre, et leur sagacité, la rectitude de leur jugement ne paraissent le céder en rien à nos qualités de même ordre.

Beaucoup ont offert des preuves de discernement, de prévoyance, d'attachement, de reconnaissance. Certains sont devenus les symboles de fidélité et d'amour, sentiments qui ne vont pas sans une certaine intelligence de cœur. Il semble que leur conduite est influencée par leurs caprices, par leurs fantaisies du moment, en sorte qu'ils n'échapperaient ni à la passion, ni à l'erreur, et que leurs moyens physiques seraient mis au service de leur volonté.

Ils raisonneraient donc, ils observeraient, ils sentiraient, ils voudraient quoi qu'il en soit, et dans bien des cas même, ils pourraient être nos conseillers si nous savions les comprendre. Il serait donc instructif de scruter leurs sensations.

Sans avoir la prétention d'expliquer toutes les inconnues qu'ont laissées nos devanciers, nous pouvons espérer qu'à force de travail et de méthode, nous arriverons à soulever un coin de plus en plus grand du voile qui nous cache la mentalité de nos frères ailés.

Ce qu'il faut faire actuellement, c'est l'étude analytique de la psychologie. Si chacun voulait bien se donner la peine de noter ses observations, les sciences biologiques et psychologiques disposeraient bientôt d'une documentation autrement importante qu'à l'heure actuelle; il serait alors facile, en les dégageant des hypothèses pures, de rechercher la loi qui régit, qui relie les uns avec les autres tous ces faits bien constatés et authentiques.

La France par sa situation géographique et avec son relief, ses nombreux cours d'eau et ses divers climats, se prête merveilleusement à ces études, sur les animaux sauvages, car elle présente des conditions modificatrices multiples, des milieux d'adaptation variés et des habitats favorables à de nombreuses espèces sédentaires ou de passage. La Provence et la Camargue nourrissent des espèces spéciales de même que les Alpes et les Pyrénées dont l'influence réfrigérante, se fait sentir dans les vallées avoisinantes. De nombreux migrateurs suivent ces côtes jusqu'en Espagne, d'autres venant du Nord-Est et du Nord-Ouest descendent la vallée du Rhône, et ont pour dernier relai la Camargue, avant d'aller plus au Sud, directement ou suivant les côtes.

Comme on le voit, le champ est vaste; aux travailleurs désintéressés qui s'intéressent à ces questions à le mettre en œuvre.

M. W. GROSSETESTE.
(Paris).

SUR LE LANGAGE CHEZ LES ANIMAUX.

59.15.8

---

5 Août.

Ayant fixé mon attention sur le langage des animaux, je m'arrêtai avec plus d'insistance sur les sons émis par le vulgaire moineau, le plus familier, à ma portée, parmi les oiseaux vivant en liberté.

Après quelques observations j'ai cru pouvoir m'arrêter aux conclusions que voici :

Le moineau émet des sons beaucoup plus variés qu'on le pense généralement.

Ces sons qui constituent le langage semblent ne pouvoir être que des monosyllabes répétés avec une persévérance surprenante, comme le font les enfants, et accompagnés d'intonations variant suivant les sentiments et les circonstances : joie, peur, colère, etc.

Ces monosyllabes se décomposent facilement en voyelles et en consonnes ! *a*, *e*, *i*, *o*, *u*, et leurs combinaisons; les consonnes qui résultent de la conformation de l'appareil vocal pourraient être dites gutturales ou linguales.

Là, s'arrêtent les observations que permettent nos relations avec cet animal; pour pénétrer plus loin, il faudrait essayer de fixer les divers sons ou monosyllabes et établir que tel son correspond invariablement à telle action, à tel sentiment, à telle intention, ou à tel objet.

Arrêté à ce point, je cherchai un autre animal qui fut plus familier, quasi intime.

Le chien se présente, qui nous comprend, que nous comprenons, du moins dans une certaine mesure.

Les conclusions adoptées pour le moineau s'appliquent au chien; sons monosyllabiques, répétés avec insistance et avec les intonations que comportent les circonstances ou les sentiments, voyelles *a*, *e*, *i*, *o*, *u*, ou leurs combinaisons; consonnes gutturales, nasales ou labiales, en tant qu'on peut dire qu'un chien à des lèvres ou plutôt des joues.

Nous comprenons un chien exclusivement par des intonations, de même que nous comprenons exclusivement par ses intonations et quelquefois par ses gestes un homme dont le langage nous est complètement inconnu.

Mais si le chien vit en réalité dans notre intimité, nous ne pouvons dire que nous vivons dans son intimité, et l'observation se trouve arrêtée, au point même où commence le langage c'est-à-dire au point où l'on va connaître le son qui désigne tel objet, telle action, tel sentiment, telle intention.

Pour arriver à un résultat il faudrait, non pas, que le chien vécut dans notre intimité, mais que l'homme vécut de la vie du chien, ce qui est bien différent.

Quel que soit l'animal pris en considération, l'observation est arrêtée à ce même point, mais l'apparence monosyllabique du langage se continue. Quoi qu'il en soit du langage en lui-même, on peut sans trop de hardiesse poser en principe que le nombre des mots est très limité, et que nul animal n'est obligé de recourir à un vocabulaire comprenant 36 000 mots, comme l'anglais ou le français; ce vocabulaire doit-être limité aux besoins rudimentaires immédiats.

Toutefois il est un être vivant qui à l'état rudimentaire se rapproche de l'animal, et quelquefois semble se confondre avec lui par les besoins matériels et par l'intelligence voisine de l'instinct; c'est l'homme rudimentaire. Cet homme possède un langage que avec le temps, un autre homme peut réussir à comprendre, et ce langage se compose de mots désignant les objets utilisés dans cette vie rudimentaire.

Quels sont ces objets? le sol et les objets qui le recouvrent, végétaux, rochers, sable, etc.

L'eau, la mer, les cours d'eau, les lacs et leurs différents accidents, le ciel, et ses différents météores; l'habitation et ses différentes parties, si rudimentaires qu'elles soient, les ustensiles, les outils... Les êtres vivants qui peuplent la terre et l'eau, les parties du corps de l'homme lui-même.

D'un autre côté toute langue si compliquée qu'elle soit aujourd'hui a nécessairement commencé par être rudimentaire, et les mots rudimentaires doivent n'avoir pas disparus de cette langue, mais y rester avec leur prononciation approximativement la même, du moins quand ils sont prononcés dans l'idiome vulgaire.

Partant de ces considérations, et envisageant trois langues que je puis pratiquer, et cherchant les mots désignant les objets rudimentaires, je trouve que, à de très rares exceptions près, ces mots sont des monosyllabes en français, en anglais, en allemand; je trouve le même caractère en gallois, en bas breton, et partiellement aussi en basque du moins pour les mots qui n'ont pas été remplacés par des mots gascons ou espagnols; je suis porté à penser qu'il en serait de même en arabe.

Je crois devoir insister en répétant ici qu'il ne s'agit que du son naturel vulgaire, et non du son trop souvent défiguré par l'écriture.

Un anglais a compté que avec 300 mots, un homme peut se suffire quand il vit de l'existence la plus rudimentaire de l'homme des champs; or, presque tous ces mots sont monosyllabiques.

Cette observation sur l'homme vient à l'appui de la conclusion monosyllabique du langage chez le chien et chez le moineau, conclusion qui se généralise par l'observation des autres animaux. Or, il faut bien remarquer que les 300 mots usités par l'homme rudimentaire comprennent les mots désignant les outils ou l'usage des outils; l'animal ne se sert pas des outils : défalcation faite de ces mots, il en resterait peut-être 200 qui suffiraient à l'homme rudimentaire. Une objection s'élève quand on considère les oiseaux chanteurs, lesquels nous intéressent généralement plus que tous les autres, par leur chant que volontiers nous prenons pour un langage; mais ces chanteurs constituent une exception infime parmi les oiseaux; si je ne m'abuse sur les 287 espèces indigènes en France, on compte 30 chanteurs, et sur les milliers d'espèces du globe on compte 142 chanteurs; tous de petite taille.

On arrive à cette conclusion que chaque oiseau qui chante, semble ne chanter que pour sa propre satisfaction, et c'est le hasard qui fait que durant certaines périodes il semble s'établir, entre deux chanteurs d'une même espèce, une sorte de conversation à distance.

Deux coqs chantent, très éloigné l'un de l'autre, nous ne doutons pas que l'un appelle l'autre, qui lui répond; et pourtant des silences se font, le tour change, le chant est simultané, et, néanmoins, chaque oiseau continue son chant monotone, sans aucune inflexion qui indique une intention quelconque,

Je gravissais un jour seul les pentes d'une montagne, dans une région de l'Italie méridionale; on était en avril, les champs, les vignes, les vergers, étaient remplis de travailleurs, qui presque tous chantaient des sortes de mélopées lentes; du point culminant ou je me trouvais on aurait pu croire que ces chanteurs se répondaient les uns aux autres comme dans une conversation à distance et pourtant, il n'en était rien; chaque individu chantait pour son propre compte. Je suis porté à penser qu'il en est de même pour les oiseaux chanteurs, dont le chant, pour varié qu'il est, n'est que la répétition variée de courtes phrases élémentaires.

Si le nombre des oiseaux chanteurs est si faible en proportion, quel serait le nombre des espèces d'hommes chanteurs, tels que les habitants de certaines régions bien délimitées.

Un corbeau ne chante pas, et pourtant un observateur lui aurait trouvé près de trois cents inflexions différentes; le chant du merle ou du rossignol n'en compte peut-être pas autant dans ses périodes prolongées.

Pour me résumer, je suis porté à conclure que tous les animaux ont un langage varié selon la constitution de leur appareil vocal, et constitué de mots d'une seule syllabe.

Peut-on espérer que deux animaux d'espèces différentes pourront se comprendre dans un langage unique ou en d'autres termes qu'un chien pourra parler le langage du chat ou inversement? cela paraît mécaniquement impossible, en raison des différences de leur appareil vocal; et nous en avons une preuve en constatant, chez les hommes, combien, à de rares exceptions près, deux hommes de races différentes ne peuvent perdre leur accent de naissance ou de nationalité et réussissent cependant à se comprendre par approximation; et pourtant dans ce cas, bien faibles sont les différences de dispositions des parties constitutives de l'appareil vocal.

Il est intéressant de remarquer les différentes intonations servant à caractériser les sentiments, et qui sont les mêmes chez différentes espèces ainsi, pour ne citer que deux cas extrêmes, le son grave pour l'autorité et le son aigu, presque toujours nasal pour la supplication.

L'homme hausse le ton pour insister et le baisse pour terminer; il en est de même chez l'animal, il faut entendre la gravité de la voix d'un moineau mâle ordonnant le silence sur des arbres placés jusque dans des endroits les plus bruyants des avenues parisiennes ou se réunissent pour la nuit des tribus nombreuses de moineaux. Un peu avant le coucher du soleil, c'est un pépiement intense, qui va diminuant jusqu'au silence complet après une demi-heure environ, quand la nuit est venue. Mais qu'une inquiétude se manifeste, qu'un passant s'arrête, aussitôt le silence s'établit, absolu pour quelques instants, sur le commandement grave d'un mâle.

En résumé, l'observation conduirait à cette conclusion que, en général, chez les animaux, le langage semblerait être monosyllabique; le langage rudimentaire chez l'homme fournirait une preuve confirmative de cette conclusion.

Les intonations diverses présentent de grandes analogies chez les animaux et chez l'homme .

Il serait très désirable de pouvoir établir une sorte de catalogue des langages humains dans lesquels les mots rudimentaires sont monosyllabiques, mais à la condition formelle de prendre le langage rudimentaire parlé par un homme de préférence illettré.

Si nous envisageons dans les langues mortes les mots tels qu'ils sont écrits et qu'ils nous sont enseignés en l'absence de toute notion de leur prononciation dans l'antiquité, nous éprouvons de grandes surprises quand nous entendons prononcer les langues modernes dérivées de ces langues antiques; beaucoup de mots polysyllabiques dans l'écriture, deviennent monosyllabiques dans le langage vulgaire moderne, par l'emploi des syllabes longues qui souvent rendent quasi muettes les syllabes qui les accompagnent; ainsi dans le grec moderne, dans l'italien, dans l'espagnol.

Il serait désirable que ceux de nos collègues qui ont des notions suffisantes de prononciation vulgaire de langues exotiques voulussent bien ajouter leurs observations à celles qu'il m'a été permis de faire.

M. É. BELLOC,

Chargé de Missions scientifiques (Paris).

FAUNE ET FLORE DES LACS PYRÉNÉENS, CONSIDÉRÉES AU POINT DE VUE DE L'INFLUENCE DU MILIEU.

---

5 Août.

..58.11.356+59.044 (234.1) (285)

EXPOSÉ SOMMAIRE.

L'influence du milieu ambiant sur la vie organique des animaux et des plantes aquatiques est beaucoup plus considérable qu'on ne le croit en général. Mais, dans un exposé sommaire tel que celui-ci, il ne saurait entrer dans des considérations détaillées sur la biologie ou la physiologie des corps organisés vivant au sein des eaux. Il s'agit simplement d'étudier la distribution géographique de ces organismes par rapport à la composition des divers milieux géologiques aquatiques et altimétriques qu'offre leur habitat.

Sans prétendre établir une ligne de démarcation absolue entre les diverses zones montagneuses où certaines espèces paraissent plus spécialement cantonnées, on peut distinguer néanmoins trois divisions principales, non compris les grands amas d'eau accumulés dans les plaines. En effet, le naturaliste attentif, fréquentant les montagnes, peut remarquer des différences sensibles entre la faune et la flore aquatique des régions inférieures, moyennes et supérieures.

Au point de vue de l'expansion ou du groupement de même qu'à celui de la forme extérieure, les corps organisés vivant au milieu des eaux tranquilles, enclavées dans les terres de la zone montagneuse la plus basse, diffèrent fort peu de leurs congénères des plaines avoisinantes. Remarquons cependant que certains caractères spécifiques peuvent être plus ou moins accusés, entre les espèces de même genre, selon que les spécimens observés habitent des dépressions lacustres alimentées ou traversées par des cours d'eau à allures plus ou moins torrentielles. Dans ce cas l'influence du milieu peut modifier sensiblement les conditions ordinaires de la vie animale ou végétale.

C'est ainsi, par exemple, que le brochet, l'anguille, le goujon, etc., vivant dans des étangs marécageux, acquièrent à la longue des formes plus lourdes que les espèces similaires passant leur existence dans des eaux limpides, fréquemment renouvelées. Il en est de même de certains mollusques testacés dont l'enveloppe calcaire s'épaissit, s'allonge ou s'amincit selon la composition chimique des eaux, ou bien lorsque la transparence du milieu aquatique intercepte les rayons lumineux dans des proportions plus ou moins grandes.

Mais si la limpidité du liquide influe sérieusement sur la sélection naturelle, la température ordinaire et les conditions atmosphériques qui modifient parfois le milieu jouent aussi un rôle prépondérant, particulièrement en ce qui touche certaines espèces icthyologiques. Parmi les végétaux, les Myriophyllacées, Nymphéacées, Confervacées, Desmitiées, etc., semblent également subir l'influence de ces conditions extérieures.

Des faits analogues, se rapportant plus spécialement à l'évolution périodique et au développement des algues, dans les *milieux passagers* ou *permanents* des terrains aquatiques de la plaine de Toulouse, ont été parfaitement étudiés par M. Joseph Comère ([1]). Seules, les Diatomées, un certain nombre de mollusques microscopiques, et une très grande quantité d'animalcules paraissent s'accommoder assez facilement de leur situation dans des milieux divers.

Entre 300 m et 500 m d'altitude, on peut déjà remarquer une sorte de sélection naturelle, opérée vraisemblablement par des conditions atmosphériques différentes. Ce n'est plus la région inférieure mais la zone moyenne dont l'influence se fait sentir déjà d'une manière sensible. Les parages d'altitude moyenne offrent encore quelques spécimens de la

---

([1]) JOSEPH COMÈRE, *Observations sur la périodicité du développement de la flore algologique dans la région toulousaine* (*Bull. Soc. bot. de Fr.*, t. LIII, 1905, p. 393. — *De l'évolution périodique des Algues d'eau douce dans les formations passagères* (*Bull. Soc. bot. de Fr.*, t. LVII, 1910, p. 558 et suiv.).

faune sous-montagneuse, cependant les formes ichtyologiques, des amas d'eau de la plaine, deviennent de plus en plus clairsemées. La truite commune (*Trutta fario*, sieb.) commence à prendre une place prépondérante dans les lacs et les cours d'eau. Quelques très rares goujons (*Gobio fluvialis*, Belon), et des anguilles (*Anguilla laterostris*, Risso), plus rares encore se montrent çà et là, mais les Cyprinides ont totalement disparus.

Le *Myogale pyrenaica* ou Desman des Pyrénées, actuellement en voie de disparition, existait naguère entre 400 m et 700 m environ d'altitude.

La *Lutra vulgaris*, si vorace, devient de plus en plus rare, fort heureusement, dans les lacs fréquentés par les pêcheurs, qui la pourchassent quelques fois avec succès.

Parmi les batraciens la *Rana temporaria*, L., et sa variété *Canigonica*, Boubie, vivent en compagnie de *Rana Iberica*, Boulenger, jusque dans les cuvettes lacustres supérieures; mais, en fait de poissons, la truite commune règne en maîtresse souveraine à partir de 600 m jusqu'à 2000 m ou 2500 m de hauteur. Dans les eaux limpides et torrentueuses, on rencontre parfois, avec ce salmonide, quelques chabots blottis sous les pierres, cherchant à échapper à la voracité de la *Trutta vulgaris* qui les guette sans cesse et leur fait une guerre acharnée.

A 1500 m ou 1800 m d'altitude, dans des flaques d'eau naissante et tranquille, vit une espèce de ver nématode long et *extrêmement effilé*, le *Gordius aquaticus*, L.

Il convient également de signaler la salamandre aquatique connue des naturalistes sous le nom scientifique de *Triton (Euproctus) asper*, dont certaines cuvettes lacustres sont peuplées.

Plusieurs espèces de Characées (*C. vulgaris*, *C. fœtidus*) se retrouvent encore sur les bords médiocrement encaissés des lacs limpides, avec des Nitellées, des Confervacées et quelques Muscinées peu communes. Au milieu de leurs touffes verdoyantes, la truite trouve un asile en même temps qu'une nourriture abondante formée d'Entomostracées, de Protozoaires, de Rotifères dont les salmonides sont très friands.

A côté de ces végétations aquatiques, mais celles-ci au trois quarts enfoncés dans les vases lacustres de là zone supérieure, on aperçoit des plantes du genre *Isoëtes*. Les plus communs dans les lacs pyrénéens, sont l'*Isoëtes lacustris* L. et l'*Isoëtes echinospora*, D. R., très proche voisins l'un de l'autre, dont les variétés ne diffèrent entre elles que par certaines formes dues, très probablement, à la profondeur plus ou moins grande des eaux.

Dans un aperçu aussi succinct que celui-ci, on ne peut pas énumérer tous les animaux ni toutes les plantes des lacs et des cours d'eaux pyrénéens. Néanmoins, ce qui vient d'être dit, suffira pour montrer combien le milieu ambiant et l'attitude influent sur la dispersion de certaines espèces.

Une autre cause d'influence, dont l'action est encore imparfaitement déterminée, tient à la composition chimique des roches encaissantes. C'est ainsi qu'on peut constater des différences très sensibles, d'aspect et de goût, parmi les individus vivant sur des fonds granitiques, calcaires ou schisteux.

Il y aurait là un sujet d'étude des plus intéressants pour celui qui, ayant à sa portée un champ d'observations approprié, s'attacherait à élucider ce problème.

ANTHROPOLOGIE.

M. V. COMMONT,

Professeur-Directeur de l'École annexe à l'École normale d'Instituteurs (Amiens).

NIVEAUX INDUSTRIELS ET FAUNIQUES DANS LES COUCHES QUATERNAIRES DE SAINT-ACHEUL ET DE MONTIÈRES.

571.21 : (119) (44.26 : 1231)

3 *Août.*

1° Hauts niveaux (*fig.* 1). — Le sol végétal (terre grisâtre sableuse) a fourni du néolithique et du moustérien en surface. Le limon rouge sableux D, sous-jacent, a donné de l'acheuléen à patine blanche (ach) mais les graviers inférieurs (68 m) sont stériles et n'ont donné aucun reste de l'industrie humaine.

Lorsque notre étude des terrasses fluviales de la Somme, et des limons des plateaux sera terminée nous développerons ces points avec plus de détails.

2° Moyens niveaux de Saint-Acheul. 2ᵉ et 3ᵉ terrasse. 30 m et 45 m au-dessus du thalweg actuel (*fig.* 2). Alt. 43 m à 58 m.

a. Limon de lavage (1) ind. néolithique à la base (n. l. t.) gallo-romaine, et moyen-âge dans le limon lui-même.

A. *Limon supérieur lehm d'altération du dépôt* B sous-jacent.

(a. r.) Industrie de l'âge du Renne (lames bleues caractéristiques).

B, B¹, B² *ergeron, löss récent.* Cette formation due en grande partie au ruissellement, se subdivise en plusieurs couches d'aspect physique différent, avec cailloutis C, C¹, C² à la base.

m, *industrie moustérienne sans coups de poing,* grands éclats à patine bleuâtre et à talon retouché.

m¹, *industrie moustérienne similaire* (un coup de poing).

m², *industrie moustérienne avec coups de poing* à patine bleuâtre (faune froide caractéristique (¹).

D. *Limon rouge fendillé = lehm d'altération du dépôt sous-jacent* et lavage de l'argile à silex.

Ce dépôt renferme (ach) l'*industrie acheuléenne supérieure* à patine

---

(¹) (*Compte rendu.* Congrès de l'Association, Lille 1909). *Faune quaternaire dans le nord de la France.*

blanche lustrée, caractéristique. Cette industrie s'est trouvée à Saint-Acheul, à divers niveaux dans ce dépôt, mais plus souvent en surface.

E. Dépôt calcaire analogue à B et dû au ruissellement sur les pentes.

F. *Limon doux à points noirs = löss ancien* (faune insuffisamment caractérisée): Bœuf, Cheval, Lion, Lepus sp?

2 coups de poing acheuléens ont été trouvés dans ces sables meubles.

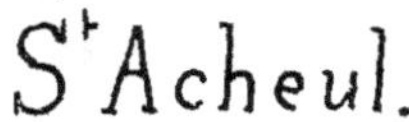

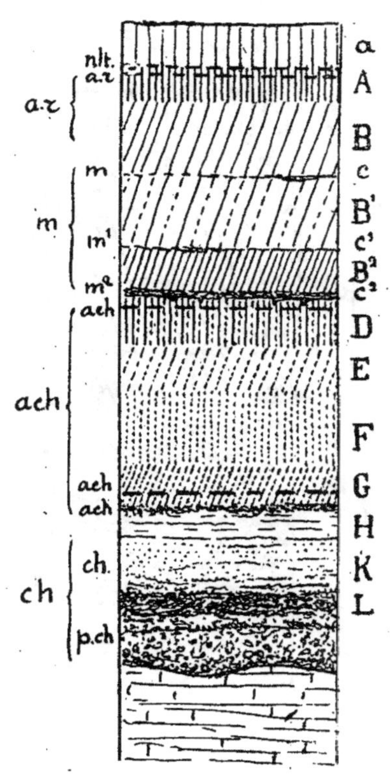

G. *Sable roux compact : limon panaché de Ladrière, formation fluvioéolienne .. des Allemands.* (ach. 1) atelier de taille paléolithique ancien (*acheuléen inférieur*) avec faune d'*E. antiquus.*

(ach. 2). Dans certaines coupes, cailloutis renfermant l'industrie des limandes acheuléennes (*acheuléen ancien*) très voisine ou contemporaine de celle qui précède.

H. *Limon blanc*, marne sableuse avec coquilles d'eau douce et coquilles terrestres (Pupa poltaviea), (Belgrandia marginata).

K. *Sables fluviatiles* à stratification entrecroisée (ch) *chelléen* proprement dit : grosses pièces à talon épais.

L. Les *graviers fluviatiles de la* 2e *terrasse*, mais plus particulièrement ceux de la 3e terrasse, ont fourni une industrie très primitive (p. ch.) pré-chelléenne, coups de poing et nombreux petits outils dérivés d'éclats.

Faune : El. antiquus, Hippopotame et forme archaïque d'El. primigenius.

3° MONTIÈRES (BASSE TERRASSE, 10 m au-dessus du thalweg actuel (*fig.* 2). A *Montières-les-Amiens*, les dépôts D. E. F. du quaternaire

moyen, bien représentés dans les moyens et hauts niveaux; sont absents
sur la basse terrasse, mais d'autres couches viennent y compléter le
quaternaire supérieur et la partie supérieure du quaternaire moyen.

(*a*). *Limon de lavage* avec débris gallo-romains (g. r.) à la base (habitations, ancienne route avec silex retouché par les chocs des voitures-
fers de chevaux, etc. ressemblant à l'industrie flénusienne.)

(l. gr). *Limon gris* de marais (n. l. t.) industrie campignyenne (tranchets en silex jaune, caractéristiques.

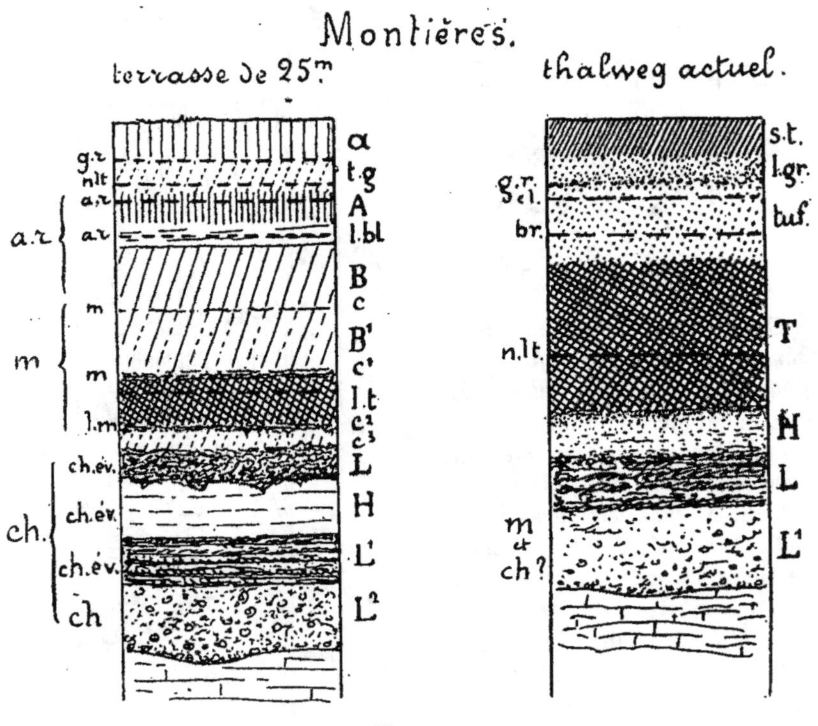

Fig. 2.

(A). *Limon supérieur*, différent de celui de Saint-Acheul, alluvion
apportée par la Selle: argile à silex (a. r.) grandes lames bleues, grattoirs
du type de Belloy, *pré-solutréen.*

(l. bl.). *Limon blanc*, alluvion du fleuve (a. r.) *ind. aurignacienne*
supérieure, burins typiques avec retouche latérale.

(B). *Ergeron = loss récent;* le cailloutis C a donné de rares éclats moustériens (m).

(B). *Ergeron plus sableux : löss récent;* le cailloutis C a fourni une
industrie moustérienne caractéristique et le *limon gris tourbeux* (l. t.)
qui vient au-dessous, quelques petits coups de poing très finement
taillés rivalisent de finesse avec les pointes solutréennes (m.).

Très souvent les cailloutis C et C¹ se confondent par suite du ravinement des couches.

C). *Cailloutis* avec industrie toute spéciale (l. m.) à *faciès aurignacien :* lames épaisses peu retouchées et pointes moustériennes particulières.

C². Très souvent le dépôt tourbeux (*l. t.*) se dédouble et, à la base du limon gris sous-jacent, se trouve un 3ᵉ cailloutis dont nous n'avons pu séparer l'industrie.

(L). *Graviers fluviatiles* : industrie de coups de poing de type très spécial (ch. év.).

H. *Limon blanc* dit *terre à pipe* (*marne sableuse*) avec coquilles d'eau douce; faune : *Elephas* sp.? Cervus megaceros, grand Lion, Bœuf, Cheval, industrie (ch. év.) de même type que celle trouvée dans les graviers qui précèdent.

L. Graviers roux (lavés par une ancienne nappe aquifère) avec industrie (ch. év.) de même type que celle qui se trouve dans H.

Les coups de poing de ces niveaux sont tout à fait particuliers à Montières ; de forme triangulaire, très pointus, nous en formons un type nouveau qui nous paraît s'intercaler entre l'industrie chelléenne proprement dite, et l'industrie acheuléenne qui manque à Montières (bas niveaux) et que nous désignons par l'appellation de *chelléen évolué*, malgré sa ressemblance avec certaines formes de l'acheuléen supérieur.

L². Graviers compacts et empâtés de sable calcaire avec industrie chelléenne proprement dite, coups de poing épais taillés à larges éclats, se plaçant chronologiquement après l'industrie (ch.) des sables aigres de Saint-Acheul.

Tous ces coups de poing ne sont pas roulés.

Les graviers inférieurs de Montières, jusqu'à l'altitude 20 m renferment *El. antiquus* et *Hippopotame*, mais *plus près* du *fleuve actuel*, ces mêmes graviers n'ont donné qu'*El. primigenius, Rh. tichorhinus* et le *Renne*.

Dans ces dernières ballastières, les graviers renferment presque exclusivement des éclats Levallois roulés (moustérien) et dans les couches profondes, quelques coups de poing roulés. Les graviers à industrie moustérienne ravinent les couches inférieures et se confondent, toute stratigraphie est alors impossible.

Thalweg actuel. — Enfin le fond plat de la vallée actuelle (*fig.* 2) donne la coupe suivante :

S. t. Sol tourbeux avec monnaies mérovingiennes, cachette de Glisy datant de l'invasion des Normands.

L. gr. Limon gris avec cailloutis gallo-romain, tuf et sables calcaires coquilliers, industrie *gauloise* (gl), de *l'âge du bronze* (hache à douille, épée, pointes de lames) et *néolithique* (gaînes en bois de cerf), à la base.

T. Tourbe de 1 m à 8 m d'épaisseur, avec industrie néolithique, haches polies, gaînes en bois de Cerf, lissoirs, etc.

H. Glaise sablo-calcaire, même formation que les couches H des autres niveaux.

L. Graviers roux avec nappe aquifère utilisée pour l'alimentation dans toute la vallée.

L. Graviers et craie.

L'industrie de ces graviers ne nous est pas connue. Elle doit être la même que celle des ballastières très voisines (Éclats Levallois roulés moustériens et coups de poing roulés).

Il ne nous est pas possible actuellement de donner une seule coupe théorique en combinant les différents niveaux industriels des diverses assises. Nous ne pourrons le faire que lorsque notre étude des terrasses de la Somme et des limons des plateaux sera terminée.

Les tableaux précédents donnent les divers niveaux industriels et fauniques de la vallée de la Somme. Cependant il faut observer que chacune de ces assises ne renferme pas une industrie absolument distincte de celle qui la précède, ou qui la suit.

Ainsi que nous l'avons déjà dit, il existe des formes communes à divers horizons.

Les coups de poing en forme d'amande (limandes des ouvriers) existent avec les coups de poing à talon épais, mais ils dominent dans les couches achéuléennes. A Saint-Acheul, Abbeville, le cailloutis de base des limons moyens a fourni presque exclusivement des limandes, et l'on peut affirmer que le coup de poing *ovalaire* est une forme très ancienne qu'on ne trouve pas parmi les coups de poing moustériens.

Inversement, on trouve, associés aux beaux instruments porcelanés de l'acheuléen supérieur des coups de poing incomplètement décortiqués, qui, s'ils étaient roulés, pourraient très bien être confondus avec les formes chelléennes des graviers inférieurs.

D'autre part, les instruments trouvés dans les graviers des terrasses fluviales, notamment la basse terrasse, sont parfois roulés, défigurés et paraissent plus grossiers et plus anciens qu'ils ne le sont réellement. Une industrie bien spéciale de lames épaisses, sans patine, en silex brun ou noir, peu retouchées, comprenant surtout des pointes destinées sans doute à armer l'extrémité des lances ou sagaies, accompagnées de pointes moustériennes à faciès tout particulier, se trouve à Montières sous les niveaux moustériens proprement dits et constitue également un type industriel tout spécial à Montières et inconnu jusqu'à ce jour en d'autres points, et que nous dénommons provisoirement sous l'appellation de *lames moustériennes de Montières* (l. m).

Rappelons aussi qu'on trouve à tous les niveaux du paléolithique inférieur de petits instruments dérivés d'éclats (racloirs, perçoirs, couteaux, etc.)

L'outillage paléolithique inférieur est donc très complexe, et il est difficile, parfois impossible, de déterminer l'âge d'une couche quaternaire avec *un seul*, ou même *quelques instruments*. Il faut, pour avoir quelque certitude de grandes séries d'*instruments intacts* et *non roulés*, dont on connaît la *provenance exacte*.

M. V. COMMONT.

LES DIFFÉRENTS NIVEAUX DE L'INDUSTRIE DE L'AGE DU RENNE DANS LES LIMONS DU NORD DE LA FRANCE.

571.21 (44.2 : 12.4)

3 Août.

Dans des études précédemment parues, nous avons relaté les trouvailles d'instruments en silex de l'âge du renne dans les limons du Nord de la France.

L'absence d'objets en os, ou en bois de Renne et la rareté des trouvailles d'outils bien définis, rendent difficile l'identification de cet outillage lithique avec les industries similaires des cavernes du Centre et du Midi de la France.

Cependant, dans ces derniers temps, nous avons récolté en divers gisements des outils qui permettent de synchroniser, dans une certaine mesure, nos niveaux de l'âge du Renne avec les types classiques du paléolithique supérieur.

A *Renaucourt-les-Amiens*, sous 4 m de dépôts quaternaires (limon de lavage *a*, limon supérieur A 1,5o m et ergeron B 2,5o m, un cailloutis a donné des lames bien caractéristiques parmi lesquelles des lames à dos abattu, deux burins à faciès bien aurignacien, un burin grattoir, et des grattoirs sur le bout de la lame.

A *Montières-les-Amiens*, un limon blanc de débordement (l. bl.) couronnant l'ergeron B, a fourni également des burins à retouche latérale, de type aurignacien, un grattoir-burin, et des grattoirs sur bout de lame.

Immédiatement au-dessus, le limon rouge à briques A, nous a donné une industrie composée de grandes lames bleues du type de Belloy sur la Somme (*voir* figures. *Congrès de l'Association française*, 1908-1909) et que nous croyons toucher de très près au Solutréen (Pré-solutréen, âge de la couche à magma d'os de Chevaux de Solutré).

Le limon à briques de Saint-Acheul, Renaucourt, Ailly-sur-Somme, a fourni un outillage lithique qui se rapproche de celui de Montières et de Belloy. Mais à Conty, la terre à briques nous a donné des lames d'autre facture, plus fines, moins longues, et parmi elles un burin magdalénien typique.

Nous distinguons jusqu'à ce jour 3 niveaux industriels de l'âge du Renne dans nos dépôts du quaternaire supérieur de la vallée de la Somme.

1. *Niveau Aurignacien* dans la partie supérieure de l'ergeron B.

Cailloutis dans l'ergeron supérieur à Renaucourt; limon couronnant ce dépôt et l'ayant peut-être raviné à Montières, Belloy.

2. *Niveau Pré-solutréen*, limon supérieur A, et sommet de l'ergeron, sous la terre noire des marais, à Belloy, où le limon supérieur A est absent.

3. *Niveau Magdalénien*, limon supérieur A = lehm d'altération de l'ergeron B.

La stratigraphie est nettement établie en ce qui concerne 1 et 2. Elle sera difficile à préciser pour 2 et 3.

Nous ne désespérons pas de trouver des types solutréens, soit dans la partie supérieure de l'ergeron B, soit dans le limon supérieur A.

Nous rappelons que toutes les divisions du paléolithique supérieur, depuis le Solutréen, correspondent à une durée des temps géologiques *excessivement courte* et simplement datée dans nos régions par la formation du lehm d'altération de l'ergeron (löss récent) [1].

M. Henri MARTIN,
Président de la Société préhistorique française (Paris).

TRACES HUMAINES LAISSÉES SUR LES OS A L'ÉPOQUE MOUSTÉRIENNE. CONSTATATIONS FAITES DANS LE GISEMENT DE LA QUINA (CHARENTE).

572.52(44.65.12.31)

3 Août.

En déposant sur le bureau de la onzième section le troisième fascicule de mon travail sur l'évolution du moustérien dans le gisement de La Quina, je n'ai pas l'intention de m'étendre sur ses différents chapitres, car plusieurs communications, faites dans différents milieux scientifiques, sur le même sujet, m'ont permis, en temps utile, de prendre date sur les points nouveaux ou peu connus.

Il suffira d'examiner le Tableau que je reproduis ici pour comprendre qu'à l'époque moustérienne, indépendamment de l'industrie du silex, l'outillage en os était déjà assez compliqué. Les lésions reconnues sur les os prouvent que l'homme chassait parfois son gibier avec des armes de jet renforcées à la pointe par du silex, puis certaines entailles sur le sternum, les phalanges, le maxillaire inférieur, etc., mettent en évidence la dissection de la peau, et les marques si fréquentes, j'ose même

----

[1] Communication à l'Académie des Sciences, 9 décembre 1908.

dire presque constantes, observées au niveau des articulations, trahissent l'habileté du dépeceur qui tenait un simple silex entre ses mains. La viande, très probablement, était mangée crue, aussi voyons-nous sur les os des coupures et des raclages qui répondent à la décarnisation sur l'animal frais; toutefois de rares ossements carbonisés font pressentir que le feu et son application à la cuisson de la viande n'était pas inconnu.

J'ai rencontré, en quantité considérable, dans ce gisement des os particulièrement entaillés, je les ai appelés *os utilisés* [1]. Plusieurs fois j'ai réclamé la priorité de cette découverte pour l'époque moustérienne, et aujourd'hui encore, malgré les observations de M. Daleau [2] qui en 1883 a signalé de la grotte de Páir-non-Pair, sans les décrire, des *os-enclumes dans le paléolithique*. La situation stratigraphique que M. Daleau donne aux os-enclumes est trop vague, puisque le mot paléolithique n'implique pas uniquement le moustérien, mais embrasse tous les étages du quaternaire.

On ne peut soutenir, comme on l'affirme aujourd'hui dans cette séance, que la grotte de Pair-non-Pair, où M. Daleau a fouillé ne contient que du moustérien. Dans cette grotte de la Gironde [3] on signale le grattoir et le burin, et M. Breuil [4] relate qu'au-dessus d'une couche moustérienne fort épaisse on a rencontré deux systèmes d'assises qui se subdivisent à leur tour, avec grattoirs à la base, burins, ivoire sculpté, zagaies et au sommet des pointes à pédoncules et la feuille de laurier Tout ceci est bien l'outillage de l'aurignacien et le commencement du solutréen. Par conséquent la priorité que réclame M. Daleau n'est pas établie par la stratigraphie, ét rien ne prouve aujourd'hui que les pièces trouvées jadis appartenaient au moustérien, puisque dans les fouilles de Pair-non-Pair les deux époques post-moustériennes se trouvent aussi largement représentées.

D'autre part M. Daleau emploie le mot *os-enclume* pour les os entaillés, tout en attribuant à ces instruments un rôle de compresseur puisque, d'après lui les deux mains tenaient, l'une le silex et l'autre l'os-enclume. Or l'enclume est un outil fixe et le mot employé ici est impropre. D'autre part les compresseurs en os et en roches sont parfaitement connus dans le quaternaire supérieur, ils sont signalés par G. et A. de Mortillet [5] sous forme d'esquilles impressionnées et mâchées à l'extrémité, dans les couches solutréennes de la grotte de l'Eglise près d'Excideuil, et les découvertes de J. et P. Parrat remontent à 1869. Les os entaillés que j'ai découverts à La Quina étaient situés dans une couche bien stratifiée, non remaniée, recouverte par un énorme éboulement calcaire,

<hr>

[1] Dr Henri MARTIN, *Bull. S. P. F.*, 26 avril 1906, p. 155.
[2] DALEAU, *Association française*, Congrès de Rouen, 1883, p. 600.
[3] DALEAU, *Association française*, Alger, 1881, p. 755.
[4] BREUIL, Congrès de Monaco, 1906, p. 326.
[5] G. et A. DE MORTILLET, *Le Préhistorique*, 3º éd., 1900, p. 165.

ils appartiennent au niveau supérieur et moyen du moustérien, qui n'ont jamais été qualifiés d'un terme vague comme celui de paléolithique.

Tout d'abord j'ai décrit ces os en les appelant *maillets* ou *billots*, les uns, pensais-je, pouvaient être tenus dans la main, les autres devaient reposer sur le sol. En effet, parmi les os entaillés, certains, par leur forme, comme la première phalange du cheval, trouvaient une stabilité naturelle et suffisante, d'autres tels que l'extrémité inférieure de l'humérus de bison, recevaient une taille appropriée, c'est-à-dire la fracture de l'épicondyle et de l'épitrochlée et offrait au travailleur la plus grande surface cartilagineuse.

Ces os entaillés ne devaient pas servir uniquement à la retouche des silex, comme compresseurs dormants ou mobiles, mais aussi on devait les employer comme billots ou appuis pour recevoir les contre-coups du silex pendant la taille d'une pointe de bois.

Ces hypothèses ont été émises dans mes premières communications avant les argumentations de M. Chauvet sur ma découverte. Quoiqu'il en soit les fouilles de La Quina en 1905 ont fait connaître ces mutilations particulières des os dans le moustérien, et si elles étaient soupçonnées ailleurs, bien qu'aucun traité ne les mentionne, les preuves se sont accumulées dans la vallée en Voultron pour établir, qu'en dehors de l'emploi de l'os comme billot ou compresseur, il y avait déjà à cet âge des instruments osseux fort complexes. Les poinçons, les godets cotyloïdes et vertébraux, les lissoirs, les coins phalangiens, etc., constituaient un outillage indéniable, précurseur d'une technique qui se perfectionnera dans l'aurignacien.

Traces industrielles.	Os utilisés (enclumes, maillets ou compresseurs).	Humérus. Cheval. Renne. Bison. (Extrémités inférieures). Phalanges. Id. Os divers. Diaphyses.
	Polissage de l'os.	Esquilles. Poinçons. Côtes (extrémité sternale).
	Perforation des os	unique... 1re phalange de renne : Sifflet (?) double... 1re phalange de renne : Pendeloque.
	Travail indéterminé.	Cavités cotyloïdes préparées. Disques vertébraux. Godet vertébral. Phalange en gaine. Phalanges amincies. Cheval.
Traces gravées intentionnelles.	Marques de chasse. Traits fins et allongés.	

Traces
chirurgicales
(dépècement).
{
Considération sur la domestication. Ticage du Cheval.
Dépouillement.
Éviscération.
Désarticulation.
Décarnisation.
Fractures des os.
Calcination des os.
}

Traces
théroblématiques.
(Blessures
de chasse).
{
Instrument contondant.
{ Phalange de cheval.
Pointe de silex.
{ Phalange de Bovidé.
Olécrâne de renne.
}

Traces
de morsures.
{
Perforation des phalanges de rennes. (Sifflets)
Coups de dents isolés.
Machillement du cartilage.
}

M. L. GIRAUX,

Trésorier de la Société Préhistorique de France [Saint-Mandé (Seine)].

SUR UN GALET DE QUARTZ AYANT SERVI DE BILLOT.

---

2 *Août.*

Cette pièce provient du gisement Solutréen de la Grotte de l'Oreille d'Enfer, commune des Eyzies de Tayac (Dordogne). C'est un galet en quartz de filon que les habitants de cette grotte ont recueilli dans la Vézère, rivière dans laquelle on rencontre très fréquemment des galets de cette roche.

Ce galet présente quatre faces rectangulaires dont les bords sont arrondis; une de ses extrémités est naturelle et l'autre a été cassée, probablement avec intention, et sur cette partie, qui n'est pas roulée, on peut voir les cristallisations du quartz. Cette pièce a environ 11 cm à 12 cm de longueur et chacun de ses côtés présente une largeur de 7 cm à 8 cm; son poids est de 1255 g. Je l'ai recueillie en fouillant l'intérieur de la grotte, au milieu de la couche archéologique de laquelle j'ai retiré également d'autres pièces du même genre, ainsi que deux énormes galets pesant chacun une quinzaine de kilos et qui devaient être de véritables établis.

L'intérêt de cette pièce est que chacune de ses faces présente des traces très marquées d'utilisation.

La figure 1 nous montre l'une des faces qui porte deux zones d'utili-

sation. La principale se trouve à peu près au milieu de la pièce; cette
cupule, très grande, occupe une surface de 3o mm de longueur sur
23 mm de largeur et elle est profonde de 3 à 4 mm. L'autre, qui est au-
dessous, est beaucoup plus petite; elle est à peu près circulaire et a 12 mm de diamètre. Au-dessous et sur le bord de la pièce se trouvent des marques de percussion sur une surface de même grandeur que celle de la petite cupule qui est au-dessus. La figure 1 nous montre également une des faces de côté sur laquelle se trouve aussi une zone d'utilisation de forme allongée, 18 mm sur 12 mm, et dont la profondeur est beaucoup moins marquée.

La figure 2 présente la face opposée à celle de la figure 1. La zone d'utilisation est très marquée et encore plus profonde : cette profondeur est d'environ 5 mm; sa longueur est de 3o mm, et sa plus grande largeur nous donne également cette dimension.

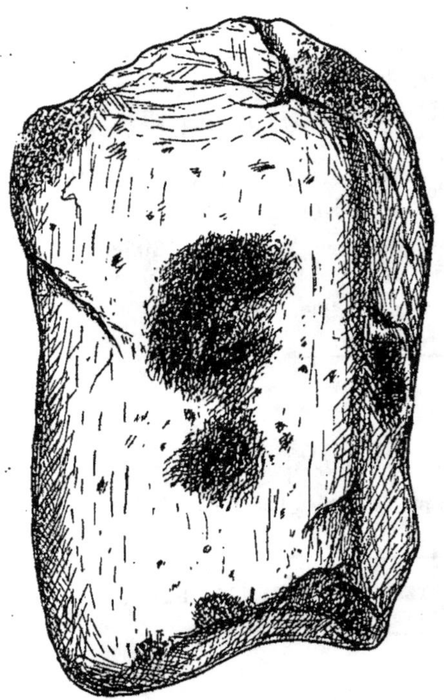

Fig. 1. — Une des faces du galet avec zones profondes d'utilisation ($\frac{1}{2}$ grandeur naturelle).

Les bords de la cupule sont
beaucoup plus abrupts que ceux de la face opposée. Une autre
petite cupule de 10 mm de diamètre et de 1 mm à 2 mm de profondeur
se trouve au-dessous. La quatrième face, que l'on voit également sur la
figure 2, nous montre deux cupules plus petites et de forme allongée;
leur profondeur est moins marquée et est à peu près de même importance que celle de la cupule qui existe sur la face qui lui est opposée.
Trois zones importantes de percussion bien marquées se trouvent à
la partie naturelle de l'extrémité du galet; cette pièce a donc servi
à la fois de billot et de percuteur.

Il y a lieu de remarquer que deux des faces opposées portent des
zones très profondes d'utilisation; les deux autres faces qui sont également opposées présentent des zones moins importantes et très peu
profondes.

Une question se pose : ce galet a-t-il servi à proprement parler de
billot ou d'enclume reposant sur une partie fixe, ou bien a-t-il servi
de compresseur, en le tenant à la main et en frappant ou bien en appuyant

avec? Après examen attentif, je pense qu'il a dû servir de billot, et cela pour les raisons suivantes :

1º Il peut être posé sur l'une quelconque de ses quatre faces et il est toujours d'aplomb, surtout lorsqu'il repose sur l'une des deux faces les plus utilisées.

2º En examinant les traces laissées par le choc à l'une des extrémités de la pièce, on remarque que les cristaux de quartz sont très saillants et cela, parce qu'au moment de la percussion les cristaux se désagrégent et s'éclatent chacun séparément et ceux qui restent se trouvent, par ce fait, être entourés de petites alvéoles formées par le départ de ceux qui les entouraient. Si nous examinons à la loupe les cupules existant sur les faces de ce galet, nous ne voyons pas saillir les cristaux de quartz; ils sont au contraire comme écrasés et nous n'y trouvons plus les petites alvéoles dont il est parlé ci-dessus; on constate, au contraire, qu'ils sont usés et arrondis comme par un objet qui a frotté dessus.

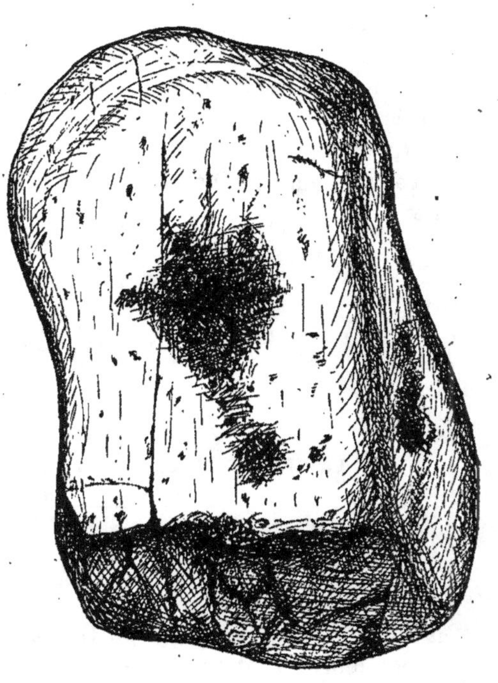

Fig. 2. — Face opposée du galet, avec mêmes zones d'utilisation ($\frac{1}{4}$ grandeur naturelle).

3º Si le galet avait été tenu à la main et si l'on avait frappé avec, les marques des coups seraient beaucoup plus espacées et ne seraient pas groupées ainsi que cela existe; au lieu que la cupule soit profonde au centre et très peu sur les bords, elle serait beaucoup plus régulière quant au creusement, et elle se serait formée plus à plat sur toute sa surface.

4º En examinant les cupules des deux faces les plus utilisées, on constate que ces utilisations sont plus accentuées dans le sens perpendiculaire au côté le plus long du galet; cela est le résultat d'un travail fait toujours dans le même sens et au même endroit; c'est le résultat qu'on obtiendrait en appointant une pièce de bois avec un ciseau et en s'appuyant sur une planchette. Le ciseau, poussé toujours dans le même sens, frapperait continuellement au même endroit et creuserait la planchette en un point qui serait toujours le même. Ce résultat ne pourrait pas être obtenu si l'on s'était servi du galet pour frapper.

5° Les utilisations sont les plus importantes sur les deux faces les plus plates qui sont celles présentant les meilleurs points d'appui. Les deux autres faces, plus obliques, n'auraient pas donné une assise aussi solide en raison de ce que leur point d'appui était moins stable, et c'est pour cette raison qu'elles ont dû être beaucoup moins employées.

6° Si l'on avait employé ce galet pour frapper en le tenant à la main, sa forme et sa disposition auraient engagé à le prendre par les deux faces les plus utilisées, car il aurait été mieux en mains, et alors il en serait résulté que les deux faces qui sont les moins utilisées seraient celles qui auraient le plus servi, tandis que ce sont elles qui ont été le moins employées.

Ces diverses raisons nous permettent de conclure que ce galet a bien été employé comme billot par les habitants de la Grotte de l'Oreille d'Enfer.

M. F. MAZAURIC.

LA GROTTE DE CAMPVIEL (GORGES DU GARDON).

571.81 (44.83)

3 Août.

On sait combien les Gorges du Gardon, entre Russan et le Pont du Gard, ont fourni d'intéressantes découvertes à la science préhistorique. Malheureusement, les fouilles ont été trop souvent incomplètes ou opérées avec une certaine confusion.

La grotte qui fait l'objet de cette étude sommaire était, malgré ses dimensions respectables, entièrement ignorée des chercheurs; c'est ce qui m'a permis d'être le premier et le seul à l'explorer complètement.

Elle est située en pleine falaise méridionale du pittoresque Cañon, à peu de distance de la ferme désignée à tort sous le nom de *Campefiel* (¹) par la carte de l'État-Major. Cette falaise comporte à partir du haut : 1° un à-pic de 50 m à 60 m; 2° un talus de 60 m à 70 m. Une corniche horizontale, large de 4 m à 5 m, sépare l'à-pic en deux parties et sert de seuil aux deux entrées de la grotte.

Pour la description de cette intéressante caverne et pour l'étude de son mode de formation, nous renvoyons à notre ouvrage sur le

---

(¹) Campefiel, pour Campviel.

Gardon et son Cañon inférieur (¹). Il nous suffira de rappeler ici qu'elle se compose : 1° d'un étage à plein-pied formé par deux galeries principales se rejoignant vers le milieu; 2° d'une série d'*avens* ou puits verticaux remontant vers la surface du plateau ou plongeant vers des étages inférieurs la plupart du temps encombrés par les sables anciens de la rivière. C'est, en somme, un des exemples les plus curieux de l'enfouissement progressif des eaux à l'intérieur de la masse calcaire. Aujourd'hui encore, au pied même de la falaise, le Gardon disparaît partiellement dans un couloir souterrain.

Dépôts quaternaires. — La grotte est une dérivation quaternaire du Gardon. Elle commença à se creuser au moment où la rivière occupait encore les plus hauts niveaux de la vallée en formation. Indépendamment de quelques belles concrétions qui recouvrent certains points reculés, on y distingue deux sortes de dépôts : 1° une brèche siliceuse très dure, formée alternativement de couches de graviers et de cailloux roulés du Gardon; 2° des amas de sables et limons micacés remplissant toutes les arrières-salles et le fond des puits.

Le premier dépôt correspond à la période active du creusement de la grotte et s'observe principalement aux abords de la petite entrée de l'Est. Le second représente la phase d'*abandon*, c'est-à-dire le moment où les eaux de la rivière ne pénétraient plus dans les galeries qu'à des intervalles éloignés et lors des grandes crues. C'est là un processus général que l'on peut observer dans un certain nombre de cavernes de cette région.

Ces divers dépôts sont tous plus ou moins ossifères. Mais le point le plus riche en débris fossiles est le fond d'un grand puits qui constitue la partie la plus profonde de la grotte, et dans lequel nous n'avons pu pénétrer qu'au moyen d'une échelle en corde d'une quinzaine de mètres.

Au cours de notre première descente, nous avons trouvé le sol de cette grande salle entièrement vierge depuis l'époque néolithique. Sauf la sépulture dont il sera question ci-après et quelques restes d'animaux jetés volontairement ou tombés par accident, tout le reste appartient à l'époque pléistocène.

Les sables micacés très meubles y formaient une couche uniforme et horizontale, sauf dans certains recoins à l'entrée de fissures profondes où ils furent entraînés par la suite des temps. Les ossements d'animaux quaternaires gisent au milieu de ces sables et sont d'une extraction facile. Leur état d'isolement démontre qu'ils ont été charriés. Il y a mieux, nous avons pu retrouver le point par lequel ils ont été extravasés : c'est une petite galerie montante aujourd'hui obstruée par la stalagmite, mais le long de laquelle nous avons pu recueillir des ossements arrêtés au milieu de la pente. Notons cependant que ces débris ne sont aucunement roulés.

(¹) *Mém. Soc. de Spéléologie*, t. XII, mars-avril 1908, p. 152 et suiv. Le *Grand Puits* inexploré en 1908, est celui qui renferme les restes d'animaux quaternaires.

En somme, tout s'est passé comme si les cadavres accumulés dans une antégrotte située à un niveau supérieur, avaient été décomposés sur place, et leurs ossements entraînés dans les parties profondes au moment de l'invasion de la grotte par les grosses crues de la rivière (¹).

Notre coupe schématique pourra donner une idée de ce mode d'entraînement.

Voici la liste des quelques espèces de mammifères que des fouilles superficielles nous ont fait recueillir au fond du Grand Puits :

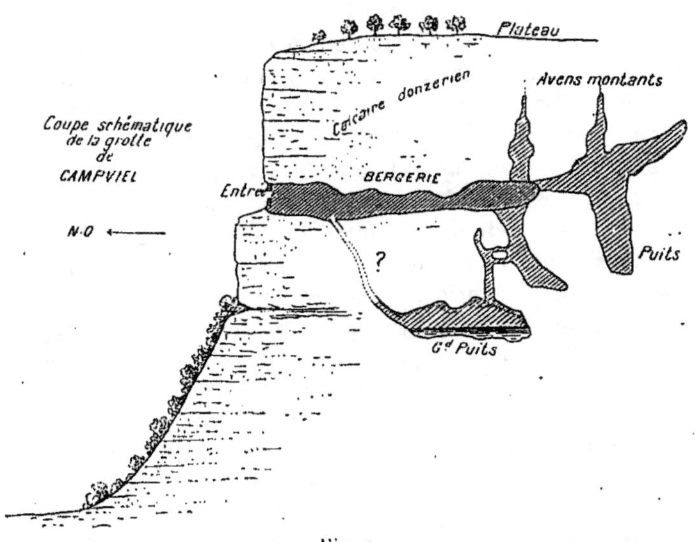

Fig. 1.

1° *Hyæna spelæa.* — Nombreuses dents éparses appartenant à des individus jeunes ou de petite taille. Une moitié de mâchoire inférieure à peu près complète. Débris de squelettes.

2° *Ursus.* — Les dents isolées sont généralement de petite taille. Quelques ossements.

3° *Felis.* — Nombreuses dents d'un petit félin qui offre de grandes analogies avec le *serval.* Griffes et ossements du même animal.

4° *Ruminants.* — Quelques dents de mouton, chèvre et cerf non encore déterminées.

ÉPOQUE NÉOLITHIQUE. — Les seuls points où nous ayons trouvé des traces de l'industrie néolithique sont la grande entrée de l'Ouest, la petite entrée de l'Est et une galerie en pente qui s'étend jusqu'aux orifices du Grand Puits.

ENTRÉE PRINCIPALE. — Les dimensions de ce couloir sont très vastes.

(¹) Cette *antégrotte* me paraît être l'entrée principale elle-même. Les galeries montantes du Grand Puits paraissent en effet, d'après le plan, correspondre à certaines fissures obstruées de la Bergerie.

L'entrée, large d'environ 10 m et haute de 8 m, était bien de nature à attirer l'attention des troglodytes néolithiques. Malheureusement, elle n'a cessé de servir d'asile aux époques romaine et du moyen âge. Le fond en est tellement bouleversé aujourd'hui, qu'il ne nous a pas été possible d'y faire la moindre fouille. Le seul point intéressant que nous avons entièrement vidé est un espace de 8 m² à 10 m², situé à l'entrée même et contre la paroi de l'Ouest.

Nous avons trouvé là, sur une épaisseur de 0,50 m à 0,60 m une ligne de foyers très facile à fouiller, reposant directement sur le sol quaternaire. Voici la liste sommaire des objets recueillis :

Silex. — Une dizaine de *grattoirs* demi-circulaires, offrant une partie large en forme de croissant, retouchée sur le bord, et une partie étroite destinée à pénétrer dans un manche en

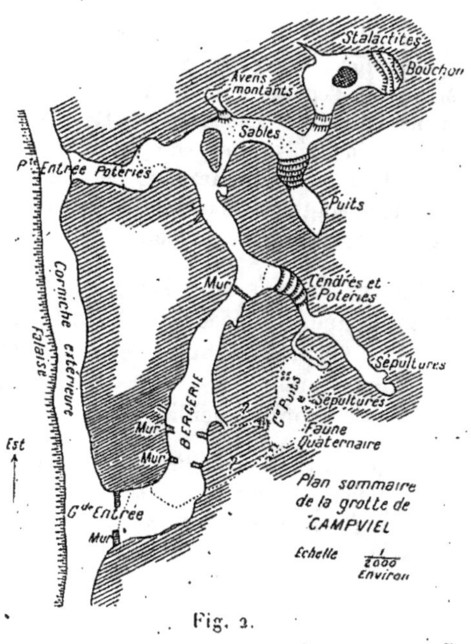

Fig. 2.

bois. Le silex est de couleur noire ou blanche : il provient de nos gisements locaux. La partie non retouchée est encore pourvue de presque toute sa gangue. Ce type de grattoir, assez rare dans les grottes, est, au contraire, assez commun dans toutes nos stations.

2° Deux *grattoirs* de forme circulaire (silex brun) ;

3° Une sorte de *scie* à bords dentelés, avec toute sa gangue (silex brun) ;

4° Une très jolie petite pointe de flèche en beau silex noir en forme de feuille de laurier parfaitement taillée et retouchée sur les bords ;

5° Une grande et belle lame mesurant 0,21 m de long sur 0,035 m de large. J'attire l'attention sur cette remarquable pièce en *silex noir* d'un type tout particulier. Au lieu d'être unie sur une de ses faces, comme les lames de Prèssigny, elle est doublement bombée et finement retouchée des deux côtés à la manière des petites pointes de flèche lancéolées. La matière première provient de la région : c'est le silex noirâtre de nos couches tertiaires lacustres.

L'artiste a dû choisir un beau rognon siliceux qu'il a débarrassé de sa gangue et auquel il a donné par coups successifs la forme désirée. En somme c'est un véritable travail de *sculpture* qui s'observe d'ailleurs sur un grand nombre d'autres pièces de la région de dimensions plus modestes.

6° Éclats et lames de silex blond ou noir, plus ou moins retouchés.

Roches diverses. — 1° Un tranchant de hache polie en roche verdâtre ;

2° Un petit caillou de quartzite ayant visiblement servi de *retouchoir* ;

3° Plusieurs petits cailloux arrondis et polis, de couleur noire ;

4° *Meules* en calcaire à cavité centrale, accompagnées de nombreux *broyeurs*;

5° Cailloux roulés de toute espèce et de toute dimension plus ou moins usés par le frottement.

Os. — 1° 13 beaux *poinçons* effilés et polis;

2° Deux *lissoirs* polis;

3° Un fragment de test de cardium ayant servi de coupelle.

Céramique. — Celle-ci est très abondante. Vases ordinaires de toute dimension dont l'épaisseur peut atteindre jusqu'à 0,025 m. Le fond est généralement arrondi en forme de calotte, les anses assez larges formant pont. La poterie fine fait presque complètement défaut. Ornements très simples : trous, mamelons, cordons parallèles horizontaux, etc. C'est bien le type classique de l'âge néolithique dans notre région. Nous n'avons d'ailleurs recueilli nulle part la moindre trace de métal.

Petite entrée. — Celle-ci est beaucoup plus étroite et moins confortable que la précédente. Tout le fond étant entièrement bouleversé, il ne restait plus à fouiller, là aussi, qu'un petit espace à quelques mètres de l'ouverture.

Nous y avons recueilli :

1° Les restes d'un *collier*, fait de quatre dents de renard percées d'un trou à la racine, de deux rondelles taillées dans le test d'une épaisse coquille marine et d'une de ces coquilles en forme de petite corne auxquelles on donne le nom de *dentales*;

2° Deux coquilles d'*Unio* (*Unio vardonicus* Loc, très commune encore dans la région);

3° Mais la *céramique* constitue ici la partie la plus intéressante de nos fouilles. Les types grossiers y font totalement défaut et sont remplacés par des vases beaucoup plus fins, beaucoup plus élégants et plus ornés que les précédents.

Tous ces vases sont revêtus d'une couverte noire souvent brillante. Leur fond est généralement plus aplati et parfois séparé de la panse par une carène ou ligne anguleuse. Les tasses sont arrondies ou en forme de tulipe.

Les ornements sont extrêmement variés : *semis de pastilles* en creux ou en relief ; *cannelures* horizontales, verticales; *bandelettes* horizontales ou verticales appliquées après coup et festonnées par compression ; mamelons nombreux perforés ou non; dents de loup parallèles; anses minuscules percées d'un trou horizontal très étroit, etc. Un fragment se montre orné à la *cordelette* en dedans et en dehors.

On n'y trouve que des vases moyens ou de petite dimension. Certaines tasses n'ont que 0,002 m d'épaisseur.

On peut se demander à quoi tient cette différence si marquée dans l'industrie céramique des deux parties de la grotte. Malgré l'élégance relative de la dernière et malgré son ornementation plus soignée, il est impossible de la faire descendre jusqu'à l'âge du bronze proprement dit; tout au plus quelques fragments pourraient-ils se rapporter à cette phase très discutée de la fin du néolithique où le métal fait son apparition chez nous, mais d'une façon toute accidentelle ?

Après une étude réfléchie, nous préférons admettre que les deux parties de la grotte n'avaient point la même destination. La première aurait servi d'*habitat* proprement dit; la seconde aurait été consacrée aux sépultures. Les vases fins seraient donc des vases funéraires et les quelques ossements qui se trouvaient à côté seraient les traces des festins effectués à cette occasion.

GALERIES PROFONDES. — Au point de rencontre des deux galeries principales, on trouve un amas considérable de cendres et de fragments de poteries qui s'étendent dans un troisième couloir en pente jusqu'aux abords du Grand Puits. Nous y avons recueilli les deux sortes de céramique précédemment signalées.

Au nombre des trouvailles importantes, nous devons signaler une toute petite tasse arrondie avec une seule anse en forme de manchon, et deux objets curieux dont il nous est impossible de fixer la destination certaine. Ce sont deux petits cônes en terre cuite ayant de 9 cm à 10 cm de haut et 4 cm de diamètre à la base.

A l'intérieur ils sont percés d'une ouverture également conique. Comme rien de semblable n'a jamais été signalé autre part, nous croyons devoir attirer sur eux l'attention de nos collègues archéologues.

Nous avons trouvé des restes d'ossements humains dans les parties profondes de cette galerie; mais la plupart avaient été brisés par les charbonniers, et par les pâtres qui fréquentent la grotte depuis un temps immémorial.

SÉPULTURE DU GRAND PUITS. — La seule sépulture intacte a été observée au fond du Grand Puits, dans une fissure horizontale très étroite où l'on ne peut avoir accès qu'en rampant.

Le squelette était intact, mais noyé dans une croûte de stalagmite, ce qui n'en a point permis l'extraction complète. Après plusieurs jours de travail, et grâce au concours de mon ami M. Guiraud, je suis parvenu à extraire un fémur complet, le maxillaire inférieur et une partie de la face. A l'entrée de la fente, les débris d'un vase néolithique indiquaient l'âge de la sépulture.

Je dois signaler, dans le même puits, et presque en face du squelette, la présence sur les sables quaternaires, d'une rangée de très gros cailloux siliceux du Gardon formant un cercle de 1,50 m à 2 m de diamètre.

Cette disposition est assurément intentionnelle. Nous avons cru tout d'abord avoir affaire à une nouvelle sépulture, mais nos fouilles n'ont ramené au jour que quelques os de ruminants... Devons-nous admettre que ce fut le centre de quelque festin funéraire à l'occasion de la précédente inhumation ?

Conclusion. — En résumé, la grotte de Campviel, située au milieu d'un paysage grandiose, nous paraît une des plus curieuses de la région, tant par la faune quaternaire qu'elle recèle dans ses parties profondes, que par son double caractère d'*habitat* et de *sépulture* néolithique, et par les quelques pièces intéressantes qu'elle a déjà fournies à nos collections du Musée de Nîmes.

M. C. BOYARD,

Membre de la Société préhistorique de France et de la Société des Sciences
historiques et naturelles de Semur.
Instituteur public [Nan-sous-Thil (Côte-d'Or)].

LE PALÉOLITHIQUE INFÉRIEUR DANS LA RÉGION DE NAN-SOUS-THIL, INDUSTRIE DES STATIONS MOUSTÉRIENNES DE PLEIN AIR.

571.21(44.42 : 12.31)

3 *Août*

1. *Le préhistorique en général dans la région de Nan-sous-Thil.* — Au Congrès préhistorique d'Autun (août 1907), j'ai signalé, pour la première fois, la région de Nan-sous-Thil, arrondissement de Semur (Côte-d'Or), comme station préhistorique.

Très peu de localités présentent autant de restes des temps préhistoriques, proto-historiques et gallo-romains, que cette région inexplorée à ce point de vue.

En outre de quelques *coups de poing* isolés, *chelléens* et *acheuléens*, trouvés à la surface, j'ai relevé dans la région plusieurs *stations moustériennes de plein air* et récolté nombre d'instruments à faciès *solutréen* (notamment une pointe à cran) et *magdalénien* (burins, lames, etc.).

La *période néolithique* est représentée par trois stations (¹) : *Ligot, Champ de Soueille, Le Beugnon* et une enceinte bien conservée : *le chariot.* Stations et enceintes m'ont donné nombre de restes et ont fait, depuis 1907, l'objet de Notes parues dans les *Bulletins de la Société Préhistorique de France* et de la *Société des Sciences historiques et naturelles de Semur*, et dans la *Revue Préhistorique illustrée de l'est de la France.* La station de *Champ de Soueille*, dans laquelle je fais actuellement des fouilles fructueuses en silex, poterie, débris d'os, promet des trouvailles intéressantes.

L'*Age de Bronze* a donné la cachette de la *Vesvrotte* qui a fourni neuf haches larnaudiennes, actuellement au Musée de Semur

L'existence à l'époque *pré-romaine* du village de Nan-sous-Thil est attestée par son nom même. Seul de tous les villages voisins, il a un vocable d'origine celtique (Nant-Nantos). Le nombre des établissements gallo-romains fait même penser que le centre gaulois devait avoir quelque importance.

Période gallo-romaine. — Les substructions des villas sont nombreuses

---

(¹) Des sondages effectués depuis la rédaction de cette Note m'ont révélé, avec l'existence de fonds de cabane, plusieurs autres stations néolithiques.

le long de la *voie romaine d'Alise à Saulieu*, ou à proximité de cette voie. L'un des emplacements, fouillé en 1909, m'a donné de nombreux débris de poterie, des objets de bronze, une meule, etc. Les murs, rencontrés à la profondeur de 0,60 m étaient encore recouverts de peintures bleues avec filets rouges. Enfin la fouille d'une *fosse funéraire* m'a livré, au commencement de la présente année, un fragment d'humérus humain, des débris d'os incinérés, des fragments de poterie gauloise et samienne, de tegulæ, etc. Un sondage, effectué à 50 m de cette fosse, et qui m'a donné des restes gallo-romains, me porte à penser que je suis, en ce lieu, en présence d'une *nécropole*.

La région de Nan-sous-Thil est donc vraiment privilégiée ([1]).

Constitution géologique du sol. — Les terrains du territoire de Nan-sous-Thil sont presque en entiers situés dans la *série liasique*. Du ruisseau du Ray qui coule dans la plaine et se jette un peu plus loin dans l'Armançon, au plateau de la *Montagne*, qui marque le point culminant du pays, on trouve tous les étages du *Lias*, du *Sinémurien* au *Toarcien*. Le plateau est constitué par les assises inférieures du *Bajocien* (calcaire à entroques).

II. *Le Paléolithique inférieur Chelléen et Acheuléen.* — Le Paléolithique inférieur ne m'a donné, jusqu'à ce jour, que trois instruments, recueillis à la surface du sol et en différents endroits. Les premier et le deuxième appartiennent au *Chelléen*, le troisième à l'*Acheuléen*:

Le premier est un *coup de poing* en calcaire siliceux du pays. Longueur, 150 mm, largeur, 83 mm, épaisseur à la pointe, 12 mm, au talon, 45 mm, son poids est de 495 gr. Il est taillé à grands éclats sur les deux faces, avec grandes retouches d'accommodation. L'arête sinueuse médiane est irrégulière et peu prononcée. Cet instrument est très bien en main; sa destination paraît avoir été plutôt celle d'une arme (casse-tête) que d'un outil. Le deuxième est un petit *coup de poing* en silex, de 110 mm de longueur, 55 mm de largeur, 25 mm d'épaisseur au talon. Poids 80 gr. Le talon est tranchant; la pointe est cassée. Retouches assez fines sur les deux faces. Le cacholong a pénétré toute l'épaisseur de la pierre. Le troisième est une très belle pièce acheuléenne, d'une longueur de 110 mm, largeur, 70 mm, épaisseur maximum 18 mm, poids 110 gr, intacte et parfaitement conservée. La face antérieure présente une arête médiane peu prononcée; la face postérieure, bien que très retouchée, est presque plane. Tout le pourtour est retouché très finement. Le talon est tranchant, la pointe, très acérée. Une belle retouche d'accommodation pour le pouce existe à la face antérieure. Une belle patine vert d'eau foncé et brunâtre donne à la pièce un magnifique aspect. C'est une des plus belles que j'aie vues. Elle a été trouvée tout à proximité de la station moustérienne de Varpont, dont il est question plus loin.

([1]) Vers fin novembre, j'ai eu le plaisir de découvrir, au pied d'un rocher formant *abri sous roche* complètement comblé et invisible, une station *magdalénienne*, sous-jacente à un fond de cabane néolithique. Le début de la fouille, m'a déjà fourni un outillage, silex et os, des plus intéressants, des gravures sur os et des fragments de sculptures sur os et sur ivoire, des dents percées, etc.

Ces trois pièces sont les seuls instruments chelléens ou acheuléens que j'aie recueillis dans la région, mais Hippolyte Marlot, géologue et préhistorien, en a trouvé un certain nombre dans la vallée de l'Armançon et notamment à Roilly, commune limitrophe de Nan-sous-Thil, en un point distant seulement de 2 km de la station moustérienne de Varpont.

La région était donc déjà habitée pendant le Paléolithique inférieur.

III. *Stations moustériennes.* — Mais si le *Chelléen* et l'*Acheuléen* n'ont donné, de ci, de là, que quelques pièces isolées, le *Moustérien* a laissé, dans la région de Nan-sous-Thil, de véritables stations, ainsi du reste que dans un certain nombre de localités de l'Auxois.

La plus connue est la *Brèche de Genay*, située à une douzaine de kilomètres de Nan-sous-Thil. Sans doute, à cette époque, la densité de la population était assez grande dans la région.

En Auxois, les gisements moustériens de plein air sont de deux sortes. Dans les terrains où une mince couche de terre végétale recouvre immédiatement le calcaire à gryphées arquées (*pierre bise des carriers*) du *Sinémurien*, les gisements se trouvent à la surface. Mais il n'en est pas de même là où le charriage des eaux à laissé des dépôts de limon plus ou moins épais. On trouve généralement, dans ces derniers terrains, la coupe suivante :

1° Terre végétale 0,10 m à 0,20 m.

2° Terre jaunâtre, dite *aubue* par les cultivateurs, avec rares grains de fer, et débris micacés ou feldspathiques provenant de la décomposition de granits 1 m à 2 m;

3° Terrain noirâtre contenant en abondance des grains et nodules ferrugineux assez gros 0,50 m à 1,40 m;

4° Terre jaunâtre assez fine avec rares grains ferrugineux 0,30 m.

5° Terre blanchâtre, à délits, recouvrant la couche de phosphate de chaux 0,50 m;

6° Lit à nodules de phosphates de chaux.

Mais cette coupe, que j'emprunte à H. Marlot, n'est pas toujours complète, et les différentes couches sont souvent moins épaisses; le lit à nodules qui sert de base au terrain naturel se trouve aussi à la profondeur de 0,30 m à 1 m, et même à une profondeur moindre.

C'est dans la troisième couche, désignée ici sous le nom de *mâchefer* ou *cran* et située au-dessous de l'*aubue* que se rencontrent les silex moustériens. H. Marlot, qui, dès 1876, exploitait les dépôts de phosphates, a fait dans cette couche d'abondantes récoltes, alors qu'il trouvait les silex chelléens et acheuléens dans la couche de terre jaunâtre n° 4 (sous le mâchefer). Il arrive assez souvent que des ravinements ont mis à nu la couche de mâchefer et que celle-ci affleure à la surface. C'est particulièrement le cas en certains points du territoire de Nan-sous-Thil, où l'on est presque certain, après chaque labour, de rencontrer des silex moustériens.

Les stations que j'ai exploitées sont au nombre de trois : 1º La Sarrée; 2º La Vesvrotte; 3º Varpont. Elles constituent trois gisements de surface. Il est facile, après chaque labour et quand les pluies ont dégagé les pierres, d'y recueillir des silex taillés. Leur emplacement est bien déterminé et limité; chacune recouvre une surface de 8 à 10 ares. On n'y trouve guère que des silex moustériens; le quaternaire supérieur n'y est que très rarement représenté. D'un autre côté, c'est presque exclusivement sur les hauteurs qu'on retrouve, dans la région, le néolithique. On peut donc dire à la rigueur que le *Moustérien* est ici sans mélange, l'habitat ayant changé aux époques qui l'ont suivi.

Évidemment la stratigraphie fait défaut, mais l'expérience prouve bien qu'on est en présence de véritables stations, car les trouvailles ne sont pas accidentelles, ni isolées, mais régulières et renouvelées sans cesse avec les travaux agricoles.

Ces stations ne m'ont jamais donné que du silex ou du calcaire siliceux taillés : pas d'os ou de débris d'os, leur conservation n'ayant pu se faire dans un semblable milieu.

Les trois stations étaient établies dans la plaine. Jusqu'à ce jour, je n'en ai rencontré ici aucune dans la montagne. Et, fait digne de remarque, les trouvailles isolées de l'époque moustérienne sont beaucoup plus fréquentes dans la plaine que dans les coteaux ou sur la montagne. C'est pourtant le contraire qui devrait se produire, puisqu'il est admis que le climat de cette époque était très humide. Les hauteurs devaient être plus saines que les marais et fourrés pestilentiels des vallées et des plaines, partant, préférées comme lieux d'habitat.

Cependant, dans cette région, les gisements ne se trouvent pas sur les hauteurs. Peut-être pourrait-on supposer que la température était moins froide et moins humide qu'on ne l'admet généralement, et que, puisque le lieu d'habitat des Moustériens se confond presque avec le nôtre, la température et le climat de cette époque se rapprochaient, en ce pays, de la température et du climat d'aujourd'hui.

Beaucoup d'objections peuvent être faites à cette idée; en tous cas la constatation est là, et mérite peut-être qu'on s'y arrête.

Situation des stations (¹). — *La station de la Sarrée* (²) est située à environ 1200 m à l'est du village de Nan-sous-Thil, entre ce village et celui de Marcigny-sous-Thil, à 150 m du ruisseau de Ray, sur la rive gauche (sur la carte d'État-Major, 1 cm à droite de la cote 329). Son altitude est d'environ 335 m.

La terre végétale, noirâtre et peu épaisse, repose directement sur le calcaire à gryphées.

La station de la Vesvrotte (²) est au sud-est de Nan-sous-Thil, à mi-

---

(¹) On retrouvera facilement l'emplacement des stations sur la carte d'État-major, feuille d'Avallon S-E.
(²) Nom cadastral.

chemin entre Nan-sous-Thil et Pluvier, et à droite de ce chemin en suivant la direction de ce dernier village, à l'est du *Bois de la Loge*. Altitude, environ 400 m. Le sol de la station de la Vesvrotte est formé de la couche d'*aubue* recouvrant le mâchefer.

Ces deux stations, éloignées l'une de l'autre de 2 km environ, sont sur la même méridienne.

La station de Varpont est plus au nord, à gauche, de la route nationale, n° 80, d'Avallon à Combeaufontaine, entre cette route et le *bois de Sertoillot*, à gauche aussi du chemin qui mène à Roilly. Altitude, 350 m. Sol d'*aubue* recouvrant le mâchefer, comme dans la Vesvrotte. Varpont est à 2 km de la Sarrée et à 4 km de la Vesvrotte.

L'eau ne manque pas à proximité des trois gisements.

Ces trois stations sont en plein champ et rase campagne. Les habitations ne pouvaient donc être que des huttes de branchages et de terre, comme celles des charbonniers d'aujourd'hui.

Industrie lithique. — L'industrie lithique des stations de la *Sarrée*, de la *Vesvrotte* et de *Varpont* est tout à fait caractéristique du *Moustérien. Dans toutes les pièces la face postérieure est plane, sans retouches et porte le conchoïde de percussion avec esquilles.* Les objets recueillis permettent de suivre les progrès réalisés dans la taille.

I. *Pointes à main.* — Les pointes à main sont très communes; elles représentent les soixante centièmes des objets. J'en fais ici trois catégories.

a. Pointes sans retouches. — Elles sont le plus souvent à l'état d'éclat non retouché, triangulaires, minces. Il semble que les unes aient été destinées à servir d'armes (pointes de lances); elles portent, en effet, soit un léger étranglement à la base, soit une retouche pour servir d'arrêt.

Les autres, plus épaisses, pouvaient servir à de nombreux usages : couper, scier, racler, percer. Toutes ces pièces recueillies dans les stations de la *Sarrée* et de la *Vesvrotte*, sont d'un travail grossier et dénotent une industrie très primitive.

b. Pointes avec retouches. — Elles indiquent déjà une grande évolution dans le travail de la pierre. C'est la forme classique des belles pointes à main. Les unes, provenant des stations de la *Sarrée* et de la *Vesvrotte*, sont en calcaire siliceux et portent souvent sur la face antérieure une belle retouche d'accommodation pour le pouce.

Les autres sont en silex, et proviennent du gisement de *Varpont*. L'une d'elles est une pièce magnifique, retouchée très finement sur les bords, qui sont très tranchants; la pointe est très aiguë. Cette pièce, absolument intacte et qui semble sortir des mains de l'ouvrier, marque certainement le plein épanouissement de la taille à l'époque moustérienne. Patine blanche peu épaisse. Une autre, assez épaisse, à bords enlevés pour faciliter la pénétration, devait servir de lance. Toutes ces pièces ont une longueur variant de 4 à 8 cm.

c. Pointes de grandes dimensions. — Le gisement de *Varpont* m'a donné une pointe de grandes dimensions : longueur 115 mm, largeur 90 mm, épaisseur au talon, 25 mm; poids, 250 g, très finement retouchée sur les bords, en silex gris. Le talon porte un cortex assez épais. Cette pièce rappelle la forme amygdaloïde de *l'Acheuléen*, mais son travail et sa facture sont nettement *moustériens*. Elle pouvait être utilisée pour scier, couper, racler, etc., mais aussi comme arme (coup de poing). C'est une forme de survivance.

Une pièce de plus grandes dimensions vient de la *Vesvrotte*. C'est un instrument ayant la forme des pointes à main; longueur 195 mm, largeur, 105 mm, poids, 760 gr, en calcaire siliceux; sa face postérieure est complètement plane, sans retouches. La face antérieure est retouchée à grands éclats. La ligne médiane est très sinueuse. Les bords sont tranchants, la pointe, intacte. Cette pièce bien en main et d'un maniement facile, pouvait servir à scier, percer, racler; c'était un outil et non une arme.

II. *Lames*. — Les lames, plus ou moins retouchées, ne font pas défaut, sans être pourtant communes. Toutes sont épaisses et plus ou moins larges, en calcaire siliceux, ou tout à fait larges, et en silex, comme les éclats, type *Levallois*. L'un de ces derniers instruments porte un très gros conchoïde de percussion, non enlevé, qui facilite beaucoup la préhension.

III. *Racloirs, scies, nucléi*. — *Racloirs*. Parmi les racloirs que j'ai recueillis figurent les *racloirs arqués et concaves* bien retouchés sur les deux bords, les *racloirs rectilignes*, retouchés sur un seul bord *et les racloirs obliques* retouchés sur les deux faces. Les uns sont en silex gris, les autres en silex noir.

Scies. — Cet outil est excessivement rare dans les trois gisements; seule une pièce a eu d'une façon certaine cette destination. Le taillant est retouché sur les deux faces; le dos assez épais, est garni en partie de son cartex et porte de belles retouches d'accommodation. Le talon est également retouché sur les deux faces.

La préhension de l'instrument est très facile.

Nucléi. — Les *nucléi* sont peu nombreux; les uns sont en calcaire siliceux, les autres en silex. Quelques-uns ont été ensuite employés comme percuteurs.

Il y en a de petits, de moyens et de gros.

IV. *Boules calcaires*. — Le gisement de *Varpont* m'a donné deux *boules calcaires*, imparfaitement rondes, pesant respectivement 510 gr et 540 gr. Ces boules portent des traces de piquetage en différents endroits. Le reste de la surface est lisse. Je ne pense pas que le piquetage soit une trace d'*arrondissement*, je croirais plutôt que ces boules ont servi soit d'enclumes, soit de percuteurs.

V. *Pièces à faciès aurignacien*. — *a. Pointes*. — Le gisement de *Varpont* contient aussi des *pointes à faciès aurignacien*.

L'une des meilleures comme taille a la pointe cassée; c'est une pièce assez épaisse; sa base est amincie et présente un court pédoncule, retouché sur les deux faces. Les deux bords latéraux ne sont retouchés que sur la face antérieure, et à petits éclats. Silex cachalonné.

Une autre est plus mince, très retouchée sur sa face antérieure et légèrement sur les bords de la face postérieure, qui est complètement plane. Cette pointe porte vers sa base une retouche en travers pour faciliter la ligature. Elle est en silex du Grand-Pressigny.

b. Grattoirs carénés dits Tarté. — J'ai recueilli également dans le gisement de *Varpont* des *grattoirs carénés* en silex et en calcaire siliceux. Ces pièces sont d'un bon travail. Quelques-unes sont retouchées très finement. Leur longueur varie de 4 cm à 8 cm.

Conclusion. — Des trois stations ci-dessus décrites, deux paraissent être contemporaines : la *Sarrée* et la *Vesvrotte.*

La matière première est la même dans les deux gisements : c'est surtout le calcaire siliceux que le pays fournit abondamment. Le silex y est très rare.

L'industrie lithique est également la même; elle fournit des instruments assez grossiers et de formes primitives et d'autres, plus rares, mieux travaillés. Il y a évolution sur place et les trouvailles permettent de suivre les progrès réalisés dans la taille.

Nul doute que l'habitat a été de très longue durée sur ces deux emplacements.

On trouve en *Varpont* un *moustérien très évolué*; ce dernier gisement m'a donné, en effet, plusieurs *formes aurignaciennes*, des *grattoirs carénés* et la magnifique pointe à main, dont on a vu plus haut la description.

La matière première a changé. Alors que la *Sarrée* et la *Vesvrotte* ne donnent presque exclusivement que du calcaire siliceux, *Varpont* fournit de belles pièces en silex. La taille y est très perfectionnée; la présence des pointes aurignaciennes indique qu'on approche du solutréen.

Déjà les relations commerciales ou les voyages d'approvisionnement sont étendus, car le silex employé, qui est surtout le silex de la craie, ne peut provenir que des gisements relativement éloignés de l'Yonne. Une pointe aurignacienne est même en silex du Grand-Pressigny. La station de Varpont ne paraît avoir été que la continuation des stations de la Sarrée et de la Vesvrotte; en tout cas son industrie est bien postérieure à celle des deux autres.

L'étude de ces stations permet de suivre l'évolution sur place de l'industrie lithique de la longue période moustérienne.

M. Ch. DEPÉRET,

Professeur,

ET

M. Lucien MAYET,

Chargé de Cours, à la Faculté des Sciences (Lyon).

LE GISEMENT DE SENÈZE ET SA FAUNE PALÉOMAMMALOGIQUE.

56.9(44.811)

6 *Août.*

Senèze est un petit hameau de la commune de Domeyrat (arrondissement de Brioude, Haute-Loire) situé à 4 km de l'Allier, sur le plateau granito-gneissique qui surplombe la rive gauche de cette rivière.

Le hameau est bâti dans le fond d'un cirque, à fausse apparence de cratère, creusé en entier dans la roche gneissique.

Un ancien volcan basaltique existe sur le rebord même du cirque gneissique, du côté de l'Ouest; sur ce rebord, très escarpé du côté de Senèze, plus doucement incliné du côté opposé, on observe des bombes volcaniques, des lapilli, des scories bulleuses, des laves, qui ne laissent aucun doute sur l'emplacement de la cheminée volcanique. Les coulées du cratère de Senèze, aujourd'hui à peu près complètement démantelé, se sont dirigées à l'Ouest, atteignant le fond d'une petite vallée, beaucoup moins profonde que la vallée de Senèze. C'est seulement après l'extinction de ce volcan que s'est creusée, dans le soubassement de gneiss, la vallée de Senèze et son cirque. Les eaux de ruissellement ont ensuite entraîné sur la pente rapide qui domine le hameau, les produits volcaniques divers : fragments de basalte, scories, cendres volcaniques, laves cordées, etc., plus ou moins mélangés de fragments anguleux de la roche gneissique. Ainsi s'est formé un dépôt de pente à éléments surtout volcaniques qui constitue le remarquable gisement de vertébrés fossiles que nous avons exploré et que nous fouillons en ce moment même août 1910).

Il nous a paru évident que les animaux dont on retrouve les squelettes enfouis dans les dépôts volcaniques en question vivaient sur le plateau granitique qui domine Senèze, et que leurs cadavres ont été entraînés par le ruissellement des eaux, puis incorporés dans les couches sableuses ou conglomératiques, en lits très inclinés, qui constituent le gisement.

L'épaisseur de ces dépôts de transport est très irrégulière, mais toujours importante. La zone fossilifère la plus riche est une sorte de sable cinéritique assez fin, situé à 4 m de profondeur, sous des couches de conglomérat grossier à éléments basaltiques très fortement cimentés. Il est nécessaire, pour atteindre la couche fossilifère, de pratiquer un déblai de 4 m de couches presque stériles et d'employer fréquemment la poudre de mine en raison de la dureté de la roche.

En revanche, les résultats sont des plus intéressants, par la raison que le gisement de Senèze contient des squelettes complets, avec tous les os restés en connexion, condition des plus rares dans les gisements européens et qui ne se rencontrent guère que dans les magnifiques gisements de l'ouest des États-Unis.

Un squelette d'*Elephas meridionalis* avait été découvert il y a une quinzaine d'années et signalé déjà par M. Boule dans une Note sommaire. Malheureusement cette importante pièce n'a pas reçu tous les soins qu'elle méritait pour son extraction et les mâchoires seulement ont été recueillies. Elles figurent dans les collections du Muséum de Paris. Depuis lors, le même établissement a reçu une tête à peu près complète du *Rhinoceros etruscus*. Enfin, un savant étranger, M. le Dr Stehlin, de Bâle, qui suit avec un soin jaloux les découvertes de fossiles dans nos gisements français, s'est procuré pour le Musée d'Histoire naturelle de Bâle, des séries assez importantes des fossiles de Senèze. Il était donc devenu nécessaire qu'un établissement scientifique français se mît à la tête des fouilles à pratiquer sur ce point, et il est devenu possible à l'Université de Lyon, en partie grâce à l'aide de l'Association française pour l'avancement des Sciences, de commencer une exploration méthodique.

Dans l'état actuel de nos recherches, la faune de Senèze comprend :

Elephas meridionalis Neshi.
Rhinoceros etruscus Falciner.
Equus stenonis Cocchi.
Bos elatus Croizet et Jobert.
Cervus (Axis) pardinensis Croizet et Jobert.
Cervus Senezensis, n. sp.
Palæoryx ardens Poiral, sp.
Tragelaphus torticornis Aymard.
Hyæna arvernensis Croizet et Jobert.
Machairodus cultridens Cuvier.

Nous avons recueilli en outre quelques débris de Rongeurs et des ossements d'Oiseaux.

Telle que nos premières explorations nous la font connaître, la faune de Senèze est une faune se rapportant à la période la plus récente des temps pliocènes. Elle est un peu plus jeune que la faune à mastodontes de Perrier et de Chagny, et, par conséquent, se rapproche de la limite de l'époque quaternaire.

Il n'est donc pas invraisemblable de supposer qu'il soit possible d'y découvrir soit de grands singes anthropoïdes, soit même des vestiges du précurseur immédiat de l'homme du quaternaire inférieur, découvert dans les sables de Mauer, près d'Heidelberg ([1]).

M. C. COTTE,

Notaire [Pertuis (Vaucluse)].

LA CAVERNE DE L'ADAOUSTE. PÉTROGLYPHES.
(FOUILLES ARCHÉOLOGIQUES 1909-1910.)

571.74(44.9)

? *Août.*

Dans la dernière campagne de fouilles, mes recherches ont porté dans la salle D, que j'avais commencé à étudier avec M. Chaix, et dans le couloir A *e* B ([2]). Dans ce dernier, ma mère, qui m'aide dans mes recherches archéologiques, a remarqué, il y a quelque temps déjà, des pétroglyphes méritant d'être cités à ce Congrès où la question est à l'ordre du jour.

Salle D. — Si l'on se reporte au plan général de la grotte ([3]), on voit que la salle D est sur la ligne de fracture décelée par les gouffres D**e* K et F* *l* K.

Ce que ne peut indiquer le plan, puisqu'il faudrait le représenter par une coupe, l'aspect de la salle accuse très nettement cette ligne par un sillon longitudinal. La paroi séparant de la salle C est très fortement déclive sur toute sa longueur. Devant l'autre paroi sont entassés des blocs montrant une pente symétrique de la précédente.

Le sillon descend fortement de la salle E au gouffre D**e* K. La présence de celui-ci est attribuable à la rencontre de la grande ligne de fracture que je viens d'indiquer, et de celle qui est jalonnée par la salle C et les chambres du sous-sol où conduit le passage D* *e* K.

De ce qui précéde on peut dès à présent déduire quelle était la disposition des couches archéologiques.

Un sillon descend la salle de l'Ouest à l'Est. De ce côté, devant le gouffre, la profondeur de la couche archéologique atteignait o,8o. A la base il y avait

---

([1]) La présente Communication n'a d'autre but, que celui de signaler l'intérêt de recherches paléontologiques touchant de très près la paléontologie humaine proprement dite et de précéder l'étude complète, que nous permettront les importantes fouilles actuellement, en cours, à Senèze.

([2]) *Congr. As. fr. Av. Sc.*, 1908, p. 714.

([3]) *Idem*, figure 1, p. 717.

un foyer établi sur des pierres mal jointes fermant à demi des fissures, d'où montait un violent courant d'air lorsqu'elles ont été découvertes. Ces fissures se prolongeaient et avaient des orifices sous les blocs bordant la paroi Sud.

Le foyer profond, avec rares éclats de silex et tessons préhistoriques, s'étend (j'en ai laissé un témoin) sous un tas de menus graviers occupant l'angle Sud-Est de la salle, et qui sont les vestiges de la source tertiaire qui a creusé la grotte. Probablement plaqués, au début de l'occupation énéolithique, contre la paroi, ils ont glissé sur le foyer et se sont mélangés à la couche archéologique superposée à ce dernier.

Un autre foyer, voisin de la surface, était à l'ouest du précédent. En ce point la couche archéologique, malgré la pente superficielle, avait fortement diminué de profondeur. Elle se terminait à O bien avant d'atteindre la salle E; mais, sous les blocs, j'ai recueilli de la poterie préhistorique.

Entre eux et la paroi Sud, sur une petite terrasse, existe un foyer que j'ai laissé comme témoin, après avoir décapé sommairement sa surface. Au-dessus de ce foyer le plafond n'est qu'à 0,80 de hauteur. Ce n'est pas l'aspect des feux autour desquels on se réunit pour jouir du rayonnement direct; ici le brasier avait un rôle culinaire ou servait à réchauffer l'air de la salle.

Le long de la paroi Est, le gouffre D* e K se prolonge par des fissures brusquement évasées en un trou assez important, presque sous le rocher 2 du plan; j'y ai fait de bonnes trouvailles. Au-dessus de ce trou débouche un passage étroit donnant dans le couloir A e B et dont je parlerai plus loin (Cavité II du couloir A e B).

Il y avait également une poche archéologique importante sous la partie ouest du rocher 2. En outre, de ce bloc à l'axe médian de la salle, il y avait un talus rapide ([1]).

Le fait que les fissures ont toutes des débouchés profonds inacessibles est cause qu'on trouve constamment des objets, quelque bas qu'on creuse; il arrive un point où les fouilles sont pratiquement impossibles ([2]), et le dernier coup de pioche donné, ramenant un document archéologique, laisse le regret de ne pouvoir descendre encore. J'ai insisté sur ce point dans mes Notes précédentes.

Mais l'épaisseur des dépôts énéolithiques ainsi entassés dans dès fentes, et à peine recouverts d'une mince zone de cailloutis à vestiges récents ([3]), a permis de résoudre définitivement la question de la date des poteries peintes. Je puis désormais affirmer le caractère énéolithique de cette céramique.

Quelques mois après que je l'ai eu signalée dans les Bouches-du-Rhône ([4]), M. le Dr Raymond a publié la découverte des tessons analogues dans une grotte énéolithique du Gard, en se félicitant d'avoir la priorité pour la France. Sur ce dernier point il faisait erreur.

([1]) *Voir* Coupe, *fig.* 4, *loc. cit.*, p. 721.

([2]) Dans les fissures près du bloc 2, j'ai atteint 1,50 m de profondeur.

([3]) Ces vestiges récents sont plus rares dans cette salle D, très reculée, que dans les autres.

([4]) *Loc. cit.*, p. 724.

Depuis, M. St. Clastrier, mon actif collègue, en a rencontré dans une grotte de l'Estaque, près de Marseille, qui fait l'objet d'une communication à ce Congrès. Je l'ai retrouvée, dans le trou voisin du gouffre D*eK, à 1 m de profondeur de la couche énéolithique, sous les zones qui avaient fourni précédemment un typique poinçon losangique en bronze si pauvre en étain que certains, se fiant à la teinte rouge de sa cassure, l'auraient cru en cuivre pur. Le sillon de la salle D m'a aussi fourni, en couches archéologiques, deux fragments de fil de bronze, dont la forme ne nous indique rien, et de la poterie peinte. Indépendamment de cette céramique, j'ai recueilli des portions d'un vase globuleux avec dépôt interne de couleur rouge pulvérulente; tout près était un gros morceau de minerai ferrugineux, et, non loin, un gros broyon ovoïde, à surface inférieure plane piquée, portant encore incrustée la peinture qu'il a servi à moudre. Il y avait donc réunis : le minéral brut, l'instrument qui permettait de le pulvériser, et le récipient où on le conservait ensuite.

Des fragments de roches tendres, jaunes ou blanches, paraissent avoir été apportés également comme couleurs.

Dans les parties profondes des couches du sillon médian et du trou voisin de la paroi Est, j'ai recueilli des os humains, dont certains nettement masculins (os de membres, vertèbres, dents). On peut y voir des dépôts funéraires dans le genre de ceux qu'a signalés pour la même époque dans le Gard, notre regretté collègue Ulysse Dumas [1]. Si l'on se reporte aux Volumes des deux derniers Congrès, on verra que j'en ai déjà indiqué dans la caverne de l'Adaouste. Je vais plus loin en noter un autre dans la Cavité I du couloir A e B.

Comme mobilier de la salle D, on peut encore citer :

Lames de silex;
Tranchet;
Haches polies, dont une brisée et polie sur la cassure;
Ciseau en pierre;
Poinçons en os;
Fragment de ciseau en os;
Coquilles de cardium, dont une percée;
Cérithe à trou de suspension;
Une phalange entaillée;
Deux défenses de sanglier;
Documents sur la flore et la faune;
Céramique variée, dont poterie noire lissée avec dessins linéaires en relief.

Couloir A e B. — Si l'on se reporte au plan général de la grotte, on voit que le couloir A e B présente d'abord, au niveau de la salle A', une partie élargie, et, ensuite, un couloir rétréci par un massif rocheux. Celui-ci forme [2] le plafond de la galerie B l. Comme celle-ci, le passage

---

[1] *Bul. Soc. préh. fr.,* 1910, p. 128.
[2] *As. fr. Av. Sc.,* 1909, p. 825.

A *e* B, qui lui est supérieur, descend fortement de l'Ouest à l'Est, si bien qu'à son débouché en B il formait un seuil rocheux, tandis que, devant les signes alphabétiformes ı, il accusait déjà une profondeur de 1,30 m au moins.

Il y a également pente allant de la paroi Nord vers la paroi Sud. Le dessin du plan doit être complété en deux points :

1º L'extrémité occidentale de la salle A' donne dans une cavité (que j'appellerai *Cavité I*), s'ouvrant en gueule de four sur le couloir A *e* B.

2º L'enfoncement de la paroi Sud, figuré avant d'arriver à la lettre *e*, en venant de A, correspond à une autre ouverture en forme de galerie étroite, qui, par une pente rapide, va déboucher dans la salle D. Je la nomme *Cavité II*.

Ces Cavités sont les deux points où j'ai découvert des vestiges énéolithiques en place dans A *e* B, sauf le foyer profond du passage proprement dit.

Cavité I. — De contour irrégulier comme plan, elle a une entrée en gueule de four assez bien formée.

Elle était en grande partie comblée par les dépôts anciens recouverts par une couche stalagmitique surtout épaisse près des parois. Son plancher est fortement en pente de l'Ouest à l'Est, car il correspond au plafond de la galerie B *l*. Sa surface, suivant un talus naturel, descendait de la galerie A *e* B vers la salle A' qui est en contre-bas. Sous la stalagmite superficielle, des concrétions calcaires avaient incrusté une partie des matériaux de la couche archéologique. Quelques éléments modernes étaient soudés au-dessus.

Mon frère et moi avons signalé ([1]) une découverte assez importante opérée dans cette Cavité, celle de grains de seigle très nets.

Au point de vue archéologique pur, il importe d'y noter la trouvaille d'une anse qui, fixée à la carène d'un vase, se soude au bord s'exhaussant pour l'accompagner, s'élève, et s'épanouit en une sorte de petit éventail où s'appuyait le pouce tandis que l'index et le majeur étaient passés dans l'anneau de l'anse proprement dite.

Il faut rapprocher cette anse d'une autre trouvée par M. Marin-Tabouret ([2]) au Camp-de-Laure (énéolithique); mais celle-ci présente à son extrémité supérieure, deux appendices latéraux, très courts il est vrai. Il y a là, on le voit, les prototypes des anses lunulées des terramares. M. Déchelette croit que ce type n'avait jamais été trouvé en deçà des Alpes.

Dans la Cavité I, il y avait un maxillaire de jeune enfant et deux dents d'enfant plus âgé (sépulture du type Ulysse Dumas).

([1]) *Bul. Soc. botan. Fr.*, juin 1910.

([2]) Je tiens à remercier ce dernier de l'autorisation qu'il a bien voulu me donner de citer ici sa trouvaille, remontant à plusieurs années déjà.

J'y ai encore récolté :

D'autres documents sur la faune et la flore;
D'assez nombreux tessons énéolithiques;
Fragment d'outil en os;
Deux pointes de javelot en silex épointées;
Deux pointes de flèche en silex, dont une brisée;
Une portion de boule d'argile pétrie et cuite;
Un fragment de couleur rouge.

Cavité II. — Cette Cavité comprenait des restes de foyer avec céramique énéolithique, recouvert par une couche remaniée, suite de celle du passage proprement dit.

Il est bon de remarquer combien le foyer qui y était établi devait être activé par le courant d'air montant de la salle D, avec laquelle communique le fond de cette Cavité.

Passage. — J'ai creusé deux tranchées, l'une le long de la paroi Sud, l'autre le long de la paroi Nord. Toutes les deux s'arrêtent, à l'Est, au niveau de la Cavité II.

La tranchée Sud m'a donné la coupe suivante :

Terre durcie sous les pas.. 0.05
Gravier fin tertiaire.. 0.20
Cailloux et gravier... 0.25
Cailloux et gravier avec éléments archéologiques de plus en plus rares en
    s'élevant... 0.50
Tuiles et autres poteries modernes... 0.00
Foyer énéolithique pauvre.. 0.05
Sable jaune clair provenant de la désagrégation de la voûte............... n.

La tranchée Nord correspond à la précédente sous bénéfice des observations suivantes :

Peu profonde, surtout contre la paroi, elle ne contenait que les couches supérieures de l'autre;

Des foyers récents remplaçaient la terre foulée trouvée de l'autre côté.

Dans ces foyers, j'ai découvert un coup-de-poing en calcaire qui a fait l'objet d'une Note spéciale ([1]).

Si nous considérons que les couches énéolithiques des Cavités I et II étaient à un niveau supérieur de près d'un mètre à la couche à tuiles du passage, alors que l'horizon de ces deux Cavités correspond, nous devons admettre qu'il y a eu dans le passage A e B une couche archéologique d'une grande puissance qui a été enlevée sans que les ouvriers se soient souciés de vider les poches latérales, témoins qu'il m'a été ainsi donné d'étudier.

Une hypothèse admissible est qu'on a creusé ce fossé en même temps que celui de la salle A, qu'il prolonge.

([1]) *Bul. Soc. préhist. fr.*, 1910, p. 260.

D'autre part, le mode de remplissage ferait croire qu'on a pris, pour le combler, des matériaux de couches en place. Au fond se trouvent les fragments de poterie récente tombés dans le fossé qui gisaient à la surface du sol, où l'on a puisé. Au-dessus, des vestiges énéolithiques mêlés aux cailloutis; puis ce cailloutis stérile. Plus haut encore le gravier tertiaire et le coup-de-poing. Les zones sont en succession à peu près exactement inverse de la normale.

Il convient de comparer ces Travaux de terrassement à ceux que m'avait révélés ma précédente campagne de fouilles.

SIGNES ALPHABÉTIFORMES. — Contre la paroi Sud du couloir, les nappes de stalagmites successives ont recouvert le rocher. Aux points où man-

Fig. 1.   Les deux panneaux à pétroglyphes.

quent des couches de ces dépôts leur section forme des zones de reliefs concentriques.

En deux endroits, voisins l'un de l'autre, ces sortes d'encadrement laissent la roche vive à nu; celle-ci porte des traits, des creux, dont certains semblent être manifestement naturels, tandis que les autres ont semblé intentionnels à presque toutes les personnes qui les ont vus en place.

J'en ai envoyé les estampages à l'Exposition du Congrès, et j'en donne les photographies.

L'une donne le rapport respectif de deux encadrements; l'autre, une vue agrandie du panneau principal :

Celui-ci est divisé en deux, dans sa hauteur, par une ligne sinueuse, naturelle, qui a pu faire songer aux signes ondulés figurés sur les dalles des dolmens ou sur les céramiques de divers âges.

Au-dessus on trouve, en supposant prouvé le caractère intentionnel du pétroglyphe, et en lisant de droite à gauche et de haut en bas;

1º Deux traînées de cupules se rejoignent vers le milieu de la largeur et se terminent vers la gauche, formant une sorte de λ ([1]) couché, barré par le signe suivant;

2º Une simple barre profondément gravée suivant un plan oblique par rapport à la surface de la pierre, s'enfonçant de droite à gauche, comme l'aurait fait un ouvrier droitier;

3º Un λ minuscule grec; très net;

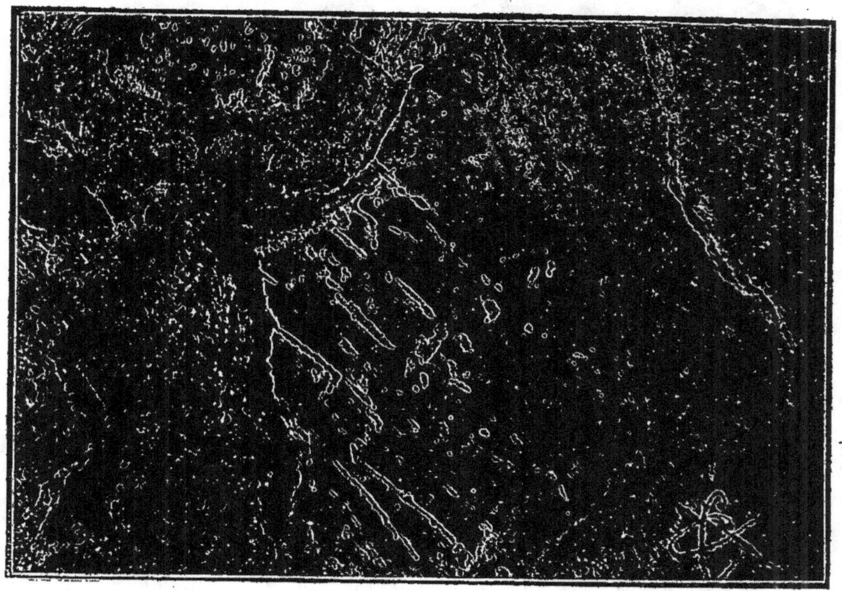

Fig. 2.   Le panneau principal et un angle de l'autre.

4º Une forte cupule au niveau du sommet du signe précédent;

5º Un I, très net;

6º Trois cupules inégales se dirigeant obliquement en bas et à droite, vers le signe 9;

7º Un I correspondant au sommet du λ couché du signe 1;

8º Des traits peu marqués prolongeant le signe 2;

Deuxième ligne. — 9º Un arc de cercle en cupules descendant de gauche à droite, avec trois entailles verticales formant jambages, qui sont les trois signes suivants :

10º Un I relié à la partie la plus basse de l'arc de cercle;

([1]) En employant des lettres comme terme de comparaison, je ne veux les prendre que dans un sens purement morphologique.

11° Un I prolongé en haut par des cupules dont l'une est déjetée à gauche;

12° Une très longue barre qui rejoint l'autre extrémité de l'arc des cupules, faibles en ce point;

13° Une forte cupule allongée placée, en bas, entre les deux signes précédents, et dont l'extrémité inférieure est prolongée par des échappements ou éraflures en patte d'oie;

Les cinq derniers signes composent un ensemble :

Partie inférieure du panneau. — 14° Un X à branches inégales, très peu marqué;

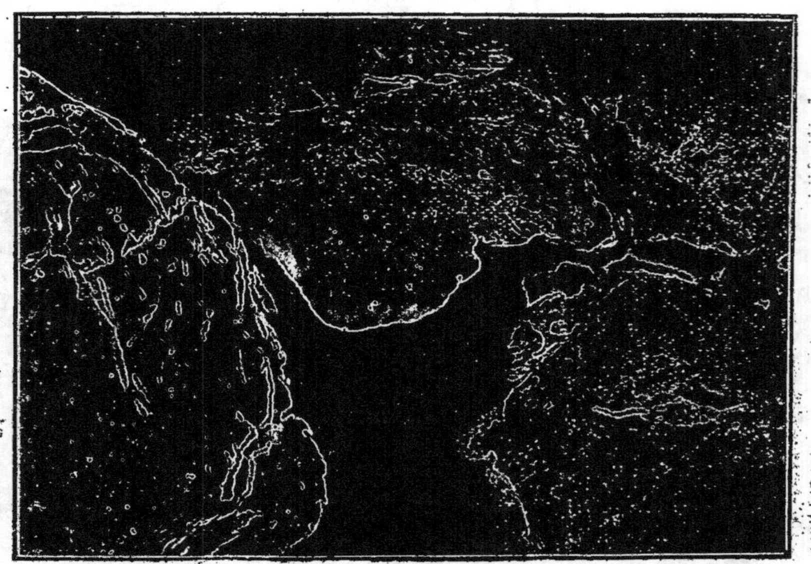

Fig. 3.   Entrée de la salle C.

15° Quatre lignes deux à deux, mais non complètement parallèles, formant un X à traits doubles;

16° Un N, qui serait le signe à caractère intentionnel le plus marqué; on croit en effet y voir un ressaut de l'instrument à divers points où les lignes, rencontrant un sillon naturel ont une reprise déjetée de 1 cm environ. Il semble que, s'il s'agissait d'une veine du rocher, cette déviation ne se serait pas produite;

17° Un ω très allongé et anguleux; l'outil a dévié, plus faiblement, et dans un autre sens.

Dans le second panneau (de gauche) un sillon paraissant naturel, irrégulier, peut rappeler une image de poisson la gueule ouverte ou tout autre chose. A côté nous retrouvons des X. Mais il est bien moins typique que l'autre.

Il appartient aux membres du Congrès de donner leur opinion sur ces pétroglyphes et les cupules; mais, à titre de comparaison, je ne peux pas mieux faire que de donner (*fig.* 3) la photographie de sillons naturels, gravés

sur une autre face du même rocher (vestibule de la salle C). On remarquera
que leur enchevêtrement n'a pas le caractère de netteté qui frappe dans les
pétroglyphes des panneaux.

Je ferai observer que si j'avais donné un dessin, quelque scrupuleux qu'il
fût, la substitution de la netteté du trait à la reproduction photographique
aurait suffi pour entraîner, chez tous, la conviction qu'il s'agit bien de caractères intentionnels. Je répète d'ailleurs que ceux qui ont étudié ces pétroglyphes *in situ* ont été beaucoup plus frappés qu'après les avoir vus en
photographie ou après en avoir examiné les simples estampages.

Un autre argument archéologique militant en faveur de l'opinion qui
y reconnait des signes volontaires, est que MM. Pranishnikoff et Raymond
ont signalé des signes analogues près des allées couvertes d'Arles qui ont
été creusées à l'époque de l'occupation de l'Adaouste. Des caractères
bien voisins de ceux que j'étudie figurent sur des haches en pierre polie
de Normandie, publiées par Dubus (¹). Il sera intéressant d'y comparer
des pierres gravées trouvées par M. Stanislas Clastrier près de l'Estaque,
lorsque celui-ci les aura publiées. Du reste ces combinaisons de traits
simples appartiennent forcément à toutes les civilisations primitives.

Cupules. — Sur le même rocher que les traits que je viens de décrire,
à l'entrée de la salle B, à environ 1,80 m de hauteur, on observe quatre
cupules creusées dans la stalagmite, et non plus dans la roche vive, ce
qui explique la rugosité de leurs parois.

Elles ont environ 0,03 de diamètre. Leur disposition serait celle de l'empreinte des extrémités digitales, petit doigt excepté, d'une main gauche de
très forte taille. L'empreinte de l'annulaire est faible, et distante de 0,09 de
celle du majeur; l'index est à 0,10 du majeur et à 0,12 du pouce.

Résumé. — La salle D m'a fourni :

1º Un poinçon losangique qui aide à ruiner la théorie de l'âge du Cuivre ;
2º Une phalange entaillée qui prouve l'existence d'une parenté étroite
entre l'énéolithique provençal et l'énéolithique espagnol (lui-même imprégné
de préminoen);
3º La preuve que la poterie peinte est bien énéolithique;

Le passage A c B m'a donné :

1º Le plus ancien seigle connu au monde;
2º Une anse voisine de celles des terramares, quoique d'un style paraissant
antérieur;
3º Le premier coup-de-poing trouvé dans les Bouches-du-Rhône;
4º Des pétroglyphes qui méritent d'être étudiés de près.

(¹) *Rev. préhist.*, 1908, p. 76.

M. H. MAROT.

(Paris).

PRÉSENTATION D'INSTRUMENTS EN CALCAIRE.

---

2 Août.

La plus grande des deux pièces présentées est en calcaire grossier, de forme triangulaire, elle mesure 145 mm du milieu du tranchant à la pointe, la largeur est de 125 mm. Le côté tranchant est cintré, cet instrument a l'aspect d'une hache usuelle dont l'extrémité est terminée en pointe.

La surface est polie, à 6 cm de la pointe il existe autour de la pièce des parties épaufrées qui semblent indiquer des traces de ligature pour consolider l'emmanchement. La patine est couleur café au lait.

Hache en calcaire, un tiers grandeur. Hachette, un tiers grandeur.

L'origine ne peut être indiquée ici, cette hache ayant été acquise chez un marchand d'antiquités sans renseignements. La forme triangulaire n'est pas commune et aurait pu faire douter de son authenticité. Mais, en 1905, au Congrès de Cherbourg, M. Daleau (Bourg-sur-Gironde) nous a présenté une série de haches semblables recueillies par lui aux environs de Lesparre, plus petites il est vrai, mais de même forme et également en calcaire grossier.

Il en existe d'autres dans plusieurs collections particulières du sud-est de la France.

La plus petite pièce qui mesure 65 mm de milieu du tranchant à l'extrémité, sur 60 mm a une forme plus régulière, les côtés latéraux sont égaux, la partie tranchante est cintrée et l'extrémité est arrondie, la patine de cette hachette a la couleur café au lait à peu près semblable à la précédente. Elle semble être en calcaire. Quelques auditeurs ont émis l'idée qu'elle pouvait être en terre cuite.

Cette pièce appartient à M. Deydier (Cucuron) et a été recueillie par lui dans la région d'Apt.

Il est peu probable que ces pièces aient pu servir d'outils, le peu de résistance de la matière employée ne le permettrait pas; peut-être les a-t-on utilisées à la chasse pour tuer des petits animaux.

L'origine de ces instruments paraît peu ancienne : M. Daleau pense qu'ils sont de l'époque du bronze, nous nous rangeons volontiers à cet avis.

Discussion : M. Daleau. — Les haches de notre collègue M. Marot sont à peu près semblables à celles que je vous ai présentées au Congrès de Cherbourg, il est fort regrettable que la provenance de haches de M. Marot soit inconnue, la petite hache est peut-être en terre cuite ?

Le galet de calcaire ne porte pas de traces de travail, il n'en est pas ainsi des galets de calcaire grossier que j'ai trouvé en Bas-Médoc dont le tranchant porte des traces certaines d'utilisation.

M. Mazauric de Nîmes, déclare qu'il existe, en effet, dans le midi un certain nombre de haches calcaires d'une authenticité inconstestable. Le Musée de Nîmes en possède une qui fut trouvée par lui-même dans la station de Laval, sur les bords du Gardon.

M. M. MARIGNAN,

Directeur du Musée arlésien d'Ethnographie [Marsillargues (Hérault)].

LA STATION NÉOLITHIQUE ET L'OPPIDUM D'AMBRUSSUM A VILLETELLE (HÉRAULT).

571.92(12.32)(44.84)

5 Août.

L'Oppidum d'Ambrussum, dont le nom a été christianisé en celui de Saint-Ambroix, est situé dans la commune de Villetelle, canton de Lunel (Hérault).

Au pied de la colline néocomienne, haute de 59 m, qui porte

**18

l'Oppidum, coule, du Nord au Sud, la rivière du Vidourle, et passe la voie domitienne qui, venant de Nîmes, franchissait la rivière sur un point dont il subsiste deux arches. L'Oppidum a une superficie de 560 ares environ. Défendu à l'Est par le Vidourle et par les escarpements de la colline, il est fermé à l'Ouest, côté plus facilement accessible, par un rempart en forme d'arc de cercle de 635 m de longueur. Ce rempart est constitué par deux parements en grosses pierres plates ou rectangulaires posées les unes sur les autres sans mortier. L'intervalle qui est en moyenne de 3 m à 3,50 m entre les parements est comblé de pierres moins grosses.

L'enceinte d'Ambrussum bien que approximativement demi-circulaire, présente quelques anglès saillants qui sont munis d'avant-corps, d'espèces de tours rondes, comme on en constate dans d'autres enceintes de la région, qui avaient pour but de renforcer la muraille. Ces tours ne sont plus aujourd'hui que des amas de pierres éboulées. Une porte se voyait, il y a quelques années, vers le milieu de l'enceinte. Elle a été détruite par les bergers. A droite et à gauche de la porte existait un mur doublé. Il est inutile d'insister ici sur les détails de la forteresse gauloise, et sur le résultat des fouilles qui y ont été exécutées par deux de mes parents, MM. Grand de Gallargues, et ensuite par moi-même, avec la subvention qu'a bien voulu m'accorder notre association.

Ces fouilles et ces découvertes feront l'objet d'une monographie spéciale. Je veux m'en tenir dans ma communication, exclusivement, à ce qui concerne la Préhistoire.

Des fouilles et des sondages ont été exécutés sur bien des points.

La seule chose qui nous intéresse à présent, c'est la découverte, sous les couches gallo-romaine et gauloise, d'une station néolithique.

A l'extrémité sud de l'Oppidum, à 1,80 cm de profondeur, sous les cases gauloises, mon ouvrier, il est vrai très minutieux et récoltant jusqu'aux plus petits éclats, sur un espace de 6 m de superficie, a ramassé plus de 500 silex taillés. Au milieu de ces nombreux débris sans valeur, se trouvaient quelques pointes de flèches, quelques grattoirs, quelques perçoirs, deux poinçons en os, un os perforé et deux perles en roches vertes. Ces silex, au rebours de tous ceux des gisements voisins ne sont pas cacholonnés. Ils ne sont donc pas restés relativement longtemps à l'air libre. Ce fait semble prouver que à Ambrussum l'occupation néolithique a été suivie, à court intervalle, de l'occupation des peuplades venues après.

Je ne crois pas qu'il soit possible d'attribuer aux Préhistoriques la construction de l'enceinte. En effet, on trouve des silex aussi bien à l'extérieur qu'à l'intérieur du rempart, on en trouverait sous la muraille si l'on pouvait y fouiller. Ceci ne serait pas une preuve absolue, mais en voici une meilleure : la superficie de l'Oppidum est de 6 hectares environ, le rempart a 635 m de longueur, or l'habitat néolithique, situé sur le point culminant de la colline, à l'extrémité de l'Oppidum, n'a pas plus d'un hectare de superficie.

Les Néolithiques ne se seraient pas amusés à bâtir un mur de 635 m et à fortifier 6 hectares, pour n'occuper qu'une faible partie de cette vaste enceinte.

Cinq ou six haches polies ont été trouvées dans les cases gauloises. Ce fait ne doit pas nous surprendre, ces haches ne sont là qu'à titre d'amulettes.

Les successeurs des Néolithiques qui n'ont fait aucun cas des silex qu'ils foulaient aux pieds, ont ramassé ces haches sur le sol de l'habitat primitif, et les ont conservées avec la vénération que nous voyons ainsi, s'attacher déjà à ces objets : En définitive la question me paraît tranchée pour Ambrusum : le rempart n'est pas l'œuvre des Néolithiques.

Je me demande même s'il existe des remparts néolithiques dans notre Bas-Languedoc. Les Néolithiques avaient des murs de clôture, comme je l'ai exposé il y a deux ans à la Société préhistorique, mais ils n'avaient pas, chez nous, des murs de défense. C'est aussi, je crois, l'opinion de M. Mazauric qui connaît à fond son département.

M. F. DALEAU.

(Bourg-sur-Gironde).

ENCORE LES SILEX A RETOUCHES ANORMALES.

571.75

3 Août.

J'ai l'avantage de présenter à la 11e section des silex à retouches insolites recueillis dans la station en plein air de la Bertonne, commune de Peujard (Gironde). Silex qui ont déjà fait l'objet, de ma part, d'une présentation à la Société archéologique de Bordeaux, le 11 juin 1909.

J'attire spécialement l'attention de mes collègues sur ces retouches d'un genre particulier que je crois nouveau.

1º Les 6 spécimens à retouches en sens opposés, sorte de racloirs ou grattoirs épais d'aspect moustérien portent de courts éclats de retaille, à l'inverse de ceux dits normaux, vont du bord de la face extérieure de la lame sur la face interne ou inférieure.

J'ai cité pour mémoire 14 bouvets-perçoirs de cette station.

2º Les retouches inverses transversales que portent ces silex, sont des éclats horizontaux, longs, étroits et minces pratiqués sur le bord supérieur droit de la lame du bout opposé au conchoïde, allant tous de droite à gauche traversant tout ou partie de la face interne; l'extrémité de ces outils souvent arrondie à la façon de la tête du grattoir classique est émoussée et non avivée par la rétaille, celle-ci semble produite par la compression suivie d'un mouvement de torsion.

J'ai nommé *retouchoirs compresseurs* ces outils à retouches inverses, recueillis dans ce milieu au nombre de 64 échantillons rappelant par leur silhouette, les grattoirs simples ou doubles, les grattoirs, burins, etc.

Cet atelier en plein air de la période paléolithique ne m'a pas donné de débris osseux représentant la faune, l'industrie seule m'a permis de les dater. Cet emplacement devait être recouvert jadis d'une cabane, d'une hutte sorte de gîte d'étape où s'arrêtaient peut-être les troglodytes de la région girondine, qui allaient étape par étape s'approvisionner de silex dans les riches gisements du Périgord.

Je me suis demandé si les gravures sur rocher : La *hutte de la Mouthe*, les *signes tectiformes* des Combarelles, les figures *rayonnantes d'Altamira*, signalés par nos collègues MM. Émile Rivière, Breuil, Capitan, Cartailhac et Peyrony, je me suis demandé, dis-je, si ces dessins au trait ne sont pas applicables aux huttes-gîtes d'étape?

Ma note publiée par la Société archéologique de Bordeaux ([1]) se termine ainsi : « Que mes collègues me pardonnent cette longue gamme d'hypothèses, cette série de noms nouveaux à ajouter à tant d'autres et enfin la théorie des gîtes-d'étape qui cependant, n'a rien d'invraisemblable. Ayons sans cesse recours à l'ethnographie, comparons les mœurs et les industries de nos ancêtres à celles des simples, des primitifs et nous arriverons *étape par étape* à dévoiler notre préhistoire.

Discussion. — M. Coutil, rappelle qu'il a présenté à une des premières séances de la Société préhistorique de France, une série d'instruments analogues qu'il avait recueillis vers 1890 au hameau du vieux Rouen, lieu dit la *Caboche*, commune de Saint-Pierre du Vauvray (Eure), sa série est beaucoup plus complète, le silex est toujours le même, à patine ocreuse, due à l'argile plastique (terre à foulon ferrugineuse) : il avait été frappé dès cette époque par les retouches inverses ajoutées au premier travail. Ce qui l'avait surtout frappé, se sont les arêtes portant des traces de pressions extraordinaires et formant des angles très obtus et presque droits. La moitié des instruments affecte le caractère moustérien, et pour le reste ce sont des grattoirs robenhausiens à formes variées.

([1]) Silex à retouches anormales, Bordeaux 1910.

M. Lucien MAYET,

Chargé du Cours d'Anthropologie et Paléontologie humaine,

ET

M. Laurent MAURETTE,

Aide de Paléontologie, à la Faculté des Sciences (Lyon).

DÉCOUVERTE D'UNE GROTTE SÉPULCRALE, PROBABLEMENT NÉOLITHIQUE, A MONTOULIERS (HÉRAULT).

571.91.(12.32)(44.84)

3 *Août.*

En février 1910, les travaux d'avancement d'une carrière ouverte à Montouliers (arrondissement de Saint-Pons, Hérault, à la limite du département de l'Aude) mirent à découvert une excavation partiellement remplie de limon argileux et d'ossements humains. Quelques-uns de ceux-ci furent dispersés par les ouvriers, mais, très rapidement, M. Mondier, maire de Montouliers, averti, prit un arrêté assurant la conservation du gisement. En même temps, il prévenait le Doyen de la Faculté des Sciences de Lyon et quelques jours après, nous nous rendions à Montouliers.

La carrière de Montouliers est située au lieu dit Fendeille, à mi-chemin de cette localité et de Bize (Aude), sur l'emplacement d'un ravin escarpé. C'est sur la pente regardant le Sud-Ouest que primitivement s'ouvrait la grotte utilisée comme ossuaire.

Nous l'avons fouillée méthodiquement. Elle comprenait une partie antérieure, sorte de couloir étroit et incliné, communiquant avec l'extérieur soit par une ouverture sur la paroi du ravin (aujourd'hui détruite par l'exploitation de la carrière), soit, plus vraisemblablement, par une courte cheminée verticale, dont nous avons pu vérifier l'existence parce que partiellement conservée et qui se trouvait fermée à sa partie supérieure, nous ont dit les ouvriers, par un bloc de rocher; et une partie postérieure, sorte de chambre souterraine, à surface irrégulièrement ovale, avec voûte en forme de dôme élevée de 1,70 m au-dessus du sol. Les parois de cette excavation se présentaient sillonnées d'étroites fissures par lesquelles l'eau pénétrait à l'intérieur au moment des pluies.

La longueur totale de la grotte était de 5,60 m; sa plus grande hauteur (de la partie la plus déclive au sommet de la cheminée d'accès), de 3,85 m.

Les ossements avaient très certainement été déposés dans la véritable chambre sépulcrale naturelle formée par le fond de la grotte, mais les eaux d'infiltration les avaient peu à peu entraînés dans le couloir d'accès en même temps qu'elles apportaient un limon argileux, fin, rougeâtre; celui-ci englobait les ossements, formant avec eux un magma compact qui obstruait la partie antérieure de la grotte. Les ossements étaient donc épars dans la masse argileuse, presque tous brisés, mais dans un état de conservation suffisant pour permettre de les dégager non sans difficultés.

Si nous en jugeons par le nombre des crânes et des mandibules, celui des corps représentés dans la grotte sépulcrale de Montouliers devait dépasser le chiffre de trente, comprenant des adultes des deux sexes, des vieillards, des adolescents, des enfants. Nous avons recueilli par fragments et reconstitué plus ou moins complètement 14 crânes et divers os longs. Mais, dès les premiers instants, nous avons été frappés de ce fait que si la tête osseuse et les os des membres étaient abondamment représentés, les vertèbres, les côtes, les os du bassin se trouvaient réduits à de rares fragments, ce qui tendrait à confirmer la notion que certains ossuaires néolithiques recevaient des ossements et non des cadavres, ceux-ci s'étant décharnés ailleurs.

Nous regardons comme une confirmation de ce qu'il ne s'agissait pas ici d'un lieu de sépulture au vrai sens du mot, mais bien d'un ossuaire, l'absence complète de tout mobilier, de tout outillage. Le limon retiré en même temps que les ossements a été examiné, pelletée par pelletée, sans que nous ne puissions rien découvrir autre que quelques minuscules débris de mâchefer, ayant probablement glissé d'une plateforme aujour-d'hui disparue et tombés de celle-ci dans la cheminée d'accès. Aucun silex taillé, aucun objet en pierre polie ou en métal. Cette absence de débris d'industrie humaine a été constatée dans plusieurs autres ossuaires néolithiques et ne nous a pas surpris. Nous devons pourtant signaler quelques galets, en forme de parallélipipèdes, assez volumineux mêlés aux ossements et certainement apportés là intentionnellement, puisqu'ils proviennent de la Cesse, rivière coulant à plusieurs kilomètres de là et plus de 100 m en contre-bas.

La situation du gisement, dans une région où les peuplades préhis-toriques étaient nombreuses, l'état des ossements, l'absence de divers éléments du squelette démontrant qu'il s'agit là d'une sorte de sépulture au second degré, l'absence de mobilier funéraire plaident déjà en faveur d'un ossuaire néolithique dans une grotte naturelle. De nouveaux arguments sont apportés en faveur de cette opinion par l'étude som-maire des ossements recueillis, étude que nous n'avons faite encore que très sommairement et que nous développerons ultérieurement.

La plus grande partie des crânes recueillis forme un groupe doli-chocéphale assez homogène avec indices craniométriques s'échelonnant de 72,3 à 75,6 (10 crânes); 1 seul crâne est brachycéphale, avec un indice de 85 et 3 autres traduisent le métissage par des indices de 76,9, 78,8 et 80,1. Nous pouvons donc regarder la grotte de Montouliers comme utilisée au moment où l'élément brachycéphale commencait à s'infiltrer dans les populations dolichocéphales du Midi de la France. Cet élément brachycéphale immigré se retrouve dans un grand nombre de grottes sépulcrales de la Lozère, du Gard, de l'Hérault, etc. et surtout dans les dolmens de l'Aveyron, qui représentent des sépultures plus récentes que les grottes sépulcrales naturelles.

Les dolichocéphales de Montouliers étaient sans doute les descendants des races paléolithiques récentes qu'on commence à bien connaître. Par quelques-uns de leurs caractères, les crânes que nous avons recueillis font penser à l'Homme de Chancelade, mais par la plupart d'entre eux, ils semblent appartenir à la race de Cro-Magnon.

Il n'est pas à discuter ici, si les squelettes de ce dernier gisement sont paléolithiques ou bien néolithiques, ni quelle est l'ancienneté de la race qu'ils représentent (grottes de Grimaldi). Nous remarquons simplement l'étroite parenté que présentent avec eux les dolichocéphales dont nous avons retrouvé les restes à Montouliers : la hauteur du front, le développement modéré des arcades sourcillières, la faible hauteur et la grande largeur des orbites, la face large et remarquablement basse, la proéminence du menton, etc. d'une part; d'autre part, un tibia très aplati et dont la platycnémie est très accentuée.... sont autant de caractères qui frappent dès le premier coup d'œil et qu'une étude plus attentive, des mensurations précises viennent confirmer et montrer communs aux hommes de Montouliers et à ceux de la race de Cro-Magnon. La taille de ces néolithiques de l'Hérault apparaît toutefois moins élevée que celle donnée comme habituelle aux représentants de la race de Cro-Magnon et ne dépasse pas 1,65 m; elle est notablement supérieure à celle du squelette de Chancelade qui avait à peine 1,50 m. Sans atteindre son intensité actuelle, le métissage était fréquent aux temps préhistoriques; aussi, concluerons-nous en disant que *les néolithiques de Montouliers étaient les descendants métissés des dolichocéphales paléolithiques avec prédominance du type de Cro-Magnon* et que, parmi eux, commençaient à s'infiltrer les brachycéphales dont l'invasion dans nos régions est un des grands caractères de l'époque néolithique.

M. M. BAUDOUIN.

(Paris).

DÉCOUVERTE D'UN PETIT CROMLECH ET D'UNE STATION NÉOLITHIQUE A BARBE, EN L'ILE-D'YEU (VENDÉE).

571.94.(12.32)(44.61)

3 Août.

DÉCOUVERTE. — Il paraîtra certainement exagéré à beaucoup de donner le nom de *Cromlech* à ce que j'ai découvert en 1908, à Barbe, à l'Ile d'Yeu ! — C'est d'ailleurs mon opinion.....

Pourtant je ne vois pas quelle autre dénomination serait capable de désigner le petit monument en question. Mais, pour la comprendre, il faut tout d'abord se rappeler que, dans cette île, *tout est petit* : *Menhirs*, *Cistes*, et même *Dolmens*, en raison de la nature de la roche du sous-sol, seule utilisée pour les constructions mégalithiques. — Si on la repousse, il faudra inventer un autre mot....

Ce monument, à moitié détruit d'ailleurs, se compose, au demeurant, d'un petit *menhir* central, et d'un *cercle de pierres*, disposées autour de la pierre du centre.

J'ajoute que j'ai trouvé là une *station*, en plein air, *de petits silex taillés*, et qu'à côté a dû exister un ensemble de *Cistes néolithiques*, détruites à l'heure présente.

De plus, au pied de la falaise, existe une *Fontaine d'eau douce*, qui sort, près de l'eau salée, quand la mer monte un peu, et où l'on voit, spectacle curieux, tous les petits oiseaux de la côte venir se désaltérer, pendant les chaleurs d'été !

Cette source est un peu *ferrugineuse*. Elle est connue sous le nom de *Fontaine de Barbe* (¹).

TOPOGRAPHIE. — Le tènement de *Barbe* se trouve sur la côte occi-

---

(¹) Il est amusant d'indiquer comment on *trouve les sources d'eau douce* sur ces falaises. On les reconnaît aux dépôts de *fientes d'oiseaux*, accumulés en certains endroits ! — Il est probable que les Néolithiques ont fait avant moi cette remarque.

Il est intéressant de signaler ce fait que les *oiseaux ne se trompent pas* et ne *vont jamais se désaltérer à l'Océan....* Ils savent que la mer est *salée* !

J'ai observé le fait à Barbe précisément; c'était un coup d'œil des plus curieux que de voir les oiseaux venir pour se désaltérer, et de trouver... la place prise par mes fouilleurs et moi, car nous déjeunions près de la source.

dentale de l'Ile d'Yeu, entre l'*anse du Sabliâ* et le *Vieux-Château*; il correspond à une anse du même nom, en face *les Ours* du Château (*fig.* 1).

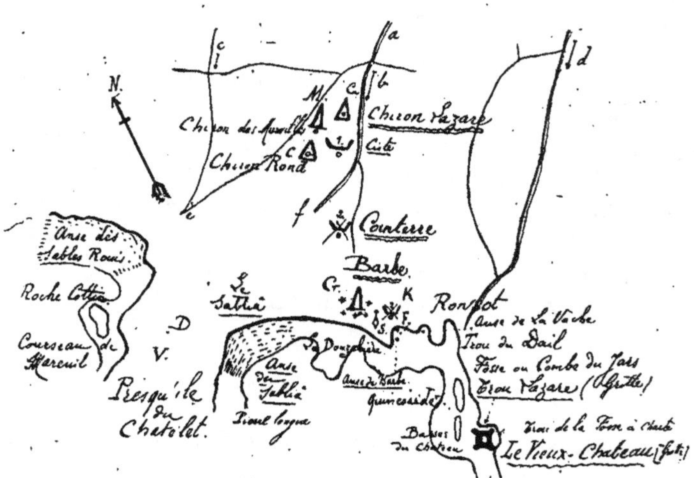

Fig. 1. — Situation du Monument de Barbe, à l'Ile d'Yeu (Vendée), près de la Presqu'île du Châtelet. — *Échelle :* $\frac{1}{10\,000}$.

Légende : F, Fontaine de Barbe. — K, Cistes (douteuses) de Barbe. — S, station de silex. — *Cr*, Cromlech, à Menhir central. — V, Vallum du Châtelet. — *d*, chemin du Vieux-Château, par Ker-Poiraud. — *a, b*, chemin de Barbe, par Ker-Chauvineau.

Entre lui et la plage du Sabliâ, il y a l'*Anse de La Douzelière*, près de laquelle se trouve la *Pierre* du même nom (¹); à l'Est se trouve l'*Anse de la Vache*, le *Ronsot*, le *Trou du Dail*, la *Combe de Jars* ou Fosse Le Jard, le *Trou Lazare*, voisins des « Basses » du Château. Il faut se souvenir que *Le Chatelet* est tout près, à l'Ouest.

Voie d'accès. — Pour se rendre en ce point, il suffit de prendre la route classique du Vieux-Château, connu de tous les excursionistes, par Ker-Poiraud, et d'obliquer vers l'Ouest, à la Combe de Jars.

PHILOLOGIE. — *L'Anse de Barbe* est appelée *Anse de Barbe-bleue* par Eug. Louis (1881, p. 231). J'ignore où cet auteur a pris ce nom. Il est probable qu'il a été suggestionné par le *Vieux-Château* voisin, que certains ont cru être vraiment un *Château de Barbe-bleue* ! Aussi n'a-t-il rien trouvé de plus simple que de rectifier *Barbe* en *Barbe-bleue*.... D'ailleurs il a écrit, à propos de ce Château, quelques lignes plus loin : « Les uns ont voulu y voir un de ses sept châteaux du redoutable seigneur de Tiffauges... ». — Ce qui prouve qu'il ne faut pas être trop savant....

(¹) Cette *Anse* est citée par Viaud-Grand-Marais sous le nom de *La Douzelière* (Carte, 1908).

Le terme de *Barbe*, le seul à retenir, n'est pas commun à l'Ile d'Yeu. Je n'y connais qu'un autre lieu dit de ce nom ; en effet, sur la côte, il y a un autre *Trou de la Barbe* (Viaud-Grand-Marais, *Grottes*, p. 18), au voisinage de l'*Anse de Ker-Daniau* : c'est une anfractuosité de 3 m à 5 m de profondeur, située plus à l'Ouest. — Mais, au N.-O. de l'Ile, près du Grand-Phare, il y a aussi le ténement de *Barbée;* et c'est le même mot, en somme.

Ce nom doit être un mot d'origine celtique. En effet, on connaît les termes de *Barban* (rivière, ravin, pont, dans l'Estérel; *an = ona*, rivière); de *Barbin* (Pont, à Nantes, sur l'Edre); le Dolmen de *Barbe-hève*, en Gironde (B. S. A. P., 1909, p. 136), etc., etc. (¹). On connaît aussi un lieu dit *La Barbe*, en Charente-Inférieure. — Le radical *Barb* se retrouve, d'autres fois, dans plusieurs mots composés anciens (²).

I. — Petit Cromlech.

Description. — Nous avons à décrire : 1° Le *Menhir central*; 2° les *éléments du Cromlech*, ou pierres périphériques.

Il est inutile d'insister sur la présence de la pierre dressée, *centrale*, qui fait rentrer le monument dans la deuxième variété des vrais Cromlechs.

1° **Menhir central.** — C'est elle qui, d'ailleurs, attira tout d'abord mon attention, parce que, malgré sa petitesse, elle est indiscutable. On ne pouvait la confondre qu'avec une borne, c'est-à-dire une pierre dressée *moderne*, ou un élément de la paroi d'une *ciste*, d'autant plus que j'avais trouvé des vestiges de ces sortes de sépultures, à quelques mètres seulement vers le sud. La *fouille* seule a pu me permettre d'affirmer l'existence d'un Menhir, c'est-à-dire d'un élément de cromlech spécial.

Cette pierre occupe le centre d'une sorte de saillie naturelle du terrain. Elle est *aplatie;* et son *axe* d'érection est dirigé du *Nord-Ouest* au *Sud-Est*. Les faces sont donc *Nord-Est* et *Sud-Ouest*; le sommet paraît d'ailleurs *cassé* récemment.

La *hauteur* au-dessus du sol est de 0,60 m seulement; la *largeur* de 1,10 m; l'*épaisseur* de 0,25 m (*fig.* 3).

A. *Fouille.* — J'ai fait fouiller, au pied, sur les *deux faces* (*fig.* 2).

a. *Calages.* — J'ai constaté qu'il y avait des *blocs de calage* sur les *deux faces*, mais plus marqués du côté du Sud-Ouest, au milieu du sable marin, recouvrant le rocher sur 0,30 cm d'épaisseur.

L'*enfouissement du menhir* dans ce sable est de près de 0,25 cm : il n'y

---

(¹) *Int. des cherch. et Cur*, 1909, 10 octobre.

(²) Le nom de la commune de *Barbâtre* (Vendée) doit avoir même radical [*Voir*, pour cette Étymologie : *Vendée historique*, 1900, p. 263].

a donc pas eu une grande accumulation des sables à son pied, à une époque postérieure à l'érection, comme on aurait pu le croire.

La hauteur totale de la pierre est par suite de 0,85 m ; elle est donc plus petite que la largeur, ce qui n'a rien ici que de très normal.

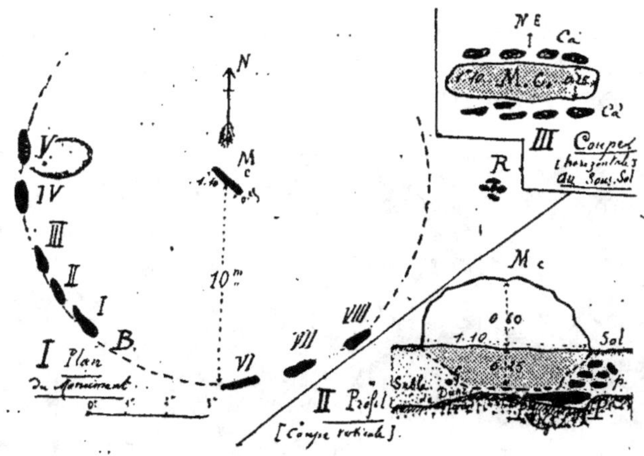

Fig. 2. — Le Monument en forme de Cromlech, à Barbe, à l'Ile d'Yeu (Vendée).

Légende :

I. *Plan du Monument.* — Échelle : $\frac{1}{200}$. — M c, menhir central. — B, Cromlech proprement dit. — I à VIII, pierres du cromlech.

II. et III. *Menhir central.* — Échelle : $\frac{1}{100}$. — II. Profil (coupe verticale, M c). — G, galet de mer. — p, pierrailles. — P, pierre plate sous le menhir.

III. M c, Coupe horizontale du Menhir. — C a, C'a', blocs de calage du menhir.

b. Trouvailles. — Ce qui fait l'intérêt de cette fouille, en dehors du calcul de l'*Indice d'enfouissement* $\dfrac{0,25 \times 100}{0,60} = 41,6$, ce sont les trouvailles faites. — 1° J'ai, en effet, d'abord découvert, sous l'un des angles, un *galet de mer*, roulé, *apporté là*, et certainement *placé* à dessein, en ce point spécial ; il était *entier*, et non cassé.

2° Au-dessous de l'autre coin de la pierre, il y avait une *pierre plate*, disposée horizontalement sous la moitié de la base du menhir, dans une situation voulue !

Or, on sait qu'actuellement encore, dans certains pays, on opère ainsi quand on veut placer une borne-limite ! Le trou fait, on place une pierre plate dans le fond ; et par-dessus on dresse la borne ; mais on a soin de *casser la pierre plate*, en laissant en place les débris (1).

____

(1) Mon ami E. Hue m'a raconté que, dans un pays qu'il connaissait bien, au moment de planter les *bornes*, les arpenteurs avaient parfois l'habitude de déposer dans le trou : soit des *charbons*; soit une *pierre plate, qu'ils cassaient* au fond de la

Ici, la *pierre plate n'était pas cassée*; nous ne sommes donc pas en présence d'une *borne moderne* (¹).

Je dois dire que je n'ai encore jamais rencontré une telle disposition sous des *menhirs vrais*.

La pierre plate reposait directement sur la roche du sous-sol (granite) (*fig.* 2).

3º Au-dessus de cette pierre plate, dans la partie qui débordait, il y avait en outre des *pierrailles latérales*, plus petites que les blocs de calage des faces (*fig.* 2; II et III).

Fig. 3. — Le petit Cromlech de Barbe, à l'Ile d'Yeu (Vendée).
D'après une Photographie de Marcel Baudouin. — Vue S.-O.

Légende : Mc, Menhir central. — I, II, III, Éléments périphériques du Cromlech. — R¹, R², R³, rochers naturels (granite schisteux), émergeant dans le voisinage.

Tout cela est extrêmement curieux et montre qu'il y a eu là un

---

fosse, et dont ils laissaient les morceaux en contact; soit un *galet*, qu'ils *cassaient* également, et dont ils faisaient tomber tous les fragments dans l'excavation de la borne.

On dit qu'on met du charbon (parce qu'il se conserve et ne pourrit pas dans la terre) et des *pierres cassées*, pour qu'on puisse vérifier si ultérieurement la borne n'a pas été déplacée, et voir, lors de la vérification, si l'on retrouve bien dans la fosse ce qu'on y a placé lors de l'érection.

Mais il est bien probable qu'il ne s'agit là en réalité que d'une *persistance*, inconsciente, *de Tradition*, bien plus ancienne, et remontant à la mise en place des *Menhirs* et des *Termes*. — Il est possible d'ailleurs que l'explication actuelle, qui est excellente, ne soit venue qu'après coup.

(¹) Mon ami, M. le Dʳ O. Guelliot (de Reims) m'a écrit : « En Champagne, quand on plante une borne, on place dans le trou des *morceaux de tuiles*, pour rendre le déplacement plus difficile : la place restant indiquée par les tuiles. Mais, sous les vieilles bornes, on trouve parfois des *morceaux de charbons*. Cette coutume existe peut-être encore.

travail, particulier et voulu, lors de l'*érection* ([1]). — Est-il néolithique? On aurait eu peine à le croire, si la pierre dressée avait été trouvée *seule* au milieu des champs. Mais, étant donné qu'on est ici sur une falaise, appartenant à l'État, inculte, à 10 m de l'Océan, presque sur une dune, il ne peut s'agir d'une *borne-limite*! — Nous sommes donc, certainement, en présence d'un vrai *Menhir*.

Nature du Menhir. — On pourrait émettre aussi une autre hypothèse, à savoir que le menhir central du cromlech n'est, en réalité, qu'un vrai *Menhir indicateur des Cistes néolithiques* de Barbe! Nous discuterons cette opinion dans notre Mémoire sur ces *Cistes*; mais, pour l'instant, cette explication ne nous satisfait pas, car elle n'explique pas les pierres formant le cromlech lui-même. Et l'on comprend mal l'érection du menhir indicateur, au milieu d'un ensemble de pierres en cercles ou inversement. — Il est plus simple de s'en tenir à l'hypothèse Cromlech, ce me semble, puisque celui-ci existe indiscutablement ([2])!

2° ÉLÉMENTS PROPREMENT DITS DU CROMLECH. — Les éléments, qui persistent, du petit cromlech, sont placés sur un cercle de 10 m à 11 m de rayon; mettons une moyenne de 10 m. On remarquera que $10 = 5 \times 2$; et que les *Cercles péritaphiques des Tabernaudes* (Ile d'Yeu) sont placés aussi à des multiples de 5 m!

a. 1er *cercle*. — Les pierres ont 0,50 m $\times$ 0,50 m $\times$ 0,50 m; c'est-à-dire les mêmes dimensions qu'aux Tabermaudes (*fig. 2*)!

J'ai pu voir 3 pierres, très peu distantes, les unes des autres (0,50 m) au *Sud-Ouest* (n[os] I, II, III), et 2 autres voisines du côté de l'Ouest (IV et V). Du côté du *Sud-Est*, nous en avons noté trois autres (n°s VI, VII, VIII).

J'ai fouillé au pied de ces dernières. — Au pied du n° VI, il y avait des *blocs de calage*, et aussi un *galet de mer apporté*; près du n° VII, *blocs de calage* également!

Sur un second cercle de 20 m de rayon, il y avait 2 pierres, plus petites, du *côté Sud*. Mais j'ignore si elles font bien partie de ce Monument. Ce n'est pas du tout probable.

REMARQUES. — *Géologie et Préhistoire*. — Ce qui est étonnant, c'est la présence du sable maritime autour des blocs de calage et du menhir! Cela semble indiquer, et même démontre, que l'ANSE DU SABLIÂ, plage d'où provient sûrement ce sable, apporté par le vent, puisque

---

([1]) A ce propos, *voir* notre Mémoire spécial [Marcel Baudouin. *Véritable signification des trouvailles faites au pied des Menhirs. Vestiges d'un rite d'érection du Monument*. *L'Homme préhistorique*, Paris, 1910, t. VIII, n° 4. Tiré à part, 1910, in-8°, 18 pages].

([2]) S'il s'agissait d'un *pilier de mégalithe* ou d'une *paroi de Ciste*, on n'aurait pas trouvé des blocs de calage des deux côtés, mais seulement du côté extérieur; de plus, il est très rare qu'on trouve, sous des piliers de dolmens, ce qui se rencontre d'ordinaire sous les menhirs.

cette falaise de Barbe est haute et à pic, *existait déjà*, telle quelle, à L'ÉPOQUE D'ÉDIFICATION DU MONUMENT ([1]). Or, cela n'est possible que si l'époque néolithique, à l'île d'Yeu, n'est pas très éloignée de nous, et que s'il y avait là un *fjord profond*.

Si cette constatation est intéressante et pourra servir à expliquer un jour la fortification voisine du *Chatelet*, qui doit être *préromaine* à mon avis, elle est un peu déconcertante, pour ce qui concerne les *Mégalithes*.... A moins d'admettre qu'à Barbe nous avons affaire à une population extrêmement *retardataire*, vivant alors que les peuples voisins étaient déjà beaucoup plus civilisés : ce qui est la seule hypothèse admissible !

II. STATION NÉOLITHIQUE. — La découverte d'une Station néolithique, à la surface de cette petite dune, vient corroborer cette constatation, puisque tout a été trouvé sur le *Sable* même ! Cette station est située à quelques mètres au sud du Cromlech.

Nous avons à étudier :

1° Des restes de *constructions* ; 2° une station de plein air ; 3° des *Cistes*, d'ailleurs très douteuses.

1° VESTIGES DE MURETTES. — A 12 m à l'Est, nous avons trouvé des vestiges de *murettes*, sous forme d'un *amas de pierrailles*, disposées en *carré* ou rectangle, et au milieu une sorte de *trou* ou de dépression. S'agit-il d'un *fond de cabane* néolithique? Il est impossible de le dire. Mais nous avons trouvé un *percuteur*, au milieu de ces détritus.

2° STATION DE PLEIN AIR. — Elle nous a fourni : 1° des *Éclats de Silex* ; 2° quelques très rares *débris de Poteries*, d'époque très discutable, vu leur petit nombre, mais probablement néolithique.

1° ÉCLATS DE SILEX. — Tout autour du menhir central, dans le cromlech, et dans un rayon de 15 m à 20 m ; puis, sur le *bord de la falaise*, *surtout* au sud du cromlech, j'ai recueilli un certain nombre de très petits *éclats de silex*. Il s'agit manifestement de pièces préhistoriques, très petites, mais qui ne peuvent être que *néolithiques*, car elles n'ont pas l'aspect des outils *tardenoisiens*.

Choses rares pour l'île, les éclats sont *patinés*, lisses, et *très blancs*. Je les ai trouvés, sans fouiller, *sur le sol* même de la falaise, là où la dune manque d'ailleurs. La patine est certainement due au frottement des sables. Je note un très gros éclat, avec *bulbe*; une vingtaine de petits, informes ; et cinq LAMES, presque minuscules, typiques, dont une avec *dos enlevé*, longue de 30 mm.

La plus longue des lames n'a que 40 mm × 20 mm.

([1]) Il est impossible, en effet, d'admettre que le flot, à l'époque néolithique, ait *monté sur la falaise*. — La mer se trouvait alors, au contraire, à une distance plus éloignée des rivages actuels, sauf dans certaines *anses* (comme aux Broches et au Sabliâ), formant alors le fond de *fjords*, beaucoup plus allongés de l'Ouest à l'Est qu'à l'heure présente.

Ces débris ne ressemblent en rien, en raison de leur patine très blanche (ils ont dû séjourner *à l'air* pendant longtemps) à ceux, *enfoncés* dans la terre de l'intérieur des *dolmens*, qui restent tous gris-jaunes et presque sans patine. Aussi cette trouvaille nous a-t-elle beaucoup surpris !

Ces éclats proviennent sûrement du débitage des *très petits galets de mer*, en *silex*, roulés, qu'on trouve sur les plages, et, en particulier, dans le voisinage (Anse du Sabliâ, etc.).

2° Poteries. — Je n'ai trouvé, au milieu d'eux, qu'un débris, gros comme un pois, de *poterie roulée*, qui paraît bien néolithique également ; et un morceau de pot, pouvant à la rigueur être plus récent.

3° Cistes. — Les *Cistes* fouillées, voisines du côté de l'Est, n'ont fourni que quelques petits galets lustrés et patinés. — Nous les décrirons dans un autre Mémoire, avec les autres Cistes trouvées non loin de là, au tènement de *Cointerre*, situés au Nord-ouest, à quelques centaines de mètres.

Elles sont d'ailleurs discutables, vu leur mauvais état.

Conclusions. — Si nous rapprochons toutes les trouvailles faites à Barbe, en 1908, nous avons : 1° des *Cistes*, un peu douteuses ; 2° un Monument *cromlechoïde, à menhir central* (1) ; 3° des *restes de cabanes,* douteux ; 4° un gisement à débris de poteries et d'*éclats de silex* ; 5° une *fontaine*, d'eau ferrugineuse.

Il y a là tous les éléments d'une *Station néolithique*. Certes elle devait correspondre à une population de pêcheurs, extrêmement pauvres, n'ayant pour mine que les *galets de mer, en silex*, roulés, de la plage du *Sabliâ* ; mais son existence me paraît aujourd'hui indiscutable.

Quelle est la signification du petit Cromlech détruit ? J'avoue l'ignorer totalement.

Il est certain que les *Cistes de Cointerre*, voisines, doivent être rattachées à cet ensemble.

M. M. BAUDOUIN.

DÉCOUVERTE D'UNE CISTE NÉOLITHIQUE AU CHIRON-LAZARE, A L'ILE D'YEU (VENDÉE).

571.91 (13.32) (44.61)

3 *Août.*

Découverte. — La seconde *Ciste néolithique*, que j'ai eu l'occasion de découvrir et d'étudier à l'Ile d'Yeu (Vendée), est située au *Chiron-Lazare*, tènement voisin de la Pointe du Châtelet, sur la côte occidentale.

---

(1) C'est un type de *Cromlech de Falaise*. — Sa caractéristique est d'avoir été construit *sur une petite dune :* ce qui entraîne des conséquences géologiques intéressantes, au point de vue de la chronométrie préhistorique.

Quand je l'ai observée, au cours d'une visite de la contrée, d'ailleurs assez rapide, elle avait déjà été ouverte et vidée. Mais les pierres qui persistaient me permirent de reconnaître de suite la nature de ce vestige, car, l'année précédente, j'avais fouillé un monument analogue, aux Tabernaudes, à l'extrémité nord de la même côte (¹).

En 1908, je l'ai *fouillée* et *restaurée* de mon mieux, après l'avoir étudiée complètement.

HISTORIQUE. — *a.* Dans le bref récit de ma campagne archéologique de 1908, qui a été publié dans les journaux de la région à cette époque (²), il n'est pas question de cette trouvaille ni de celles relatives aux autres *cistes* découvertes dans l'île. Mais un journal scientifique de Paris (³) a mentionné mes « fouilles de *Cistes néolithiques* à Barbe, au Chiron-Rond, et au Chiron-Lazare ».

Auparavant, aucun auteur n'avait parlé de ce monument.

b. Documents oraux. — D'après l'enquête que j'ai pu faire sur les lieux, j'ai appris que cette ciste avait été mise à découvert vers 1893, de la façon suivante.

On recherchait, pour la construction d'un petit pont de pierres, au voisinage de l'anse sud du Châtelet, dite *Le Sabliâ*, des pierres libres, dans les environs. Parcourant la lande, par hasard, les employés de la commune trouvèrent, au *Chiron-Lazare*, une pierre assez grande, émergeant du sol de quelques centimètres. Comme elle répondait, par sa forme et ses dimensions, à ce qu'ils cherchaient, ils la déterrèrent et l'emportèrent de suite.

Ce faisant, ils mirent à découvert les petites pierres debout, dont nous allons parler (⁴). Il est probable qu'ensuite un paysan, ayant remarqué là quelque chose d'anormal, *vida la Ciste* et *détruisit* tout ce qui se trouvait à l'intérieur, les cantonniers s'étant borné à enlever la pierre de recouvrement de la sépulture. Aucune autre hypothèse n'est admissible, puisque, à notre passage, nous avons trouvé le monument absolument dévalisé !

PHILOLOGIE. — Le nom de *Chiron-Lazare* ne paraît pas avoir de rapport avec la *Ciste*, qui n'a d'ailleurs été soupçonnée qu'en 1893, comme je viens de le raconter.

Le terme *Chiron* se rapporte à des *rochers naturels* du voisinage, qui d'ailleurs présentent des *Cupules;* je l'ai expliqué dans un autre Mémoire (⁵).

(¹) Marcel BAUDOUIN. *La Ciste néolithique à cercles péritaphiques des Tabernaudes, à l'Ile d'Yeu (Vendée).* — *Bul. et Mém. Soc. d'Anthr. de Paris,* 1909. — Tiré à part, 1911, in-8°.

(²) *Découvertes scientifiques à l'Ile d'Yeu.* — *La Vendée Républicaine,* 1908, 8 août.

(³) *Découvertes faites en Vendée, en 1908.* — *L'Homme préhistorique,* Paris, 1908 p. 376, décembre.

(⁴) Je tiens ces renseignements du cantonnier de l'île, un des hommes que j'utilise pour mes fouilles.

(⁵) Marcel BAUDOUIN. *Les Gravures sur roches du Grand-Chiron des Chauviletières*

Le mot *Lazare*, d'après ce qu'on croit, a trait à une *légende*, relative à un *ermite*, ayant vécu dans ces parages, et surnommé Lazare. Cette explication, fournie par M. le Pr Viaud-Grand-Marais (1), est très acceptable, d'autant plus que, sur la côte voisine, près de l'Anse du Sabliâ, il y a une *grotte naturelle* (2), dans la falaise voisine du Vieux-Château, qui s'appelle le *Trou à Lazare* (3).

Folklore. — Bien entendu, aucune *légende*, relative à la *Ciste* elle-même, n'a été signalée, puisque la découverte est très récente.

Topographie. — La Ciste du Chiron-Lazare se trouve sur le chemin qui va du Port vers le *Châtelet*, importante presqu'île de la côte ouest, où il y a des vestiges préhistoriques remarquables, en passant par Pierre-Levée, Ker-Chauviteau et Ker-Chauvineau. Après avoir passé le *Trou Bonneau*, la route se bifurque; et l'un des embranchements va au nord du Châtelet, vers l'*Anse des Sables Rouis* (4), tandis que l'autre se dirige vers le sud du Châtelet, à l'*Anse du Sableau (Sabliâ, en patois) (5) (fig. 1).

  a. *Voies d'accès.* — La ciste (6) est située à 200 m de la bifurcation, et plus rapprochée du chemin du Sabliâ, sur le bord sud même d'un petit Routin, représentant à peu près la bissectrice de l'angle formé par les chemins ci-dessus.

Son accès est donc des plus faciles, car on peut aller en voiture jusqu'à la bifurcation indiquée.

Dans le voisinage, au *Chiron-Rond*, il y a des Cupules; et, au *Chiron-*

à l'*Ile d'Yeu* (Vendée). — *Bul. Soc. préh. de France*, t. VII, 24 février 1910, p. 100-121, 10 fig. — Tiré à part, Paris, 1910; in-8°, 23 pages, 10 fig. (*Voir* p. 3-6).

  Voir surtout la discussion sur le mot *Chiron* à ladite Société (année 1910, à toutes es séances).

  (1) D'après M. le Pr Viaud-Grand-Marais (*Grottes de l'Ile d'Yeu*, p. 13), « *Lazare* était un pauvre fou, qui, fuyant sa famille, se serait réfugié dans le *tènement* qui porte ce nom et dans une grotte de la falaise ».

  Il est permis de croire, en tout cas, que cette *légende*, si le fait ci-dessus n'est pas vraiment authentique, est bien à l'origine des termes *Chiron-Lazare* et *Trou à Lazare*.

  (2) Il y a, en effet, non loin du *Chiron-Lazare*, sur cette côte occidentale, le *Trou à Lazare;* il est creusé dans la falaise qui regarde à l'ouest l'îlot du Château (Viaud-Grand-Marais, *Grottes*, p. 13).

  (3) Je rappelle qu'il y a une légende analogue, celle de Jean des Broches, aux Tabernaudes, c'est-à-dire au nord-ouest de l'île. — Je l'ai étudiée dans un Mémoire spécial (*Ann. Soc. Emul. Vendée*, 1910).

  (4) *Sables Rouis* veut dire, d'après certains, *Sables rouges* ou *roux* (Viaud-Grand-Marais). On écrit tantôt *Rouis* (V. G.-M.), tantôt *Rouys* (Carte marine).

  (5) *Sableau*, ou *Sabliâ* en patois, signifie *terrain sablonneux*, et ici *plage sablonneuse*, sans rochers sous-jacents.

  (6) Le *Chiron-Lazare* est, à proprement parler, un rocher fixe, émergeant du sous-sol, et ayant la forme d'un *champignon* important. Cette roche se détache nettement dans la lande, et se voit de loin. C'est sans doute au pied de ce rocher que venait se reposer *Lazare;* d'où le nom donné au Chiron, et par suite au tènement

Lazare, situé au nord, on en retrouve. Un peu plus au nord encore, sorte de petit Menhir (*Menhir du Chiron-Lazare*), que nous décrirons ailleurs ([1]).

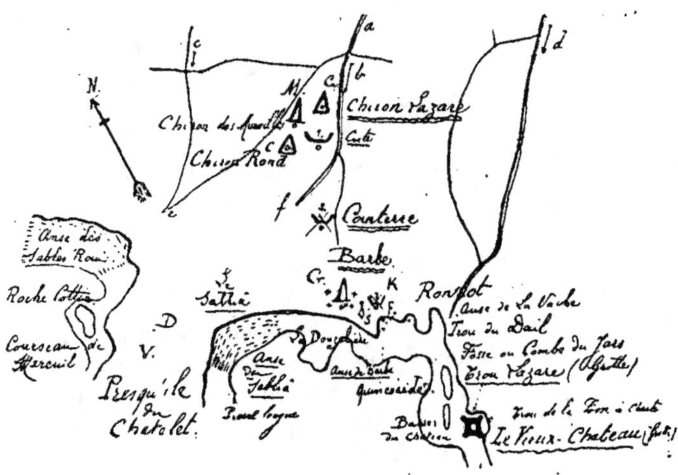

Fig. 1. — Situation de la Ciste néolithique du Chiron-Lazare, à l'Ile d'Yeu (Vendée).
(Échelle : $\frac{1}{20\,000}$).

Légende : *a, b, f*, voie d'accès : chemin de l'Anse du Sablia et de Cointerre par Ker-Chauvineau. — *c, e*, chemin du Châtelet, par Ker-Pacaud. — *d*, chemin du Vieux-Château, par Ker-Poiraud. — Cu, rocher à cupules du Chiron-Lazare. — C, rocher à cupules du Chiron-Rond. — M, Menhir du Chiron-Lazare. — N° 1, Ciste du Chiron-Lazare. — D, rocher naturel. — V, Vallum du Châtelet. — Cr, K, S, F, Station néolithique de Barbe.

b. Coordonnées géographiques. — D'après la Carte d'Etat-Major, les coordonnées géographiques du lieu sont les suivantes :

> Latitude Nord...................... 46° 42′ 30″
> Longitude Ouest................... 4° 42′ 30″

Altitude. — L'altitude de la ciste est d'environ 20^m, d'après la Carte du Génie maritime, à courbes de niveau détaillées. Le monument correspond d'ailleurs à une région plane, qui descend, en pente douce, de 20 m à 10 m, vers les falaises du Châtelet, situées à 10 m au-dessus du niveau de la mer.

CONSTITUTION DE LA CISTE. — Quand nous découvrîmes cette ciste, nous constatâmes qu'elle était encore constituée par *trois* de ses parois. La *quatrième*, celle du Nord-Ouest, avait été détruite; c'est sans doute la partie attaquée en 1893 (*fig.* 3).

([1]) Au nord-est du *Chiron-Lazare*, on a le *Chiron-Rond* (pointement rocheux, arrondi) et le *Chiron des Murailles*. — Par suite, il est probable que, dans ce dernier tènement, on retrouvera un jour des *substructions*, anciennes ou modernes (village détruit)

1° *Ensemble*. — Les trois autres étaient constituées par *trois pierres*, encore debout, qui étaient Nord-Est, Sud-Est, et Sud-Ouest.

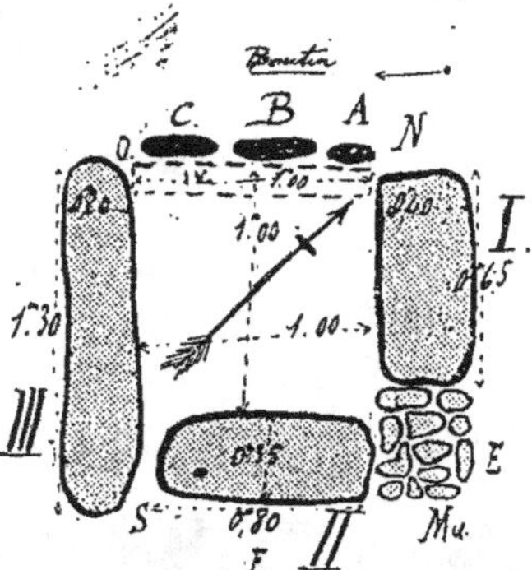

Fig. 2. — Plan de la Ciste du Chiron-Lazare, à l'Ile d'Yeu (Vendée).
(Échelle : 0^m,02 par mètre).

Légende : I, II, III, Piliers dressés, encore existants. — IV, pilier supposé, détruit. — N, S, O, E, points cardinaux. — A, B, C, petites pierres dressées (restauration), pour remplacer le pilier IV. — Mu, murette, en pierres sèches. — FE, entrée probable.

Les deux axes de ce monument, à peu près *carré*, étaient donc Nord-Est, Sud-Ouest, Nord-Ouest et Sud-Est. — Le milieu de la paroi Sud-Est

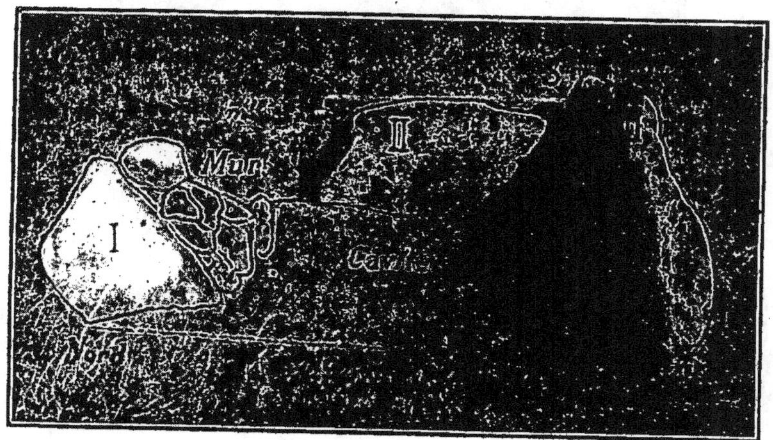

Fig. 3. — Aspect de la Ciste du Chiron-Lazare, après la Fouille et avant la Restauration.
Photographie de M. Baudouin, faite à 4^h du soir. — Échelle : $\frac{2}{100}$.

Légende : I, II, III, piliers dressés, encore existants. — N, S, O, E, points cardinaux. — A, B, C, petites pierres dressées (restauration), pour remplacer le pilier IV. — Mur., murette en pierres sèches. — mm', mètre placé horizontalement sur le sol.

était exactement à 140° de la boussole; c'est exactement l'orientation du grand axe de la Ciste des Tabernaudes, de forme rectangulaire.

Les dimensions intérieures de la ciste sont de 1 m. environ au carré ; la profondeur était d'environ 0,30 m à 0,50 m, en moyenne, à l'intérieur, une fois la ciste nettoyée (*fig. 2*).

Nous n'avons pas trouvé trace de *dallage* à l'intérieur ; mais cette constatation négative ne prouve rien.

2° *Détails des Piliers.* — La saillie extérieure des pierres ne dépassait pas 0,15 m (*fig. 3*).

a. Le *Pilier n° I*, ou *Nord-Est*, a été trouvé un peu incliné en dehors, et un peu recouvert de terre. Dégagé, on a constaté qu'il avait 0,65 m de longueur, 0,40 m d'épaisseur et une hauteur de 0,15 m au-dessus du sol à l'extérieur. Hauteur totale : 0,60 m.

Fig. 4. — Aspect de la Ciste du Chiron-Lazare, après la Restauration,
et avant le Comblement.
Photographie M. Baudouin, faite à 5ʰ30ᵐ du soir. — Échelle : ⅒₀.

Légende : I, II, III, Piliers dressés, encore existants. — IV, pilier supposé, détruit. — N, S; O, E, points cardinaux. — A, B, C, petites pierres dressées (restauration), pour remplacer le pilier IV. — Mur., murette en pierres sèches. — FE, entrée probable.

b. Le *Pilier n° II*, ou *Sud-Est*, était debout et dressé. Il a 0,80 m de long ; 0,35 m d'épaisseur ; et une hauteur totale de 0,35 m. Il ne faisait qu'une saillie de 0,10 m à l'extérieur du sol. Au coin *Est* des piliers I et II, il y avait une partie de la paroi, constituée par une petite *Murette*, *en pierres sèches*, ayant environ 0,30 m de côté.

d. Le *Pilier n° III*, ou *Sud-Ouest*, était de beaucoup le plus important ; si bien qu'avec le côté Nord-Ouest, aujourd'hui disparu, il semblait *former le fond de la Sépulture*, qui semblait ainsi *ouverte* du côté du Sud-Est, c'est-à-dire à 140°, comme aux Tabernaudes. Il est long de 1,30 m, épais de 0,20 m, et haut de 0,70 m, dont 0,35 m dépassait le sol en un point. Nous l'avons trouvé debout et bien en place.

e. Un *Pilier*, au *Nord-Ouest*, a dû être détruit, en 1893.

f. Il est impossible de dire si la Ciste avait une *pierre de couverture*.

PÉTROGRAPHIE. — Bien entendu, tous les piliers sont en *granite*. Le fond de la Ciste était constituée par de la *terre gris-noirâtre*, caractéristique du limon de l'île.

FOUILLE. — La fouille, à l'intérieur de la Ciste, ne nous a absolument rien donné : pas même le *moindre débris de silex!* — Tout avait été enlevé, en 1893 par les premiers fouilleurs ; ils n'ont rien laissé en place !

RESTAURATION. — Pour mieux conserver ce petit monument :

1° Nous avons *reconstitué la paroi Nord-Ouest*, avec *trois petites Pierres plates*, de granite, que nous avons placées *debout*, à la suite les unes des autres, pour empêcher les terres de glisser (*fig.* 2, A, B, C). Ces pierres ont environ 0,40 m de haut ; elles remplacent l'ancien pilier Nord-Ouest (*fig.* 4, A, B, C).

2° Puis, pour empêcher les paysans de tout démolir, nous avons *recomblé l'intérieur de la Ciste* avec de la terre meuble, utilisant ainsi le procédé qui a si bien réussi au Mont-Beuvray, pour la conservation des maisons gauloises.

Les pointes seules des petites pierres de repérage ci-dessus sortent actuellement (1908) du sol. Elles permettront de retrouver le monument, quand on voudra le montrer à nouveau.

MENHIR INDICATEUR. — Il existe, au Chiron-Lazare, un petit *Menhir*, que nous décrirons dans un autre Mémoire. Il pourrait bien se faire que ce soit le *Menhir indicateur* de cette ciste.

Pourtant, jusqu'à présent, nous n'osons nous prononcer sur les rapports de ces deux monuments, d'ailleurs inconnus avant nos recherches de 1908 ; et nous n'éluciderons ce détail que dans notre travail sur les petits Menhirs de l'Ile.

CONCLUSIONS. — En somme, il y avait là une *Ciste néolithique*, très comparable à celle des *Tabernaudes* [1], et surtout à celles trouvées depuis, dans le voisinage, à *Cointerre* [2]. Les premiers fouilleurs auraient enlevé la *Table de recouvrement*, si elle a existé ; en tout cas, on a fait sauter, pour vider la cavité, la paroi Nord-Ouest, puisqu'elle n'existe plus !

Il devait y avoir là une Sépulture de 1 m² environ, suffisante, à la rigueur, pour la mise en terre d'un cadavre, *replié sur lui-même* ; mais nous devons répéter que, personnellement, nous n'avons rien trouvé à l'intérieur du monument, et que jamais personne dans l'île n'a entendu parler de ce qui avait été découvert dans cette cavité !

---

[1] Même orientation ; même mode de construction, etc.
[2] Nous les décrirons dans un autre travail.

M. L. GIRAUX,

LES MONUMENTS MÉGALITHIQUES DE LA COMMUNE DE GROSSA, ARRONDISSEMENT DE SARTÈNE (CORSE).

571.94(45.99)

5 *Août.*

Le territoire de la commune de Grossa, sur lequel se trouvent les monuments que nous allons décrire, dépend de l'arrondissement de Sartène et le village se trouve à environ 8 km à vol d'oiseau à l'est de Sartène, à peu près à moitié distance de cette ville à la côte est de la Corse, jusqu'à laquelle il s'étend. Son altitude est de 450 m environ.

Dans son inventaire des *Monuments Mégalithiques de la Corse*, qui a paru en 1893 dans *Les Nouvelles Archives des Missions scientifiques et littéraires*, M. Adrien de Mortillet indique, sur le territoire de Grossa, un dolmen et huit menhirs. M. Paul Tomasi, qui habitait Grossa, a reconnu un certain nombre d'autres mégalithes et c'est sur ses indications et avec son concours que j'ai pu visiter, mesurer et décrire ces monuments nouvellement découverts. Nous les avons désignés sous le nom du *lieu-dit* ou de *l'enclos* dans lequel ils se trouvent.

DOLMEN DE LA PAZZANILE. — Le dolmen de la *Pazzanile* ou de *la Folle Blanche* se trouve à environ 1 km à vol d'oiseau et au sud-ouest du village de Grossa; il est actuellement ruiné. Il se compose de six supports, dont deux à gauche et quatre à droite, ainsi que d'une dalle de recouvrement qui se trouve à terre, en arrière des supports. La roche employée pour la construction de ce dolmen est le granit à grains assez fins.

Les dimensions du dolmen de la Pazzanile sont les suivantes :

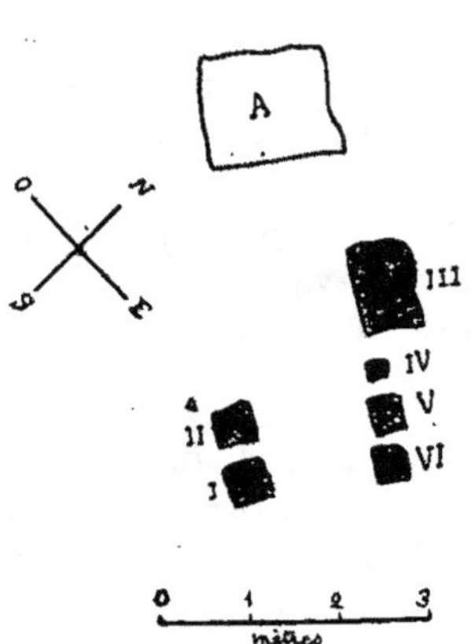

Fig. 1. — Plan du dolmen de la Pazzanile.

I. — SUPPORT, *côté gauche*, brisé.		II. — SUPPORT, *côté gauche*, brisé.	
	m		m
Hauteur	0,20	Hauteur	0,20
Largeur	0,40	Largeur	0,40
Épaisseur	0,40	Épaisseur	0,45

III. — Support, *côté droit.*

Hauteur............. 0,90
Largeur............. 0,95
Épaisseur 0,60

IV. — Support, *côté droit.*

Hauteur............. 0,80
Largeur............. 0,30
Épaisseur 0,30

V. — Support, *côté droit.*

Hauteur............. 0,80
Largeur............. 0,40
Épaisseur 0,35

VI. — Support, *côté droit.*

Hauteur............. 0,80
Largeur............. 0,35
Épaisseur 0,40

A. — Dalle de recouvrement.

Longueur............ 1,20
Largeur............. 1,35
Épaisseur 0,12

Écartement des supports.. 1,05

Dimensions de la chambre :

Longueur........................ 2,20 m
Largeur......................... 1,05
Hauteur......................... 0,80 à 0,90

Ce dolmen est situé dans une propriété appartenant à M. Félix Codaccioni, ancien maire de Grossa. Il se trouve à une trentaine de mètres du beau menhir de la Pazzanile, signalé par M. Paul Tomasi (Société d'Anthropologie de Paris, Séance du 20 juillet 1899).

DOLMEN DE SAPAELLA. — Le dolmen de *Sapaella*, ou de *la Petite Grotte*, est situé environ à 1200 m ou 1300 m à vol d'oiseau du village de Grossa, au sud-sud-est de ce village. Il est à peu près à 300 m du menhir de la Pazzanile, dont il est parlé plus haut.

Comme la plupart des dolmens de la région, il est à peu près ruiné. Ses supports, au nombre de sept, dont quatre à gauche et trois à droite, sont seuls en place. Deux des dalles de recouvrement, en bon état, ont glissé à droite du dolmen et reposent à plat sur le sol ; un fragment d'une autre

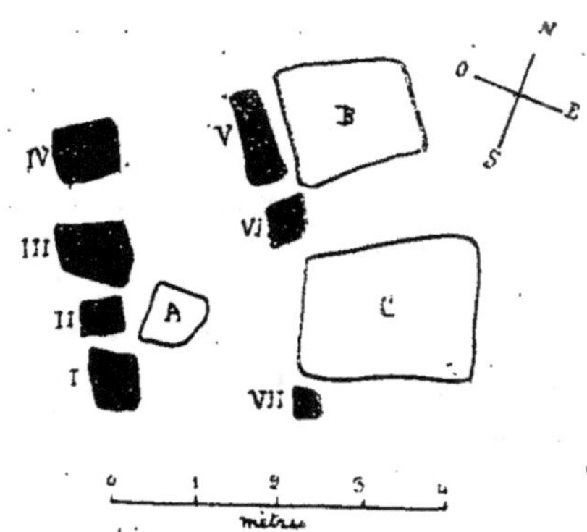

Fig. 2. — Plan du dolmen de Sapaella.

dalle est tombé dans la chambre du dolmen. Je n'ai trouvé aucune trace de la dalle qui en formait le fond. La roche employée est le granit.

Les dimensions du dolmen de Sapaella sont les suivantes :

I. — SUPPORT, *gauche.*

Largeur...	$0^m,60$	à	$0,80$
Épaisseur			$0,60$
Hauteur			$0,95$

II. — SUPPORT, *gauche.*

Largeur	$0,40$
Épaisseur	$0,50$
Hauteur	$0,60$

III. — SUPPORT, *gauche.*

Largeur...	$0^m,40$	à	$0,80$
Épaisseur			$0,80$
Hauteur			$0,60$

IV. — SUPPORT, *gauche.*

Largeur	$0,60$
Épaisseur	$0,80$
Hauteur	$0,60$

V. — SUPPORT, *droit.*

Largeur	$1,05$
Épaisseur	$0,30$
Brisé au ras de terre.	

VI. — SUPPORT, *droit.*

Largeur	$0,50$
Épaisseur	$0,45$
Brisé au ras de terre.	

VII. — SUPPORT, *droit.*

Largeur	$0,35$
Épaisseur	$0,40$
Brisé au ras de terre.	

A. — DALLE (fragment).

Longueur	$0,90$
Largeur	$0,80$
Épaisseur	$0,15$

B. — DALLE.

Longueur	$1^m,50$	à	$1,60$
Largeur...	$0^m,90$	à	$1,25$
Épaisseur			$0,15$

C. — DALLE.

Longueur	$1,20$
Largeur	$1,98$
Épaisseur	$0,15$

Dimensions intérieures de la chambre :

Longueur	5^m
Largeur, à l'entrée	$1,70$
Largeur, au fond	$1,40$
Hauteur	$0,95$

Ce dolmen est situé dans une propriété appartenant à M. Paul Noël Tomasi, de Grossa. Il a été fouillé vers 1865 par M. Marc Tomasi, pour y chercher un trésor; c'est probablement à cette époque que les dalles de recouvrement ont été rejetées sur le côté du monument.

DOLMEN DE LA PIANA. — A 500 m environ du dolmen de *Bizzico Roso*, se trouve un autre dolmen connu sous le nom de *Tole dell'Aja* (*Tables de l'Aire*) dont M. Paul Tomasi a également parlé dans sa communication du 20 juillet 1899, à la Société d'Anthropologie de Paris.

Ce dolmen est complètement ruiné; les dalles de recouvrement gisent sur le sol, en arrière du monument. Des lentisques poussent à travers

les dalles et il est fort difficile d'en établir un relevé bien exact. J'ai
pu constater l'existence de cinq supports, dont trois à gauche et deux à droite, mais ils sont brisés presqu'au ras du sol. Six dalles de recouvrement, dont trois entières sont en arrière de ces supports, mais il est bien probable que ces dalles cachent d'autres supports cassés également au ras du sol.

La dalle qui est désignée par la lette F porte huit cupules, de grandeurs diverses, dont sept sont sur la même ligne et une au-dessous de cette ligne.

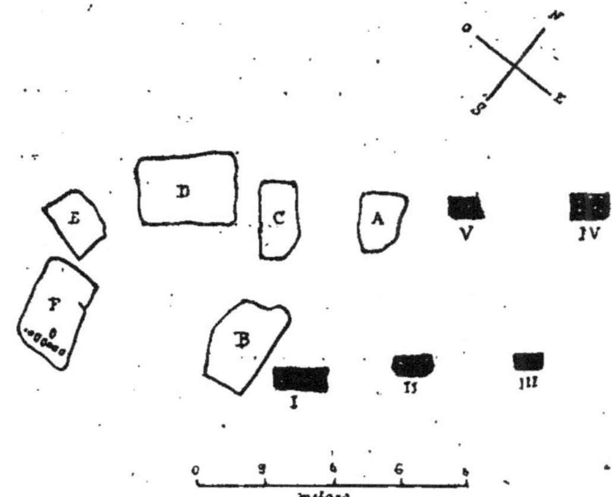

Fig. 3. — Plan du dolmen de la Piana.

Les dimensions du dolmen de la Piana sont les suivantes :

I. — Support.

Largeur.................. 1,25
Épaisseur 0,40

II. — Support.

Largeur.............. 0,70
Épaisseur 0,40

III. — Support.

Largeur.............. 0,50
Épaisseur 0,30

IV. — Support.

Largeur.............. 0,80
Épaisseur 0,60

V. — Support.

Largeur.............. 0,60
Épaisseur 0,50

A. — Dalle.

Longueur 1,20
Largeur.............. 1,15
Épaisseur 0,30

B. — Dalle.

Longueur 2,65
Largeur............. 2,05
Épaisseur 0,18

C. — Dalle.

Longueur........... 2,05
Largeur............. 0,75
Épaisseur 0,22

D. — Dalle.

Longueur........... 2,75
Largeur............. 2,04
Épaisseur.......... 0,20

E. — Dalle.

Longueur 1,93
Largeur............ 1
Épaisseur 0,20

F. — Dalle.

Longueur. 2^m,10 à 2,45
Largeur............. 1,70
Épaisseur.......... 0,22

Dimensions intérieures de la chambre :

	m
Longueur (probable)	10
Largeur	2,20
Hauteur	?

Les dimensions indiquent que ce dolmen était très grand; c'est le plus important de ceux que j'ai visités.

MENHIR DU TIMOZZOLO. — A environ 200 m au sud-sud-est du dolmen de *Bizzico Rosso*, existe un très beau menhir qui est couché sur le sol. Ses dimensions sont les suivantes :

	m
Hauteur	3,20
Largeur	0,55
Épaisseur à la base	0,40
Épaisseur au sommet	0,25

A peu près à 0,50 m du sommet et du côté de la partie la moins épaisse, il existe une fente sur toute la largeur du menhir.

Ce monument se trouve dans une propriété qui appartient à M. Tomasi, Marc-Aurèle.

MENHIR DE LA RANA. — A 50 m environ au sud de ce même dolmen de *Bizzico Roso*, se trouve un menhir dont la partie supérieure a été cassée. Les dimensions actuelles sont les suivantes :

	m
Hauteur	0,65
Largeur	0,39
Épaisseur	0,20

Ce menhir sert actuellement de limite entre les propriétés des familles Tomasi et Piétri.

ALIGNEMENT DE LA STRETTO DI SALAVONA. — Dans sa communication du 20 juillet 1899 à la Société d'Anthropologie de Paris, M. Paul Tomasi a signalé cet alignement, sans le décrire, et il a indiqué qu'il se composait de neuf menhirs, et qu'il avait une longueur de 11 m. Lorsqu'avec M. Paul Tomasi, je suis allé visiter cet alignement, le maquis venait d'être brûlé et il m'a été possible, en raison de cette circonstance, d'en relever le plan exact. J'ai constaté qu'il se composait non pas de neuf menhirs, mais bien de treize et que sa longueur totale était de 25 m environ. Cet alignement est formé de deux rangées de menhirs, lesquels sont placés en lignes à peu près droites; ces deux rangées, obliques l'une par rapport à l'autre, se rejoignent de façon à former un angle dont la pointe est indiquée par un menhir. Les deux pierres formant les extrémités des deux rangées ont un écartement d'environ 7 m. L'une de ces rangées comporte neuf menhirs, l'autre trois, ce qui, avec celui formant la pointe forme un total de 13. Deux d'entre eux (nos 8 et 10 du plan) sont couchés sur le sol, quatre autres (nos 6, 7, 9 et 13) sont brisés à une certaine distance du sol; quant aux sept autres, ils sont debout, mais trois d'entre eux (n°s 1, 4 et 5) sont inclinés sur le côté.

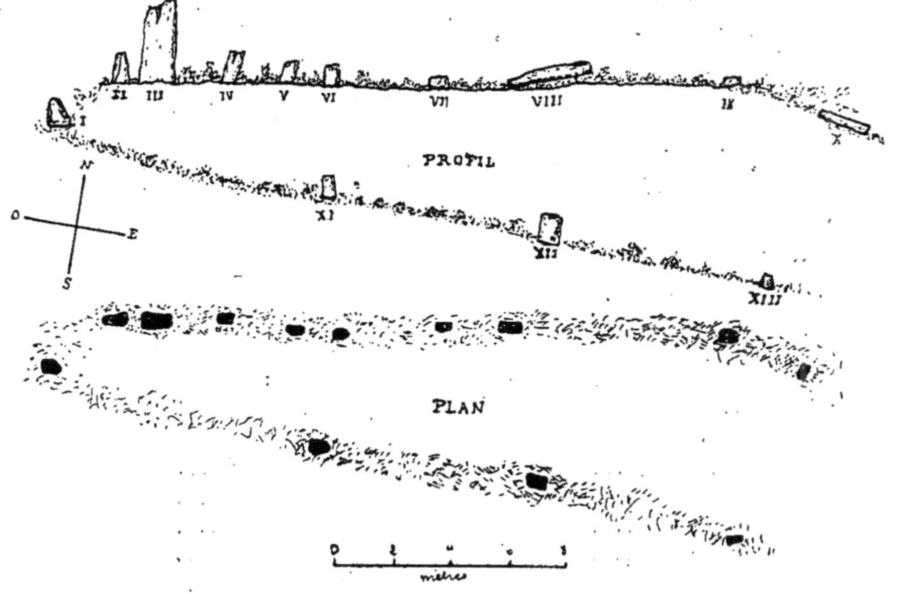

Fig. 4. — Plan et profil de l'alignement de la Stretto di Salavona.

Voici les dimensions des menhirs composant cet alignement :

<table>
<tr><td colspan="2">I.</td><td colspan="2">V.</td></tr>
<tr><td>Hauteur</td><td>1 m</td><td>Hauteur</td><td>0,80 m</td></tr>
<tr><td>Largeur</td><td>0,60</td><td>Largeur</td><td>0,50</td></tr>
<tr><td>Épaisseur</td><td>0,40</td><td>Épaisseur</td><td>0,30</td></tr>
<tr><td colspan="2">II.</td><td colspan="2">VI.</td></tr>
<tr><td>Hauteur</td><td>1,20</td><td>Hauteur</td><td>0,90</td></tr>
<tr><td>Largeur</td><td>0,60</td><td>Largeur</td><td>0,45</td></tr>
<tr><td>Épaisseur</td><td>0 m,30 à 0,50</td><td>Épaisseur</td><td>0,30</td></tr>
<tr><td colspan="2">III.</td><td colspan="2">VII.</td></tr>
<tr><td>Hauteur</td><td>2,80</td><td>Hauteur</td><td>0,40</td></tr>
<tr><td>Largeur</td><td>1,05</td><td>Largeur</td><td>0,60</td></tr>
<tr><td>Épaisseur</td><td>0,60</td><td>Épaisseur</td><td>0,30</td></tr>
<tr><td colspan="2">IV.</td><td colspan="2">VIII. — Menhir couché.</td></tr>
<tr><td>Hauteur</td><td>1,20</td><td>Hauteur</td><td>3</td></tr>
<tr><td>Largeur</td><td>0,50</td><td>Largeur</td><td>0,80</td></tr>
<tr><td>Épaisseur</td><td>0,30</td><td>Épaisseur</td><td>0,40</td></tr>
</table>

IX.

Hauteur	o,10
Largeur	o,50
Épaisseur	o,40

X. — MENHIR COUCHÉ.

Hauteur	2
Largeur	o,45
Épaisseur	o,40

XI.

Hauteur	1
Largeur	o,50
Épaisseur	o,40

XII.

Hauteur	1
Largeur	o,50
Épaisseur	o,35

XIII.

Hauteur	o,60
Largeur	o,40
Épaisseur	o,30

DISTANCE DES MENHIRS ENTRE EUX :

Première ligne.

Du n° 1 au n° 2	2	
» 2 » 3	o,40	
» 3 » 4	1,75	
» 4 » 5	1,40	
» 5 » 6	1,10	
Du n° 6 au n° 7	3,20	
» 7 » 8	2	
» 8 » 9	7,20	
» 9 » 10	2,80	
Longueur totale	27	

Seconde ligne.

Du n° 1 au n° 11	9^m
Du n° 11 au n° 12	7^m,20
Du n° 12 au n° 13	7^m
Longueur totale	23^m,50

Il est à remarquer que tous ces menhirs, sauf deux, ont à peu près la même orientation.

Cet alignement de la *Strello di Salavona* se trouve à 2,500 km environ du village de Grossa; il est situé dans un champ appartenant à M. Jérôme Piétri, de Sartène.

RÉSUMÉ. — Les monuments mégalithiques qui sont actuellement décrits comme existants sur le territoire de la commune de Grossa sont au nombre de 16, dont cinq dolmens, huit menhirs et trois alignements. Ce sont :

le dolmen de Bizzico Roso, décrit par M. Adrien de Mortillet,
les trois menhirs de Vaccil Vecchio,   id.
le dolmen détruit de l'Ajoli, décrit par M. Paul Tomasi,
le menhir du Timozzolo,   id.
le menhir de San Partello,   id.
le menhir de la Pazzanile,   id.
l'alignement de la Piana,   id.
l'alignement de Timozzolo,   id.
le dolmen de la Pazzanile,
le dolmen de Sapaella,

le dolmen de la Piana,
le second menhir du Timozzolo,
le menhir de la Rana,
l'alignement de la Stretto di Salavona.

Ces six derniers faisant l'objet de la présente communication.

Je ne compte pas dans cette nomenclature cinq petits menhirs indiqués par M. Adrien de Mortillet, et qui n'existent plus, car ils ont été détruits par le propriétaire du terrain, M. Jean-Baptiste Tomasi, afin de pouvoir cultiver l'enclos dans lequel ils se trouvaient.

En dehors de ces monuments, M. Paul Tomasi a signalé un tumulus au *Timozzolo della Piana*, et à l'*Ajola* un polissoir en granit, à éléments très fins, qui comporte deux belles cuvettes.

En outre, de nombreuses stations néolithiques existent sur le territoire de Grossa, dans lesquelles il a été trouvé des haches polies en jaspe, ainsi qu'un certain nombre de pointes de flèches en obsidienne; celles en silex sont très rares et je n'en connais guère que trois ou quatre exemplaires. Les principales stations sont aux lieux-dits : *Punticella*, *Siritoli*, *Litarna*, *La Moto*, *La Fornace*, *La Speranzato*, *Campo Fiorello*, *l'Ajola*, *Manzile*, *La Piana*, etc.

D'autres monuments mégalithiques se trouvent encore sur la commune de Grossa; mais malheureusement la végétation très épaisse du maquis ne permet pas toujours de les trouver; cela ne peut se faire que lorsqu'on brûle le maquis afin de cultiver le terrain; c'est le mode de défrichement employé dans le sud de la Corse et les cendres, provenant de la combustion des arbres formant le maquis, servent à la fumure des champs qui sont généralement cultivés deux années et ensuite la végétation reprend ses droits pour reformer de nouveaux maquis qui sont ensuite brûlés sept ou huit ans après. Plusieurs autres monuments, dolmen, alignement et menhirs me sont déjà signalés; j'espère pouvoir aller les visiter et augmenter ainsi la liste déjà assez importante des monuments mégalithiques de la commune de Grossa.

Prince P.-A. POUTIATIN.

TROUVAILLE, FAITE RÉCEMMENT, D'UNE PARTIE DE CRANE D'UN BOVIDÉ DANS LE LAC DE BOLOGOIË.

---

* +56.9 (47.24)

5 Août.

Le type proche du *Bos* de nos simples troupeaux de paysans des gouvernements Iaroslaw, Twer et Novgorod se change successivement par les croisements avec d'autres races, et il reste très peu de descendants purs de Bos brachyceros, anciennement si communs, dès le quaternaire, et dans les nombreux palafittes de l'âge de la pierre en Suisse, etc. « On le rencontre [comme dit M. Ulrich Dürst (¹)] dans les cavernes et tourbières de France, d'Allemagne, d'Autriche, jusque dans les terramares d'Italie et les alluvions d'Algérie (p. 656).

» En Europe, les races brachycéros se trouvent surtout dans les *Alpes et les régions montagneuses*, aussi bien dans le Nord que dans l'Ouest, l'Est et le Sud. Nous comptons les races brachycéros en Angleterre, Scanie, Russie, dans les Balkans, en Suisse, Autriche, Allemagne, Italie, France et Espagne (p. 660) ». Dans mes fouilles du lac Bologoïe, le regretté savant Dr I.-N. Woldrich de Prague a déterminé les restes du Bos brachycéros. L'ancienne race *Bos brachyceros*, n'était pas grande de taille, avec forme *mince* et étroite du crâne, front pour la plupart *plat* (*comme ceux de mes travaux avec drague*), en formant à l'occiput *un chignon fortement arqué*. La fosse temporale est grande ouverte et s'abaisse très rapidement en avant. Rütimeyer attache encore une grande importance à la forte saillie des orbites et *à leur direction latérale, en vertu de laquelle le front, à la base des cornes, paraît très étroit. Les cornes sont très courtes, très courbées, plates sur la surface supérieure et garnie d'une crête suivant la grande courbure.* L'occiput est placé très bas et forme un angle aigu avec le front. Comme vous voyez, la description de M. Dürst s'accorde avec l'extérieur de l'occiput photographié, sauf quelques détails dans la face inférieure du crâne, par exemple dans l'apophyse ptérygoïde, la direction et la longueur des cornes, leurs aplatissements, sillons longitudinaux de la cheville osseuse de la corne, etc. Cette année, dans le *Korrespondenz-Blatt* de la Société allemande de l'Anthropologie, Ethnologie et Préhistoire a paru dans le numéro de janvier-mars 1910 un article de M. L. Knopp [*Bos brachyceros Rütimeyer aus altalluvialen Moor von Borsum (Alluvionen des Oxertales)*]. La race naine de Bos brachyceros dans les mesures, rappelle celle de Bologïe qui est seulement un peu plus grande. La question de l'ancienne race bovine dans notre contrée lacustre (*des monts plates de Valdaï*) est très importante et elle doit être éclaircie. Il est seulement certain qu'ils ont une affinité avec les races lacustres suisses.

Mensurations selon la méthode d'Ostéométrie de M. Edmond Hue (Musée ostéologique 1907).

A, S' Du tubercule occipital jusqu'au bord du trou occipital — 7'2".

S, S'. Hauteur du trou occipital; entre le milieu du bord du tubercule de la nuque, et le milieu du bord de l'échancrure intercondylienne — 3'7'.

Y, Y'. Largeur maximum du trou occipital à l'intersection des bords du trou occipital et le milieu des condyles — 4'1".

H, H'. Largeur maximum des arcades zygomatiques — 18'9".

E E'. Distance entre les protubérances postérieures de crêtes temporales — 10'3".

(¹) L'Anthropologie 1900, n° 6. Note sur quelques Bovidés préhistoriques, par le Dr Ulrich Dürst, *Bos brachyceros Rütimeyer*.

O, O'. Largeur maximum des condyles de l'occipital 8'8".

P, P'. Distance entre les extrémités des apophyses postglénoïdes de l'articulation temporo-maxillaire — 10'9".

S, Q'. Longueur du milieu du bord de l'échancrure intercondylienne (basion) à l'épine postérieure du palatin (extrémité aborale de la suture palatine — 6'8".

R, R'. Distance entre les apophyses ptérygoïdes des maxillaires supérieurs 4'2".

S, R'. Longueur du milieu de l'échancrure intercondylienne à l'apophyse ptérygoïde du maxillaire supérieur 7'8".

A, 4. Longueur de la courbe postérieure de la cheville osseuse (mesurée sur la face postérieure, depuis le milieu du bord de la zone des rugosités de la base jusqu'à la pointe de la cheville suivant la plus grande courbure — 16'.

B, 5. Longueur de la courbe antérieure (mesurée sur la face antérieure, depuis le milieu du bord de la zone des rugosités de la base, jusqu'à la pointe de la cheville, suivant la plus grande courbe) — 13'.

C, 3. Longueur de la corde de la cheville osseuse (dimensions rectilignes mesurées sur la face antérieure, depuis le milieu du bord de la zone des rugosités de la base jusqu'à la pointe de la cheville — 12'5".

E, 6. Grand axe de la base de cheville osseuse (mesurée sur le bord de la zone des rugosités) 4'6".

F, 7. Petit axe de la base de la cheville osseuse (mesuré sur le bord de la zone des rugosités), —3'3".

G, 8. Circonférence de la base de la cheville osseuse (mesurée sur le bord de la zone des rugosités 14'5'.

	'	"
Distance la plus courte entre les bases des cornes	11	
La plus grande étroitesse du front	14.3	
La distance entre les orbites en haut	18.7	
La distance de la corne jusqu'à l'orbite	10.4	
La distance du trou occipital jusqu'au tubercule occipital	10.1	
La distance entre les premières foramines du front plat	10	
La distance entre les deuxièmes foramines du front	11	

M. L. COUTIL,

Président de la Société préhistorique française.
[Saint-Pierre-du-Vauvray (Eure)].

LES TUMULUS DES BOIS DE TOURNEVILLE (EURE), STATION PALÉOLITHIQUE ET NÉOLITHIQUE. — CAMPS VOISINS DE MESNIL-FUGUET BÉRENGEVILLE, HOUETTEVILLE, SACQUENVILLE, VILLETTES. — VIEUX CHATEAU DE VERBAUX ET SES PUITS, LA MARE PERÉE.

571.91(12-31+12.32)(42.24)

3 *Août.*

Au Congrès de Lille, nous avons mentionné la présence de tumulus dans le bois de Tourneville, et notre désir d'y pratiquer des fouillés : grâce à une subvention de l'Association française, nous avons exploré complètement six de ces tumulus appartenant à trois groupes distincts.

1° *Les onze tumulus du bois de la Garenne.* — Ces tumulus forment un premier groupe de huit buttes situées sur le même versant regardant Tourneville; trois sont dans la partie haute; deux à 20 m au-dessous, et sur une ligne à peu près parallèle aux trois précédents; enfin, trois autres, à environ 20 m à 26 m plus bas, ces derniers sont distants en moyenne de 60 m du bord du bois. Sept des tumulus ont à peu près leur grand axe orienté Nord-Sud, un seul est orienté Sud-Est, Nord-Ouest. La distance entre chacun des tumulus est de 16 m, 18 m, 22 m, 24 m, 33 m, 50 m, 55 m, ou 60 m et 180 m, entre les deux buttes extrêmes du bas, situées sur le versant faisant face à Tourneville et à l'Iton.

Les trois autres tumulus de ce groupe de onze sont situés sur le versant voisin faisant face au bois du Parc, et à la route de Tourneville à Sacquenville; deux dominent une petite marnière, ils sont un peu plus petits, et n'ont que 10 m de longueur sur 7 m à 8 m de largeur, tandis que les plus grands tumulus du versant voisin mesurent 10 m à 11 m de grand axe sur 7 m à 8 m de petit, et 1 m à 1,50 cm de hauteur; un léger fossé les entoure, il est dû à l'enlèvement de la terre qui a servi à la confection du tumulus; mais le ruissellement des pluies sur le versant, la chute des feuilles et du bois mort ont atténué ces cavités de près de moitié.

Ces tumulus ont été édifiés sur un terrain argileux, sauf ceux qui font face au bois du Parc, car ce versant est plus calcaire et plus siliceux.

Nous avons remarqué à la surface des tumulus 5 cm à 6 cm d'humus noirâtre, puis 0,50 cm de terre friable avec silex, identique au sol voisin; et au centre, en dessous, 0,55 cm d'argile sans cailloux, interrompue parfois par des lits de sable blanc, ce qui ferait croire qu'il a plu pendant la confection du tumulus et que l'argile ayant été lavée, le sable est resté à la surface du tertre.

Nous avons tenu à creuser, jusqu'à 0,80 m et même 1,50 m au-dessous du niveau du sol pour voir si nous verrions des inhumations ou des objets. Nous avons vu qu'au niveau du sol on avait parfois creusé un peu au-dessous : 1° qu'on avait enlevé l'humus du sol; 2° qu'on avait d'abord disposé une calotte de terre paraissant exempte de cailloux, et 3° que le surplus de la butte avait été fait avec le sol voisin, sans aucun soin.

Jamais nous n'avons rencontré de parties noirâtres pouvant laisser croire qu'il s'agissait d'incinérations, ni d'ossements humains.

Dans le premier tumulus exploré au Sud, nous avons trouvé à 30 cm ou 40 cm du niveau du sol un col de vase gallo-romain en terre rose, et vers la base, un fragment de fémur de ruminant.

2° *Les trois tumulus du bois du Parc.* — Deux sont orientés Ouest-Est, un troisième est situé entre les deux premiers, il se trouve à 25 m du chemin forestier; nous l'avons fouillé, car c'était un des mieux conservés et des moins boisés; il était composé comme les autres par le sol environnant. La couche supérieure de 0,50 cm était de couleur grise, formée de gravier et de petits silex provenant du sol extérieur, tandis que la partie centrale était composée d'argile avec moins de gravier : son épaisseur maxima était de 0,60 cm. A la distance de 5 m de son extrémité Nord, nous avons trouvé une série de blocs calcinés dont la présence nous avait fait bien augurer, mais à l'intérieur et à l'extérieur de ce groupe de blocs, on ne trouva aucun objet ni ossement ; on ne peut prétendre qu'ils aient formé une sorte de caisse ; toutefois, ils ont été placés intentionnellement, car le terrain environnant ne contient aucun bloc calcaire et ceux-ci étaient au nombre d'environ quatorze, petits et gros.

Un des tumulus extrêmes, orienté Est-Ouest, est coupé par le chemin ; il est distant de l'autre, de 100 m environ, il se trouve à 3,50 cm de distance de ce chemin, on l'a sectionné en partie, de l'Est à l'Ouest, par une fouille pour déterrer un renard ou un blaireau.

Ces trois tumulus sont à 180 m de la route de Sacquenville à Tourneville et Broville, le long du chemin de la Brèche du Parc à la mare aux Loups, à 18 m et 25 m du *double rempart du bois du Parc*.

3° *Les trois tumulus du bois de Verbaux*. — Au-dessous des substructions du château de Verbaux existent trois tumulus presque ronds ; par suite, l'orientation nous a paru difficile à établir, nous n'avons pas songé à en fouiller un, à cause des pluies persistantes, du taillis qui est très épais, et aussi de la difficulté de trouver des terrassiers sérieux dans cette région.

4° *Les deux tumulus du hameau de Bas, commune de Sacquenville*. — A 35 m ou 40 m de l'enceinte de la mare du Bourg, nous avons observé deux tumulus offrant les mêmes dimensions et orientés Est-Ouest : ces deux tumulus sont éloignés de près de 1500 m, à vol d'oiseau, des précédents ; mais, en faisant abstraction des vallons, la distance est moins grande.

En récapitulant la série des tumulus, nous trouvons :

Bois de la Garenne.......... 11 tumulus.
Bois du Parc.............. 3 —
Bois du Verbaux .... 3 — (il en existe peut-être d'autres).
Bois de la mare du Bourg. 2 —

TOTAL.......... 19 tumulus reconnus et six fouillés par nous en 1910.

Nous avons tout d'abord pratiqué de larges tranchées à angle droit dans le premier tumulus ; pour les cinq autres, nous avons procédé par enlèvement successif et progressif des couches sur tout le pourtour, afin de voir d'un coup d'œil si le terrain était le même au même niveau.

Les ouvriers fort difficiles à trouver dans cette région donnaient un travail inégal, et les pluies ramolissant les terres argileuses nous obligèrent souvent à suspendre les recherches ; tout cela joint à l'absence de mobilier funéraire nous obligea à cesser nos recherches pour les trois autres tumulus.

**20

Nous avons tenu à avoir l'avis de collègues compétents sur les fouilles de tumulus, pour expliquer cette pauvreté.

M. Beaupré nous a conseillé de ne pas nous décourager; il nous a fait remarquer que les tumulus offrant des sépultures ou des mobiliers funéraires étaient plutôt rares aux environs de Nancy, certains groupements étaient privilégiés, mais d'autres pauvres ou nuls comme récoltes.

1° L'inhumation et l'incinération se retrouvent séparément, et lorsque ces deux modes ont été employés ensemble, l'inhumation était à la base, celle-ci était ordinairement hallstattienne, et au centre.

2° Les sépultures se trouvent toujours au ras du sol, quelquefois celui-ci a été un peu creusé; pour les incinérations, elles étaient au-dessus. Parfois, les tumulus de l'âge du bronze ont été utilisés à l'époque gauloise, et les sépultures sont à la périphérie (25 cm à 5o cm de la surface), disséminées sans ordre. A l'âge du bronze, le vase est enterré au-dessous du niveau du sol environnant, mais pas forcément au centre. Le sol est parfois damé et durci intentionnellement sur la sépulture ou sur l'incinération pour dissimuler la sépulture, le vase ou le mobilier funéraire.

Les tumulus de l'Est de la France mesurent 0,5o cm à 2 m de hauteur (1,5o cm moyenne), et la longueur 12 m à 15 m; exceptionnellement, ils atteignent 2o m, 3o m et 4o m; ils sont composés avec le sol extérieur, terre ou sable; au centre, on voit parfois un pierrier ou caisson; la forme du tumulus est ronde, parfois elliptique.

Le Dr Brulard de Dijon qui a exploré un grand nombre de tumulus de la Côte-d'Or, nous a aussi résumé ses impressions. Les tumulus ovalaires sont très rares aux environs de Dijon, ils appartiennent aux âges du bronze ou de Hallstatt; ils sont plus ordinairement ronds.

Les tumulus bourguignons sont très riches, on y trouve souvent l'incinération, des charbons, des os et pierres brulées. La zone des tumulus s'étend des Ardennes aux Basses-Alpes; leur maximum de groupement se trouve en Bourgogne et en Franche-Comté; quelques petits tumulus de la Bourgogne qu'il a récemment explorés lui ont donné des caissons de pierres d'origine néolithique.

Le Jura et la Côte-d'Or passent pour avoir possédé chacun au moins 10,000 de ces tumulus. Ceux de la Côte-d'Or varient beaucoup comme dimensions, ils sont énormes sur les côteaux dominant les sources de la Seine à Magny-Lambert, Minot, la forêt de Châtillon et les plateaux de la Haute-Marne (4o m de diamètre et 5 m à 8 m de haut). Au contraire, ils sont fort petits sur la colline de Pomard près Beaune (3 m de long sur 0,4o m de hauteur). Les gros tumulus sont en pierres, disposées à plat et au centre se trouve un caisson effondré, tous les matériaux proviennent du voisinage; ils sont composés d'un lit d'argile de 0,10 cm à 0,15 cm; au-dessus et au centre de larges dalles à plat, sur lesquelles on plaçait le défunt; ce dallage était parfois clos par des dalles, verticales formant sarcophage; une sorte de chromlech extérieur limitait dans certains cas le tumulus à l'extérieur.

Des sépultures adventices se remarquent dans les parois. Dans certains cas, elles sont bien limitées par des pierres verticales et de l'argile au centre. Ces monuments appartiennent aux différentes étapes de la civilisation gauloise, depuis le Hallstatt; plus, ils approchent de la Conquête, plus ils diminuent de dimension et s'appauvrissent comme mobilier funéraire. Nous ne voulons pas nous étendre sur les considérations qui pourraient être faites sur les tumulus, cette étude devant être traitée en 1911, au Congrès de Dijon, par notre collègue le Dr Brulard, un spécialiste de ces fouilles.

On pourrait supposer que si nous n'avons rien trouvé dans ces tumulus, c'est qu'ils ont été fouillés avant nous : or, rien ne peut permettre cette hypothèse, les buttes étaient régulières, les petits fossés étaient encore apparents, les couches de terre normales; donc ces tumulus n'ont rien recouvert. Alors, il est bien permis d'être surpris qu'on ait pris la peine d'exécuter un travail qui représente environ deux ou trois journées d'homme munis de pioches et de bonnes pelles, et cela sans but bien précis pour nous tout au moins.

Quant à la proximité des tumulus du bois du Parc, de la mare du Bourg et de retranchements en terre, nous ne croyons pas qu'il puisse y avoir de rapprochement à faire et de supposer que ce sont des buttes de surveillance, leur hauteur est trop faible.

Nous tenons à remercier M. le Marquis de Champigny, propriétaire du vaste domaine de Normanville et des bois où se trouvent les tumulus, de l'autorisation si gracieuse qu'il a bien voulu nous donner pour les explorer, ainsi que du concours de M. Deglatigny, son parent.

Station paléolithique et néolithique d'Autrebosc, commune de Tourne-ville. — Au-dessus des bois de la Garenne et du Parc où se trouvent les tumulus, il existe deux stations de l'âge de la pierre que nous n'avons pu encore bien limiter à cause des terrains en partie ensemencés. L'une, vers la *Marette*, a donné un certain nombre d'instruments paléolithiques recueillis à la surface du sol, bien que le sol soit horizontal, et sur le plateau; ils consistent en haches amygdaloïdes, avec ou sans talon épais, biais ou droit, lancéolées ou ovales; la taille est peu finie, en général, la patine est plus accusée d'un côté que de l'autre, elle est blanche ou jaune, leur taille varie entre 0,08 cm et 0,16 cm. Une hache plate et ovale en grès, de 0,135 cm de long sur 0,09 cm de large, offre une face complètement altérée par son exposition prolongée à l'air, tandis que les éclats de taille sont très nets sur l'autre face, qui porte, en outre, des oxydations indiquant que cet instrument a été retourné récemment par la charrue, lorsqu'on mit en culture ce terrain (sans doute resté longtemps en friche. Les haches paléolithiques en grès ou en quartziste sont rares dans l'Eure, nous n'en possédons qu'une provenant de Saint-Julien-de-la-Liègue, elle est ovale et ne mesure que 0,06 m. (Cette station paléolithique de surface rappelle celles de Rugles, mais les instruments sont moins nombreux.)

Sur le même territoire d'Autrebosc, on trouve de grands et larges tranchets de 0,08 cm à 0,13 cm, des retouchoirs, des lames à dos retouché à gauche ou à droite, l'une d'elles porte une forte encoche de préhension latérale. Avec ces instruments, nous citerons un long grattoir de type magdalénien dont la base est cassée; complet, il mesurerait environ 0,09 cm 0,10 cm de long sur 0,036 m de large. Plusieurs haches taillées en fuseau de 0,15 cm, des haches taillées grossièrement et en partie polies, de 0,13 cm à 0,16 cm, offrent des formes peu régulières, *elles diffèrent totalement des formes géométriques et entièrement polies que l'on a données à ces armes de luxe.*

M. Rainon a trouvé d'autres instruments en silex dans le voisinage, au *Bout du Parc*, au hameau de Binou, commune de Mesnil-Fuguet, notamment des pointes de flèches à pédoncule, d'autres instruments en silex, ainsi qu'une hache polie en diorite (musée d'Évreux) à la *Mare du Fy*, et devant la *Californie*. En vidant une mare au Mesnil-Fuguet, on trouva un grand pic en silex creux de 0,21 cm de longueur. A Saint-Germain-des-Angles, au lieu dit *les Pénétraux*, une hache polie. A Normanville, hameau de Caer, M. Guersent d'Évreux a trouvé beaucoup d'instruments.

D'ailleurs, ces découvertes, quoique très rapprochées, n'ont aucune relation comme chronologie avec les tumulus; pas plus que les nombreux camps du voisinage, mais l'ensemble constitue un groupement de documents fort intéressants.

Les camps. Enceinte du bois du Parc. — En cherchant d'autres tumulus, nous avons découvert plusieurs camps situés sur diverses communes, dominant Tourneville; c'est ainsi que nous avons tout d'abord remarqué l'*enceinte très vaste du bois du Parc.* C'est une immense levée dont un côté est parallèle à la route de Tourneville à Sacquenville, le fossé est opposé à la levée et à la route, le talus mesure 1,50 cm de hauteur, il se trouve à 10 cm et 15 cm de la route, et s'étend sur près de 800 m à partir du sommet du coteau et presque jusqu'en bas.

Tandis qu'au haut de la côte, en face la bifurcation de chemins se rendant à Autrebosc et Sacquenville, on remarque deux talus parallèles distants de 15 m environ, avec fossé contre chaque talus : ces deux talus un peu plus élevés s'insèrent à peu près à angle droit avec le précédent, ils se prolongent sur le plateau et sur une longueur de 250 m, orientée NO et SE, et presque NS. C'est à quelques mètres de ce double rempart que se trouvent les trois tumulus du bois du Parc. Enfin, un autre rempart se dirige du Sud au Nord, sur plus de 500 m vers Tourneville, il est aussi protégé à l'extérieur par un fossé; à 60 m, se trouve la *mare aux Loups*, qui est assez grande, et ne tarit pas.

L'importance du double retranchement situé au Sud, les doubles talus et fossés ne permettent pas de supposer que ces travaux ont été exécutés pour limiter jadis une propriété.

2° Le Fort ou Catelier *de la Californie* (*commune de Mesnil-Fuguet*). — Dans un défrichement de bois voisin, entre le hameau d'Autrebosc et celui de Binou (commune de Mesnil-Fuguet), au lieu dit la Californie, on remarque, au milieu, d'une longue rangée de hêtres plantés sur un talus précédé d'un fossé, un exhaussement du talus correspondant à une plus grande largeur du fossé, presqu'en face et à 90 m de la ferme de Verbaux, au lieu dit le *Fort* ou le *Catelier* : le talus s'élève en ce point à 4 m au-dessus du fond du fossé et sur 90 m de longueur : les talus situés en retour d'équerre s'étendaient sur 150 m de longueur, mais ils sont en partie nivelés ainsi que les fossés, surtout près de la ferme, par suite de l'extraction des cailloux et la mise en culture de ce terrain récemment défriché. Cette enceinte formait donc un rectangle de 90 m sur 150 m, bien défendu du côté de l'Ouest, vers Autrebosc, et se trouvant au milieu d'un éperon barré.

3° Enceinte de la mare de Bourg (*commune de Sacquenville*). — Sur la commune de Sacquenville, entre les dernières maisons et le plateau boisé, à l'angle du bois nommé la *mare du Bourg*, on aperçoit une éminence près d'une petite mare de 7 m; tout à côté existe un premier talus de 2 m à 3 m de hauteur, en arc de cercle, de 25 m de corde avec dépression au milieu; un autre arc de même longueur se voit de 5 m à 6 m à l'Est, il se dirige vers le sud; enfin, un autre arc le continue sur 45 m environ. Ensuite, du Sud au Nord, à 25 m du deuxième arc, on rencontre un talus bien droit sur 60 m, formant un angle droit sur 15 m, et se poursuivant sous un nouvel angle droit pendant 40 m; enfin, il décrit un arc de cercle concentrique et parallèle au premier, qui domine la mare. Les talus sont précédés de petits fossés (¹).

Deux petits tumulus existent au Sud, à 35 m et 40 m des talus. Cette enceinte est fort bizarre comme forme, et sans sa situation qui commande un éperon boisé, on pourrait se demander à quoi ont pu servir ces talus en arc de cercle, laissant des intervalles de 5 m à 8 m et même près de 20 m non défendus.

Les buttes ou fort des Buttes, à Bérengeville-la-Campagne. — Entre la commune voisine, au Nord-Est et à 800 m les dernières maisons, à l'angle d'un bois, dans les joncs marins inextricables, il existe une butte avec fossés que nous n'avons pu mesurer et bien étudier, parce qu'elle est inaccessible actuellement. Les joncs marins ayant 1,80 m et plus de 2 m de hauteur : elle se trouve auprès du sentier qui va à Plate-Mare et Houetteville.

Enceinte de la Grande-Brèche, à Houetteville. — Entre Houetteville et Bérengeville, près du hameau des Collets, à 100 m environ de l'ancienne route du Neubourg à Louviers, nommée chemin de la Grande Brèche, au bord du bois du même nom, on voit un retranchement composé d'une levée de 70 m de longueur et 4 m de hauteur, avec deux autres talus perpendiculaires à ses extrémités, allant en s'atténuant à 50 m ou 60 m de distance. Le grand talus de 70 m orienté OE, les deux autres de 50 m et 60 m sont orientés OE; au centre du talus, on remarque une ouverture d'environ 5 m (Grande Brèche ?) Les petits talus suivent la déclivité du sol, c'est-à-dire se dirigent vers la route de la Vacherie à Bérengeville.

Le Fort ou Tour aux Anglais (commune de Villettes). — A 500 m au Sud-Est de l'église et des premières maisons de Villettes, près d'un sentier et dominant le vieux chemin, qui traverse le bois et se rend à Noyon, se trouve le Fort aux Anglais, composé d'une enceinte en forme d'ellipse de 55 m de diamètre maxima, et de 40 m de plus petit diamètre; les fossés sont extérieurs et le rejet des terres à l'intérieur. Du fond du fossé au sommet du talus, il n'y a pas plus de 1,60 cm en moyenne; le fossé a 1 m à 1,40 cm de berge, et le petit talus intérieur 0,60 cm de relief. Cette enceinte offre une bien faible importance défensive, sans

---

(¹) Nous devons toujours envisager cette question pour les enceintes boisées; car jadis, on limitait ainsi les bois et les forêts, et cela était justifié, car une simple borne ne suffit pas à constituer une limite durable entre deux propriétés.

sa forme elliptique et son nom de *Fort* ou *Tour des Anglais*, on ne pourrait y attacher d'importance. La porte paraît avoir été vers l'extrémité Nord-Ouest.

Vieux château et puits de Verbaux, mare Perrée. — Nous ne saurions terminer ces indications sans signaler près des trois tumulus du bois de Verbaux, le *château de Verbaux* dont il ne subsiste que les fondations de 5o cm d'épaisseur, leur forme affecte un rectangle oblong d'environ 4o m. Ces substructions sont dans un taillis, au-dessous d'une avenue de hêtres séculaires, perpendiculaire au vieux chemin de Beaulevant, de 15 m à 20 m de largeur, et près d'une grande mare encombrée de joncs, dite *Mare Perrée* (cette appellation ferait croire à une origine romaine de la mare et du chemin de Beaulevant); quant à l'avenue de vieux hêtres et châtaigniers, elle a certainement deux siècles, ce qui permet déjà de vieillir ces substructions, qui toutefois, si elles ne sont pas romaines, sont fort anciennes, car elles ne sont pas mentionnées sur les vieux titres de propriétés.

A côté des fondations du château de Verbaux se trouvent deux vieux puits, l'un est à 3 m ou 4 m au bord d'un sentier et entouré d'un fossé, il est maçonné en silex, il a été en partie rebouché, son diamètre est d'environ 1,5o cm, on le nomme *puits de la Galette;* à côté, on remarque une grande cavité naturelle, sorte d'entonnoir, de 8 m de diamètre et 6 m de profondeur. Quant au *puits de Verbaux*, il est sur la face Est, à 8o m de distance environ; il y avait un hêtre qui avait poussé sur la paroi intérieure de ce puits; il a été en partie rebouché.

M. Ch. COTTE.

LES TUMULUS HALLSTATTIENS PROVENÇAUX A VASES GRECS ARCHAÏQUES.

571-37-91 (12.33 : 12.34) (44.9)

? *Août.*

L'année dernière, j'ai fouillé un tumulus du domaine de l'Agnel, à Pertuis, avec la gracieuse autorisation de M. de Gasquet. Ce tumulus, placé, par 3⁰13'38" longitude et 43⁰4o'15" latitude, au sommet d'un coteau en vue de l'oppidum de Saint-Julien-de-la-Bastidonne, m'a fourni des documents du plus haut intérêt. Je vais résumer le résultat de ces fouilles, dont le compte rendu complet a paru ailleurs ([1]).

Une aire de 1ᵐ,3o de côté environ, portait les traces nettes d'un bûcher où des os avaient été calcinés, des objets en métal en partie fondus. J'y ai recueilli de nombreux débris : fragments de cuirasse, de

---

([1]) *L'homme préhistorique*, 1909, n°ˢ 7 et 9.

vases en bronze, anneau de bronze avec tiges de bronze prolongées par du fer, etc., au total environ 3ᵏᵍ,5oo de métal.

Au centre du tumulus, en-dessous du sol naturel, une poche renfermait une œnochoé grecque du VIIᵉ ou VIᵉ siècle avant notre ère, donc anté-rieure à toutes les œno-choés marniennes trou-vées en France précédem-ment. Ce vase, en bronze, archaïque, a les plus grands traits de ressem-blance avec celui de Vilsin-gen (province prussienne de Hoenzollern), et avec celui, de galbe dégénéré, de la Nécropole des Rabs à Carthage.

Cette œnochoé servait de vase funéraire et conte-nait quelques ossements incinérés d'un enfant de 7 à 10 ans, avec une chaîne en fer et un talon de lance en fer, en forme de pom-meau. Non loin était une pendeloque en bronze émaillé.

En divers points du tu-mulus, il y avait des tes-

Fig. 1. — Œnochoé de l'Agnel.
Fouilles Ch. Cotte.

sons de céramique indigène; j'y ai, aussi, signalé la moitié d'une hache polie et un curieux monument comprenant une stèle avec dalles super-posées horizontales avoisinant cette stèle près de ses deux petites faces, c'est-à-dire suivant son grand axe.

L'Association française pour l'Avancement des Sciences a bien voulu m'accorder une subvention pour la continuation de mes recherches, et j'ai fait de nouvelles fouilles, sans avoir cependant remué tous les tumulus que j'ai notés chez M. de Gasquet. D'autre part, l'étude de ce que j'ai découvert n'est pas encore complètement terminée. La présente Note est donc simplement préliminaire, et rédigée par déférence pour l'Associa-tion qui aide si généreusement les travailleurs.

Continuation des fouilles au tumulus de l'œnochoé. — Se poursuivant sur les bords, elles ne m'ont rien donné, sauf les éléments pour compléter le plan du monument funèbre.

J'ai pu constater que le lit de dalles se prolonge au sud de la stèle, mais en déviant légèrement vers l'Est. J'ai retrouvé, en effet, encore quatre dalles en deux paires, une dalle étant plaquée sur l'autre, au-delà de celle que j'ai figurée sur mon plan primitif. Leur longueur totale permet de penser qu'elle a pu servir de lit funèbre à l'enfant pour l'onction religieuse ou pour tout autre rite. Il est à supposer qu'il était couché les pieds au Sud, la tête adossée à la stèle, au-delà de laquelle une autre paire de dalles supportait l'œnochoé ou un autre objet.

Sous les dalles, était de la terre remuée dans laquelle j'ai recueilli des fragments de poterie indigène.

Tumulus méridional. — Un peu plus bas que le tumulus de l'œnochoé sont quatre murgers moins importants qui ont en quelque sorte un rôle satellite par rapport au précédent.

J'ai fouillé le plus méridional d'entre eux, placé à l'extrémité de la crête qui sépare le ravin du Four du ravin de Sainte-Perpétue. D'où le nom que je lui ai donné.

De faible hauteur (o", 60 au maximum), formé de matériaux peu volumineux, il ne m'a fourni que deux fragments d'os calcinés, des tessons de poterie indigène, et trois fragments de fil de bronze sinueux (débris de fibules ?).

Tumulus des Mourières. — Le plateau des Mourières sert de limite aux communes de Pertuis et de la Bastidonne. Il aurait aisément fourni l'assiette d'un oppidum; mais la position de Saint-Julien, qui n'est séparé de lui que par le vallon du Réal ou de Galance, l'a fait négliger comme lieu de cité antique. On peut distinguer, pour ce plateau, deux parties : la masse principale à l'Est, et une tête secondaire à l'Ouest. C'est à celle-ci que la carte d'État-Major a fixé la cote 470, à environ 3° 15' 10" de longitude et 43° 40' 43" de latitude. Bien que cette tête soit moins élevée que la masse principale, sa position en vedette à l'Ouest l'a fait choisir comme point important par l'État-Major. La même idée y avait fait ériger un tumulus ([1]), bien en vue de Saint-Julien, et à 2^km, 200 à vol d'oiseau du tumulus de l'œnochoé.

Fait en matériaux locaux, c'est-à-dire calcaire feuilleté, il avait, comme le tumulus méridional, un faible relief (o", 70 au maximum). Il y avait là une sépulture par incinération. Les os étaient répartis irrégulièrement sur le sol. Une portion importante du maxillaire inférieur représentait seule le crâne. Au sud de la zone à ossements était une pierre verticale. D'autres pierres plus importantes que la majorité des éléments du clapier étaient disposées sans ordre apparent. Il est à observer que les ossements étaient un peu à l'ouest du centre.

Disséminés près des os ou plus loin, il y avait quelques tessons indigènes, parmi lesquels je citerai : les fragments d'une anse d'un vase de très forte taille; une portion de vase en terre fine gris jaunâtre, caréné, à ornements formés de lignes parallèles en faisceaux inclinés alternativement à droite et à gauche, de manière à dessiner des dents de loup; enfin, un morceau de céramique grossière, avec bande de cercles concentriques entre deux bandes de lignes parallèles.

Tumulus-Sous-Mourières. — De la cime qui porte le tumulus de Mourières, en dévalant vers le Nord-Ouest la pente rapide qui défend le plateau, on atteint un contrefort, très bien marqué sur la carte d'État-Major, bordé au Sud par le vallon de Cagan où sont les sources qui alimentent le Jas-Neuf, et au Nord par celui où passe la ligne frontière des deux communes de Pertuis et de la Bastidonne. Une légère baisse sépare le bas des pentes du plateau de la croupe qui prolonge le contrefort.

([1]) Découvert par M. Charles Pellenc.

C'est adossé au pied du talus qui conduit au tumulus précédent qu'avait été installé, vis-à-vis Saint-Julien, le tumulus que j'ai baptisé : *Sous-Mourières*.

De sa position résultait qu'il était de forme assez spéciale, par suite de la déclivité du sol.

Il présentait une aire plane circulaire, bordée de gros blocs, et d'un diamètre moyen de 6^m,20; cette aire était, en amont, de plein pied avec le terrain naturel; mais elle était entourée d'un talus dont le maximum de hauteur était, naturellement, à l'aval. On pourrait donc représenter le tumulus sous forme de deux cercles dont l'un aurait eu un diamètre égal à la moitié de celui de l'autre et tangent à celui-ci dans lequel il est inscrit. Le petit cercle dessine l'aire circulaire et le grand le bord externe du talus.

Le talus était en terre, facile à recueillir en ce lieu, tandis que l'aire centrale avait un noyau où les pierres plates étaient nombreuses. Celles-ci étaient imbriquées autour du centre de l'aire

Mes fouilles ont été à peu près infructueuses; à peine quelques tessons indigènes, dont un à ornements formé d'une ligne d'impressions triangulaires, prouvaient que j'avais affaire à un monument ancien. Peut-être n'était-ce qu'un cénotaphe.

Tout autour de ce tumulus on remarque de nombreux clapiers d'épierrement relativement récents.

Tumulus des Trois-Quartiers. — M. Pellenc m'avait signalé depuis l'année dernière ce tumulus si facile à repérer sur le plan cadastral, puisqu'il sert de borne aux trois quartiers de l'Agnel, de la Dévention et du Samson. Je crois que ses coordonnées géographiques sont à peu près les suivantes: 3° 14' 42'' de longitude et 43° 40' 39'' de latitude. Il se trouve sur la crête qui, en prolongement des Trois-Frères, pend au Sud-Est vers le vallon du Renard (quartier de la Dévention), et au Nord-Ouest vers les Planasses, bassin du ruisseau de Galance dont la vallée sépare ce massif de Saint-Julien. Cette crête est donc bien en vue de l'oppidum.

Sur elle sont échelonnés des tumulus, dont le plus méridional est celui des Trois-Quartiers. J'appellerai ce groupe *Tumulus du Renard*. Le numéro 1 du Renard est celui des Trois-Quartiers, qui m'occupe en ce moment.

Il appartient pour trois quarts à M. de Gasquet (domaine de l'Agnel) et pour un quart à M. Auzet, de la Bastidonne. Je tiens à leur exprimer à tous deux ma reconnaissance pour les facilités qu'ils m'ont données.

D'un diamètre longitudinal (suivant la crête) de 12^m,50 sur une profondeur maximum de 1 m environ, il se trouve sur un ressaut de la crête. Celle-ci, formée par des roches pendant vers Galance, offre les cassures, donc le talus rapide, vers le vallon du Renard. Cette circonstance influe naturellement sur la forme et sur la disposition du murger. En effet, sur le versant du Renard, les pierres n'ont pas pu résister aux mille causes qui facilitaient leur écroulement vers le ravin. Il n'y en a plus qu'un placage sur la roche; la masse du tumulus est sur le versant Galance.

Soit à cause de la configuration du terrain, qui ne permettait pas aux pierres qui croulaient de s'étaler en une pente insensible, soit comme vestige de la construction primitive, on pouvait constater des talus beaucoup plus rapides que pour les tumulus du groupe fouillé en premier lieu.

Je craignais les suites funestes d'une violation très ancienne qui avait laissé dans le tumulus, à peu près à son centre apparent, un entonnoir très net. Heureusement, ces anciens chercheurs étaient tombés en dehors de la sépulture; en effet, soit intentionnellement, soit parce que, durant la formation du murger, on ne cherchait pas à constituer celui-ci exactement autour du corps, j'ai constaté trois fois de suite la position excentrique de la sépulture. Dans le tumulus que j'étudie le corps se trouvait à l'ouest du centre.

C'était une sépulture par inhumation. Pour l'établir, on avait utilisé une sorte de fosse naturelle résultant du fait que les strates supérieures de rochers, pendant, ai-je dit, vers le Nord-Ouest, n'atteignaient pas la crête, formée par les couches sous-jacentes qui se prolongeaient davantage; mais cette fosse n'était pas exactement dans le sens de la crête. On y avait couché le cadavre, les pieds au Nord-Nord-Est vers Saint-Julien, la tête au Sud-Sud-Ouest.

Quelques pierres plates, posées sur de la fine argile de décalcification, soutenaient le bas des jambes et les pieds. Deux petites pierres plates verticales, aux pieds, une pierre plate verticale, derrière la tête, marquaient les limites extrêmes de la sépulture, qui mesurait 1ᵐ,80. Le cadavre avait donc une taille plus faible, sans qu'on puisse préciser de combien.

Du côté de la tête, la fosse était assez bien formée par les roches naturelles. De grosses pierres, trouvées affaissées, avaient dû être placées en une sorte de voûte pour protéger le crâne. Un gros bloc était à environ 1 m du côté gauche de la tête. Le long du tibia gauche, le bord de la fosse était délimitée par deux lauses à plat superposées.

La majorité des os étaient en poussière et je n'ai pu en retrouver qu'une partie. Toutefois, il est certain que les bras étaient allongés le long du corps; cependant, quelques os des mains étaient au niveau du ventre avec deux incisives. Le crâne était entièrement fragmenté, et ses débris en désordre, maxillaire inférieur à droite, frontal à gauche, étaient mêlés aux tessons d'un vase à galbe élégant, à des niveaux légèrement différents, de telle sorte qu'il apparaît nettement que les débris ont été remaniés avec la terre dans laquelle ils se trouvaient. Quelque animal a dû causer ce désordre; en effet, au-dessus de ces fragments déplacés était une petite masse de cendres qui ne paraît pas avoir été remaniée. Une fois j'ai retrouvé, à 0,50 m de profondeur, un noyau que j'avais laissé sur le tumulus lors de ma précédente journée de fouilles. Avant l'éboulement de la pseudo-voûte dont j'ai cru trouver les vestiges, la sépulture, par la putréfaction du corps a, dû former un vide dont des reptiles ou des rongeurs ont pu faire leur retraite.

A l'avant-bras gauche du cadavre était un bracelet en bronze, de section ronde, avec ornements en spirale incisés. Il pèse 26 gr. Son diamètre intérieur 0,069 m) concorde avec les os pour faire reconnaître une sépulture masculine.

Sur le côté droit de la poitrine (et non pendu à la ceinture) était un poignard en fer à rivets.

Sous les pieds gisait un fragment de défense de sanglier refendue.

Près du corps, comme en divers autres points du tumulus voisins de la fosse, et notamment sur le gros bloc cité plus haut, étaient des os d'animaux, presque tous intentionnellement brisés à l'état frais.

Le crâne, se rattachant aux races néolithiques ou modernes par son triangle mentonnier, est apparenté à la race néanderthale par le caractère de son frontal très fuyant, souligné par un très fort bourrelet sourcilier passant aussi à la glabelle.

Le vase trouvé près de la tête a été soumis à la haute compétence de MM. Déchelette, Orsi et Pottier, sur les dessins faits par M. Champion, après restauration par des ouvriers du musée de Saint-Germain.

M. Pottier y voit une coupe de style ionien du VIe siècle avant notre ère, mais d'origine indécise. Pour M. Déchelette, il s'agit d'une kylix de style protocorinthien géométrique, c'est-à-dire vraisemblement du VIIe siècle avant notre ère, mais pouvant être, à la rigueur, reportée au VIIIe ou rajeunie jusqu'au VIe. Telle est aussi l'opinion de M. Orsi, dont les belles fouilles en Sicile ont mis à jour de nombreux exemplaires de cette céramique.

Tumulus 2 du Renard. — Sur un autre ressaut de la même crête, mais à un niveau légèrement inférieur à celui du tumulus précédent, et à 45 m de celui-ci, à cheval sur les propriétés de MM. de Gasquet et Auzet, était un autre tumulus que j'ai également fouillé.

La disposition rappelait absolument celle du tumulus des Trois-Quartiers, sauf en ce qui concerne la sépulture.

Celle-ci était légèrement à l'ouest du centre. En ce point, la hauteur du tumulus proprement dit était de 0^m,70.

Les os mêlés aux pierres sur une profondeur de 0^m,30 composaient une poche à ossements *non incinérés*. Il y avait comme mobilier : un bouton en plomb, un poignard en fer et six bracelets en bronze plats, unis ou avec des dessins formés de paires de lignes alternativement inclinées, en zigzag. Ce qui m'a le plus surpris, c'est que la plus grande partie de la surface de certains de ces bracelets n'était presque pas altérée. Elle avait une teinte jaune rappelant celle du laiton neuf, avec des piquetés verts où l'attaque se produisait sous la couche protectrice. Ces bracelets, pesant en moyenne 6 gr, avaient un diamètre interne de 0,0725 m. C'étaient donc des parures d'enfants.

Tandis que cette poche à ossements humains était au fond du tumulus, une autre poche, à 3 m au nord (avec légère déviation à l'est) de la première, près d'un cercle de pierres plus grosses consolidant le tumulus, n'était qu'à 0^m,20 de profondeur; la profondeur propre de la poche était elle-même de 0^m,20. Ici, il ne s'agissait plus d'os humains, mais d'os de canidé, probablement de *C. familiaris*.

Il importe de souligner le fait que, dans ces deux poches, les os non incinérés avaient subi un décharnement naturel (sépulture primaire), ou rituel et artificiel avant d'être placés dans le tumulus. On peut rattacher le fait à ce qui a été constaté bien des fois pour le néolithique.

Cette observation vient aussi à l'appui de ce qui a été observé dans les tumulus hallstattiens des Hautes-Alpes.

Résumé. — Sous différents aspects extérieurs, et malgré des différences de rites funéraires, les divers tumulus que j'ai fouillés dans les communes de Pertuis et de la Bastidonne, paraissent appartenir à l'époque hallstattienne.

Incinération sur place; dépôt d'ossements incinérés hors du tumulus; inhumation proprement dite; sépulture secondaire ou décharnement du squelette; simples cénotaphes : tels paraissent avoir été les divers rites funéraires de ces populations, simultanément ou durant une période relativement courte.

Les matériaux des tumulus sont pris sur place, et leur nature influe sur la forme du monument; la terre a besoin d'être maintenue par des blocs et forme des talus; les galets ronds donnent, comme les pierrailles, des profils plus adoucis; les grosses pierres anguleuses facilitent l'érection de tertres plus apparents que ceux formés de petits matériaux.

Dès le VIIe siècle, vraisemblablement, les produits grecs étaient transportés, dans l'intérieur des terres, par le commerce. Donc, le fait de trouver dans une ville ancienne quelques tessons de cette époque ne permet pas de conclure qu'une cité grecque y était fondée, mais simplement que les Grecs y venaient.

Il semble qu'on a exagéré l'importance de la vallée du Danube en la représentant comme voie presque exclusive de la pénétration grecque à cette époque.

Si l'empire romain négligea en partie la voie du cours moyen de la Durance, ce chemin, constituant un brin de l'éventail des routes rayonnant autour de Marseille, a dû avoir une réelle importance à l'époque massaliote.

M. S. CLASTRIER,

Sculpteur-Statuaire (Marseille).

FOUILLES D'UN HABITAT LIGURO-CELTO-GREC (Suite).

571.8(079.6)(364)(371)

2 Août.

L'année qui vient de s'écouler m'a permis la mise en ordre de la fouille, (un tiers est restitué) le remontage des vases, la découverte d'une pierre gravée, représentant un *petit cheval*, d'un moule complet pour anneaux de bronze d'une monnaie (fruste), etc., plus, de nouvelles observations inédites qui ne peuvent malheureusement rentrer dans le cadre de ce rapport succint.

Au *Pain de sucre*, maintenant, le plan général est connu et l'utilité démontrée par son genre de construction : c'est un habitat militaire porté à la casmétration la plus rigoureuse et la plus complète pour l'époque, les déblaiements des habitations qui restent à fouiller, une à une, ne pourront qu'augmenter la riche moisson de détails nouveaux, mais n'agrandiront nullement l'exactitude de l'ensemble aujourd'hui révélé.

Le moment était donc venu de trouver le moyen de faire passer sous les yeux de mes collègues de la IIe section, une impression d'ensemble de mes travaux annuels représentant cinq ans d'activité et d'efforts à l'habitat du *Pain de sucre*, afin d'avoir leur opinion et leurs conseils, pour savoir si je ne faisais pas fausse route et ne perdais pas mon temps inutilement; à travailler seul, on peut s'égarer.

Le point de départ était le suivant : tenter de faire, pour les constructions d'ensemble de cet habitat protohistorique, ce qu'on fait et font certains préhistoriens, ayant le souci des restitutions pour la Préhistoire, soit : représentations des industries primitives, de l'habitalité des grottes, de leurs faunes, enfin des restants de l'homme lui-même. Remettre à son niveau protohistorique tout un stade des temps presque mystérieux, et pourtant assez près de nous, où les peuplades Ligures, Celtes et les émigrés grecs, trafiquaient sur nos côtes de la Méditerranée et plus spécialement au fond du golfe de Marseille. Faire en sorte de donner en raccourci l'illusion de la réalité, de ce que pouvait être un habitat fortifié sur un point stratégique défendant la vieille cité Phocéenne, grouper et coordonner enfin tout ce qui se rattache à cet habitat, pour le remettre en état, *tel qu'il était jadis*, en un mot le faire revivre. C'était aussi une façon de me délasser de la fouille laborieuse.

Voilà le but, voyons les moyens; ils consistaient à représenter en petit tout le travail actuel; c'est ce que j'ai fait et ce que je présente me basant : sur mes notes, mensurations et propres observations; sur l'étude des pierres en place ou renversées, dessinées, gravées, brûlées, brutes ou travaillées ou éparses, mais utilisées sûrement; sur les couches stratigraphiques, la couleur de ces couches, foyers, niveau des foyers, prélèvement d'échantillons des terres et cendres, tamisage, dessins, croquis côtés, photographies, topos, moulage estampage, reproduction et enfin petits modèles à l'échelle dressés directement d'après ce qui *reste* et *existe* des bases et complétés par moi pour ce que devait être le dessus, toits et murs, car, on le sait, une amorce de mur *en place* conduit fatalement à sa hauteur et l'appareil de base n'est-il pas le véritable témoin des pierres disparues? Ne nous arrive-t-il pas, pour les vases, de déterminer un profil avec quelques tessons? la méthode reste la même.

Cette section est parfaitement visible dans mes petits modèles, le haut est donc seul supposé, mais supposé en continuant les lignes d'*amorçages* restantes, ce qui devient presque une réalité. Quant aux couvertures en chaume et terres battues, j'ai tout lieu d'y croire aussi puisque ma fouille, qui est aujourd'hui de moitié, n'a jamais exhumé le moindre morceau de tuile ou de tuilaux à rebord, et, sur ce point, je reste en conformité avec les auteurs anciens.

Mais malgré cela, je tiens à déclarer, que seules l'exactitude et l'observation, ne pourraient, en pareil cas, ne donner la vérité archéologique tout entière, si elles n'étaient en l'occurence, soutenues et reliées, ou plutôt éclairées par l'apport sans limite de l'art, qui vivifie et colore tout et dont le rayonnement donne aux choses d'antan, aux vieilles pierres, comme aux vieux textes, un peu du reflet de l'état d'âme des races disparues.

Ainsi aidé, on peut rebâtir souvent avec des riens, fragmentairement, souvent avec succès, toute une époque, non pas sèche et froide, ou morte et glacée, non, mais avec le seul souci supérieur, de rechercher la vie dans ce tas de vieilles choses mortes.

Tous mes modèles sont démontables, à la façon des bergeries de bazar, ce moyen me permet de faire suivre méthodiquement le spectateur à la marche de la fouille, à ses différentes phases, depuis la brousse et son humus moderne jusqu'au rocher, en passant successivement par les couches archéologiques intercalées, par ce moyen, qui je crois m'est personnel, je pense faire bénéficier la Préhistoire d'une application technique au bénéfice de la vulgarisation de cette science.

On voit très bien, par le modèle 1 et 2, l'état nature du sol au printemps de 1905, date du départ des travaux, puis suivant cette couche qui fait chape d'enveloppe, on trouve au-dessous, correspondant exactement l'état de la fouille un an plus tard. Les modèles 3 et 4 donnent l'avancement de la fouille aux années 1907-1908; le modèle 5, 1909 et le 6, l'état actuel en juin 1910, par conséquent deux mois avant le présent Congrès. Les photographies ci-annexées représentant, une hutte et ce qu'*il en reste en place*, ainsi que l'ameublement constitutif, également *en place*, et un essai de toiture d'après ce qui existe, cette restitution est, sur mon modèle, à l'échelle de 0,05.

M. S. CLASTRIER.

(Marseille).

GROTTE CRISPINE DANS LA NERTHE.

571.83(44.39)

2 Août.

La grotte *Crispine*, dans le massif de la Nerthe aux environs de Marseille, n'est qu'à la *moitié de sa fouille* et pourtant, comme peuvent s'en rendre compte mes collègues du Congrès, elle est déjà assez riche pour prendre rang parmi les grottes intéressantes du département des Bouches-du-Rhône, où les grottes bien fouillées sont rares (et je dis cela non dans un sens critique, mais simplement parce que la Préhistoire, il y a seulement 20 ans, n'était pas pourvue des moyens d'investigation, de soin et de prudence d'aujourd'hui). J'ai d'abord trouvé l'homme; un crâne complet et une calotte crânienne, plus quelques os humains; et ensuite l'industrie de ces néolithiques, deux superbes enclumes, des galets à cupules, tranchets, grattoirs, burins, une très belle pointe de flèche, qui fait penser aux trouvailles de feu mon ami et collègue le Pr Marion, au lieu dit : le *Co de botte* près Marseille, industrie précieuse et finie à l'excès, les hommes des silex ouvrés de la grotte *Crispine* étaient des plus habiles; absence complète de métal, beaux vases apodes et tessons décorés. L'ensemble de cette moisson sans compter ce que l'avenir me réserve, m'incite à publier l'an prochain, au Congrès de Dijon, une étude plus vaste sur cette grotte, j'en ai montré une partie à Toulouse, cette année ; j'espère, l'année prochaine, la compléter au point de la rendre classique dans notre département et faire naître sans autre prétention que le goût de la Préhistoire, l'étude des grottes de Provence, qui peut donner par la suite les plus beaux résultats.

M. L. SCHAUDEL,

Receveur principal des Douanes (Nancy).

LES PIERRES A BASSINS DANS LES VOSGES.

571,83 (44.39)

5 *Août.*

I. C'est Félix Voulot, dans son Ouvrage : *Les Vosges avant l'histoire* (¹) qui, le premier, a appelé l'attention sur les pierres à bassins du massif vosgien. En pionnier intrépide et passionné d'une science encore à ses débuts, il s'était mis vaillamment à la recherche et à l'étude des monuments mégalithiques, vestiges des anciennes civilisations qui, dans le cours des siècles, s'étaient rencontrées et souvent heurtées dans ces régions, aux confins de la Gaule et de la Germanie.

Sa moisson fut abondante, mais de valeur inégale pour la raison qu'il n'a pas toujours su séparer l'ivraie du bon grain.

Ce premier Ouvrage de Voulot, bien qu'étant une œuvre de bonne foi, ne doit donc être consulté qu'avec beaucoup de circonspection, surtout en ce qui touche certaines théories quelque peu extravagantes que lui-même, d'ailleurs, n'a plus soutenu dans ses publications postérieures. Mais, si ses interprétations, ses déductions, ses rapprochements sont trop souvent hasardés, s'il n'a pas su éviter l'écueil des généralisations prématurées, du moins les faits qu'il a observés sont consciencieusement rapportés et peuvent servir de base à une étude des vestiges préhistoriques dans les Vosges.

En ce qui concerne spécialement les roches et les blocs montrant des cavités faites de main d'homme, Voulot les distingue en *cuvette* (cavité évasée), en *marmite* (dont les parois s'approchent de la verticale et sont parfois plus évasées au milieu qu'au sommet), en *entonnoir*, toujours très profond relativement à son diamètre supérieur.

Il a signalé un grand nombre de ces excavations sur le mont Sainte-

---

(¹) *A B C d'une science nouvelle. Les Vosges avant l'histoire*, Mulhouse, 1872.

Odile, sur le Taennichel (900 m), sur le Hohneck (980 m) et sur les points
ci-après :

La *marmite du diable*, double dépression sur une roche de granit dominant
Lautenbach, près Guebwiller. Le *groupe du Kœnigsthul*, près d'Aubure, sur
grès vosgien (900 m d'altitude). Le *Hirtzensprung*, sur la route de Ribeauvillé
à Sainte-Marie, rocher abrupt portant à son sommet deux cuvettes à déversoirs profondément gravés dans le granit. Les groupes rocheux du *Charlemont*
et de l'*Altenberg*, vallée de Liepvre : grès vosgien. Le sommet du *Climont*
(900 m d'altitude). Le plateau du *Kienberg*, près Barr. Le *petit Narion*, près du
Katzenberg, au-dessus de Lützelhausen. Le sommet méridional du *Schneeberg*,
près Wasselonne (967 m d'altitude). Le groupe du *Donon*. Le groupe de *Bi-*
pierres ou *Vuipierres*, près Schirmeck. La pierre de *Saint-Quirin*, au-dessus du
village de ce nom ([1]).

Toutes ces roches à dépressions sont en grès vosgien.

En 1880, les Drs Bleicher et Faudel, dans leur belle étude : *Matériaux*
pour une étude préhistorique de l'Alsace, ont consacré, à leur tour, un chapitre aux pierres et rochers à bassins des Vosges.

Ils ont observé que ces bassins occupent toujours le point culminant
de rochers ou de groupes rocheux élevés, très en vue et dominant la contrée ;
que les cavités sont ordinairement rondes ou ovales, mesurant de 20 à
60 cm de diamètre ; que quelques-unes sont reliées entre elles par des
rigoles taillées ou déversoirs par lesquels s'écoule le trop-plein de liquide ;
enfin, qu'elles sont isolées ou réunies par groupes.

Les Drs Bleicher et Faudel ont décrit et reproduit les dessins de deux
de ces monuments pouvant servir de type : l'un, sur le *grand Hohnack*,
présente un groupe de quatre bassins sur un amas rocheux de grès ; l'autre,
sur le *Hohlandsberg*, montre un seul bassin au haut d'un rocher de granit.

Voici la description qu'ils donnent de ces deux exemples typiques :

La montagne du grand Hohneck (980 m d'altitude) est située à l'entrée de
la vallée de Munster, au-dessus de Wihr-au-Val ; elle domine tous les environs
et se remarque de loin par sa couleur rouge qui tranche sur la verdure des forêts voisines ; elle a la forme d'un immense tertre funéraire rappelant un peu
l'aspect du Tœdi, en Suisse. C'est un vaste dépôt de grès vosgien reposant
sur une base granitique et dont l'extrémité sud est fortement entaillée par des
carrières.

Pour arriver au point culminant, on passe au milieu de quartiers de rocs
éboulés, dont l'un est resté debout verticalement, comme un énorme pan de
mur ; puis on grimpe à travers une espèce de couloir pratiqué dans un entasse-
ment colossal de rochers qui forme la base du monument (on dirait qu'on a
cherché intentionnellement à rendre l'accès du sommet aussi difficile que possible).

Au point culminant, un assez grand bloc, usé sur toutes ses faces, est main-
tenu en position horizontale, par des pierres plus petites ; il figure à peu près

---

([1]) Elle a déjà été signalée par J.-G. Schweighauser, dans ses *Antiquités de l'Al-*
sace, etc. Mulhouse et Paris, 1828.

un cœur dont la base, tournée vers l'Est, offre un groupe de quatre bassins arrondis, à parois verticales et à bords nettement découpés, ayant 3o cm à 4o cm de diamètre et 25 cm à 3o cm de profondeur. Le travail de l'homme semble évident dans la régularisation de ces parois et la taille à pans coupés du petit déversoir dont est muni le bassin inférieur. Une croix grecque est profondément gravée tout auprès.

On jouit de là d'une vue superbe sur la plaine d'Alsace, la vallée de Munster et la chaîne des Hautes-Vosges.

Bien des idées superstitieuses et des légendes fantastiques se rattachent à cette montagne. Le bloc à cuvettes porte le nom de *Hexenkessel* (chaudron des sorciers) et servait, selon la tradition, à des cérémonies payennes et à des sacrifices où coulait à flots le sang des victimes. La croupe du Hohneck s'appelle *Riesengrab* (tombe du géant).

Presque en face du Hohneck, de l'autre côté de la vallée, au pied du cône qui supporte le château de *Hohlandsberg*, sont trois groupes de rochers granitiques appelés *Fichthannenbückele*, en raison des pins qui les couronnent. Au sommet du rocher du milieu existe un beau bassin, de forme elliptique, nettement taillé (longueur 78 cm, largeur 7o cm, profondeur 2o cm); le fond est presque plat; le rebord à angle droit, excepté d'un côté où il forme saillie en dedans. La roche est un granit gris, dur et homogène, sans inclusion de parties étrangères, tandis qu'au pied de la montagne, il renferme des amas lenticulaires et des fragments anguleux de minette. On ne saurait donc expliquer la formation de cette cavité par la seule action des agents atmosphériques, d'autant plus qu'elle est abritée par un bloc vertical qui la préserve presque complètement du vent et de la pluie; nous l'avons en effet toujours trouvée vide et à sec.

Les Drs Bleicher et Faudel donnent ensuite un relevé de tous les mégalithes signalés en Alsace, et, parmi eux, un certain nombre de pierres à bassin.

A cette liste, je suis aujourd'hui en mesure d'ajouter quelques blocs à gravures que mes recherches dans la région du Donon, mais sur la partie restée française, m'ont permis de découvrir.

II. *La Pierre à bassin de la Pile*. — Elle est située sur le territoire de la commune de Pexonne (Meurthe-et-Moselle), sous 5°5′ longitude Est, et 53°83′ latitude, dans la forêt du *Grand Reclos* à quelques centaines de mètres de la ferme de la *Pile*, non loin de la source du ruisseau de *Vohné*, petit affluent de la Plaine.

C'est un grand bloc de grès vosgien, heptagone irrégulier mesurant 14 m de contour et 1,5o m d'élévation au-dessus du sol. La face supérieure montre un bassin circulaire fortement évasé vers le haut et entaillé sur un côté de manière à former déversoir. Le bassin a o,6o m de profondeur et le déversoir o,25 m, de sorte que le récipient n'aurait laissé échapper un liquide qu'à o,35 m au-dessus du fond.

Ce bloc, autrefois connu sous le nom de *Carling* (signifiant *écuelle* dans le patois local), est aujourd'hui désigné comme *pierre druidique*, dénomination évidemment d'invention moderne. Je lui ai donné le nom de *Pierre à bassin de la Pile*, à cause de la proximité de la ferme de ce nom.

III. *Pierre d'appel et Chaudron des fées*. — Une autre belle pierre à bassin se trouve à une distance, à vol d'oiseau, de 9 km, plus au Sud, sur une hauteur, dite *Côte de Répy*, qui s'élève, sur la rive gauche de la Meurthe, au sud-ouest de la petite ville de Raon-l'Étape (Vosges). Le monument est situé, sous 5°3' longitude Est et 53°74' de latitude, à l'extrémité d'un éperon barré, à l'altitude de 5o1 m, qui s'avance vers l'Est et domine au loin la région. Le vallum qui ferme l'éperon à 3oo m à l'Ouest, est encore fort bien visible. La dénomination de *Pierre d'Appel* n'est, d'après mon excellent confrère, M. Ch. Sadoul, directeur du *Pays lorrain*, que la transformation d'une appellation plus ancienne, celle de *Pierre de la Poêle* avec la prononciation locale *Pierre de la Paile*.

Il s'agit d'un bloc en grès vosgien, pentagone irrégulier de 12,55 m de contour, tout au bord d'un escarpement qu'il surplombe de trois côtés. Le côté le plus accessible a été façonné de manière à former une sorte de siège, de 1,55 m de longueur, auquel la paroi du bloc, taillée verticalement et haute de o,75 m, sert de dossier. En s'y asseyant, on tourne le dos au bassin. Celui-ci, creusé dans la face supérieure horizontale, se trouve vers le bord opposé en surplomb. Il est de forme elliptique, le plus grand axe ayant 1,15 m et le plus petit 1,10 m; la profondeur est de 0,40 m. Un petit canal de faible profondeur relie le bassin au bord du côté de l'escarpement.

Sur la même crête, à 15oo m environ à l'Ouest, à l'altitude de 5o9 m, existe une grande roche hexagonale dont chaque côté mesure environ 3,5o m et n'affleure que d'une vingtaine de centimètres le terrain plat environnant. Un bassin, creusé dans la face supérieure horizontale, vers le côté Nord-Ouest de la roche, présente également un contour elliptique dont le grand axe mesure 1,6o m et le petit axe 1,55 m; sa profondeur est de 0,60 m. Ce bassin, très régulièrement creusé en forme de calotte sphérique renversée, est presque toujours rempli d'eau. Il est connu sous le nom de *Chaudron des fées*. Deux autres cavités de forme analogue, mais de faible profondeur, existent à côté.

La forme à six pans de la roche et son faible relief au-dessus du sol environnant, pourrait laisser supposer qu'anciennement elle était protégée par une toiture; c'est d'ailleurs là une simple impression, car il ne subsiste aucune trace d'un aménagement de ce genre.

IV. *Pierres à bassins des Hautes-Chaumes de Moussey.* — J'ai enfin découvert et étudié un groupe important de pierres à bassins sur les *Hautes-Chaumes*, territoire de la commune de Moussey (Vosges), à une vingtaine de mètres seulement de la frontière, vis-à-vis des bornes nos 2060 et 2061 (5°3o' longitude Est et 53°85' latitude Nord). De ce point, situé à l'altitude de 9o6 m, la vue s'étend au loin vers l'Est, du Donon (à 8 km à vol d'oiseau) au Champ du feu, en passant par les sommets qui encadrent la vallée de la Bruche.

Le groupe est composé d'une vingtaine de blocs en grès vosgien, la plupart de grandes dimensions, disséminés sur une étendue d'une centaine de mètres. Dans la partie Sud, ils sont presque tous actuellement au ras du soi, tandis que vers le Nord, où commence une légère déclivité du plateau, ils s'élèvent parfois à 1 m au-dessus du terrain envahi par la bruyère.

Les blocs à bassins, au nombre d'une dizaine, forment une ligne sinueuse dirigée du Sud-Ouest au Nord-Est. En partant de ce dernier côté, ils sont disposés dans l'ordre suivant :

Le bloc n° 1 (*fig.* 1) est situé à une vingtaine de mètres de la frontière

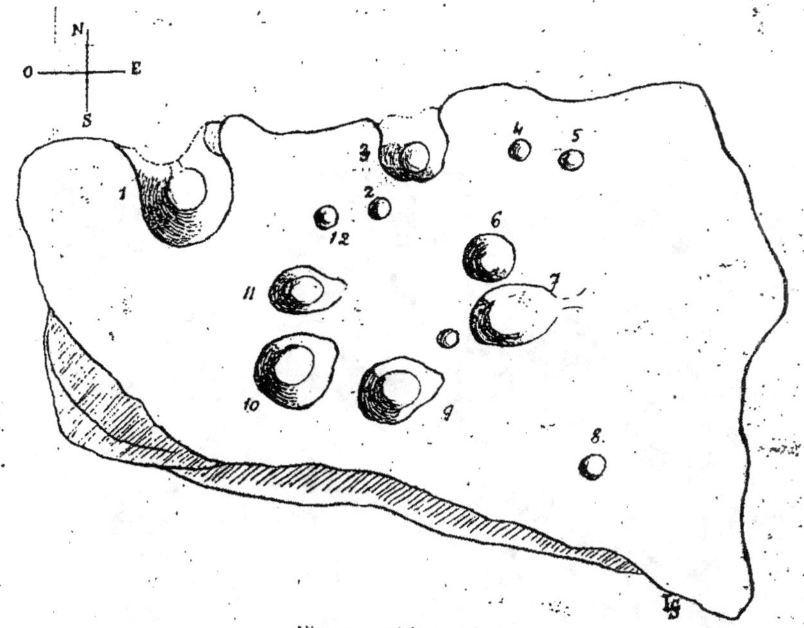

Fig. 1. — Bloc n° 1.

et à une soixantaine de mètres de la borne n° 2160. C'est un très gros bloc trapézoïde, orienté Est-Ouest, dont les côtés mesurent respectivement 6,45 m et 5,90 m et les deux bases 4,85 m et 2,45 m; sur les trois côtés Nord, Ouest et Sud, il s'élève d'environ 1 m au-dessus du sol. A la face supérieure, le bloc présente 7 bassins et 6 écuelles et cupules. Les dimensions, en diamètre et en profondeur, sont les suivantes :

N°s.	Diamètres.	Profondeur.	N°s.	Diamètres.	Profondeur.
	m et m	m		m et m	m
1....	0,75 et 0,80	0,35	7....	0,72 et 0,49	0,29
2....	0,14	0,05	8....	0,20	0,08
3....	0,55 et 0,60	0,30	9....	0,56 et 0,60	0,38
4....	0,23	0,05	10....	0,54 et 0,45	0,23
5....	0,26	0,09	11....	0,42	0,18
6....	0,35	0,15	12....	0,14	0,10

Les deux bassins creusés au bord septentrional sont ouverts et présentent la forme de sièges.

Le bloc n° 2 (*fig.* 2, 3) placé à 10 m du précédent, vers le Sud-Ouest,

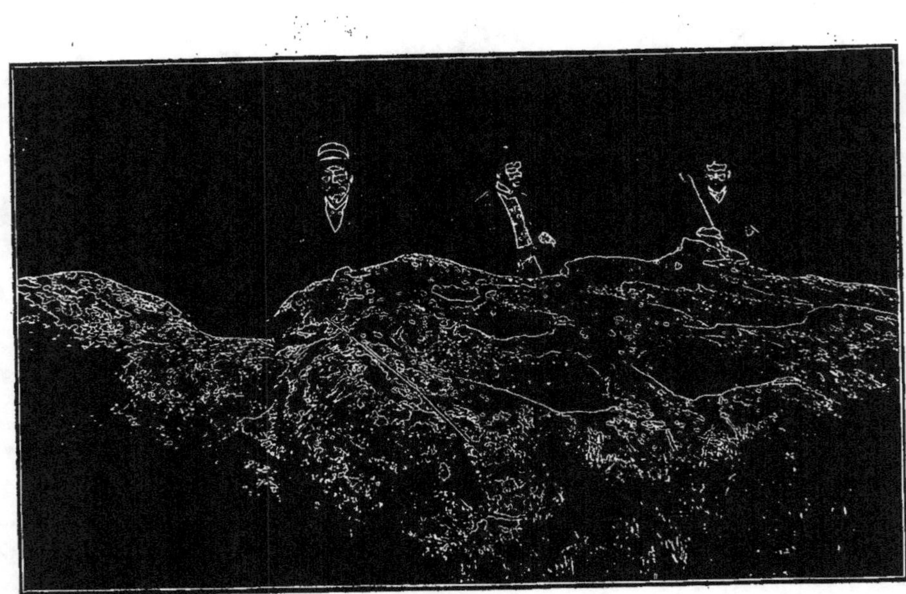

Fig. 2. — Bloc n° 2.

est également un très grand bloc en grès vosgien, trapèze irrégulier dont les côtés mesurent 6,90 m et 7,05 m et les bases 2,20 m et 5,40 m. Orienté de l'Est à l'Ouest et placé sur la déclivité du sol, ce bloc ne s'élève qu'à une faible hauteur vers le Nord, tandis qu'au Sud il surplombe de 1 m en

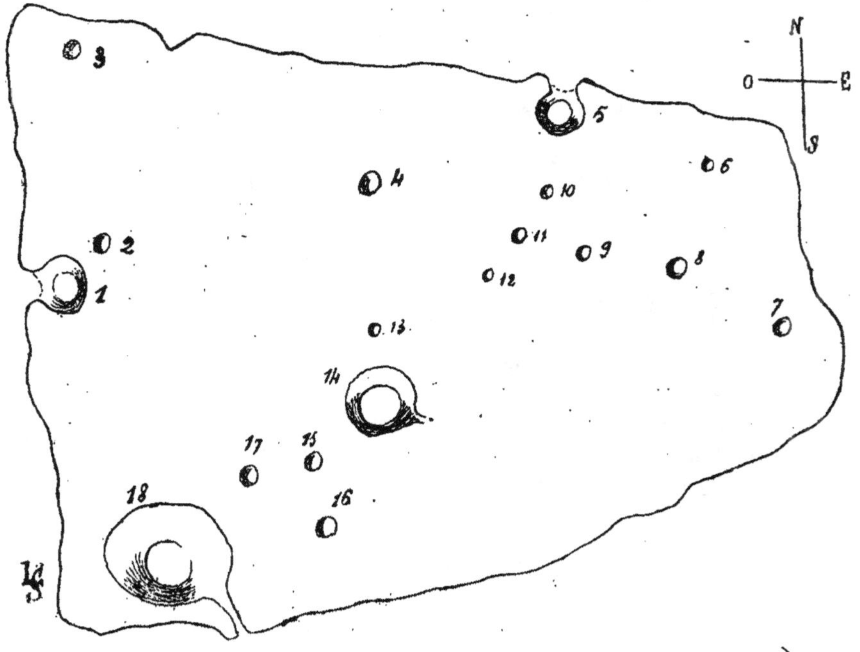

Fig. 3. — Bloc n° 2.

moyenne. A sa face supérieure sont creusés 4 bassins dont deux, sur les bords Nord et Ouest, sont ouverts en forme de sièges, et les deux autres sont munis de rigoles. Celui qui porte le n° 18 a sa rigole entaillée dans le bord Sud en forme de déversoir. A côté de ces 4 bassins, on remarque 14 écuelles et cupules de dimensions variables. Le Tableau ci-après donne les mesures en diamètre et profondeur :

N°ˢ.	Diamètres.	Profondeur.	N°ˢ.	Diamètres.	Profondeur.
1....	0,44 et 0,55	0,32	10....	0,10	0,04
2....	0,15	0,09	11....	0,12	0,05
3...	0,15	0,07	12....	0,07	0,03
4....	0,17	0,06	13....	0,12	0,05
5...	0,38	0,15	14....	0,55 et 0,60	0,28
6....	0,05	0,02	15....	0,15	0,06
7....	0,14	0,09	16....	0,24	0,15
8....	0,10	0,05	17....	0,20	0,13
9....	0,09	0,05	18....	1,25 et 0,95	0,50

A côté de ce bloc n° 2 se trouvent deux petits blocs montrant, creusés

à la face supérieure, le premier un bassin et l'autre deux écuelles.
Le bloc n° 3 (*fig.* 4) est situé à une cinquantaine de mètres au Sud-

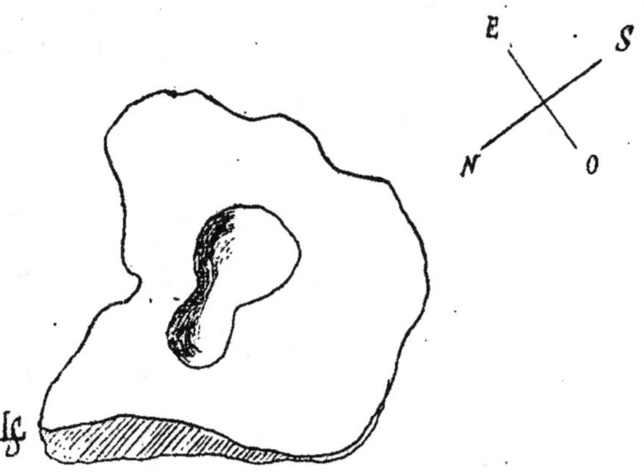

Fig. 4. — Bloc n° 3.

Ouest des précédents. De forme très irrégulière, il mesure 9,65 m de tour
et s'élève d'environ 1 m au-dessus du sol. Il montre à la face supérieure
un bassin de 1,20 m de longueur affectant la forme d'un vase à col.

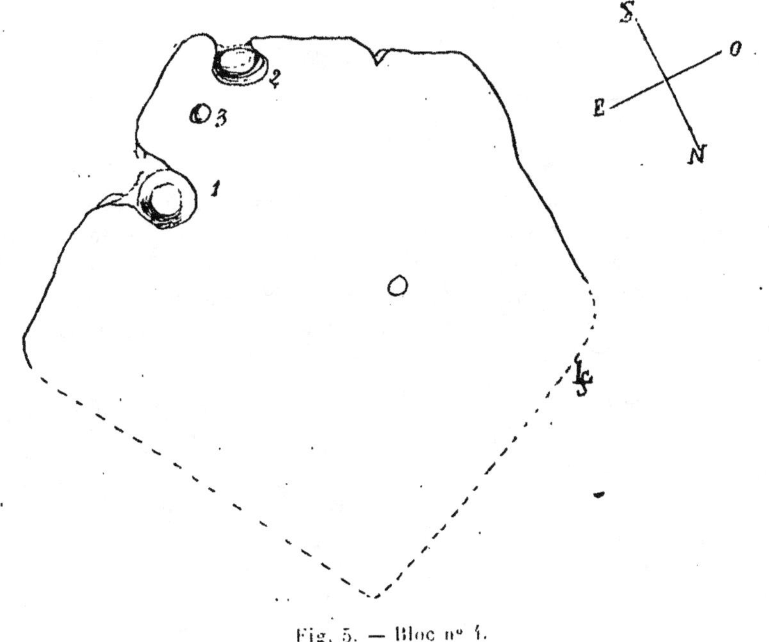

Fig. 5. — Bloc n° 4.

A 10 m, toujours dans la même direction Sud-Ouest, on trouve le bloc
n° 4 (*fig.* 5) de plus grande dimension dont la partie Nord est actuellement

envahie par la terre et les racines de bruyère. La surface à découvert mesure approximativement 16 m²; seule la partie Sud s'élève d'environ 0,50 m au-dessus du sol.

Ce bloc présente, au Sud-Est, une petite échancrure et deux bassins ouverts en forme de siège, ainsi qu'une cupule. Les dimensions sont les suivantes :

Nᵒˢ.	Diamètres.	Profondeur.
	m	m
1	0,40	0,16
2	0,45 et 0,35	0,21
3	0,10	0,03

A vingt pas du bloc nᵒ 4, le plateau est traversé par une tranchée étroite qui aboutit à 70 m de là, à la frontière, entre les bornes nᵒ 2160 et 2161. A trois pas avant d'arriver à cette tranchée se trouve le bloc nᵒ 5 (*fig.* 6) presque au ras du sol et mesurant 13,45 m de tour. Il présente,

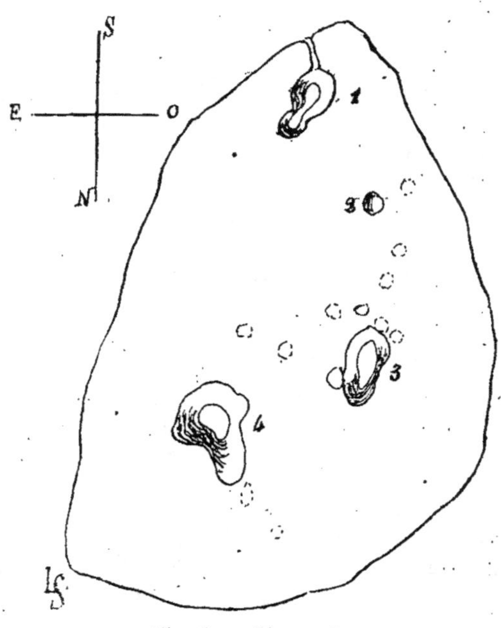

Fig. 6 — Bloc nᵒ 5.

outre un certain nombre de cupules peu profondes, trois bassins allongés, dont l'un, creusé près du bord Sud, est muni d'un déversoir. Les dimensions sont les suivantes :

Nᵒˢ.	Diamètres.	Profondeur.
	m m	m
1	0,42 et 0,35	0,10
2	0,20	0,05
3	0,65 et 0,33	0,06
4	0,83 et 0,60	0,06

A quelques pas de là, sur la tranchée même, existe une pierre présentant deux bassins à contours irréguliers avec canaux d'écoulement.

Roche n° 6 (*fig.* 7). — Enfin, à une cinquantaine de mètres au delà

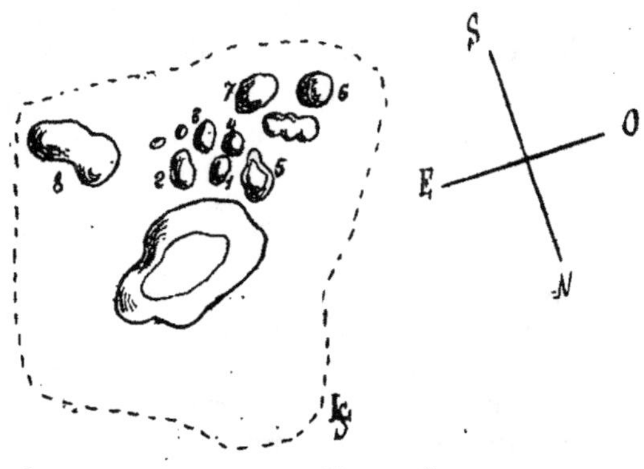

Fig. 7. — Bloc n° 6.

de la tranchée, toujours vers le Sud-Ouest, au milieu d'un massif de jeunes sapins, j'ai encore mis à découvert en partie une roche à ras du sol qui offre au milieu un grand bassin circulaire avec une dizaine d'écuelles et cupules, quelques-unes de forme allongée, cantonnées dans la partie Sud-Ouest. Voici les mesures de ces excavations :

	Diamètres.	Profondeur.
	m m m	m
Grand bassin du milieu...	0,70-0,60 et 0,25	0,17
N°ˢ 1.............	0,18	0,08
2.............	0,30 et 0,18	0,09
3.............	0,19 et 0,13	0,07
4.............	0,15	0,05
5.............	0,25-0,18 et 0,09	0,05
6.............	0,17	0,05
7.............	0,26 et 0,19	0,08
8.............	0,60-0,30 et 0,25	0,11

Entre les blocs n°ˢ 2 et 3, on remarque un groupe d'une dizaine de roches dont les plus volumineuses forment une sorte de dolmen, comme l'indique la vue (*fig.* 7). La table de ce dolmen est un peu plus élevée que le bloc n° 2 (*fig.* 2) situé à une quinzaine de pas vers le Nord. Sa face supérieure horizontale est plane et ne montre aucune excavation.

V. De mon étudé encore incomplète des Pierres à bassins des Vosges, il se dégage un certain nombre de caractères communs que je résume ci-après :

Les blocs et roches à bassins occupent, soit les sommets de hauteurs d'où la vue s'étend au loin sur la région, soit le point culminant de rochers ou de groupes rocheux en saillie sur la pente d'une montagne.

Les bassins sont ordinairement ronds ou ovales; mais il y en a aussi de formes irrégulières, avec des étranglements qui pourraient les faire comparer à des sortes de bouteilles ou de vases munis d'un col. La plupart ont de 0,20 m à 0,60 m de diamètre; mais il s'en trouve aussi de beaucoup plus grands. Quelques-uns sont munis de rigoles ou déversoirs par lesquels s'écoulerait le trop-plein d'un liquide.

Suivant leurs dimensions, on les appelle *bassins* ou *marmites* (aussi *cuves* ou *cuveaux* dans les environs de Saint-Dié). Les parois de ces bassins sont souvent droites, le rebord à angle vif, parfois surplombant (le fond étant alors plus grand que l'ouverture).

Les cavités sont quelquefois creusées au bord du bloc et se présentent alors sous la forme de bassin ouvert offrant un siège dans lequel on peut s'asseoir commodément, le dos et parfois les bras appuyés.

Il est à remarquer que des pierres à bassins et à écuelles absolument semblables ont été signalées récemment dans la Haute-Lusace par M. le Dr Feyerabend et M. F. Wilhelm, de Bautzen. Ce dernier, dans une étude parue dans les *Mémoires de la Société d'Anthropologie et Préhistoire de la Haute-Lusace* (1), fait ressortir les caractères suivants, qui concordent absolument avec ceux des blocs à bassins des Vosges :

1° Les pierres à bassins et à écuelles Haute-Lusace se trouvent toutes sur des hauteurs et le plus souvent au point culminant; 2° on y remarque réunis de grands bassins et de petites écuelles; 3° les bassins sont creusés pour la plupart au bord et ressemblent à des sièges; 4° quand ils se trouvent au milieu, ils sont souvent terminés par une rigole; 5° les écuelles et cupules se voient sur les parties les plus élevées de la surface des blocs; 6° leur disposition montre une certaine régularité : les unes sont disposées en ligne droite, les autres en demi-cercle, d'autres encore se groupent autour d'une écuelle plus grande ou bien forment un carré; elles sont aussi parfois reliées aux bassins par des rigoles.

Ces traits de ressemblance avec nos blocs vosgiens sont corroborés par les figures des planches, au nombre de six, qui accompagnent le travail de M. F. Wilhelm.

Les pierres à bassins ont été considérées comme ayant servi à des usages domestiques, soit pour conserver des liquides, soit pour broyer des matières alimentaires. Mais, dans les Vosges, les bassins sont creusés très souvent à la surface de roches élevées dont l'accès est trop difficile pour rendre plausibles de pareils usages.

On a supposé aussi qu'on y allumait des substances résineuses pour faire des signaux, établir des correspondances entre divers points ou éclairer quelques passages de montagnes. J'incline toujours, pour mon compte, à attribuer à ces monuments une destination funéraire. La présence d'une sorte de dolmen, au milieu du groupe des Hautes-Chaumes de Moussey, est d'ailleurs de nature à me confirmer dans cette idée.

---

(1) F. WILHELM, *Schalensteine in der Umgegend von Bautzen* (*Jahreshefte der Gesellschaft für Anthropologie und Urgeschichte der Oberlausitz*, 1907-1908, Görlitz, 1909).

M. PAGÈS-ALLARY,

Associé C. N. de la Société des Antiquaires de France (Murat).

ESSAI DE CLASSIFICATION CHRONOLOGIQUE DES FOSSILES TESSONS DE POTERIE PRÉHISTORIQUE ET ANHISTORIQUE DE CHASTEL (CANTAL).

Par : 1° *La Cuisson;* 2° *La Technique de fabrication;* 3° *Les Formes* et *Galbe;* 4° *L'Ornementation;* 5° *Les Dimensions;* 6° *La Composition.*

4

Août.

571.55(44.59?)

	SIÈCLES.	CUISSON.	TECHNIQUE FAB.	DIMENSIONS.	COMPOSITION couleur.
1. RENAISSANCE. « ÉMAIL ».	XVI				
2. GUERRE DE CENT ANS. *Influence anglaise.*	XIII	Dès que les tessons *émaillés* sortent des fouilles, la cuisson, les formes, l'ornementation, le style, etc., ont *alors* besoin aussi de l'analyse chimique, pour arriver à déterminer l'âge de l'émail et de la pâte du tesson de poterie. (Très variables avec la pâte, l'émail, les fondants).			
3. VALOIS. *Croisades.*	XII	Très, très cuits. Traces de fusion.	Tour. Peu soignée. Fabrication rapide.	Très peu d'épaisseur.	Pâte noire, quelquefois avec traces d'émail.
4. CAPÉTIENS. *Normands.*	X	Très, très cuits. Demi-grès.	Tour. Rapide et sans soi.	Peu d'épaisseur.	P. noire solide.
5. CAROLINGIENS. *Francs.*	VIII	Très cuits. Traces de glaçures.	Tour. Assez soignée.	Lissage décoratif bonnes proportions.	Pâte grise résistante. Souvent vernis noir, quelquefois blanc.
6. VISIGOTHS. *Invasions.*	VI	Très bien cuits.	Tour. Bien soignée. Lissage.	Lissage décoratif. Bien proportionnées.	P. grise. Soignée très solide.
7. MÉROVINGIENS. *Barbares.*	V	Très bien cuits.	Tour. Soigné.	Lissage décoratif. Proportionnés.	Pâte grise fine.
8. GALLO-ROMAINS. *Invasion des Romains.*	III	Bien cuits.	Tour. Moulage. Barbotine. Colombin	Très variables, mais bien proportionnées. Épaisseur très régulière.	Très fine. Pâte rouge vif. Quelquefois avec engobe blanc, ou vernis rouge ou noir à lustre métallique.
9. GALLO-R*-ARVERNES. *Influence des Grecs.*	I	Bien cuits.	Moulage. Tournette. Peigné.		
10. GAULOIS.	— V	Assez cuits.	(Lissage de fabrication, utile et non décoratif). au Tour et à la main au Colombin.	Re-les proportions et galbe typique.	P. assez solide, bien lustrée, ou cirée, ou avec engobe couleurs.
11. BRONZE.	— X	Peu cuits.	A la main. A la tournette. Au Colombin souv. bouchonné.	Plus régulières dans les cols droits et épaisseurs.	P. peu résistante, très variable, bien lustrée et comme cirée.
12. NÉOLITHIQUE.	— XX	Très peu cuits.	Col droit à la main. Au panier. Beaucoup d'anses.	Irrégulières dans les épaisseurs. Anses percées de plusieurs trous.	P. peu résistante. Tout venant de carrière avec quartz et mica. Très lustrée.

Avec la poterie fine des cérémonies (dite d'importation, œuvre des spécialistes), il y a

BORDS C.	FORMES ET GALBE.	ORNEMENTATIONS.
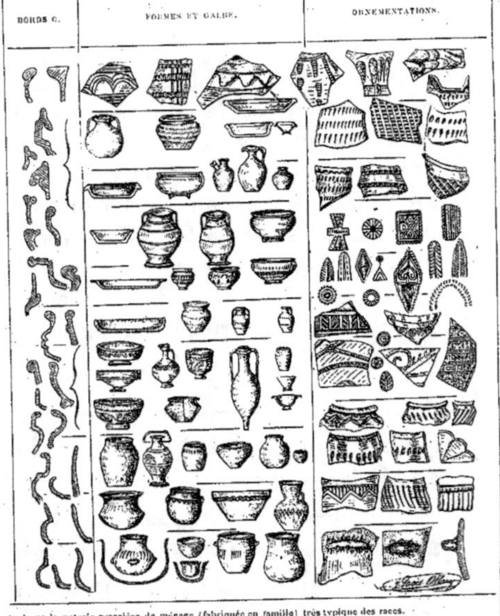		

toujours la poterie grossière de ménage (fabriquée en famille) très typique des races.

M. L. FRANCHET,

Chimiste [Asnières (Seine)].

ESSAI SUR LA CLASSIFICATION CÉRAMIQUE DEPUIS LE NÉOLITHIQUE JUSQU'A NOS JOURS.

571.5 : 738 (12.32) « 19 »

1er *Août.*

Lorsqu'au Congrès de l'Association française, tenu l'année dernière à Lille, j'indiquai la méthode que je comptais adopter pour établir une classification céramique, ie n'avais en vue que les poteries néolithiques.

Mais cédant aux instances de plusieurs archéologues s'intéressant particulièrement à la céramique, j'ai résolu d'étendre mon programme et de ne pas disjoindre la céramique moderne, comme je me l'étais proposé tout d'abord. Cette explication préablable est nécessaire puisque la méthode que j'avais annoncée n'est pas exactement celle que j'ai observée dans le présent travail.

Du reste, la poterie préhistorique ne peut être séparée de la poterie moderne, car aujourd'hui encore, non seulement certains procédés préhistoriques sont toujours en usage, mais ce que certains céramistes appellent si singulièrement leurs secrets de fabrication ou leurs tours de main, ne sont la plupart du temps que des réminiscences de procédés connus et pratiqués depuis une très haute antiquité.

C'est pourquoi, comme je ne cesse de le dire, toutes les fois que l'occasion s'en présente, la céramique primitive et la céramique moderne sont indissolublement liées quoïqu'en puissent penser certains archéologues.

Qu'entend-on par classification céramique? Ce terme doit normalement indiquer la formation de groupes constitués par des éléments offrant des propriétés différentes et dont chaque terme présente un ou plusieurs caractères fondamentaux et communs. Ainsi nous connaissons des poteries à pâte perméable non vitrifiée et des poteries à pâte imperméable vitrifiée; nous pouvons donc établir deux groupes qui seront constitués par deux catégories de produits offrant des propriétés différentes : la perméabilité ou l'imperméabilité, dues à un état non vitrifié ou vitrifié et des caractères communs dus à la composition de leurs pâtes faites d'éléments plastiques et non plastiques en quantités variables.

Ainsi que nous le verrons tout à l'heure, cette méthode nous conduira à établir des divisions précises en *Familles*, *Genres* et *Espèces*, basées sur les compositions des pâtes, puisque ce sont ces compositions auxquelles les poteries doivent leurs propriétés et leurs caractères particuliers.

La classification telle que je viens de la définir est la *classification technique* : elle est, à mon avis, la seule qui puisse être rationnelle, car elle repose sur des bases scientifiques, ce qui est facile à démontrer puisqu'il n'y est fait état que des propriétés que les pâtes céramiques doivent à leur composition élémentaire, composition que l'on peut toujours déterminer par l'analyse.

Il y a un deuxième mode de classification complètement différent de celui dont je viens d'exposer le principe, c'est la classification par les *formes*.

Elle répond à un but tout autre que la classification *technique*, parce qu'elle peut permettre parfois de délimiter les groupements humains et, dans une certaine limite, les migrations dont ils résultent.

Mais la plus grande prudence est nécessaire, car deux formes peuvent paraître issues l'une de l'autre, alors qu'elles constituent chacune un type primordial, tandis que deux autres semblent fort éloignées alors qu'elles possèdent des relations étroites que nous ne pouvons pas apprécier parce que les types intermédiaires n'ont pas encore été rencontrés.

C'est pourquoi l'étude des formes doit se borner actuellement à constater les faits acquis, *à les considérer comme faits particuliers à telle ou telle région*, sans chercher à les généraliser.

Certaines formes céramiques ont pu, dans les temps primitifs, être localisées comme cela s'est produit à une époque plus rapprochée de nous, chez les Grecs et les Romains, et comme cela se produit encore de nos jours dans quelques provinces : ainsi le Beauvaisis, la Bretagne, le Berry, la Provence possèdent des formes qui leurs sont propres et qui, en général, ne passent pas d'une province dans l'autre.

Si la céramique primitive, considérée au point de vue des formes, peut aider à délimiter les groupements humains, appelons les, si nous voulons, provinces ou districts, qui durent exister dès l'origine de l'humanité, sera-t-elle tout d'abord suffisante à elle seule, pour démontrer l'existence de ces groupements, puis pour en établir les limites ? Tel n'est pas mon avis.

En effet, prenons comme exemple la fameuse forme dite *en calice* qui représente le type primordial par excellence, ainsi que je l'ai expliqué l'année dernière au Congrès de Lille, nous le trouvons représenté dans la presque totalité de l'Europe, dans la Haute-Égypte, en Asie, dans l'Amérique du Sud (je ne parle, bien entendu, que des civilisations primitives). Quant à la forme *coupe*, on la rencontre dans le monde entier, ainsi, du reste que le plus grand nombre des formes dites *tournées*.

Les formes qui pourront peut-être rendre le plus de services, au point de vue qui nous occupe en ce moment, sont les formes *modelées* avec ornements en relief, car nous tombons alors dans un art sculptural pouvant présenter des types beaucoup plus caractéristiques.

Cependant, de quelque manière que l'on envisage la question, je ne crois pas que les formes puissent jamais constituer des éléments indiscutables de classification, en raison de leur immense variété. Il y aura toujours des types intermédiaires qui pourront se rattacher aussi bien à une série qu'à une autre qui sera fort éloignée. On tombera alors dans l'arbitraire et par conséquent dans la confusion que l'on cherche précisément à éviter par un classement rationnel.

Et cela est si vrai, que les classificateurs allemands qui se sont spécialement occupés de cette méthode ont été obligés de faire intervenir des éléments disparates, c'est-à-dire la *forme*, le *style du décor* et sa *technique*.

Ce manque de cohésion qui rendra toujours impraticable un semblable classement ne se rencontre pas dans une *classification technique* telle que celle que je vais donner.

Quant aux différents modes de décor, ils seraient assez nombreux dans leurs applications pour nécessiter une classification spéciale, mais la plupart d'entre eux sont susceptibles de convenir à tous les genres de poteries. Ainsi un décor incisé peut être utilisé aussi bien sur un vase non émaillé que sur un vase émaillé; de même pour un décor incrusté, un décor en relief, etc. La céramique de tous les âges nous en fournit des milliers d'exemples.

Dans la classification technique, je divise les différentes poteries connues en *Groupes, Familles, Genres et Espèces*.

A. GROUPES. — Les groupes céramiques sont au nombre de deux :

1º Les poteries à *pâte vitrifiée*;

2º Les poteries à *pâte non vitrifiée*.

La formation de ces deux groupes se justifie par les propriétés absolument différentes, mais propres à chacun d'eux.

Ces propriétés, vitrification et non-vitrification, ne sont pas dues au hasard, mais tiennent à la composition chimique des pâtes. Celles-ci, en effet, sont constituées de telle sorte, qu'elles renferment des éléments réfractaires (silice et alumine, surtout) et des éléments fusibles (oxyde de fer, chaux, potasse et soude) dans les proportions voulues pour provoquer ou empêcher la vitrification à la température où elles doivent être cuites.

Les pâtes des poteries *non vitrifiées*, sont tendres, quelquefois même friables. Elles sont toujours absolument opaques. Leur cassure est mate et terreuse. Elles sont perméables.

Les pâtes des poteries *vitrifiées* sont dures, non rayables par l'acier. Elles sont translucides (même celles qui sont considérées comme opaques). Leur cassure est lustrée. Elles sont imperméables.

Par conséquent, quelque soit le type de céramique examiné, il rentre obligatoirement dans un de ces deux groupes, sans discussion possible.

B. FAMILLES. — Chacun des deux groupes céramiques se divise en deux *familles* :

GROUPE I.	1re *famille*.....	Poteries non émaillées.
	2e »	Poteries émaillées.
GROUPE II.	1re *famille*.....	Poteries vitrifiées opaques.
	2e »	Poteries vitrifiées translucides.

Les Familles du groupe I et celles du groupe II se distinguent tout d'abord par la nature de leurs glaçures respectives.

Les glaçures des poteries appartenant au groupe I sont simplement adhérentes à la pâte et peuvent s'en séparer spontanément avec une assez grande facilité, tandis que les glaçures des poteries du groupe II font corps avec la pâte c'est-à-dire, glaçure et pâte sont soudées ensemble et ne peuvent se séparer l'une de l'autre.

Familles du Groupe I. — La distinction en deux familles n'a pas à être développée longuement ici, puisqu'elle est basée sur l'absence ou la présence d'un enduit vitrifiable appliqué sur la terre, ce qui détermine, une modification radicale dans la technique, c'est-à-dire dans la composition et la préparation des pâtes, dans la décoration et la cuisson.

Les pâtes destinées à être émaillées vont devenir dépendantes des glaçures ou des émaux qui leur sont destinés.

Famille du Groupe II. — Les pâtes de ce groupe sont vitrifiées et translucides : ce sont là leurs caractères propres. Celles de la 1re famille sont dites opaques et les autres, translucides.

Quand on dit qu'une pâte vitrifiée est opaque (exemple : le grès), cette opacité n'est que la relation et seulement apparente en raison de l'épaisseur de la poterie, car, aussi mince que celle-ci puisse être pour pouvoir être fabriquée, elle paraîtra opaque (exemple: grès du Beauvaisis, du Berry, etc). Mais, si l'on détache de cette pâte vitrifiée une lame mince, on verra que celle-ci est réellement translucide. Par lame mince on doit entendre une lame ayant 0,5 mm ou même 1 mm d'épaisseur.

Mais outre ces pâtes vitrifiées qui sont opaques lorsquelles possèdent leur épaisseur normale, nous en avons qui, dans les mêmes conditions sont translucides, ce sont celles qui sont désignées sous le nom de *porcelaines*.

Par conséquent nous sommes en possession de deux familles distinctes de pâtes vitrifiées, dont les caractères apparaîtront plus nettement dans l'étude des genres.

C. GENRES. — Les *genres* céramiques sont établis en prenant pour base l'élément qui communique à la pâte ses propriétés particulières.

Ainsi dans toutes les pâtes du groupe I (poteries non vitrifiées) le peroxyde de fer joue un rôle considérable. La plupart des argiles qui se rencontrent à la surface du globe sont ferrugineuses et restent, par conséquent, après leur cuisson, plus ou moins colorées.

Le peroxyde de fer n'a pas seulement une influence sur la coloration des pâtes, mais aussi sur leur fusibilité et possède, dans ce dernier cas une telle importance que beaucoup d'argiles sont, de ce fait, inutilisables. On ne peut les rendre utilisables qu'en leur adjoignant des éléments réfractaires. On passe alors des pâtes primitives simples faites d'argiles communes aux pâtes complexes nécessitant une technique spéciale surtout pour les poteries de la deuxième famille du groupe I (poteries émaillées).

C'est de la coloration que possèdent les poteries ferrugineuses qu'est née la découverte de l'*engobe* qui eu pour conséquence celle de *l'émail blanc stannifère*. C'est également à cette même coloration que nous devons toute la technique décorative des poteries néolithiques incrustées, des poteries dites *samiennes*, des poteries grecques, etc.

La présence du peroxyde de fer peut donc servir d'élément de classification.

La coloration de la pâte est si importante pour les poteries du Groupe I, que les potiers primitifs ont cherché à la modifier par l'introduction de carbone, créant ainsi un genre spécial qui fut en usage pendant de longs siècles. Dans un récent travail consacré à ces poteries carbonifères, j'ai montré que cette introduction de carbone avait un double but; technique et décoratif [1].

En ce qui concerne les poteries du groupe II (poteries vitrifiées) l'élément ferrugineux disparaît totalement pour faire place à l'élément feldspathique, donnant la fusibilité exigée par cette catégorie de céramiques sans toutefois influer sur la coloration.

Quelquefois le potier choisit des fondants plus énergiques tels que le verre ou le phosphate de chaux (on obtient alors les porcelaines tendres).

Les familles peuvent donc être divisées comme suit :

Groupe I.	1re *famille.*	1er genre.....	Pâtes carbonifères.
		2e »	Pâtes ferrugineuses.
		3e »	Pâtes non ferrugineuses.
	2e *famille.*	1er genre.....	Pâtes ferrugineuses.
		2e »	Pâtes non ferrugineuses.
		3e »	Pâtes siliceuses.
Groupe II.	1re *famille.*	1er genre.....	Pâtes argileuses fusibles.
		2e »	Pâtes feldspathiques.
		3e »	Pâtes verrées.
	2e *famille.*	1er genre.....	Pâte kaolinique.
		2e »	Pâte feldspathique.
		3e »	Pâte siliceuse.
		4e »	Pâte phosphatique.

Ces treize genres possèdent chacun des propriétés spéciales qui sont utilisées par le céramiste soit pour le travail des pâtes, soit pour la décoration, soit pour la cuisson, etc.

D. **Espèces.** — Chaque genre possède une ou plusieurs espèces présentant à leur tour des caractères spéciaux dus comme toujours à la composition des pâtes.

Celles-ci ont bien comme élément plastique, *l'argile*, mais les éléments non plastiques peuvent être très variables, quant à leur nature. Ce sont généralement : la silice, le feldspath ou la pegmatite, le calcaire, la dolo-

---

[1] *Société d'Anthropologie*, séance du 16 juin 1910.

mie, ou simplement une *fritte* c'est-à-dire une matière vitreuse obtenue artificiellement.

Pour les poteries réfractaires, on emploie des argiles très alumineuses et comme dégraissant la même argile préalablement cuite, du sable et quelquefois de la bauxiste.

Mais toutes ces pâtes n'ont pas, comme on le conçoit, des propriétés identiques : toutes par exemple ne possèdent pas la même fusibilité, ou le même coefficient de dilatation, de sorte que pour chacune d'elles, il faudra une glaçure spéciale.

Toutes ces pâtes étant donc distinctes les unes des autres, peuvent constituer des *espèces* différentes. En voici un exemple :

GROUPE I. — 1re *famille* : 3e genre.

1re espèce...	Pâte argilo-calcaire.
2e » ...	Pâte argilo-magnésienne.
3e » ...	Pâte argilo-siliceuse.
4e » ...	Pâte argilo-alumineuse.

Je renvoie au Tableau annexé à ce travail, pour l'énumération des espèces et leurs compositions.

E. TECHNIQUE DU DÉCOR. — Toute poterie est susceptible de recevoir un décor et tous les procédés de décoration connus sont applicables à toutes les poteries.

Cependant chaque genre céramique possède une décoration qui lui est plus spécialement affectée, mais il n'y a en cela, aucune règle.

Ainsi le décor par incrustation de matières terreuses a été pratiqué pendant le néolithique sur les poteries grossières, pendant notre moyen âge sur la poterie commune émaillée et pendant la Renaissance sur la poterie d'art, et cela, quelque soit la composition des pâtes qui étaient argileuses, siliceuses ou calcaires.

Bien qu'un *engobe* puisse être appliqué, dans un but décoratif, sur n'importe quelle poterie, même sur la porcelaine, on le réserve aux poteries non vitrifiées à pâtes colorées, parce qu'il a principalement pour but de masquer la couleur de la pâte.

L'émail blanc opaque qui peut être appliqué également sur toutes les pâtes, même sur les pâtes vitrifiées, ne s'emploie presqu'exclusivement sur les pâtes colorées non vitrifiées, dans le même but que l'engobe; il s'en suit que c'est le seul genre de poteries que l'on a coutume de décorer au moyen de couleurs sur émail cru.

La peinture sur glaçure cuite s'emploie peu sur la faïence mais constamment sur la porcelaine.

Si l'impression sous glaçure est beaucoup plus commune sur la faïence, que sur toute autre poterie, cela tient uniquement à ce que ce genre de céramique se fabrique sur une échelle beaucoup plus vaste que le grès qui, lui aussi, se décore par ce procédé, en ce qui concerne du moins, le grès appliqué aux usages domestiques.

La technique du décor ne peut donc pas servir d'élément pour une *classification générale*, mais elle vient aider à la classification des *genres* céramiques, et encore cette méthode est elle souvent très aléatoire dans l'état actuel de nos connaissances, surtout en ce qui concerne les poteries préhistoriques.

J'ai pu me rendre compte que la détermination des genres céramiques par la technique du décor eût été peu pratique, parce qu'elle n'eut été applicable qu'à certaines poteries seulement. J'ai donc abandonné cette idée que j'avais émise au Congrès de Lille, alors que j'avais, il est vrai, envisagé à un tout autre point de vue, la classification céramique.

Conclusion. — La classification technique telle que je viens de la présenter est à mon avis, suffisante pour nous guider dans l'étude de la céramique, mais elle ne peut nous être d'aucun secours pour la chronologie.

Celle-ci n'offre pas de difficultés insurmontables lorsqu'il s'agit de la céramique émaillée, appartenant à ce que nous appellons les temps historiques; mais pour toute la période préhistorique, une chronologie est actuellement impossible.

En tous les cas, la classification chronologique ne pourra jamais être générale, les divers groupements humains n'ayant jamais évolués simultanément : elle ne sera donc que régionale.

Sur quelles bases pourra-t-on l'établir? Il est difficile encore de le bien définir. Cependant il me semble que c'est dans la technique du décor et dans le style que l'on trouvera des éléments sérieux. Ce n'est toutefois qu'une hypothèse, mais que j'appuie cependant sur l'étude des poteries grecques et romaines qui sont absolument typiques à ce point de vue, car elles possèdent un décor, un style et même des formes qui leurs sont propres.

En a-t-il été de même à l'époque néolithique, aux âges du cuivre, du bronze et du fer, périodes où la poterie grossière était la plus usitée?

Sommes nous bien certains que les Grecs et les Romains, puisque je viens de citer leurs céramiques utilisaient les mêmes formes pour la poterie commune et pour la poterie artistique!

Il y eut certainement des traditions qui se sont continuées : une forme, un décor ou un style ont appartenu à différentes époques.

C'est pourquoi il ne nous est pas encore possible d'établir une chronologie basée sur ces éléments. Nous ne pourrons y prétendre que quand nous serons à même de grouper et de comparer toutes les poteries primitives actuellement connues qui se trouvent disséminées dans les collections publiques ou privées.

Ce travail est possible, mais ne pourra être fructueux que par la centralisation de tous les documents que l'on pourra se procurer. Ceux-ci devront consister, non pas en dessins, mais en photographies dont l'exactitude ne peut être contestée.

Il appartient seulement à une société scientifique, d'entreprendre une œuvre semblable qui, je n'en doute pas, serait féconde en résultats, à la condition toutefois que chaque vase ou tesson photographié porte l'indication rigoureusement exacte de la couche archéologique où il a été rencontré, toute pièce d'époque douteuse devant être soigneusement éliminée. On y joindrait bien entendu une description aussi détaillée que possible de l'échantillon.

Peut-être alors pourrait on établir une classification chronologique qui ne soit pas uniquement arbitraire comme toutes celles qui ont été présentées jusqu'ici.

Discussion. — M. J. PAGÈS ALLARY. — Je n'ai pas à rechercher si M. Franchet nous apporte une classification ([1]) chimiquement meilleure que celles qui se trouvent dans les ouvrages classiques de céramique. Cela regarde plutôt une autre section.

Mais, M. Franchet n'a certainement pas compris le sens et le but pratique de la question posée à la XIe section, qui vise : un *classement chronologique* des objets *du même temps*, fussent-ils de *compositions diverses*; et non un rapprochement artificiel de tessons de *formule identique*, quoique d'*époques différentes*. A partir de l'émail, la classification de M. Franchet ne nous regarde pas; avant l'émail, elle ne nous apporte rien, et c'est M. Franchet qui aurait tout à apprendre de la vulgaire pratique des fouilles systématiques, telles que nous les pratiquons.

Que la Chimie, ensuite, puisse être souvent de quelques secours, c'est incontestable; mais traiter d'empirisme inutile tout ce qui a précédé l'intrusion d'un chimiste spécialiste dans la Préhistoire, cela revient à renier les origines mêmes, *tant empiriques* de la Chimie et de la céramique.

Les préhistoriques ne procédaient ni par équivalents, ni par dosages, ni par pesées. Leurs produits ne sont pas des combinaisons dans le sens chimique, mais le plus souvent de grossiers mélanges.

De sorte qu'il y a certainement plus à apprendre sur leur compte, en observant ce que font encore certaines peuplades restées à leur stade primitif d'évolution céramique, que des superbes formules de la manufacture de Sèvres.

Celles-ci peuvent d'ailleurs tromper. Car M. Franchet fait dépendre le plus ou moins de sonorité des pâtes de la présence de la chaux ! Je lui apprendrai que je fabrique moi-même avec de la silice pure de diatomées fossiles (SiO^2), des céraques, infiniment plus sonores que celles à (CO^2). De plus, la formule pour le vernis rouge des poteries samiennes n'est-elle pas encore à trouver par les *céramistes modernes*?

Quant au préhistorien qui fouille dans la terre et non dans un tableau de formules, il a, à défaut de l'analyse chimique, dont le rôle ne peut être que tout à fait auxiliaire, l'utile recours à ses facultés d'observation, qui lui apprennent que tels ou tels tessons se rencontrant de préférence avec tels ou tels autres objets déjà datés doivent avoir, lorsqu'ils se trouvent seuls, les mêmes dates; il trouve aussi quelquefois des superpositions bien caractérisées; et enfin le simple recours à son sens d'observation lui permet d'apprécier certains caractères physiques, cohésion, densité, homogénéité, dureté, etc., soit à l'état sec, soit au sortir de carrière, et de se rendre compte très approximativement du degré de cuisson, ou même de discerner aussi sûrement que par l'analyse chimique si la flamme fut oxydante ou réductrice.

Si le préhistorien ne dédaigne nullement à son heure la science de M. Franchet, c'est une raison de plus pour que M. Franchet ne cherche pas à ravaler à rien les

---

([1]) *Homme préhistorique*, 1910, n° 5, p. 129-135; *Revue préhistorique*, 1910, n° 8; *Congrès de Toulouse* 1910.

Homme préhistorique, 1910, n° 9, p. 257-266 et *Communication à l'Association Française.*

GROUPE I. — POTERIES A PATES NON VITRIFIÉES.

1re FAMILLE. — *Poteries non émaillées.*

1er genre. Pâtes carbonifères.
- 1re espèce. — Pâtes carbonifères dans la masse.
- 2e » . — Pâtes carbonifères superficiellement.
- 3e » . — Pâtes carbonifères partiellement (marbrées).

Lissage de la pâte.
Lustrage obtenu par enfumage.
Relief obtenu par modelage.
Décor incisé (généralement à la main).

2e genre. Pâtes ferrugineuses.
- 1re espèce. — Pâte ferrugineuse colorée en brun par une cuisson en atmosphère réductrice. — Technique spéciale aux temps primitifs.
- 2e » . — Pâte ferrugineuse proprement dite (rouge, rose ou jaune).
- 3e » . — Pâte calcareo-ferrugineuse.
- 4e » . — Pâte silico-ferrugineuse.
- 5e » . — Pâte alumino-ferrugineuse.

Décor incisé à la main ou par moulage.
Relief obtenu par modelage, ou pâte sur pâte.
Incrustation de matières végétales, minérales (terreuses) ou métalliques.
Peinture avec matières charbonneuses ou terreuses.
Engobe mate ou lustrée.
Peinture sur engobe.

3e genre. Pâtes non ferrugineuses.
- 1re espèce. — Pâte argilo-calcaire.
- 2e » . — Pâte argilo-magnésienne.
- 3e » . — Pâte argilo-siliceuse.
- 4e » . — Pâte argilo-alumineuse.

Les poteries du 3e genre peuvent supporter les mêmes décors que celles du 2e genre.
Les 3e, 4e et 5e espèces sont presque exclusivement réservées à la fabrication des matériaux réfractaires.

2e FAMILLE. — *Poteries émaillées.*

1er genre. Pâtes ferrugineuses.
- 1re espèce. — Pâte argileuse. } Glaçure plombeuse.
- 2e » . — Pâte calcaire. }

La 2e espèce constitue la catégorie de faïences dites *stannifères.*

Engobes.
Émail stannifère.
Peinture sur émail cru.
Décor à reflets métalliques.

2e genre. Pâtes non ferrugineuses.
- 1re espèce. — Pâte argileuse (glaçure plombeuse).
- 2e » . — Pâte argilo-siliceuse (glaçure alcalino-plombeuse).
- 3e » . — Pâte argilo-calcaire (glaçure boro-plombeuse tendre).
- 4e » . — Pâte argilo ou kaolino-feldspathique (glaçure boro-plombeuse dure).

Les pâtes non ferrugineuses du 2e genre constituent la catégorie des faïences blanches. — La 1re espèce était désignée jadis sous le nom de *cailloutage;* la 3e sous le nom de *terre de pipe;* la 4e est appelée *faïence fine.*

Peinture et impression sous glaçures.
Glaçures colorées de fond.
Peinture avec glaçure et émaux, en cloisonné ou cerné en creux ou relief.
Décor en relief par application de pâtes : décor dit *barbotine.*

3e genre. Pâte siliceuse.
- 1re espèce. — Pâte formée de silice.

Glaçure très alcaline permettant d'obtenir des tons spéciaux, notamment le bleu au cuivre, dit *bleu égyptien.*

GROUPE II. — POTERIES A PATES VITRIFIÉES.

1re FAMILLE. — *Pâtes vitrifiées opaques.*

1er genre. Pâtes argileuses.
- 1re espèce. — Pâte argileuse colorée = Grès cérame proprement dit.
- 2e » . — Argileuse non colorée = Grès ordinaire.
- 3e » . — Argileuse fusible = Pyrogranite.

Vernis obtenu par vaporisation du sel marin.
Couvertes colorées.
Couvertes colorées.
Impression sous couverte.
Incrustation de fragments minéraux colorés.

2e genre. Pâtes feldspathiques.
- 1re espèce. — Pâte argilo-feldspathique tendre = Grès fin anglais.
- 2e » . — Pâte argilo feldspathique dure = Grès tendre français.

Vernis obtenus par vaporisation de sels métalliques.
Pâtes colorées.
Couvertes colorées.
Peinture sous couverte.

3e genre. Pâte verrée.
- 1re espèce. — Pâte argilo-verrée (argile + verre).

Même technique de décor que pour les deux autres genres.

2e FAMILLE. — *Pâtes vitrifiées translucides.*

1er genre. Pâte kaolinique.
- 1re espèce. — Pâte silico-alumineuse = Porcelaine dure.

Couvertes colorées au grand feu.
Couleurs sous couverte au grand feu.
Couleurs sur couverte au grand feu.
Couleurs vitrifiables au petit feu.
Biscuit.

2e genre. Pâtes feldspathiques.
- 1re espèce. — Pâte feldspathique micacée = Porcelaine chinoise.
- 2e » — Pâte feldspathique siliceuse = Poterie nouvelle de Sèvres.
- 3e » — Pâte feldspathique alcaline = Parian (produit anglais).

Même technique de décor que pour les grès et la porcelaine dure.

S'emploie ordinairement pour la statuaire, sans décoration.

3e genre. Pâtes siliceuses.
- 1re espèce. — Pâte silico-calcaire = Porcelaine tendre française.

Couvertes colorées.
Peinture sur couverte.
Biscuit.

4e genre. Pâtes phosphatiques.
- 1re espèce. — Pâte argilo-phosphatique-calcaire (porcelaine tendre anglaise).

Même technique de décor que pour les faïences feldspathiques (4e esp., 2e g., 2e F., Gr. I).

moyens en dehors desquels il lui sera impossible de trouver pour ses analyses *une base sérieuse*. Au lieu de critiquer indistinctement tout ce qui a été fait avant lui, dans un domaine où il pénètre à peine, et de ne pas hésiter pour cela à dénaturer par des citations tronquées ou inexactes, sans références bibliographiques, les modestes conclusions formulées avant lui, mieux eût valu qu'il précisât par quelques exemples concrets, *tirés de la préhistoire*, les services réels qu'il est capable de lui rendre, quitte à réserver le trop plein de sa science des classification chimiques pour la céramique moderne, où le champ lui reste libre.

A vouloir heurter le beau pot de Sèvres contre le pauvre mais noble vase Gaulois, fait de débris recollés, la besogne sera peut-être bruyante, mais sera-ce de bonne besogne ? Assurément non, car cela a autant de bon sens que de comparer le jour à la nuit ! la technique scientifique moderne, à la fabrication empirique préhistorique? La théorie et la pratique, comme le capital et le travail, ou le savant et le chercheur doivent (à l'inverse de certains hommes se croyant savants) rester toujours unis et non s'immobiliser sur place.

Sans l'empirisme, bien des sciences n'en seraient pas où elles en sont, bien des inventions ne seraient pas expliquées, ni surtout trouvées par les formules. Pourquoi tant d'ingratitude et d'égoïsme moderne, que l'on dit humains ! bien qu'il n'est pas prouvé qu'ils sont préhistoriques; au contraire ? M. Franchet veut-il nous démontrer que c'est le luxe apparent de l'art du céramiste émailleur, qui se substituant à l'utile, simple et pratique a contribué à engendrer la vanité et la jalousie, en détruisant l'altruisme des chercheurs préhistoriens; *c'est-à-dire*, la plus ancienne et noble qualité.

M. Franchet. — Je me bornerai à faire observer à M. Pagès-Allary que les termes et la violence de sa discussion ne me permettent pas d'y répondre.

M. Pagès-Allary n'apporté rien autre chose, pour combattre ma classification *technique* nécessaire, qu'un sentiment de rancune provenant de ce que je n'ai pas accepté un de ses éléments de classification *chronologique*.

M. CHANTRE,

Sous-Directeur honoraire du Muséum des Sciences naturelles (Lyon).

OBSERVATIONS ANTHROPOMÉTRIQUES SUR DES CHAAMBA
ET DES TOUAREGS.

573.6(651):(661)

5 *Août.*

Tous les voyageurs qui ont parcouru le Sahara ont parlé des Chaamba et des Touaregs; leur ethnogénie, leur organisation sociale et leurs coutumes ont été fréquemment décrites, mais leurs caractères physiques l'ont été plus rarement. Il est vrai qu'ils sont peu abordables, les Touaregs, du moins, et ce n'est que dans des conditions exceptionnelles qu'ils ont pu être observés et photographiés par des anthropologistes. Parmi es auteurs qui ont parlé récemment de ces nomades, on doit citer tout d'abord le Dr Huguet, qui leur a consacré une étude d'ensemble fort documentée et d'un intérêt d'autant plus grand qu'il a vécu à leur contact, mais il n'a pas pu les mesurer; aussi son étude est-elle surtout ethnographique. Après lui, c'est le Dr Atgier ([1]), à qui il a été donné d'observer de plus près une série de Touaregs. On sait combien il est difficile de voir leur face, presque continuellement voilée, et surtout de voir leur tête, qu'ils drapent d'un long turban.

Parmi ces Touaregs, les uns étaient bruns, brachycéphales et brachyprosopes; les autres étaient bruns également, mais dolychocéphales et leptoprosopes. Un troisième groupe était composé de métis des deux premiers types, plus ou moins métissés eux-mêmes d'éléments nègres.

Depuis cette époque, M. Atgier ([2]) a eu l'occasion d'étudier une nouvelle série de ces nomades exhibés à Paris en 1909 : un Chaamba et sept Touaregs.

Chaamba. — Ce sujet est originaire de Metlili, dans la région de M'Zab. Il présente un indice céphalique de 73, 71 et un indice facial de 89. Le nez est épaté des ailes. La taille est de 1,82 m et la grande envergure de 1,90 m.

Touareg-Berbère. — Le seul sujet de ce groupe est originaire d'Akabli, au Sud d'In-Sala. Son indice céphalique s'élève à 80,06 et son indice facial à 77. Son nez est épaté des ailes, sa taille est de 1,65 m et sa grande envergure de 1,74 m.

Touaregs négritisés. — Cette catégorie se compose de quatre sujets de la région d'In-Sala. Ils présentent respectivement les indices céphaliques de 76,06; 73,05; 75,07; 74,07. L'indice facial est de 91; 89; 93; 80. Le nez est épaté et il n'y a de prognathisme chez aucun. Les cheveux sont lisses et droits et non laineux. Leur peau est brun foncé, mais non noire. La taille est de 1,80 m, 1,73 m, 1,63 m et la grande envergure 1,86 m, 1,88 m, 1,69 m, 1,72 m.

Négros-Touaregs. — Deux sujets seulement de cette catégorie se sont laissé mesurer. Ils sont adultes et, comme les précédents, originaires d'In-Sala. Leurs caractères somatologiques respectifs se résument ainsi : l'indice céphalique est de 76 et 76,07; l'indice facial, de 80 et 83. Le nez est épaté, les lèvres sont lippues, mais la face n'est pas prognathe. Le peau est plus foncée que chez les précédents, les cheveux sont mats, crépus ou laineux. La taille est de 1,64 m et 1,72 m, la grande envergure est de 1,98 m et 1,94 m.

Tels sont , brièvement résumés, les résultats scientifiques qu'on possédait sur la somatologie des nomades sahariens, lorsqu'en 1908, durant ma seconde mission en Tripolitaine, j'ai eu l'occasion, chemin faisant, d'étudier huit Chaamba et sept Touaregs. Les premiers, venant de l'Oued-Ghir et se disant originaires de la région de Ghardaya, ont été

([1]) *Bull. Soc. Anthrop.*, Paris, 5e série, t. III, 1902, p. 640.
([2]) *Bull. Soc. Anthrop.*, Paris, t. X, 5e série, 1909, p. 222.

mesurés à Gabès, où ils étaient de passage comme caravaniers. Les seconds, appartenant au groupe Azdger et venant des régions de Ghat et de Ghadamès, ont été mesurés et photographiés à Tripoli, grâce à l'intervention obligeante de S. E. le Vali, le regretté maréchal Mohamed-Ali-Pacha.

Chaamba. — Cette population d'humeur pillarde et guerrière, à qui la France fit naguère une chasse sérieuse dans le désert, s'est fidèlement ralliée à notre drapeau; elle habite plus spécialement entre nos oasis de Ghardaya et El-Goléa, au sud du M'Zab,

Les huit sujets que j'ai pu mesurer, parmi les nombreux représentants de ce groupe ethnique, que j'ai eu l'occasion de voir dans le Sud tunisien et le Sud algérien, sont assez homogènes.

Ces sujets sont tous adultes de vingt-deux à quarante ans. La couleur de leur peau est brune, mais non noire. Les cheveux sont droits et lisses, de couleur noire et brillants. Les yeux sont noirs, brillants et souvent rapprochés. Le nez est droit et quelquefois concave. Leur costume tient de celui des Arabes berbères du Sud algérien ou tunisien et de celui des Touaregs. Leur indice céphalique moyen est de 76,84 : minimum 74,43, et maximum 78.75. Trois sujets seulement présentent des indices inférieurs à 76.

L'indice nasal moyen est de 65,95 : minimum de 60 et maximum de de 72,72; trois sujets seulement ont des indices supérieurs à 68. L'indice facial moyen est de 106,40 : minimum 100 et maximum 109,83. L'indice bipalpébral moyen est de 28,76 : minimum 26,53 et maximum 31.58. La taille debout moyenne est de 1ᵐ,68 : minimum 1ᵐ,63 et maximum 1ᵐ,72 : la grande envergure totale moyenne est de 1,72 : minimum 1ᵐ,63 et maximum 1ᵐ,70.

Leurs yeux sont souvent relevés au coin externe, à la façon des mongoloïdes, comme je l'ai déjà observé chez les Bédouins du Sinaï, sous l'action du rayonnement du Soleil et celle du simoun, qui soulève le sable du désert. Ceux-ci portent fréquemment, comme les Ghatiens, du restè, le Lithan.

En résumé, par leurs indices céphaliques de 76, 84, ces huit Chaamba peuvent être rapprochés des autre Sahariens du Nord, nomades tels que les Beni-Zid, 76,16, avec lesquels ils sont en rapport fréquent, aussi bien qu'avec les habitants des oasis et des plateaux sud bordant le désert, tels que les Ghatiens, 76,59; les Ouderna, 76,53; Ghoumeraciens, 76,16; Ourghama, 77,08. Leur indice nasal, de 65,95, les rapproche des Ghoumeraciens, 65,38, mais ils sont plus lepthoriniens que les Beni-Zid (70,83) et les Ourghama (70), et surtout les Ghatiens, dont l'indice nasal, de 95,63, montre une influence négroïde. Leur taille, enfin, de 1ᵐ,68, les place à côté des Beni-Zid, 1ᵐ,66, et des Ourghama, 1ᵐ,69.

Les Chaamba sont donc, autant que le nombre encore bien faible des sujets que j'ai pu observer peut le permettre, sous-dolicocéphales, lepthoriniens et d'une taille au-dessus de la moyenne.

Touaregs. — Les sept Touaregs que j'ai pu étudier, non sans grande difficulté, sont moins homogènes que les Chaamba. Amenés dans le jardin du consulat général de France à Tripoli par un des officiers d'ordonnance du Vali, ce n'est qu'à l'abri des regards indiscrets du public qu'il m'a été donné de pouvoir les mesurer et les photographier. Ce n'est qu'après de longs pourparlers que j'ai obtenu qu'ils se découvrent la tête, et surtout la face, qu'ils cachent jalousement aux yeux de tous, la conservant complètement voilée, sauf au niveau des yeux, qu'on voyait étinceler dans un mince intervalle de leur voile de figure (Lithan). Cette coutume, sorte de pudeur, est devenue pour ainsi dire religieuse chez eux. Elle est motivée par la nécessité de garantir leurs yeux et les voies respiratoires du rayonnement solaire et des sables soulevées par les pas de leurs caravanes ou par le simoun. Lorsque le vent du sud, en effet, souffle en tempête dans les plaines et les déserts du Sahara, les Sahariens se trouvent enveloppés dans les tourbillons de sable, qui ne tarderaient pas à les asphyxier, si la bouche et le nez n'étaient pas protégés et ne recevaient pas un air tamisé par leur voile.

Nos sept Touaregs doivent être séparés en deux groupes : 1º ceux qui, au nombre de cinq sujets, présentent des caractères berbères à peu près purs; 2º ceux, au nombre de deux, dont ces caractères paraissent avoir été plus modifiés que les autres par un métissage, avec des éléments négroïdes.

Touaregs Berbères. — L'indice céphalique moyen de ce groupe est de 70,15 : minimum, 68,25, maximum, 71,50. L'indice nasal, 72,34 : minimum 66,67, maximum, 86,95. L'indice facial, de 100,78 : minimum, 94,07, maximum, 106,45. L'indice bipalpébral, 30,20 : minimum, 30,11; maximum, 31,61. La taille debout, $1^m,70$: minimum $1^m,68$; maximum, $1^m,76$. La grande envergure moyenne, $1^m,76$: minimum $1^m,70$, maximum $1^m,85$. La couleur de leur peau est rosée bronzée; leurs cheveux sont droits et ondulés et brillants, leurs yeux sont légèrement clignotants et noir foncé. Le nez est droit chez tous.

Touaregs négroïdes. — Les deux Touaregs que j'ai séparés des cinq autres diffèrent peu de ceux-ci. Leur indice céphalique moyen est de 72,54 : minimum 72,08, et maximum 72,65. L'indice nasal est plus élevé, et c'est en cela surtout qu'ils méritent d'être mis à part. Cet indice est de 95,24 : minimum, 91,30, et maximum, 100. L'indice facial est également un peu plus élevé que les autres sujets, il est de 102,50 : minimum, 100, et maximum, 101, 91. L'indice bipalpébral est de 31,95 : minimum 31,58, et maximum, 31,95. La taille est de $1^m,64$; minimum $1^m,58$ et maximum $1^m,71$. La grande envergure totale est de $1^m,68$: minimum $1^m,54$ et maximum $1^m,82$. Ces deux sujets, que je qualifie de négroïdes à cause de leur indice nasal, qui est, chez eux, manifestement plus fort que chez les cinq autres, ainsi que l'indice facial, le sont beaucoup moins par leur indice céphalique et leur taille que par les autres caractères. La forme du nez, qui est aplatie, et surtout la forme de leurs cheveux, qui est laineuse ou crépue, ainsi que la couleur de leur peau plus foncée, autorisent à disjoindre ces deux individus de la série des Touaregs proprement dits, que j'ai mesurés à Tripoli.

Dans leur ensemble, les sept Touaregs. qui viennent d'être décrits rappellent les populations de Ghadamès, de Ghat, de Tougourth, d'Ouargla et de quelques groupes tripolitains. Ils sont, par leurs indices céphaliques, des dolichocéphales — 72 à 73 —; leur indice nasal — 80 à 95, — en fait des mésoprosopes, et leur taille; 1^m,65 à 1^m,70, des populations de taille au-dessus de la moyenne. Il est tout naturel de constater ces ressemblances, car les relations des Touaregs avec les populations des oasis, ou des régions côtières du désert, sont aussi évidentes que constantes.

Étant donné le nombre encore trop restreint que j'ai pu étudier de ces nomades, ces notes ne doivent être considérées que comme provisoires.

Émile RIVIÈRE

Ancien Interne en Médecine,
Directeur à l'École des Hautes-Études au Collège de France,
Président-Fondateur de la Société préhistorique de France.

TÉRATOLOGIE.

DE QUELQUES MONSTRES HUMAINS NÉS AUX XVIe ET XVIIe SIÈCLES.

59.12 : 611.01 « 15 » « 16 »

6 Août.

Dépouillant, en ces derniers temps, le *Journal de Henri III, Roy de France et de Polongne* (1574-1589) et le *Journal de Henri IV* (1589-1610) rédigés au jour le jour par un contemporain, par un chroniqueur du temps, grand audiencier de la Chancellerie de France [1], j'ai trouvé, outre de nombreux renseignements touchant l'histoire de la Médecine et concernant un certain nombre de médecins parisiens (bacheliers en médecine, docteurs en la Faculté de Médecine de Paris, barbiers-chirurgiens, chirurgiens du « Roy », etc.), quelques documents relatifs à la naissance, aux seizième et dix-septième siècles, de plusieurs monstres humains simples ou doubles.

---

[1] Pierre de L'Estoile. — *Mémoires-Journaux* 1574-1610.

J'ai pensé, par suite, qu'il serait, sinon important, la description n'en étant pas complète, mais intéressant ou tout au moins curieux d'en conserver le souvenir pour les archives spéciales réservées à l'étude des monstruosités humaines, en reproduisant fidèlement, dans le français avec l'orthographe du temps et la ponctuation de l'auteur, les détails fournis à l'époque sur chacun de ces monstres humains, et en les réunissant dans une seule et même Note, alors que jusqu'à présent ils se trouvaient épars çà et là dans les journaux d'alors. -

I.

Pour l'un de ces monstres en particulier, le premier dont il est ici question, *un monstre humain double*, *thoraco-xipophage* si je ne me trompe, les détails anatomiques sont plus circonstanciés, partant plus intéressants, « la dissection des parties intérieures » en ayant été pratiquée. Ce nous permet de l'identifier et de le classer dans la série qui lui appartient réellement. Il en est de même des circonstances qui présidèrent à l'accouchement.

Ce monstre, du sexe féminin, double puisqu'il s'agit d'une grossesse gémellaire, est né avant terme, dans les premiers jours de l'année 1605, dans cette partie du vieux Paris de la rive gauche, alors la plus peuplée, qui avoisinait « la place Maulbert ». Je veux parler de la rue de la Buscherie (²), encore actuellement existante et restée à peu près telle qu'elle se trouvait à l'époque. Voici ce que dit Pierre de L'Estoile du susdit monstre :

« L'an 1605, le lundi 17ᶜ Janvier, nacquirent à Paris, en la rue de la Buscherie, à l'enseingne de la Ville de Calais, deux jumelles, sur les trois heures après minuict.

« Le pere s'appelloit Jaques Charpantier, maistre pescheur; la mere Denyse Coudun, aagée de trente six ans. Elles avoient deux testes, quatre bras, quatre jambes, s'entr'accollans par les bras : le tout bien formé en ses parties, avec poil et ongles. Chascune avoit sa nature et son siege ouverts. Elles estoient conjoinctes depuis le millieu de la poictrine jusques au nombril, et vinrent au monde avant terme, au huictieme moys. La mere eust grand travail à son accouchement, les piés estans sortis les premiers, contre nature. Toutes deux n'avoient qu'ung arrierefais commun, lequel enveloppoit les deux testes et les quatre jambes, sans les separer. Celle qui estoit du costé gauche se presenta la premiere avec mouvement, indice de vie; l'aultre morte pource qu'elle avoit peu de chaleur

---

(²) Aujourd'hui *rue de la Bûcherie*, dans le cinquième arrondissement de Paris. Elle commence place Maubert et finit rue Lagrange. La *rue de la Bûcherie* fut ouverte au commencement du treizième siècle sur le clos *Mauvoisin*, qui dépendait de la seigneurie de *Garlande* (*Galande* par altération), et prit le nom de *Buscherie* ou *Bûcherie* à cause de son voisinage du port aux bois et aux *busches*. Cette *buscherie* existait encore en 1415. Elle fut aussi nommée rue de la *Boucherie*, au treizième siècle également, pendant quelque temps, à cause d'une boucherie qui y était établie. Mais Guillot, dans son *Dit des Rues de Paris*, en 1300, la nomme la *Bûcherie*.

naturelle, n'aiant qu'une artere umbilicale; l'aultre, qui a eu un peu de vie, en avoit deux.

« A la dissection des parties interieures, qui feust faicte aux Escholes de medecine, à Paris, il ne s'est trouvé qu'ung foie, ung cœur, deux estomachs, et tout le reste des parties naturelles separé par une membrane mitoienne. Le foie estoit fort grand, assis au millieu, par-dessus uni; et continu par-dessoubs, divisé en quatre lobes, dans lesquelz se rendoient deux veines umbilicales. Le cœur, pareillement, estoit fort grand, assis au millieu de la poictrine, aiant quatre oreilles, et quatre ventricules et huict vaisseaux, quatre veines et quatre arteres, comme si nature eust voulu faire deux cœurs; et, encores qu'il y eust deux ventres inferieurs, il n'y avoit neantmoins qu'une poictrine, separée d'avecque les ventres inferieurs par ung seul diaphragme (¹) ».

II.

Le deuxième monstre humain est né en 1606, au mois de janvier également, non plus à Paris, ni même en France, mais en Allemagne. Il est double aussi, en partie tout au moins, en ce sens que, s'il n'avait qu'une tête, deux yeux et une seule bouche (*os unicum*), mais quatre oreilles (*aures quatuor*), une cage thoracique unique, avec cependant quatre bras, partant quatre mains, par contre, son tronc se dédoublait à partir de l'ombilic et se terminait par quatre membres inférieurs : *totidem crura et pedes.*

Voici, d'ailleurs, la description en latin rapportée par le Journal de Henri IV, d'après « un historien latin », dit notre chroniqueur, description basée sur l'autopsie qui en fut faite « *in sectione* ».

« Sur la fin de ce moys [Janvier 1606], on eust icy advis d'ung monstre, né en Allemagne, duquel ung historien latin (²) parle en ces mots : Sub initium anni hujus, (dit-il), tertio nempe januarii die 1606, monstrum Argentinæ, matre Anna, patre vero Stephano Schwartzio Arculario, natum est, quod, cum ad dimidium horæ viveret, ab obstetrice baptizatum, et Anna Maria vocatum est. Habebat id caput quidem satis crassum, ut ex duobus concretum dixisses, oculosque duos et os unicum, verum aures quatuor; corpus ad umbilicum usque unum erat, inde geminum apparebat ; brachia et manus habebat quatuor, totidemque crura et pedes. In sectione, cor unicum tantum, et pulmo unus, sed hepar geminum, geminusque ventriculus, et quatuor renes reperti sunt, splenis ne vestigio quidem apparente. Quod monstrum quid portendat hisce præsertim periculosis et turbulentis temporibus vel conjectura assequi difficile non est, ut peculiarem admonitionem addere non sit opus (³) ».

III et IV.

Il s'agit ici, maintenant, du récit de la naissance, à l'Étranger, non plus au commencement du dix-septième siècle, mais à une époque antérieure de près de trente ans, c'est-à-dire dans la seconde moitié du seizième

---

(¹) PIERRE DE L'ESTOILE. — *Loc. cit.*, tome VIII, pages 173-174.
(²) Son nom n'est pas indiqué dans le *Journal de Henri IV*.
(³) PIERRE DE L'ESTOILE. — *Loc. cit,*, tome VIII, pages 206-207

siècle, de deux monstres humains également, mais provenant chacun
d'une grossesse simple. Ce récit a paru en 1609 dans le *Journal de
Henri IV* aussi.

La première de ces deux naissances serait, si nous en croyons notre
chroniqueur, celle d'un être mi-humain, *mi-boucqualle* ou caprin. Résultat
d'un « accouplement contre-nature », il serait né dans une localité de la
Bohême, au mois de novembre 1577. Nous en reproduisons ici la description textuelle à titre seulement de curiosité, sans y attacher d'autre
importance.

La deuxième est celle d'un être humain intitulé : « *horribil mostro* »,
dans la relation des plus brèves qui nous en a été transmise, en italien,
par le *Journal de Henri IV*. Cet *horribil mostro* est l'enfant d'un médecin,
« *di un doctor* », né au mois de janvier 1578, dans une ville du nord de
l'Italie, « *in Cher, terra del Piamonte* ».

« Le mardi 6ᵉ [Janvier 1609], jour des Roys, passant devant le Palais, je
rencontrai de hasard, entre ces peintures et drolleries qu'on y installe, la
figure de deux monstres merveilleux et espouvantables.

A. — « Le premier, né au roiaume de Bohême en ung villaige nommé Winssel-
bourg, le 10ᵉ de novembre 1577, du vacher commun dudict villaige, nommé
Erhart Crah, qui avoit eu la compagnie d'une chevre, qui en accoucha en pleine
rue, en la presence d'une infinité de personnes, le dimanche 10ᵉ dudict moys;
et feust, le lendemain 11ᵉ, jour S. Martin, ledict Erhart Crah bruslé tout vif,
avec sa chevre et son faon, ou monstre, la teste duquel estoit boucqualle, estoit
hermaphrodite, aiant deux corps, l'un humain, reservé qu'il n'avoit point de
nombril, qu'il avoit les piés fendus comme ceux d'une chevre, et qu'il estoit
couvert de poil herissé et crespé, de couleur entre mi-brune et chastaingne,
tant par devant que par derriere; au bout du bas de laquelle figure estoit
l'aultre corps chevral, luy prenant depuis l'espine du dos jusques à l'entre-
jambe dudict corps humain : estant ledict corps chevral porté par deux
aultres jambes mi-boucqualles, entre lesquelles luy pendoit une petite tetasse
ou mammelle, qui luy commençoit depuis le nombril, qui estoit soubs la figure
brutale, et luy continuoit jusques au hault desdictes cuisses de derriere,
au dessus desquelles il y avoit une petite queue, à la façon des bestes de tel
sexe, et la partye genitalle femelle de mesme : qui estoit chose horrible à voir;
et ne pense pas que jamais ayt esté né au monde ung monstre plus hideux et
effroiable : joint qu'on asseure qu'il parla, à l'instant de sa nativité, et dict
qu'il n'estoit seulement venu par l'iniquité de ses engendreurs, mais pour
signiffier la ruine de plusieurs. »

B. — « Le deuxiesme monstre feust né, l'an suivant 1578, en la ville de
Cher, en Piedmont, de la femme d'un docteur en medecine, qui en accoucha
le 10ᵉ Janvier de ladicte année, à huict heures du soir. La relation italienne
dudict monstre est telle :

« Horribil mostro, nato in Cher, terra del Piamonte, della moglie di un
doctor, a 10 di gennaro 1578, a hore octo di nocte; e cui la gamba destra
roia, e il resto del corpo di color bertino, con cinque corni, quello che li pende
de la testa é di carne, quello che à a torno la gola é di carne.

« L'ung et l'aultre [monstres] ont esté pourtraicts et imprimés, à Troie, par Denis Villerval, és dictes années 1577 et 1578; mais que je n'avois peu recouvrir jusques à ce jour », dit l'auteur, « encores que j'en aie faict mention en mes *Memoires Journaux du Roy Henri III*, comme estans l'ung et l'aultre tenus pour deux insignes prodiges de nostre tems, mais veritables. J'en ay paié », ajoute-t-il, « trois sols, pour le pacquet de mes Monstres (1). »

V.

Quant à celui dont j'ai maintenant à parler, il n'est traité de monstre, dans le *Journal du Roy*, que parce qu'il n'avait ni bras ni jambes et qu'il était pourvu d'un appendice nasal d'une longueur démesurée et d'autres organes aux dimensions également exagérées, pour un nouveau-né tout au moins, et aussi quelque peu bizarrement placés. De là certaines réflexions plus ou moins satyriques de l'auteur de la relation, de là aussi certain pamphlet qui courut les rues, nous dit-il, à l'adresse du souverain d'alors (2), *le Bearnois* comme on l'appelait, lequel, à l'époque, — il s'agit du mois de février 1593, — n'était pas encore parvenu à s'emparer de Paris, que les Ligueurs détenaient toujours, mais pour peu de temps alors, il est vrai. Henri IV, comme on le sait, n'entra dans Paris que quelques mois plus tard, soit en juillet 1593.

Le mot *monstre* doit donc être pris ici beaucoup plus comme synonyme de hideux que de monstrueux proprement dit.

« Ce jour [jeudi 4e du moys de Febvrier 1593]; la sœur du Curé de S. Jaques, mariée à ung procureur, près du Puis Certain (3), accoucha à Paris de deux enfans : l'ung desquelz estoit beau et bien formé, et l'aultre ung vray monstre, qui n'avoit point de bras ne de jambes, mais seulement ung grand nez comme une canne, et ung membre viril au millieu du ventre, aussy grand qu'eust peu avoir un homme de trente ans. Incontinent ce monstre feust divulgué et presché à Paris, pour estre la figure (4) du Bearnois; entre aultres, par Feu-Ardant, Cordellier, qui prescha publicquement que c'estoit le Bearnois, qui n'avoit ne bras ne jambes, c'est à dire ne force ne puissance que celle qu'on luy vouldroit donner, et que toute sa vertu estoit en son membre, qu'il faisoit bien sentir tous les jours en plusieurs et divers endroits; au reste, un nez long, mais de canne, qui fouilloit tousjours la terre, et ne regardoit point le ciel.

---

(1) Pierre de l'Estoile. — *Loc. cit.*, tome IX, pages 193–195.

(2) *Henri IV.*

(3) Le *Puis Certains* ou *Puils-Certain*, puits public construit à l'entrée de la rue du même nom « aux frais de *Robert Certains*, à l'époque Curé de l'église Saint-Hilaire construite au commencement du douzième siècle et démolie en 1795 ». La *rue du Puils Certain*, percée sur les terrains du clos *Bruneau*, porta d'abord, c'est-à-dire au commencement du treizième siècle, le nom de *Saint-Hilaire*, du vocable de l'église qui y était située. Elle fut ensuite appelée « *Fromentel*, parce qu'elle faisoit la continuation de ceste rue ». Enfin, elle prit le nom de rue du *Mont-Saint-Hilaire*, comme étant sur une élévation, puis celui du *Puils-Certain*. Elle n'est autre, aujourd'hui, que la *rue des Carmes*, dans le cinquième arrondissement de Paris, commençant boulevard Saint-Germain et finissant rue de l'École Polytechnique.

(4) *Le portrait.*

« Les *Seize* (¹) aussy, au lieu de couvrir l'honneur de la maison de leur Curé »,
ajoute l'auteur, « le publierent par tout, et en firent rediger par escrit une fort
belle allegorie, qu'ilz consignerent entre les mains d'un docte personnaige des
leurz, nommé Jablier, notaire, affin qu'après l'avoir veue il la fist imprimer » (²).

VI.

Le dernier, enfin, de ces monstres ou pseudo-monstres, quatre seulement, sur les six qui font l'objet de notre communication, rentrant
réellement dans la catégorie des monstres proprement dits, simples ou
doubles, le dernier, disons-nous, paraît être né au commencement du
règne de Charles IX, vers l'année 1563.

Il ne présentait rien d'un monstre véritable, et si nous en parlons ici,
si nous en donnons un aperçu, une description succincte, ce n'est qu'en
raison des dimensions vraiment exceptionnelles de la production cornée
dont son front était orné dès l'enfance, dimensions devenues telles,
dit-on, avec l'âge, que notre homme se trouvait « contrainct par fois
d'en faire coupper » une certaine longueur. Ajoutons que la honte d'une
pareille difformité, « la desplaisance de son imperfection, l'avoit obligé
de quitter son villaige et de se cacher dans les forests du Mayne ».

Voici d'ailleurs les deux récits qui le concernent, — ils se complètent
mutuellement — et que nous avons trouvés dans le *Journal de Henri IV*
pour l'année 1598.

a. — *L'homme à la teste cornée de cerf.* — « Le vendredi 18ᵉ, de ce moys
[Septembre 1598], M. le Procureur general presenta ung homme à Messieurs
de la Cour, qui avoit une corne de cerf à la teste, qui luy estoit venue depuis
l'aage de cinq ans. Elle luy prenoit au dessus du front et se recouvroit par
derriere; en sorte, que, pour le mal qu'elle luy faisoit, il estoit contrainct par
fois d'en faire coupper.

» Il estoit petit de stature, tirant sur le roux, serviteur d'ung charbonnier qui
se tenoit dans les boys du Mayne, et y avoit vingt ans que n'en bougeoit, de
desplaisance, ainsy qu'il disoit, de son imperfection. Il feust pris dans les boys,
par M. le mareschal de Lavardin, qui l'envoia au Roy à Fontainebleau, où
Sa Majesté le vid et le voulust faire baiser aux dames, et après le donna à
ung de ses officiers pour en faire son proufﬁt, qui l'amena à Paris, où il tira
argent de la curiosité de beaucoup de personnes (³). »

Quant au deuxième récit de la découverte, « dans les boys où il vivoit »,
de notre homme « à la teste cornée de cerf », à cette même date de
septembre 1598, récit qui nous donne son nom et vient compléter, par
quelques détails nouveaux, la relation ci-dessus, nous l'avons trouvé
dans un supplément au susdit *Journal du règne de Henri IV*. Il est

---

(¹) Les *Seize*, c'est-à-dire les *quarante* bourgeois de Paris établis comme chefs de la
Ligue par le duc de Guise dans les *seize* quartiers de Paris.
(²) Pierre de L'Estoile. — *Loc. cit.*, tome V, page 215.
(³) Pierre de L'Estoile. — *Loc. cit.*, tome VII, pages 136-137.

tiré d'un manuscrit du temps, lequel fut imprimé, pour la première fois en 1736.

b. — « On monstre, depuis quelques jours, dans une maison près de S. Eustache, ung homme, nommé Françoys Trouillac, aagé de trente cinq ans, qui a une corne sur la teste, qui se recourve en dedans, et rentreroit dans le crâne, si, de tems en tems, on ne la couppoit. Il dict qu'en naissant il n'avoit pas ceste corne, et qu'elle n'a commancé de paroistre qu'à l'aage de sept à huict ans, et que la honte de ceste difformité l'avoit obligé de quitter son villaige et de se cacher dans les forests du Mayne, où il travailloit aux Charbonnieres pour y gaingner sa vie.

« Jehan de Beaumanoir, Marquis de Lavardin, Gouverneur du Mayne, chassant ung jour dans ses forests, passa auprès de ces Charbonnieres. Les paysans qui travailloient au charbon prirent la fuite au bruit des chasseurs. Le marquis de Lavardin, croiant que c'estoient des voleurs, les faict poursuivre. On les arreste et on les conduict devant le Marquis. Ung de ses valets aiant remarqué qu'ung de ces pauvres paysans n'avoit pas osté son bonnet de sa teste, s'approche de luy, prend son bonnet et le jecte par terre en le menaçant ; mais aiant apperceu ceste corne sur sa teste, le Marquis de Lavardin le fict conduire dans son Chasteau, et quelques jours après l'envoia au Roy, qui, après l'avoir faict voir à toute la Cour, l'a donné à ung de ses valets d'ecurie, pour gaingner de l'argent en le monstrant au peuple. Cet homme a le devant de la teste chauve, la barbe rousse et par floccons, comme aussy les cheveux du derriere de sa teste, ressemblant parfaictement à ung Satyre (¹)».

VII.

Ajoutons que nous avons trouvé, dans le tome IV des *Mémoires-Journaux de Pierre de L'Estoile* (²), volume ayant pour titre : *Les belles figures et drolleries de la Ligue*, au chapitre CXLI, non pas la description d'un nouveau cas de tératologie, mais seulement l'explication succincte suivante d'une gravure du seizième siècle, qui représente un monstre humain double :

JUMEAUX MONSTRUEUX.

« Gravure italienne, sur cuivre. H. 0ᵐ,115, L. 0ᵐ,163. — Les deux jumeaux, placés tête bêche et attachés l'un à l'autre par le bas du tronc, ne forment qu'un seul corps, avec un seul nombril, indiquant le point de réunion des deux sujets. Au-dessus de l'estampe, cette inscription sur deux lignes : 1575, 27, *Maggio, in Venetia, partori due chreature vive una ebrea, le quali sono attacate come qui si vede, ritratti da Nicolo Nelli dal naturale* (³). »

Tels sont les faits de tératologie humaine remontant aux seizième et

______

(¹) *Ibid.* — *Loc. cit.*, tome VII, pages 356-357. (Supplément de 1736 au Journal du Règne de Henri IV, pour l'année 1598).

(²) Page 409.

(³) Cette gravure appartient au Cabinet des estampes de la Bibliothèque nationale.

dix-septième siècles, que nous avons découverts épars dans les mémoires du temps et que nous avons cru devoir sauver de l'oubli, en les réunissant ici dans une Note spéciale.

M. E. CHANTRE.

RÉSULTATS PRINCIPAUX DE MA DERNIÈRE CAMPAGNE ANTHROPOLOGIQUE DANS L'AFRIQUE DU NORD.

57-29-37 (61)

1er Août.

Durant ma campagne de 1909, mes observations avaient porté sur les populations de la Kabylie, et spécialement sur celles des Babors. Cette année, reprenant, pour les compléter, mes recherches sur les tribus du pays compris entre Sétif et Biskra, soit le Hodna, j'ai poursuivi mes études sur celles des régions d'Aumale et de Bou Saada, puis dans les contrées montagneuses situées entre Blida, Médea et Djelfa, au Sud, dans la direction de Laghouat et du M'Zab, Quelques excursions m'ont permis d'observer à nouveau un assez grand nombre de Mozabites, ainsi que plusieurs groupes importants du Nord, dans le tell entre Alger et Orléansville, notamment à Teniet el Haad et Miliana. J'ai mesuré, durant cette nouvelle campagne, 485 sujets appartenant à 35 tribus ou groupes différents de population.

Ces tribus peuvent être réunies en sept grandes catégories comme les autres populations de la Berberie, d'après leurs caractères somatiques et formant sept types, répondant aux sept grandes régions dont j'ai, en collaboration avec M. le Dr Bertholon, exposé ailleurs la composition.

J'ai retrouvé les grands dolichocéphales eltorhiniens des hauts plateaux, chez les Ouled Zekri de Berouaghia et les Ouled Aïssa de Bou Saada; puis les grands dolichocéphales mêlés de brachycéphales sur les steppes de Djelfa, chez les Ouled Naïl et les gens du Hodna.

Les plateaux sub-sahariens de Chellala, de Boghari et de Teniet el Haad m'ont donné, comme en Tunisie, des grands dolichocéphales à nez un peu large. Les petits brachycéphales mésorhiniens ont été observés encore dans le sahel Algérien comme dans le sahel tunisien et au M'Zab.

Des petits dolichocéphales mésorhiniens se trouvent dans le sud algérien comme au Cap Bon, à Boufarik et à Rovigo. Le type sub-éthiopien ou rouge des oasis a été constaté enfin à Bou Saada, comme à Biskra, du Souf et à Tougourt.

**23

ARCHÉOLOGIE.

M. J. TOUTAIN,

Membre de la Société des Sciences de Semur et de la Commission
des fouilles d'Alésia (Paris).

NOTE SUR LA SITUATION TOPOGRAPHIQUE ET L'ALIMENTATION EN EAU DE LA VILLE GALLO-ROMAINE D'ALÉSIA.

52.69 : 628.1 : 9(3)(44.42)
(Alésia)

2 Aout.

Les fouilles, que la *Société des Sciences de Semur* a entreprises, en 1905, et que depuis lors elle poursuit régulièrement chaque année sur le Mont-Auxois, ont dès maintenant fixé, avec une précision qui ne laisse rien à désirer, l'emplacement exact de la ville gallo-romaine d'Alésia. Les principaux monuments de la cité ont été découverts : un théâtre, un temple, une basilique, des édifices importants ont été mis au jour autour d'une place qui est, suivant toute apparence, le forum d'Alésia. Au sud et à l'ouest de cet ensemble, des constructions plus modestes, demeures privées d'aspect romain, habitations gauloises à peine trans- formées sous l'influence des vainqueurs, ont été retrouvées; on sait aujourd'hui sur quel point du Mont-Auxois s'étendait l'antique cité.

La situation topographique ainsi déterminée mérite de retenir l'atten- tion. Le Mont-Auxois, au sommet duquel se trouvait Alésia, est une butte isolée de partout, longue d'environ 2 km d'Est en Ouest, large au maximum de 1 km du Nord au Sud ([1]). A l'Ouest, s'étend la plaine des Laumes, où viennent confluer plusieurs cours d'eau, dont les plus importants sont l'Oze, l'Ozerain et la Brenne, et que traverse le canal de Bourgogne. Au nord du Mont-Auxois, l'Oze coule dans une vallée profonde; au sud, le vallon de l'Ozerain sépare le Mont-Auxois de la montagne de Flavigny. A l'extrémité sud-est, un col se creuse entre le Mont-Auxois et l'extrémité du Mont-Pévenel. Ce qui accentue encore la situation d'Alésia, c'est la grande différence de niveau qui existe entre la plate-forme dont elle occupait une partie et les plaines ou vallées avoisinantes. La surface du Mont-Auxois, légèrement acci-

---

([1]) Ces mesures indiquent les dimensions du plateau qui forme la partie supé- rieure du Mont-Auxois. Il faudrait les augmenter sensiblement, si l'on voulait obtenir les dimensions de la butte elle-même.

dentée, se trouve entre 370 m et 418 m au-dessus du niveau de la mer; la plaine des Laumes est en moyenne à 245 m; les vallées de l'Oze et de l'Ozerain, au nord et au sud du Mont-Auxois, sont respectivement à 259 m et 255 m. Il y a donc au moins 110 m de différence entre le niveau le plus élevé des dépressions d'alentour et le point le plus bas de la surface du Mont-Auxois. Les pentes, fort raides, de la butte qui portait Alésia, font apparaître matériellement aux yeux les moins exercés cette différence considérable.

Une ville, dont la situation topographique était telle, ne pouvait pas être, comme on l'affirme souvent, un carrefour de routes, un centre de voies de communication. De nos jours, c'est dans la plaine des Laumes, à 2 km ou 3 km du Mont-Auxois, que se rencontrent et se croisent les routes, les chemins de fer et le canal de Bourgogne. Si, pendant l'empire romain, Alésia avait joué le rôle commercial qu'on lui attribue parfois, elle ne serait pas restée sur le Mont-Auxois; peu à peu, elle se serait déplacée ou bien une ville neuve se serait construite dans la plaine. Or, s'il est exact que des traces de constructions antiques existent dans la plaine des Laumes, ces vestiges ne forment nulle part une agglomération, d'où l'on puisse conclure à la présence même d'une simple bourgade. A l'époque romaine, il n'y avait dans la plaine des Laumes que des fermes ou des villas rurales. D'ailleurs, il est certain que la grande voie par laquelle, sous l'empire romain, la région parisienne communiquait avec la vallée de la Saône et du Rhône ne passait ni au pied ni dans le voisinage du Mont-Auxois. Cette route quittait la Saône à Chalon-sur-Saône, traversait le Morvan par Autun, Avallon, Auxerre et rejoignait l'Yonne dans les environs de Sens. Elle laissait bien au nord Dijon d'une part et Alésia d'autre part. Il faut donc renoncer à voir dans Alésia, au moins à l'époque impériale, l'une des principales étapes de la route qui conduisait de la Méditerranée à la Manche et par laquelle les produits de la Bretagne gagnaient Arles ou Marseille. Il nous paraît, au contraire, évident qu'à l'origine Alésia a été choisie par les Gaulois pour être un lieu de refuge, une place forte, un oppidum. Sous la domination romaine, elle ne pouvait plus avoir ce caractère ni ce rôle; mais elle resta, sur le Mont-Auxois, une petite cité isolée; elle bénéficia dans une moindre mesure que Sens, Autun ou Langres, capitales des Sénons, des Éduens et des Lingons, des conditions nouvelles que la domination et la paix romaines introduisirent dans le pays. Elle devait la meilleure part de sa célébrité au souvenir du siège héroïque qui s'était terminé par la victoire définitive de César.

Une autre conséquence, non moins importante, de la situation topographique d'Alésia, c'est la nature même de son alimentation en eau. On sait avec quel soin, dans l'antiquité romaine, cette question capitale a été étudiée, avec quelle ingéniosité ou quelle ampleur de vues suivant les cas elle a été résolue. En Italie, dans l'Afrique du nord, en Espagne, dans la Gaule méridionale, d'innombrables sources ont été captées; des aqueducs souvent grandioses ont été construits au-dessus des vallées et des plaines; la distribution de l'eau a même été assurée à l'intérieur des villes soit dans les thermes publics, soit dans les maisons particulières. Que nous ont appris sur ce point les fouilles qui s'exécutent à Alésia depuis plusieurs années?

Dans la ville même, il n'y avait pas de sources. Les sources, aujourd'hui connues sur le Mont-Auxois, se trouvent toutes en contrebas de la surface supérieure du plateau, la source de Sainte-Reine à l'Ouest, la source de la Croix-Saint-Charles à l'Est. Au pied des pentes septentrionale et méridionale, à la base des rochers qui dominent l'Oze et l'Ozerain, d'autres sources se trouvent à un niveau encore plus bas. Comme à l'époque romaine, on ne savait pas faire monter l'eau des sources au-dessus de son point d'apparition, il en résulte que l'eau des sources du Mont-Auxois n'a pas pu être amenée dans la ville. Les habitants d'Alésia, s'ils ont utilisé cette eau pour leur alimentation et leurs besoins journaliers, ont dû aller la chercher aux sources mêmes.

D'autre part, il n'a été retrouvé aucune trace d'aqueduc dans les vallons qui entourent le Mont-Auxois. Si l'on eût capté pour Alésia quelque source située dans le voisinage et d'une altitude supérieure à celle du Mont-Auxois, il aurait été nécessaire, pour en amener l'eau jusqu'à la ville, de jeter par-dessus le vallon de l'Oze ou celui de l'Ozerain des arches destinées à soutenir la conduite à un niveau au moins égal, sinon supérieur à celui du point d'arrivée. Les Romains, en effet, n'ont pas su appliquer le principe des vases communiquants. C'est en maintenant entre le point de départ et le point d'arrivée une pente régulière et constante qu'ils amenaient l'eau, souvent d'une très grande distance, dans leurs villes. Non seulement il n'est resté dans les environs du Mont-Auxois aucun vestige d'aqueduc, mais encore aucun souvenir n'en a survécu, comme c'est parfois le cas, dans quelque nom de lieudit, dans quelque appellation topographique ou géographique. On peut affirmer, sans crainte d'erreur, qu'aucune eau de source n'était amenée par aqueduc à Alésia. ..

A défaut de l'eau de source, les habitants d'Alésia recueillaient-ils, comme c'était la coutume dans certaines provinces, en Afrique par exemple, l'eau de pluie dans des citernes soit publiques soit privées? Les fouilles entreprises depuis 1905 donnent à ce sujet quelques renseignements intéressants. On n'a jusqu'ici découvert aucune citerne publique. Quant aux maisons particulières aujourd'hui connues, le sous-sol en était occupé par des caves et non par des citernes. De tous les édifices fouillés maintenant, un seul, celui qui est connu sous le nom de *Monument à la double colonnade*, renfermait peut-être un citerneau long de 4 m, large de 2,80 m. Comme cet édifice était probablement un de ces établissements connus dans l'antiquité romaine sous le nom de *Thermes*, la présence d'une citerne s'y comprend aisément. Mais jusqu'à présent du moins, c'est là une exception à Alésia.

Si l'usage des citernes paraît avoir été très rare dans la ville, au contraire les puits y étaient très nombreux. Le sous-sol du Mont-Auxois est constitué surtout, au-dessous de la couche d'humus, par des bancs de rochers ou par de l'argile. Les plans d'eau n'y sont donc pas très éloignés de la surface. Les premiers habitants d'Alésia se rendirent compte, sans doute par expérience, de ces conditions avantageuses; le sol du plateau fut foré en maints endroits; l'eau fut trouvée à des profondeurs variables, ici à quelques mètres seulement, là à 15 ou 20 m. On connaît aujourd'hui et l'on a déjà fouillé au moins une vingtaine de puits. De ces puits, les uns semblent remonter à l'époque de l'indépendance gauloise et même avoir été bouchés, sinon comblés sous la domination romaine; d'autres étaient encore utilisés aux premiers siècles de l'ère chrétienne. Ceux-ci sont de section circulaire, ceux-là sont rectangulaires ou carrés. Il en est qui sont maçonnés jusqu'au fond; d'autres sont simplement creusés dans la roche vive ou même dans l'argile. Dans la plupart de ceux qui ont été récemment débarrassés des terres et des débris de toutes sortes accumulés du fond jusqu'à l'orifice, l'eau est aujourd'hui revenue, atteignant parfois un niveau assez élevé. Il n'est point douteux que l'eau de ces puits ait joué un rôle capital dans l'alimentation en eau de l'oppidum gaulois d'abord, de la cité gallo-romaine ensuite. Les raffinés envoyaient peut-être leurs serviteurs faire provision d'eau plus pure aux sources qui jaillissent aujourd'hui encore sur les pentes du Mont-Auxois; mais pour la majorité des gens d'Alésia, c'était l'eau des puits qui servait à tous les usages courants.

Si nos conclusions sont exactes, c'est-à-dire si d'une part aucune eau de source n'était amenée dans la ville par des aqueducs, et si d'autre part l'eau de pluie n'était pas recueillie dans des citernes, à quoi servaient donc ces conduites maçonnées, ces rigoles disposées soit à fleur de sol soit même en souterrain, qui ont été retrouvées au cœur même de la ville, dans le quartier des édifices publics? On en connaît aujourd'hui sept. Trois sont à fleur de sol, au moins partiellement; elles sont formées de longues pierres de taille placées bout à bout et dont la surface supérieure a été plus ou moins profondément creusée. L'une prend naissance au nord du monument à crypte, entre les deux derniers piliers qui soutenaient et ornaient la façade nord de cet édifice. L'origine en est parfaitement visible. Elle se dirige à peu près droit au Nord et descend la pente du Mont-Auxois vers le vallon de l'Oze. La seconde, dont le point de départ a été récemment découvert, commence au pied de la façade orientale du monument aux absides; elle traverse obliquement, probablement en souterrain, la partie septentrionale de ce monument, et se retrouve à l'Ouest dans l'angle nord-est du péribole qui entourait le temple; elle se dirige vers l'Ouest pour descendre, elle aussi, la pente du plateau. La troisième de ces rigoles, où l'eau devait couler partiellement à air libre, longeait le bord méridional de la rue principale qui passait au sud du théâtre et dont le pavé a été retrouvé en plusieurs endroits.

Elle descendait du centre du plateau vers l'Ouest. Les quatre autres conduites analogues, aujourd'hui connues, passaient sous des demeures privées ou des monuments publics. L'une d'entre elles traversait, du Sud au Nord, le quartier de maisons modestes, de huttes et de foyers gaulois qui se trouvait au sud-est du forum. Elle a été découverte sur une longueur de plusieurs mètres, mais on ne voit pas très bien où elle pouvait aboutir. Une autre conduite a été retrouvée sous l'angle sud-ouest du portique qui entourait le temple. La pente en est dirigée vers le sud-ouest. Elle disparaît sous les constructions. Peut-être contournait-elle le théâtre au Sud pour aller suivre une direction sensiblement parallèle à celle de la rigole, précédemment signalée, qui accompagnait la rue romaine. Enfin, à l'extrémité sud-ouest de la partie aujourd'hui fouillée, dans le Champ Borne, deux conduites du même genre ont été découvertes à une profondeur qui démontre que c'étaient des conduites souterraines. Ces deux conduites sont constamment voisines. L'une semble de construction romaine, l'autre, dont les murettes sont en pierres sèches, paraît remonter à l'époque gauloise. Elles se dirigent vers le Sud-Ouest. On les a suivies jusqu'au point où elles disparaissent sous le chemin actuel du Mont-Auxois.

Ces sept rigoles ou conduites divergeaient donc nettement. Deux d'entre elles descendaient du Sud vers le Nord; une troisième se dirigeait vers le Nord-Ouest; deux autres allaient de l'Est à l'Ouest; les deux dernières du Nord-Est vers le Sud-Ouest. Leur direction même et le sens de leur pente prouvent sans contestation possible qu'elle servaient, non pas à l'adduction sur le Mont-Auxois d'eau venue d'ailleurs, mais au contraire à l'écoulement des eaux qui tombaient sur la surface du plateau. Tandis qu'ailleurs, dans les régions plus sèches voisines de la Méditerranée, toutes les eaux disponibles, eau de source, eaux de pluie et de ruissellement, étaient soigneusement captées et précieusement recueillies, à Alésia, dans un pays de climat plus humide et plus abondamment arrosé, il avait fallu se préoccuper d'assurer l'écoulement, l'évacuation des eaux non utilisées pour les besoins de l'agglomération humaine. Ce détail nous indique avec quel sens pratique et quelle intelligence avisée des conditions naturelles on savait, à l'époque romaine et sous l'influence de la civilisation des vainqueurs, s'adapter aux nécessités des climats très divers, parfois même opposés, que comportait un empire aussi vaste que le monde romain l'était aux premiers siècles de l'ère chrétienne.

M. J. CHALANDE.

LES ARMOIRIES ET LES INSCRIPTIONS CAPITULAIRES AU XVIIe SIÈCLE, DANS L'ANCIEN COLLÈGE DES JÉSUITES A TOULOUSE.

729.61 (44.86) « 16 »

5 Août.

Les capitouls, dès leur entrée en charge, n'avaient, le plus souvent, pas de plus grand souci que de faire édifier un monument quelconque, pour y exercer leur droit d'armoirie, c'est-à-dire pour y faire apposer orgueilleusement leurs blasons. C'est de ce fait, que de nombreuses constructions, sans grande envergure, ou composées d'éléments disparates, émaillèrent à toutes époques notre cité et que les monuments publics demandant une unité de plan et une persévérance de travail y sont très rares.

Toutes ces représentations de l'Art héraldique, qui s'étalaient sur les façades de nos monuments, ont disparu pendant la tourmente révolutionnaire et la collection des armoiries capitulaires, recueil unique au monde, comprenant plus de 3000 blasons peints année par année, pendant cinq siècles sur les miniatures de nos *Annales manuscrites*, a été perdue dans l'autodafé du 10 août 1793.

Nous étant attaché à rechercher et reconstituer ces vestiges du capitoulat, nous donnons à l'occasion du 39e Congrès qui se réunit dans l'ancien collège des Jésuites, les armorials qui furent apposés dans cet établissement.

Lorsque les Jésuites vinrent s'installer à Toulouse, les capitouls délibérèrent de leur donner la direction du deuxième collège de la ville, le premier était le collège de l'Esquille. C'est alors que 3 bourgeois notables, les sieurs Delpech, Madron et Gamoy, achetèrent à Antoine Clary, conseiller du Roi, l'hôtel de Bernuy et l'offrirent aux capitouls (6 septembre 1566) à l'effet d'y installer ce deuxième Collège. Antoine Clary avait acheté cette maison 20000 livres à Jean de Bernuy, vicomte à Lautrec, qui l'avait eue dans sa part d'héritage.

Rappelons que c'est dans cet hôtel que Bernuy reçut en 1533, François 1er, qui selon la légende donnée, pour ne pas dire inventée, par Du Mège, y fut harangué par la prétendue Pléiade toulousaine.

Le 20 juin 1567, les Jésuites ouvraient les portes de leur établissement, mais bientôt l'affluence des élèves fut telle que les locaux devinrent trop exigus.

Les capitouls achetèrent alors une maison voisine pour agrandir le collège; c'est dans cet immeuble que se réunissent aujourd'hui les nombreuses sections du Congrès de l'Association française pour l'Avancement des Sciences.

Le grand portail de ce collège, qui s'ouvre à l'angle de l'impasse des Jacobins, présente sur la droite, 3 blasons, restitués ou plutôt reconstitués en 1878, par le sculpteur Azibert et une pierre encore vierge de toute sculpture. Sur le côté gauche, on trouve 4 autres pierres semblables enchâssées dans la muraille de brique, mais dont les blasons ont été martelés en 1793.

Au-dessus de ce portrait, on voit également 8 pierres martelées de mêmes dimensions que les précédentes, disposées sur un même alignement et surmontées d'une table de marbre et d'un immense cartouche, sur lequel on distingue encore vaguement le monogramme du Christ rayonnant ; sur les côtés de ce cartouche, sont des trophées de drapeaux contenant au centre un double écusson non sculpté.

Si l'on pénètre dans la grande cour, on peut voir encore au-dessus du portail du fond, une table de marbre, encadrée d'une guirlande et de chaque côté, 4 pierres rectangulaires surmontées d'une cinquième. Ces pierres mises à nu, par le décrépissage de la muraille, sont comme les premières sans aucune sculpture. Ce sont encore d'autres armoiries détruites par le marteau, pendant la période révolutionnaire.

Ces assemblages de pierre enchâssées dans la brique, étant par séries de 8, correspondant aux 8 capitoulats, ne pouvaient provenir que d'armorials capitulaires placés à différentes époques ; nous avons recherché dans nos archives, à qu'elle date ces armorials ont pu être placés et les armoiries qui les composaient. C'est le résultat de ces recherches que nous exposons ici.

En 1605 [1], les capitouls firent faire de nouvelles constructions et élever le grand portail de l'impasse des Jacobins ; selon la coutume, ils firent placer leurs armoiries au-dessous de la porte, c'est la série des 8 pierres qu'on voit encore au-dessus de la voûte. Sur une table en marbre, ils firent mettre *collège des Jésuites* et au-dessus de leur blason, sur une autre table de marbre, fut gravée l'inscription suivante :

> Hanc Capitolini proceres, authore senatu,
> Virtuti, murisque dicant feliciter œdem,
> Auspiciis Henrice, tuis, et limine primo,
> Hinc belli lauros, hinc longæ pacis olivas.
> Fortunæ monumenta tuæ immortalia possunt,
> XXIII novemb. 1605.

Ainsi que les blasons, cette inscription fut détruite à l'époque de la Révolution, et il est bon de remarquer, à ce sujet, le passage de la chronique manuscrite des Annales de 1605. Le chroniqueur croyant l'œuvre des capitouls indestructible, jugea inutile de transcrire l'inscription sur le *Livre de l'Histoire*.

---

[1] *Archives municipales : Annales manuscrites*, Livre V, *Chron.* 278, p. 104.

« ... et pour désignation que ceste œuvre a esté faicte aux dépens de la ville et desd. sieurs capitouls et les inscriptions qui servirent de perpétuelle mémoyre à la postérité. Ces vers sont sy aisés à lire dans ce beau marbre qui est sur la porte, qu'il n'est pas besoing de les coucher ici (¹) »..

Plus haut, sur les côtés du grand cartouche contenant le monogramme du Christ, on plaça, à gauche, le double blason royal de France et Navarre et à droite ceux de Toulouse et Languedoc.

Les capitouls de 1605 avaient fait encore sculpter leurs armoiries dans la première cour de l'Hôtel de Ville (cour Henri IV), sur la galerie supérieure Nord (²), qu'ils venaient de faire élever, elles se trouvaient également selon l'usage sur la miniature des Annales. Les blasons ont été martelés, la miniature livrée aux flammes le 10 août 1793, il n'est plus rien resté et lorsqu'en 1878, on a voulu reconstituer dans la cour du Capitole l'armorial de 1605, on n'a pu trouver, provenant de documents divers, que 4 de ces blasons sur 8, (les autres ont été remplacés par les sceaux des capitoulats).

Si les capitouls de 1605 furent peu économes, pour l'étalage de leurs armoiries, il faut remarquer ceux de 1604, qui, soucieux des deniers de la ville et voulant éviter le surcroit de tailles et de cotisations qui résulterait de la construction d'un nouvel édifice, résolurent de renoncer au privilège de pouvoir faire graver leurs armoiries et leurs noms sur quelques monuments, préférant qu'ils restent gravés dans la mémoire de leurs concitoyens. Le fait est unique dans les Annales du capitoulat.

La délibération mérite d'être rapportée ainsi que les noms de ces intègres magistrats municipaux, si soucieux des deniers publics.

« Les dits capitouls, bien que leurs prédécesseurs eussent esté curieux de faire faire durant leurs années et capitoulats plusieurs bastimens et ouvrages servans dornements et décoration à la ville et de faire graver leurs noms et armoiries sur le frontispice diceux. Toutefois lez ditz sieurs capitoulz de ladicte année voyans que la ville estoit chargée de payer plusieurs notables sommes à divers créanciers dicelle, et ne voullans point plonger les habitans en de plus grands frais et dépens, pour esviter que les tailhes et cotisations ne feust pas grande et exercive et estans desireux de leur soulagement et de graver leurs noms et leur mémoire dans la bienveillance publique plutôt que sur les pierres et sur les marbres, auraient négligé ceste espèce d'honneur et préféré le bien et l'utilité de la chose publique (¹).

Ces Capitouls étaient :

Jean Calvet, marchand, capitoul de la Daurade;
Antoine Celeri, docteur et avocat en la cour, capitoul de Saint-Étienne;
Geraud Larroque, marchand, capitoul du Pont-Vieux;

(¹) *Archives municipales*, Livre V des *Annales manuscrites*, p. 104.
(²) *Archives municipales*, DD 41 : *Contrats*, p. 174-175 et 178.

Pierre Paucy, marchand, capitoul de la Pierre;

Bertrand Fortis, docteur et avocat, capitoul de la Dalbade;

Philibert Fournayrot, docteur et avocat en la cour, capitoul de Saint-Pierre;

Pierre de Gargas, escuyer, capitoul de Saint-Barthelemy;

Jean Dispan, procureur au Sénéchal, capitoul de Saint-Sernin.

En 1648, les locaux étant encore devenus insuffisants pour le nombre toujours croissant des élèves, les capitouls se rendirent chez les PP. Jésuites, et firent dresser un devis; la dépense pour la construction de deux nouvelles classes fut évaluée à 6500 livres, mais comme d'autre part, les Jésuites voulaient faire faire une grande galerie pour y mettre leur bibliothèque, il fut décidé d'utiliser le dessous de cette galerie pour ces 2 classes et il fut alloué aux PP. Jésuites la somme de 2400 livres (²).

Les capitouls s'empressèrent de faire plaquer leurs armoiries sur la muraille du nouveau bâtiment au-dessus de la porte, avec les armes du Roi et de la ville, et une inscription sur une table de marbre, comme il ressort du livre de compte de cette année (³).

Cette inscription qui se trouvait dans le grand cartouche au-dessus de la porte du fond de la grande cour, a été détruite, mais les *Annales manuscrites* de l'Hôtel de Ville nous en ont conservé le texte (⁴).

> Dum tener Augustæ curis sapientibus annæ
> Crescere festinat solio Lodoicus avito
> Octoviri, studio populi nutuque senatus
> Ampla Tolosanis instaurant atria musis
> Illustresque parant meditandis artibus aulas.

Nous avons retrouvé également un débris d'une miniature des Annales, resté entre les feuillets, qui nous a révélé deux des blasons des capitouls de 1648 et nous avons pu reconstituer les 6 autres, grâce à des documents divers.

Ajoutons que les capitouls de cette année 1648, firent encore broder leurs armoiries sur le tapis du banc de l'église de la Dalbade. Le coût fut de 50 livres (¹).

C'est en 1683, à l'occasion de l'agrandissement de la classe de Théologie, pour lequel on accorda aux Jésuites la somme de 2000 livres,

---

(¹) *Archives municipales : Annales manuscrites*, Livre V : *Chronique* 277, p. 75-76.

(²) *Archives municipales : Délibérations*, XXV, p. 97.

(³) « A Pierre Assier, maître sculpteur de la présente Ville, la somme de 400 livres pour laquelle il est tenu et obligé de faire les armoiries du roi de la ville et de Messieurs les capitouls, avec une inscription sur une pierre de marbre laquelle il a posée dans la muraille de la nouvelle classe bastie au college des Jésuites... » *Archives municipales*, CC, 929, *Compte* 1648, p. 60.

(⁴) *Annales manuscrites*, Livre VIII, p. 97.

(¹) *Archives municipales*, CC, 927, *Compte*, f° 52.

que les capitouls firent placer sur les côtés de la grande porte de l'impasse des Jacobins, leur armorial dont le coût fut de 3oo livres (²).

Les armoiries de ces capitouls furent aussi gravées dans la salle du petit consistoire (³). Toutes ont été également détruites ainsi que la miniature des Annales sur laquelle elles avaient été peintes. Nous avons été assez heureux pour pouvoir reconstituer 7 de ces blasons, sur 8, grâce à des documents divers de nos archives.

Après la dispersion des Jésuites, en février 1768, le grand portail fut restauré et une nouvelle inscription remplaça l'ancienne (⁴).

> Hocce Gymnasium instituit Henricus II.
> Plures Reges auxerunt
> Restauravit Ludovicus XV.
> Anno 1764.

Les mots *collège des Jésuites* disparurent et furent changés par *collège Royal;* dans la suite on vit successivement sur le fronton de la porte :

> Collège   Impérial.
> Collège   Royal.
> Lycée.
> Lycée impérial.
> Lycée.

Armorial de 1605.

Sur le fronton du grand portail de l'impasse des Jacobins.

1. *Jerome Bandinelli, seigneur de Paulet* (capitoul de la Daurade). *D'or, a un tourteau d'azur posé au franc quartier dextre.*

2. *Thomas de Foucaud,* référendaire en la chancellerie, *seigneur de Saint-Martial,* docteur et avocat, et Bourgeois de Toulouse (cap. de Saint Etienne). *D'Azur, au lion rampant d'or; au chef d'or, chargé de trois molettes de sable.*

3. *Arnaud Rastel,* docteur et avocat (capitoul de la Dalbade). *D'Azur, a un rateau (rastel) d'argent, affronté de 2 lions rampants du même.*

4. *Jacques Du Born,* docteur et avocat (capitoul de La Pierre). *D'Azur au chevron d'or, accompagné en chef de deux levriers rampants d'argent affrontant une étoile du même.*

Armorial de 1648.

Sur le portail du fond de la grande cour.

1. *Pierre Auriol, sieur de Recebedou,* capitoul de la Daurade. *D'Azur, à l'arbre de sinople neigeux d'argent, terrassé de même, sommé d'un auriol d'or regardant un soleil du même, issant du canton dextre; au chef cousu de gueules, chargé d'un croissant d'argent accosté de 2 étoiles d'or.*

2. *Jacques de Cassaignau,* avocat au Parlement, *sieur de Pinamont,* capitoul de Saint-Etienne. *D'Or, à l'arbre de sinople terrassé de même; au chef d'Azur, chargé de 3 étoiles d'or.*

3. *Jean François de Ramondy,* bourgeois, capitoul de Pont-Vieux. *D'Argent au lion rampant de gueules, portant sur la patte dextre un monde d'azur, cerclé,*

(²) *Archives municipales : Délibérations,* XXXII, f⁰ 34.
(³) *Archives municipales,* DD, 34, f⁰ 571-573.
(⁴) Barthès, t. II, f⁰ 444, 1768, *Manuscrits de la Bibliothèque de la ville.*

cintré et croiseté d'or; au chef d'azur, chargé d'un croissant d'argent accosté de deux étoiles d'or.

4. *Leonard de Brivassac,* capitoul de La Pierre, *De gueules, à une urne d'or, d'où sort un bouquet ligé de sinople et fleuri d'azur et d'or, l'urne affrontée de deux lions rampants d'argent, les pattes de devant posées sur l'ance de l'urne.*

5. *Georges d'Olive,* avocat, seigneur de Bruyères, capitoul de la Dalbade. *De gueules à trois bandes d'or.*

6. *Bernard de Tissendier,* avocat, capitoul de Saint-Pierre. *Ecartelé, aux 1er et 4e d'azur à trois coquilles d'argent posées 2 et 1; au chef cousu de gueules chargé de 3 croissants d'or; aux 2e et 3e d'or, à la croix alézée de gueules, cantonnée de quatre croisettes de même.*

7. *Jean de Parrin,* avocat au Parlement, capitoul de Saint-Barthelemy. *Ecartelé de gueules et de sable.*

8. *Antoine Fermat,* capitoul de Saint-Sernin. *De gueules au rocher d'or issant d'une mer d'argent, un soleil d'or naissant du canton dextre de l'ecu; au chef cousu d'azur, chargé d'un croissant d'argent accosté de deux étoiles d'or.*

ARMORIAL DE 1683.

Sur les côtés du grand portail de l'impasse des Jacobins.

1. *Jean Delpuech,* avocat au Parlement, capitoul de la Daurade. *Ecartelé; aux 1er et 4e, de gueules à une ancre d'or, au chef cousu d'azur chargé de trois étoiles d'or; aux 2e et 3e d'azur au chevron d'or, accompagné en chef de deux soleils d'or, issants du franc quartier et en pointe d'un pelican dans sa pitié, le tout d'argent.*

2. *Jean de Balbaria,* avocat, capitoul de Saint-Etienne. *De gueules au lion rampant d'or, sommé de deux croissants entrelacés d'argent; au chef d'azur. chargé de 3 étoiles d'or.*

Ce blason a été reconstitué, c'est le premier à droite du portail.

4. *Antoine Junquières,* greffier aux requêtes du Palais, capitoul de La Pierre. *D'Azur au chevron d'argent, accompagné en chef de deux croissants d'or, et en pointe d'une gerbe du même.*

3. *Jean-Baptiste de Lespinasse,* avocat, capitoul du Pont-Vieux. *Ecartelé; au 1er d'argent à deux poissons d'azur en pal, sommés d'un soleil d'or; aux 2e et 3e d'argent à une tour d'azur, au chef d'azur chargé d'un croissant d'argent accosté de deux étoiles d'or; au 4e d'azur adextré d'un arbre d'argent terrassé du même, et affronté d'un lion d'or.*

5. *Richard Dejean,* bourgeois, capitoul de la Dalbade. *D'Azur à l'aigle éployée d'argent; au chef cousu de gueules chargé de 3 étoiles d'or.*

6. *Jean Bossinac,* capitoul Saint-Barthélemy. Blason inconnu.

7. *Carrière d'Aufrery,* capitoul de Saint-Pierre. *Coupé; en chef écartelé de gueules à la croix d'or et d'Azur à 3 coquilles d'or posées 2 et 1; en pointe d'Azur à la croix pastorale d'or.*

Ce blason se trouve le troisième à droite du portail, il a subi une maladroite restauration qui l'a dénaturé.

8. *Féréol de Lafage,* docteur et avocat au Parlement, capitoul de Saint-Sernin. *D'Or au hêtre de sinople terrassé de même, un lion passant la tête contournée de gueules, brochant sur le fut de l'arbre; au chef de ... chargé de trois roses (ou de 3 étoiles) de...*

Ce blason a été restauré en 1878; c'est le quatrième à droite du portail.

M. ÉPERY.

(Alise Sainte-Reine).

LES FOUILLES DE LA CROIX SAINT-CHARLES AU MONT-AUXOIS (1910).

(o.79.6) (44.4?)

3 Août.

Depuis 1909, nous faisons M. le commandant Espérandieu et moi, des fouilles archéologiques sur l'emplacement de l'antique Alésia au Mont-Auxois (Côte-d'Or), au lieu dit *La Croix Saint-Charles* dans la parcelle n° 293, de la section B, du plan cadastral de la commune d'Alise.

Le résultat des fouilles de 1909 est résumé très sommairement dans notre brochure. Les constructions mises à jour, semblent toutes de destination religieuse et de plus, en rapport étroit avec le culte des eaux, La découverte capitale a été celle d'un temple octogone. Quelle était la divinité adorée dans ce temple? Les fouilles de cette année semblent nous en avoir donné le nom.

Deux inscriptions, en effet, ont été découvertes en juin 1910.

L'une est ainsi conçue :

AVG SAC.
DEO APOLLIN*i*
MORITASGO
CATIANVS
OXTAI

Elle est gravée en caractères d'assez bonne époque sur un ex-voto, de o^m,40 de hauteur environ, ayant la forme d'une cuisse.

L'autre, plus dégradée, est la suivante :

AVG SAC *deo* APOLLIN*i*
MORITA*sgo* |||| VIVS· ALI
D*i*OFANES ER· LIB· P
[peut-être *fecerunt, libenter posuerunt*]

Elle est sur la base d'un autre ex-voto, de même hauteur, où l'on peut reconnaître un tronc humain.

Ainsi, dans les deux cas, nous avons affaire à un dieu indigène, appelé *Moritasgus*, identifié, aux temps romains, avec Apollon.

Les exemples ne manquent pas d'identifications analogues. A Essarois (Côte-d'Or) notamment, se trouvait un temple de sources, où l'on invoquait Apollon *Vindonnus*. Le dictionnaire d'Holder permettrait d'en citer d'autres.

Nos deux inscriptions présentent aussi de l'intérêt par les noms qu'elles contiennent. La forme gauloise *Oxtaius* n'était connue que par deux inscriptions provenant de Mandeure et de Luxeuil (Holder : *Altceltischer Sprachschatz*, II cel. 896). Le nom servile *Diofanes* a été dans nos pays encore plus rare. On ne l'a signalé qu'à Vienne sur une marque de potier. Mais ce qui rend surtout précieuses ces deux inscriptions est le surcroît de renseignements qu'elles nous donnent sur le dieu *Moritasgus*.

Il ne s'agit pas, en effet, d'un inconnu. Déjà au xviie siècle, le Mont Auxois avait fourni une inscription qui le mentionnait et, des interprétations dont elle fut l'objet, la plus répandue, y voyait un dieu Mars (1). Cette inscription détruite, vers 1815, nous apprenait qu'un personnage appelé Tiberius Claudius Professus Niger, parvenu à tous les honneurs chez les Eduens et les Lingons, avait donné au dieu, par testament, un portique ; il avait associé sa femme et ses deux filles à cette libéralité. Or nous dégageons actuellement des constructions fort importantes, et il est très possible que l'une d'elles soit ce portique.

Quant au nom de *Moritasgus*, je ne puis omettre de rappeler que César l'a donné à un chef sénon (2). Le dieu et le chef ne différaient-ils pas dans le principe l'un de l'autre ? Cela se peut ; mais il serait téméraire de l'affirmer. Au surplus, César qui dans un autre passage paraît avoir confondu une fonction religieuse, celle de gutuater (4) avec le nom d'un chef carnute, est capable d'avoir donné à quelque prêtre de *Moritasgus* le nom du dieu dont il servait le culte.

De toute façon, les ruines de monuments que nous mettons au jour, témoignent d'une somptuosité considérable. Le marbre de placage y abonde. Les fouilles viennent de livrer un fragment de corniche remarquablement travaillé qui ne peut provenir que d'un édifice de 9 m à 10 m de hauteur, des débris de peintures murales, des fragments de mosaïque, des ex-voto de pierre et de bronze, des monnaies de bronze nombreuses aux effigies spécialement d'Antonin, Sévère Alexandre, Tetricus, Constantin Ier, Julien, et un fort bel *aureus* de Valens.

Samedi dernier, nous avons dégagé un autel qui formait l'une des parois d'une piscine. Il ne porte pour toute dédicace que les trois premières lettres du mot *Augusto*. Cette brièveté, difficilement admissible, car on s'attendrait pour le moins à la formule : AVG· SAC, s'explique peut-être par la dureté de la pierre qui aurait rebuté le lapicide. Les trois lettres AVG sont reléguées sur le bord gauche de la pierre, et commençaient une ligne.

L'autel était surmonté d'une statuette dont il reste les crampons de fer qui la fixaient. L'emplacement des pieds est indiqué par des rai-

---

(4) Cette fonction est connue par deux inscriptions d'Autun.
(1) MAILLARD DE CHAMBURE : *Mémoire sur le dieu Moristasgus.* Semur, 1822, p. 13.
(3) *Bell. Gall.*, V, 54.

nures profondes. Les autels anciens offrent très peu d'exemples de cette particularité.

Mon but, n'était, pour l'instant, que de mettre brièvement l'Association française en mesure de juger de nos efforts pour mériter sa sympathie. Si j'ai atteint ce but, je n'ai pas besoin de dire quels encouragements précieux nous y trouverons, M. le commandant Espérandieu et moi, pour l'avenir des fouilles de La Croix Saint-Charles, au Mont-Auxois.

M. P. DELMAS,

Médecin-Major de 1re classe (Ber Rechid par Casablanca).

NOTE SUR LES GROTTES DE BRÉZINA.
CONTRIBUTION A L'ÉTUDE DE L'ARCHÉOLOGIE PRÉHISTORIQUE DANS L'AFRIQUE DU NORD.

571.81(65.2)

5 Août.

Les grottes et les cavernes connues en Algérie pour avoir été utilisées comme habitation par les hommes de l'âge de la pierre sont encore peu nombreuses. Nous sommes heureux de pouvoir en signaler dont l'importance pour l'ethnographie préhistorique semble devoir être considérable. Ces grottes sont situées dans le Sud-Oranais à 70 km environ de Géryville, chef-lieu du cercle de même nom, et à 7 km de la petite *Oasis de Brézina.* Elles sont creusées dans une chaîne calcaire orientée du Sud-Ouest au Nord-Est qui porte les noms de *Ed-Diss* et aussi *Delaat Msakna*, littéralement muraille des habitants.

La configuration générale de la chaîne, rangée dans les formations cénomano-turoniennes par M. le Pr Flamand d'Alger, est celle d'une immense muraille dont les façades surtout dans la partie centrale sont représentées par des falaises verticales de couleur blanche ou grisâtre. La muraille est trouée en deux points principaux : le *Kheneg El Arouïa et le Teniet El Gœri.* Le Kheneg El Arouïa est une simple fente aux parois escarpées, une gorge étroite et profonde que traverse l'*Oued Seggueur* formé de la réunion immédiatement en avant de la gorge de trois autres oueds.

Son lit sablonneux est à 120 m environ au-dessous de la crête de la muraille.

Le Teniet El Gœri à 800 m au nord-est du Kheneg et à 70 m seulement au-dessous de la crête est un véritable col; il livre passage à la route de Géryville à Brézina et devient le chemin obligé pour les voyageurs lorsque des crues rendent impraticable le Kheneg El Arouïa habituellement à sec. La muraille a une quarantaine de mètres de largeur. Elle est constituée par deux bancs principaux de calcaire séparés par une fissure. Les eaux d'infiltration en circulant à travers cette fissure l'ont élargie par places creusant des grottes, ou déterminant des effondrements dont le plus considérable, fracture complète de la chaîne, a été l'origine du *Kheneg El Arouïa*, l'eau ayant creusé jusqu'à ce qu'elle eut atteint son niveau de base représenté par le lit de l'oued Seggueur.

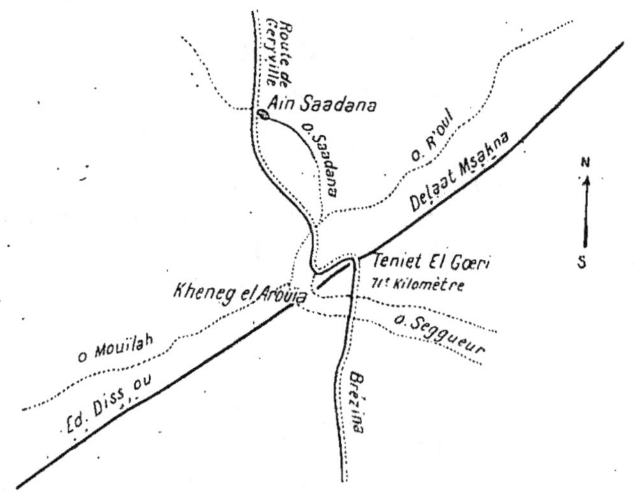

Fig. 1.
Région de Delaat Msakana.

Les habitants de Brézina qui, depuis de nombreuses générations, ont recueilli dans les grottes, du salpêtre pour fabriquer de la poudre, appellent les grottes du nom général de *R'iran-el-Baroud* ou grottes de la poudre. Ils les utilisent d'ailleurs comme refuge en cas de danger et l'une d'elles est connue d'eux sous le nom de *R'ar Djehad* ou grotte de la guerre sainte. C'est plus spécialement dans cette grotte qu'ils firent entrer leurs femmes et leurs enfants et transportèrent leurs biens les plus précieux, lorsqu'en 1845 le colonel Péry, commandant la subdivision de Mascara, entré en contact avec la grande tribu des *Oulad Sidi Cheikh*, se décida à marcher sur Brézina.

Actuellement les grottes servent uniquement de repaire à des chacals, à des hyènes et à des porcs-épics. Des pigeons bisets viennent nicher de leur côté dans les trous du plafond des chambres situées à l'entrée de beaucoup d'entre elles; enfin de nombreuses chauves-souris les fréquentent.

Les grottes nous avaient été indiquées en février 1906 par M. le lieutenant *Christen* du service géographique de l'armée. Faisant partie de la mission topographique chargée d'établir la feuille de la carte d'État-Major, feuille de Brézina, il avait relevé avec soin toutes les particularités intéressantes qu'il avait eu l'occasion d'observer, et nous avait abandonné quelques-unes de ses notes, notamment le croquis de plusieurs grottes situées au nord-est du *Kheneg El Arouïa*. Peu de mois après, notre ami M. l'officier-interprète *Watin* explorait le second groupe de grottes au sud-ouest du *Kheneg*. Enfin nous-mêmes allions les visiter pour la première fois au mois de novembre 1906. De notre brève excursion, nous rapportions la conviction qu'elles avaient été longuement habitées par l'homme. Leur situation aux confins du Sahara et de la région montagneuse, leur disposition naturelle permettant un accès facile tout en rendant la défense aisée contre des ennemis ou des bêtes féroces, les grands ateliers constitués par des chambres bien éclairées à l'entrée de la plupart d'entre elles, chambres qui étaient en même temps des observatoires magnifiques sur tout le pays environnant, la possibilité pour des familles de se grouper dans un but de sécurité ou pour tout autre objet, la chasse et la pêche, sans toutefois vivre à l'étroit et se gêner, le voisinage d'une grande rivière poissonneuse comme devait l'être l'*Oued Seggueur* à l'époque pléistocène, toutes ces conditions avaient dû faire des grottes de la muraille des habitations exceptionnellement privilégiées. La présence sur les deux versants de la chaîne de nombreux éclats de silex taillés, la trouvaille de quelques haches polies à la surface du sol des galeries, avaient encore fortifié davantage notre conviction.

Les exigences de notre service ne nous donnèrent qu'à l'expiration de deux longues années, la possibilité de retourner aux grottes y pratiquer des fouilles. Celles-ci furent exécutées en novembre 1908, puis en avril 1909 et pendant quelques jours seulement chaque fois. Ce m'est un devoir de témoigner ici publiquement toute ma gratitude à M. le chef de bataillon Regnault, commandant supérieur du cercle de Géryville, qui a mis à ma disposition tous les moyens pouvant faciliter mes voyages et mes recherches.

Avant d'entrer dans le détail des trouvailles faites, il conviendrait pour être complet d'examiner et de décrire toutes les grottes au *nombre d'une quinzaine* que nous avons reconnues. Mais il nous en a certainement échappé. D'autre part beaucoup sont innomminées ou leur appellation varie suivant les indigènes auxquels on s'adresse. Nous nous bornerons à dire que les grottes s'espacent irrégulièrement dans la chaîne de chaque côté du *Kheneg El Arouïa* sur une longueur totale de 8 km environ. La plupart s'ouvrent sur le flanc sud-est de la muraille; une seule sur le flanc nord-ouest, quelques-unes enfin dans un petit vallon qui serpente irrégulièrement, sur la crête notamment élargie vers l'extrémité nord-est.

Quoi qu'il en soit, un croquis emprunté aux notes du lieutenant *Christen* donnera une idée générale de la disposition et de l'agencement intérieur de la majorité des grottes. Ce croquis représente la première de celles situées à l'est du Kheneg El Arouïa et de Teniet El Gœri; elle est éloignée du col de 800 m seulement. Les indigènes de la région la connaissent sous le nom de *R'ar Msakna* ou grotte des habitations.

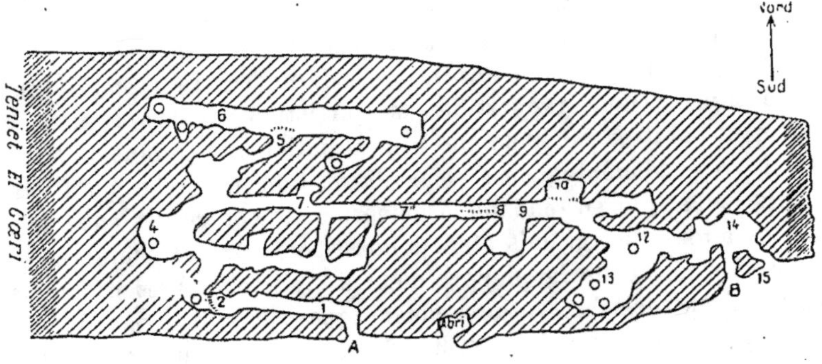

Fig. 2.

R'ar Msakna.

A. Entrée de la grotte la plus rapprochée du Zeniet El Gœri. — 1, galerie ogivale de 25 m de longueur, 3 m de hauteur, 3 m de largeur. — 2, ressaut de 1 m de hauteur. — 3, chambre de 1,50 m de hauteur avec pilier central. — 4, chambre de 6 m de diamètre, 5 m de hauteur, avec pilier central. — 5, ressaut de 2 m. — 6, galeries de 3 m de largeur, 6 m de hauteur, avec petites chambres et piliers aux extrémités. — 7, 7', 7", galeries de 2 m de largeur, 4 m de hauteur reliées par deux petites galeries transversales. — 8, ressaut de 1,50 m, une stalactite détachée de la voûte sert de passerelle pour descendre. — 9, galerie ogivale de 5 m de hauteur. — 10, chambre de 2 m de hauteur à sol surélevé au-dessus de la galerie. — 11, petites chambres avec pilier central. — 12, grande chambre avec pilier central. — 13, grande chambre de 10 m de diamètre, 3 m de hauteur avec trois puissantes stalactites. — 14, emplacement du foyer où les fouilles ont été pratiquées. — B. Entrée Est de la grotte divisée en deux portes secondaires par un pilier. 15, A et B sont séparées par 60 m environ et un petit abri existe entre A et B.

Nos fouilles ont été exclusivement entreprises à l'entrée est de la grotte (B du croquis). Cette entrée subdivisée comme le montre déjà le croquis par un pilier en deux portes secondaires, donne accès dans une salle bien éclairée de 8 m de profondeur sur 6 m de largeur et de hauteur se continuant à angle droit par une galerie sinueuse de 3 m de largeur de plus en plus sombre au fur et à mesure qu'on s'enfonce dans la grotte. Au seuil des deux portes, le rocher affleure. Il disparaît bientôt après sous un dépôt grisâtre formé par une poussière très fine, du sable grossier et un mélange de petits galets et de blocs de pierre de différentes grosseurs. Ce dépôt a été entièrement examiné jusqu'au rocher sous-jacent, les déblais étant au fur et à mesure rejetés en arrière ou au dehors. L'épaisseur du dépôt augmentait progressivement des portes vers le fond où elle atteignait près de 2 m, mais où sa nature changeait. Il devenait noirâtre et contenait uniquement des cendres et des charbons dont l'amas puissant accumulé au même endroit révélait l'existence d'un foyer entretenu pendant une longue période de temps. Quelques gros blocs de pierre rangés en demi-cercle à quelque distance et qui avaient dû servir de siège constituaient une autre preuve non moins convaincante.

La plus grande partie de nos trouvailles a été faite dans le dépôt et surtout dans le foyer. Des haches, des molettes, des fragments de poterie ont aussi été ramassés à la surface du sol des galeries en parcourant les autres grottes. Mais tous les instruments et objets recueillis peuvent être rangés dans les groupes naturels suivants :

1º Instruments et outils en pierre : lames, perçoirs, racloirs et grattoirs, disques, percuteurs, meules, molettes et pilons, polissoirs, godets, pierres à rainure, haches et herminettes; 2º instruments et objets en os et en corne: poinçons, cuillers, spatules et lissoirs, burins, compresseurs; 3º fragments de poterie; 4º objets divers : débris d'os d'animaux, rondelles en coquilles d'œufs d'autruche, coquillages perforés, fragments d'hématite, ivoire.

1. Instruments et outils en pierre. — Les instruments et les outils en pierre sont les plus nombreux. A côté du silex diversement coloré retiré de la muraille elle-même où les rognons, en moyenne de petites dimensions et sphériques enclos dans le calcaire abondent, d'autres roches ont été employées dans leur fabrication : grès, grès quartziteux, calcaires, roches vertes et noires. Certaines de ces dernières paraissent étrangères à la région et ont dû être apportées de loin. Il faut ajouter aux pièces finies une quantité considérable d'éclats provenant du travail de fabrication et beaucoup de pièces ébauchées, cassées ou rejetées pour une cause quelconque avant d'avoir été terminées dont l'intérêt est plus grand parce qu'elles donnent l'idée des procédés employés pour travailler la pierre.

Nous ne nous étendrons pas sur les lames, perçoirs, racloirs, et grattoirs, disques où rondelles, polissoirs, percuteurs, dont les spécimens n'offrent aucune particularité les différenciant de ceux qu'on rencontre partout ailleurs.

Les autres vestiges de l'industrie des habitants des grottes méritent au contraire de retenir l'attention un peu plus longtemps.

Pilons et molettes. — Les pilons et les molettes ont été trouvés au nombre de plus d'une centaine. Nous les réunissons ensemble, leur emploi ayant été identique, tout en réservant spécialement la dénomination de pilons aux instruments chez lesquels la hauteur l'emporte sur le plus grand diamètre et de molettes à tous les autres.

Les pilons sont presque tous coniques ou pyramidaux, très rarement cylindriques et le plus souvent le sommet du cône ou de la pyramide manquant, ils représentent en définitive des troncs de cônes et de pyramide. Dans ce cas, les deux bases ont été employées à broyer et à écraser, de même les faces latérales. Le pilon le plus grand très régulièrement conique ressemble à un petit pain de sucre. Il mesure 115 mm de hauteur, 83 mm de diamètre à la base, et pèse 1107 g. Le plus petit a une hauteur de 23 mm, un diamètre de 20 mm et pèse seulement 28 g. Tous les échelons existent entre ces dimensions extrêmes. Quelques-uns ont conservé sur les côtés l'empreinte des doigts, empreintes faites intentionnellement pour faciliter la préhension. Les molettes sont généralement circulaires, parfois triangulaires ou polygonales et toujours très aplaties. La plus typique est une petite roue pleine épaisse de 34 mm et pesant 70 g. Une autre de dimensions moindres n'a qu'un poids de 65 g.

Meules fixes ou à cuvette. — Parmi la dizaine de meules appartenant à la catégorie des meules fixes ou dormantes que nous avons trouvées, nous décrirons seulement la plus caractéristique. Le bloc de grès dans lequel elle a été façonnée, mesure 340 mm de longueur, 270 mm de largeur et pèse un peu plus de 12 kg. Les bords ont été taillés à grands éclats pour donner à la meule une forme elliptique et vraisemblablement aussi pour diminuer son poids, et permettre de la transporter et de la déplacer plus aisément. La face inférieure servant de support, est plane et lisse, la face supérieure contient une cuvette concave allongée, profonde de 46 mm au centre. Les substances à écraser et à broyer étaient placées dans la cuvette, et leur écrasement et leur broiement obtenus à l'aide des meules à mains ou molettes, et des pilons étudiés dans le paragraphe précédent. Les nombreuses traces de chocs existant dans la cuvette, doivent faire rejeter l'emploi exclusif de polissoir pour les haches par exemple.

Mais qu'elles étaient ces substances? Y rentrait-il des graines qui devaient être transformées en farine pour pouvoir servir à l'alimentasion? L'hypothèse semble plausible.

De nos jours les habitants des oasis sahariennes recherchent encore un surcroît de nourriture parmi les plantes qui croissent naturellement dans leur pays. La plus répandue, le *drin* ou *Arthratérum pungens* des botanistes a été signalée pour la première fois par Duveyrier (in *Touareg du Nord*, p. 204), comme rendant excessivement de services aux sahariens, par son chaume pour la nourriture des troupeaux, par sa graine pour l'alimentation de l'homme.

Le *loul* réduit en farine se mange en galette, mais on en fait une sorte de bouillie, l'*assida*, en le faisant cuire avec un peu d'eau, de lait ou de beurre, du piment rouge, et une ou deux dattes. C'est en quelque sorte un mets national, et les plus riches eux-mêmes ne le dédaignent pas. Duveyrier qui s'est vu dans la nécessité d'en faire usage reconnaît que la faim aidant, ce n'est pas un aliment à mépriser.

Il n'est donc même pas besoin d'admettre que les peuplades des grottes de Brézina s'adonnaient à l'agriculture. Elles pouvaient tirer de certaines plantes sauvages des grains qui préalablement grillés étaient ensuite réduits en une farine grossière mangée après avoir été humectée dans les vases en terre qui faisaient partie de leur mobilier.

Godets. — Les godets ou mortiers de petites dimensions sont au nombre d'une dizaine. Ils ont été creusés dans des disques en grès qui portent la plupart une rainure sur la face opposée. Certains ne paraissent pas entièrement terminés. Le godet dont le fini est le plus parfait, a un diamètre de 75 mm et une profondeur de 18 mm, sa hauteur est de 42 mm. La surface en est recouverte d'un dépôt noirâtre, qui frotté avec le doigt humecté d'eau, le tache en rouge brun, ce qui serait, si besoin était, une nouvelle preuve que ces godets ont servi à triturer des couleurs. A ces godets doivent être rattachés les petits pilons et les petites molettes déjà décrits.

Pierres à rainures. — Nous avons recueilli une quinzaine de pierres à rainures, pierres en grès, à surfaces aplaties mais à bords arrondis à l'exception d'une seule absolument irrégulière. Chez plusieurs d'entre elles la surface opposée à la rainure est creusée en mortier ou en godet. Chez quelques-unes il existe une rainure sur chaque face, chez d'autres deux rainures sur la même face, rainures parallèles dont l'une notablement plus large et plus profonde. Toutes ces pierres ont subi un certain degré de polissage sur le bord ou sur les faces qui présentent les rainures. De nombreuses traces d'éclatements produites par des chocs repétés se voient également sur leurs bords ou sur leurs surfaces planes. La largeur des diverses rainures varie de 20 mm à 8 mm, leur profondeur de 12 à 6 mm. La plus longue mesure 100 mm, la plus courte 60 mm. Chaque rainure constitue une gouttière arrondie ayant la même largeur et la même profondeur dans toute son étendue.

M. le Dr *Verneau*, qui a étudié les *Industries de l'âge de pierre saharien* d'après les collections de M. *Foureau* (in *Documents scientifiques de la mission saharienne, mission Foureau Lamy*, t. II), admet que les deux pierres à rainures (p. 1120) rapportées du Sahara par M. Foureau étaient destinées à dresser les hampes des flèches. Il s'appuie sur l'usage connu de pierres à rainures tout à fait analogues qui existent au Musée d'Ethnographie et qui proviennent de Californie. On s'expliquerait ainsi très bien que les bords seuls des rainures offrent des traces d'usure et que le fond resté légèrement rugueux porte seulement des stries dirigées suivant la longueur. Sans avoir la présomption de nous élever contre l'explication si autorisée de M. Verneau, nous croyons que les rainures n'ont pas été utilisées uniquement pour dresser des hampes de flèches. Le défaut de trouvaille de toute pointe de flèche dans leur voisinage est déjà un fait troublant. D'autre part si quelques rainures portent les stries longitudinales multiples décrites par M. Verneau au fond de la gouttière, chez certaines les stries occupent le fond et les bords, chez d'autres il existe un unique sillon au fond de la gouttière sans aucune rugosité. Stries et sillon font défaut dans d'autres. Il est donc probable que les rainures ont pu servir à des usages encore ignorés.

Haches et herminettes. — Les haches recueillies au nombre de près de cent devaient occuper une place remarquable dans l'outillage des anciens habitants des grottes et sont caractéristiques du degré de civilisation auquel ils étaient arrivés.

Parmi les haches, il y a quelques herminettes qui s'en séparent aisément. Peut-être aussi les haches les plus petites sont elles des ciseaux analogues à ceux du nord de l'Europe. La distinction est au fond de peu d'importance, ces instruments ayant dû être affectés à des emplois nombreux. Toutes nos haches sont en pierre, mais il n'en existe aucune en silex véritable. Le plus grand nombre sont en roches vertes ou noires : diorite, ophite, serpentine ; un très petit nombre en calcaire siliceux jaunâtre.

Elles varient énormément de forme et de taille. Trente environ sont presque arrondies, à coups circulaire. Ce sont les haches en boudin de M. Flamand, qui considérées un moment comme spéciales au Haut pays Oranais

« se montrent aussi dans le Sahara et sur le plateau Nigérien ».

Les haches plates sont un peu plus nombreuses (trente-six) et la plupart ont une forme triangulaire isoscèle.

Enfin une dernière catégorie : trente, comprend les haches sans contour bien défini dont les bords latéraux sans être aigus ne sont pas arrondis. Nous y faisons rentrer toutes les formes intermédiaires entre la hache en boudin et la hache plate. Beaucoup, et ce sont celles du modèle le plus parfait, affectent la forme convexe des deux côtés. Les deux haches les plus grandes pèsent l'une 900 g, l'autre 700 g, avec une longueur respective de 14,5 cm et 16 cm, et une largeur au tranchant de 8 cm chez la première, de 16 cm chez la seconde. Les plus petites ont un poids inférieur à 100 g ; l'une d'elles n'atteint même que 60 g.

Les haches polies dans toutes leurs parties constituent une minorité. Le plus souvent le polissage n'a été pratiqué que près du tranchant et paraît dû uniquement à l'aiguisage.

D'ailleurs et ceci s'applique surtout aux haches en boudin, il ne semble pas que la première ébauche de l'instrument ait été taillée à grands éclats. Il ressort de l'observation de la plupart des échantillons que les ouvriers s'attachaient à travailler seulement les pierres de forme déterminée qu'ils avaient ramassées dans le lit, sur les terrasses de l'oued Seggueur et de ses affluents ou dans certains gisements montagneux connus d'eux.

Si aucun manche n'a été retrouvé, la partie de la hache qu'il recouvrait se trouve parfois décelée par un changement de couleur. Dans plusieurs pièces, une légère dépression se constate sur l'une des faces ou sur les deux. Cette dépression est due à l'usure produite à la longue par le manche sur la portion qu'il recouvrait. Dans d'autres, la dépression a été obtenue intentionnellement ; elles est nettement limitée par une petite arête dont l'effet était de maintenir plus solidement la hache dans le manche. Une dernière hache enfin est polie sauf à la place qui correspond à l'emmanchure. L'absence de polissage à cette place la rendait moins glissante.

Toutes cependant ne portent pas les traces d'emmanchement; ce sont surtout celles qui ont été polies avec un soin particulier. Ces haches, pièces de choix et de luxe, étaient-elles pour leur possesseur une marque, un symbole de prééminence guerrière ou religieuse? Une pareille interprétation est vraisemblable. Par analogie avec les populations de tous les pays, et pour les mêmes motifs, les peuplades des grottes de Brézina devaient rendre à la hache un honneur souverain.

2. Instruments et objets en os et en corne. — *Poinçons.* — Une trentaine de poinçons en os et deux en corne noire ont été rencontrés dans les cendres du foyer. Beaucoup sont intacts; les autres ainsi que ceux en corne sont cassés à des hauteurs variables. Le plus long mesure 128 mm. Tous offrent comme caractère commun d'être arrondis à une extrémité rendue très finement effilée par le polissage, le corps ou manche proprement dit étant aplati et ayant été moins soigneusement poli. Tous les poinçons ne sont pas rectilignes; l'un ayant gardé la forme de l'os auquel il a été emprunté, est courbe. Les poinçons ont dû servir évidemment à percer les peaux pour la confection des vêtements.

Cuiller en corne. — Une sorte de spatule en corne longue de 95 mm, large de 15 mm à son extrémité la plus petite, de 33 mm à l'autre qui est arrondie et légèrement creusée, est certainement une cuiller de l'époque. Cette cuiller n'est pas intacte, elle est cassée vers son extrémité la plus petite où était un trou de suspension dont il reste seulement la moitié inférieure. La présence du trou de suspension indique un objet d'un usage très utile et auquel son propriétaire attachait un certain prix puisqu'il le portait constamment sur lui.

Cuiller en os. — Une autre cuiller a été entièrement découpée dans un os, le disque d'une vertèbre de gros animal, autant qu'on peut en juger. La lamelle de tissu compact de la partie postérieure du corps de la vertèbre a été séparée d'avec le tissu spongieux, de manière à avoir une cupule de faible épaisseur. Une apophyse transversale a seule été conservée pour faire l'office de manche.

Compresseur. — Parmi les très nombreux éclats d'os rencontrés dans les cendres, l'un d'eux a été utilisé comme outil. Constitué en os compact et très résistant, il a une forme rectangulaire : 87 mm de longueur sur 32 mm de largeur. L'épaisseur moyenne d'un grand côté est de 10 mm, celle du côté opposé de 4 mm. De nombreuses traces de pression et de compression mâchent et impressionnent les extrémités. La présence de ces empreintes explique la destination de l'outil qui rentre dans la catégorie des compresseurs dont on a récolté en France de nombreux exemplaires.

Les deux modes de taille par pression décrits par M. de Mortillet (in *Le Préhistorique, Origine et Antiquité de l'Homme*, p. 164), paraissent d'ailleurs représentés sur ce compresseur. A une extrémité, les empreintes sont grandes, profondes, allongées; à l'autre elles sont petites et très courtes. De plus de nombreuses et fines lignes droites s'entrecroisant dans toutes les directions partent de cette dernière extrémité, lignes produites par des glissements accidentels de l'instrument à façonner sur le compresseur.

Polissoirs. — Deux fragments d'une même côte d'animal, longs, l'un de 88 mm, l'autre de 75 mm, et larges, le premier de 22 mm, le second de 16 mm sont des lissoirs en os employés comme les lissoirs en pierre, et aussi des polissoirs pour aiguiser et rendre plus pointus les poinçons en os. La côte a été nettement sectionnée vers son milieu, les deux bouts qui s'ajustent, portent sous forme de petites empreintes transversales des traces de sciage, l'autre extrémité des fragments étant cassés irrégulièrement. Les fines stries longitudinales ou obliques qui se remarquent sur les faces de la côte correspondent au contraire à l'aiguisement des poinçons.

Burins. — Une phalangette d'un carnassier digitigrade longue de 38 mm donne l'impression d'un petit burin destiné à graver des ornementations délicates sur des coquilles d'œufs d'autruche, ou sur des vases. L'extrémité antérieure très pointue, et le bord inférieur tranchant, qui lui fait suite, semblent avoir été comme aiguisés.

En arrière la surface articulaire porte une apophyse rendant facile l'emmanchement de l'instrument.

3. POTERIES. — Si aucun vase n'a été trouvé entier, grand a été le nombre des fragments de poterie exhumés, et considérable est l'intérêt offert par leur examen.

Matériaux employés. — L'argile ne paraît avoir été qu'exceptionnellement employée à l'état de complète pureté. Sur la tranche de la plupart des tessons, des particules étrangères : débris de coquilles et graviers, quelques-uns assez volumineux apparaissent. Ces corps étrangers ont été intentionnellement incorporés à la pâte pour lui donner plus de solidité avant la cuisson, tout en diminuant le retrait au séchage.

Forme des vases. — Il est difficile à l'aide des tessons qui restent, de reconstituer absolument la forme des vases auxquels ils appartiennent. Cependant la courbure de certains fragments munis d'un rebord indique une large ouverture. D'autre part, deux fragments se rétrécissent et deviennent convexes presque pointus. Ces fragments paraissent constituer le fond de vases ovoïdes pour lesquels les œufs d'autruche auraient servi de modèle. Les vases affectant cette disposition avaient besoin d'être calés ou de reposer sur des supports spéciaux afin de rester debout.

Un autre tesson porte un petit mamelon assez saillant que les doigts peuvent commodément saisir et qui représente peut-être une anse pour le transporter. Enfin des trous creusés dans trois autres tessons près du bord supérieur ont probablement donné passage à des liens suspenseurs.

Couleur et peinture. — Tous les tessons ramassés proviennent de poteries ayant subi plus ou moins l'action du feu et leur coloration est très variable. Quelques-uns ont une nuance homogène soit rougeâtre ou marron clair, soit brune; chez quelques autres la nuance est différente suivant l'examen des faces internes ou externes; chez d'autres les surfaces ont la même teinte, tandis que le milieu de la tranche a une teinte différente. L'action inégale de la cuisson s'étant à la fois exercée dans certains cas à l'intéreur et à l'extérieur du vase, fait comprendre ces dissemblances. Mais sur un tesson, il existe nettement sur la face interne et sur le rebord, des plaques luisantes de coloration vermillon que des inégalités de cuisson ne sauraient expliquer.

A un examen plus attentif, on constate que ces plaques se continuent sous forme de couche excessivement mince masquée par endroits par des dépôts étrangers sur le rebord et sur toute la surface interne. La présence de cette couche adhérente à l'argile, atteste sans nulle contestation possible, que les anciens potiers des grottes coloraient leurs vases. Ce fait est à rapprocher des conclusions identiques auxquelles l'étude des fragments de céramique rapportés par M. Foureau de ses missions dans le Sahara, à conduit M. Verneau (in *Documents*, déjà cités, p. 1123 et suiv.).

Modes de fabrication. — Nos anciens potiers des grottes n'ont évidemment pas connu le vrai tour dont l'invention est relativement récente. Ils ont confectionné leurs ustensiles soit d'après le modelage à la main, soit d'après le roulage de boudins en argile, soit d'après le moulage sur un moule extérieur ou intérieur: un panier ou tout autre objet en vannerie ou sparterie brûlé ensuite à la cuisson.

Les poteries obtenues d'après le moulage, poteries poussées de M. Verneau, ont conservé extérieurement l'empreinte de la vannerie ou de la sparterie dans laquelle l'ouvrier a poussé sa terre.

Aucun de nos tessons ne porte les empreintes sur la face interne, ce qui laisse supposer jusqu'à nouvel ordre que le moule extérieur était seul connu. Cependant l'un des tessons porte à l'extrémité supérieure de la face interne sur une hauteur de 25 mm environ, les mêmes empreintes qu'extérieurement. Il faut croire que l'argile n'a pas été poussée jusqu'en haut du moule qui devait être souple et flexible et dont la portion qui dépassait à été rabattue en dedans pour maintenir le pourtour du vase très aminci.

L'obtention de poteries par moulage a été très répandu en Afrique.

Ornementation. — Tous les tessons des grottes ont des décors à l'exception des fragments ovoïdes supposés être le fond de deux vases. Les décors consistent exclusivement en carrés ou rectangles, en lignes et en points isolés ou combinés qui ont été creusés avant la cuisson.

Lorsque les fragments appartiennent à des poteries poussées, le décor est plus ou moins fin suivant le degré de finesse de la sparterie du moule. C'est ainsi qu'il est très élégant dans le fragment qui montre que la sparterie avait assez de souplesse pour pouvoir être repliée; il est par contre grossier dans un autre où le moule rigide était probablement un panier en roseau. Les poteries décorées à la main sont les plus communes. Dans le tesson assez volumineux dont la surface intérieure est peinte en rouge, le rebord est creusé extérieurement d'encoches dessinant une sorte de feston et manifestement opérées avec le doigt. Un second fragment porte sur le bord supérieur de simples coups d'ongle; mais la plupart ont une ornementation exécutée à l'aide d'un outil, poinçon, burin ou peigne. Les petits carrés, les rectangles, les séries de lignes brisées allongées ou très courtes qui ornent certains tessons ont été exécutés avec des burins ou des poinçons, ceux-ci généralement à bout carré. Des peignes en bois ont servi à faire des lignes très régulièrement pointillées des derniers tessons, ces lignes n'ayant pu être réalisées qu'à l'aide d'un instrument muni de pointes ou de dents. Un dessin en chevrons dont les lignes sont pointillées dénote chez l'auteur, avec du goût, une grande habileté manuelle.

Enfin un tesson porte un dessin rappellant les sutures craniennes. Le potier s'est inspiré de l'aspect d'un crâne peut-être humain et il aurait été particulièrement intéressant de retrouver au lieu d'un fragment le vase entier pour connaître sa forme.

4. OBJETS DIVERS. — Nous citerons parmi ces objets, l'extrémité supérieure légèrement brûlée du fémur d'une autruche, beaucoup de petits fragments d'ossements d'animaux, un coquillage perforé et plusieurs rondelles également perforées, découpées dans des coquilles d'œufs d'autruche, coquillages et rondelle ayant dû servir de parure, des particules d'hématite, enfin deux morceaux d'ivoire dont l'un pèse 84 g.

Conclusions. — Des conclusions positives peuvent-elles découler de l'ensemble des trouvailles qui viennent d'être passées en revue? Nous ne le pensons pas. Elles seraient d'abord prématurées, les fouilles dans les grottes ayant été esquissées; elles seraient ensuite contraires à la rigueur scientifique, aucun âge paléontologique ou géologique ne pouvant encore leur être assigné.

Un fait précis, un seul point de vue archéologique s'en dégage.

Les grottes de Brézina ont été habitées à l'époque néolithique ou de la pierre polie par des populations arrivées à une civilisation relativement supérieure.

A quelle race appartenaient ces populations?

Étaient-elles d'origine Européenne ou Asiatique?

Vivaient-elles à l'époque où le Sahara et l'Afrique septentrionale possédant un climat beaucoup plus humide qu'aujourd'hui, avaient de grands fleuves, des lacs intérieurs, une faune et une flore d'une grande richesse? Ont-elles été ainsi contemporaines des bubalus antiques et de l'éléphant? Les artistes dont les sculptures rupestres de l'Afrique du Nord sont l'œuvre, leurs étaient-ils apparentés? Leur industrie a-t-elle été due à un développement progressif de l'industrie paléolithique ou n'existe-t-il aucun rapport entre les deux? Ces néolithiques sont-ils les Libyens que *Flinders Pétrie*, *De Morgan* et autres savants supposent être venus en Égypte du nord-ouest de l'Afrique et peut-être de l'Europe? Sont-ils les Paramantes dont le savant *Hamy* avait essayé de retrouver la trace?

TABLE DES MATIÈRES.

(Tome II.)

NOTES ET MÉMOIRES.

TABLE ANALYTIQUE.

46474   Paris. — Imp. GAUTHIER-VILLARS, Quai des Grands-Augustins, 55.